基于建造过程地基土工程特性基础设计理论和方法

滕延京　著

中国建筑工业出版社

图书在版编目（CIP）数据

基于建造过程地基土工程特性基础设计理论和方法/滕延京著. —北京：中国建筑工业出版社，2017.10
ISBN 978-7-112-21182-1

Ⅰ. ①基… Ⅱ. ①滕… Ⅲ. ①地基-基础（工程）Ⅳ. ①TU47

中国版本图书馆 CIP 数据核字（2017）第 218574 号

建筑地基基础设计理论的发展，重要的问题是要解决采用现代分析技术的地基基础计算模型及计算参数获取的试验方法。基础建造过程，特别对于深、大基础建造，地基土经历卸荷再加荷过程，地基土的工程特性因其应力历史、应力路径不同，而表现出特殊的性质。正确认知这些特性，并在地基基础计算分析中使用，可以得到包括完整过程的地基基础工程行为，这是地基基础优化设计的基础。书中重点介绍饱和软黏土抗剪强度的试验方法与抗剪强度指标的关系、地基土回弹再压缩变形的特征及计算方法、支挡结构设计基于基坑开挖应力路径条件下地基土工程特性的试验研究等成果。工程实践证明，采用工程地基土实际应力历史、应力路径条件下的试验确定地基基础设计参数，分析地基基础的荷载变形过程，得到了符合工程实际的分析结果，进而取得了最优设计成果。

本书可供从事岩土工程勘察、设计、施工的工程技术人员，以及科研、教学的科技工作者及大专院校师生学习参考。

责任编辑：王 梅 辛海丽
责任设计：李志立
责任校对：李美娜 姜小莲

基于建造过程地基土工程特性基础设计理论和方法
滕延京 著
*
中国建筑工业出版社出版、发行（北京海淀三里河路 9 号）
各地新华书店、建筑书店经销
霸州市顺浩图文科技发展有限公司制版
北京市密东印刷有限公司印刷
*
开本：787×1092 毫米 1/16 印张：17¼ 字数：427 千字
2018 年 3 月第一版 2018 年 3 月第一次印刷
定价：**68.00** 元
ISBN 978-7-112-21182-1
（30813）

自　序

1978 年，我已 29 岁，侥幸有了读大学的机会。大连工学院水利系范煦教授为我们讲授《土力学》课程。作为工业与民用建筑专业的学生，专业基础课以理论力学、材料力学、结构力学为主要学业，而土力学授课时，感觉从理论基础、试验方法到实际应用，都存在一种假定，感觉土力学问题似乎要在一个特定条件下才能解决。浓厚的兴趣使得我在图书馆学习时不免多看了几部参考书，当得到《土力学》课程结业考试的年级最高成绩后，我已经决定报考岩土工程专业的研究生继续深入学习。

我的研究生导师是大连工学院水利系章守恭教授，在国内很知名，非常可惜的是在我们学习了一年后不幸去世了，继续培养的导师是大连工学院水利系王中正教授。当时，王中正教授刚从日本东京大学龙岗试验室访问学者回国，不仅带来了龙岗研究团队先进的研究方法、研究成果，还带回来一台节约自己生活经费而购买的作为教研室研究使用的富士通计算机。在当时国内生活水平较低的情况下，这台计算机的费用可为改善家庭生活提供多少帮助，可想而知。导师的思想品德、严谨的学风，为我的学识成长作出了榜样。在当时，国内的土工试验尚未实现自动控制和数字化，处于图像记录、人工处理数据的阶段。王老师给我的任务，就是通过这台计算机功能的开发，实现当时地震液化强度动三轴试验的自动化，达到当时龙岗试验室的国际先进水平。一年后，利用这台计算机，动三轴试验自动控制及数据处理系统完成，不仅实现了动三轴试验的自动控制，还实现了全部试验数据处理的自动化。1985 年 5 月，我顺利完成了《粉煤灰动力特性的试验研究和灰坝的地震反应分析》硕士论文答辩，并分派到北京中国建筑科学研究院地基所工作至今。

在地基所期间，得以在地基所的老所长黄熙龄院士的领导、关怀下工作，并能与众多建筑地基基础领域的老专家和学者交流，受益匪浅，我的建筑地基基础设计理论知识得到了进一步的丰富、深化。地基基础研究所是我国建筑领域地基基础有关规范的主编单位，能参与修订工作并投身主要修改意见的讨论，知其原委，对确定解决该问题的原则和方法无疑有较大帮助。建筑地基基础结构分析与上部结构分析的重要区别，在于地基基础结构体系为多次超静定结构，作为基础结构内力变形分析的必要输入参数基底反力分布的形态及大小，是上部结构基础地基共同作用的结果。在地基基础设计规范修订的讨论中，进一步深入了解了工程设计中对于基底压力分布模式，从线性反力分布到高层建筑箱形基础“鞍形”反力分布，再到整体大面积基础“盆形”反力分布等在分析工程问题使用上的局限性。20 世纪 80 年代初期进行的高层建筑结构基础地基共同作用分析方法的研究，以及共同作用分析直接用于基础设计的困难和技术难点等，有效的手段均在于提高变形计算的精度。事实上，面对现代城市用地紧张，生存环境恶化以及解决人们日益增长的工作生活需求，整体大面积、地上地下共同开发建设的基础形式，以及投资效益评价的分阶段开发模式，地基基础设计面对日益复杂的设计工况，共同作用设计分析评价是解决问题的唯一有效方法。地基基础共同作用设计分析评价的使用价值，在于能否使计算分析结果同时满足地基反力、基础变形、基础结构内力分析结果与实测结果一致。近 20 年的研究工作，从实测结果分析、大比尺模型试验出发，研究变形计算精度提高的办法，在原有固结变形计算结合实测结果修正方法的基础上，研究回弹再压缩变形计算方法，研究建筑物建造过程基础结构刚度形成、竖向荷载施加基础变形产生的时间效应，提出共同作用分析应采用符合各阶段地基工程特性及地基变形参数的三阶段分析（不引起基础结构内力的回弹再压缩变形阶段、引起基础结构内力的回弹再压缩变形阶段、固结变形阶段）；在每一阶段分析时应采用迭代方法保证地基反力计算结果收敛，且使得地基反力计算结果与输入地基变形参数对应的反力大小相匹配的原则，保证了同时满足地基反力、基础变形、基础结构内力分析结果与实测结果一致的目标实现。

在上部结构基础地基共同作用设计分析方法的研究过程中，我也悟出一个简单的道理，即地基基础设计理论的发展，重要的一个问题是如何利用现代土力学的计算分析方法，再现建筑物建造过程的地基基础变形的工程行为，实现更精准设计及真正“优化”设计成果。最近10年间，我和我的学生围绕基于建造过程地基土工程特性研究课题进行了若干试验研究，其中包括石金龙“大底盘基础结构荷载传递特征的试验研究”、李建民“深大基础回弹再压缩变形计算方法的试验研究”、李钦锐“既有建筑地基基础工作性状的试验研究”、李勇“既有建筑桩基础工作性状的试验研究”、李平“既有建筑地基承载力时间效应评价的试验研究”、盛志强“与基坑开挖过程有关的土体工程特性试验研究”等。这些试验研究成果对于研究的问题，如何解决变形计算的适用性及精度，无疑提供了理论基础和工程应用方法。同时，也认识了一个道理，岩土工程问题的工程应用方法，可能并不需要更复杂的本构关系，重要的是确定计算分析采用的参数不仅应与计算模型的应力应变关系相符合，同时应符合工程土体的应力历史、应力路径。

本书详尽介绍了这些试验成果，以期给相关工程技术人员和研究工作者参考和启发，促进地基基础设计理论及工程应用技术的发展。

滕延京

目　　录

第1章　概　　述

本书内容总论

对于正常固结的地基土，随着距离地表的建筑物埋置深度增加，其地基承载能力增大，相同附加荷载作用下土层的变形会变小；对于建筑物的稳定来说，埋深越大越稳固。建筑地基基础一般需要一定的基础埋深，满足地基承载力、地基变形及稳定性要求。而人类进步对于城市建设及发展规律的认识，地下空间开发利用成为新世纪城市建设的重要内容。城市地铁建设带动的区域开发、整体开发的体量可达数百万平方米，开发深度可达近40m；地下商场、地下车库、地下影院等与人类活动密切相关的公共设施建设，与建筑群成为一体。这些工程建设已占据建筑工程的主要部分。也就是说，整体大面积开发的深基础建造，其设计施工技术，成为地基基础工程的主要工作。

相对于浅埋的基础而言，深层地基土的工程特性存在哪些异同，在地基基础设计分析计算中应采用哪些参数？如何获得？基础内力计算分析方法如何进行？这些问题，尚需研究解决。

首先，埋深较大的房屋基础建造，要经历基槽开挖的建设过程，其地基是在原址所受上覆压力下卸荷，经历回弹变形过程后再随建造过程逐步施加建筑荷载，房屋地基变形的较大部分为回弹再压缩变形；与浅埋基础相比，同等建筑高度时建筑物的总体变形较小。由于大部分变形发生在回弹再压缩过程，地基的变形刚度大，地基变形小，基底压力的分布与浅埋基础地基较大变形的形态相比，“鞍形”分布的反力趋于平缓。由于地基作用的附加荷载变小，地基变形可控性好，整体稳定性提高，大大提高了建筑物采用天然地基的可能性和可靠性。地基的回弹再压缩变形特征及其基础内力分析计算方法成为深、大基础地基设计计算应该解决的问题。

其次，地基基础设计理论对于地基承载力计算、支挡结构作用土压力计算等均采用经典土压力理论，即采用土体发生主动或被动破坏极限状态的土压力，地基土的抗剪强度指标的确定成为设计计算的基础。获取地基土抗剪强度指标的试验方法，工程应用中主要采取室内直剪试验及三轴试验得到。模拟建造过程，剪切时一般采用不固结不排水剪或固结不排水剪。对于不固结不排水剪或固结不排水剪的理解，应认为地基土的固结过程与建造过程的相对关系，是在剪切时是否固结或排水。针对地基基础的建造过程而言，采用建造过程不固结不排水剪切的土性指标，应是安全性高并符合实际情况的。针对实际工程作为地基使用的岩土一般应为正常固结状态或超固结状态（不满足设计要求的地基土应进行地基处理），所以现场取得的土样应在实验前进行恢复土样原始应力状态的工作，然后在工程要求的应力路径和排水条件下进行剪切试验，获得抗剪强度指标。对于深、大基础的地基基础设计采用的设计参数，应区分地基土工作的应力历史及应力路径的影响。目前，工程勘察提供的地基土抗剪强度指标，基本属于加荷路径试验结果，也未区分地基土的应力历史及工作的应力路径，使得工程设计结果与实际差距很大。对于饱和软黏土中的支挡结构设计，由于内摩擦角接近于零，使得设计无法确定支挡结构的嵌入深度。事实上，如果基坑开挖前饱和软黏土处于正常固结状态，其支挡结构的主动土压力处于周围压力减少的卸荷应力路径，而其被动土压力则处于上覆压力减少的超固结应力状态下的加荷应力路径，应采取相应应力历史、相应应力路径进行试验确定的计算参数。

再次，经典土力学描述了地基土的渗流模型、固结模型、抗剪强度模型、临界状态模型，以及有效应力原理、极限平衡原理等内容，建立了经典土力学的理论体系。经典土力学的理论以某一状态时的力学模型描述为主，而对于发展过程的描述，由于计算分析手段的限制，显得比较粗糙。随着现代计算技术的进展，特别是计算机技术的快速发展，为土力学建立完整过程分析、进而得到完整分析结果创造了条件。采用现代计算分析技术解决实际工程问题的条件，应确定地基土实际工作的应力历史、应力路径条件，进而采用现场试验或室内试验方法，模拟地基土的力学过程，取得计算分析应力应变关系及必要的参数，进而计算分析出能够与实际工程结果相近的结果，从而找到基础工程优化设计的要素，取得最优结果。而以往认为针对工程实施方案的多方案比对结果的优化，并未得到符合实际工程的分析结果（大多靠经验判断），仅能认为是优化方案结果，不能认为是优化设计结果。

1.1　地基基础设计理论的新进展

1. 地基基础基本概念

地基基础设计理论，即运用土力学和结构力学的基本知识，计算分析地基及基础结构真实的工程行为，使得基础结构能够抵御建造期间、使用期间各种不利工况作用，满足安全性、经济性、适用性、耐久性要求的设计理论。

建筑物对大地的各种作用，通过基础传递到其下的土（岩）体。支撑基础的土体或岩体称之为地基，而将上部结构各种作用传递给地基的下部结构称之为基础。一般情况下称为“地基”的岩土体都是对拟建的建（构）筑物而言。而无拟建建（构）筑物的情况，特别是对于自然存在的岩土体，我们一般并不称为“地基”。经过人类活动利用的土地，即使地表面并无建（构）筑物，当有绿化、自然景观等人类活动的足迹，这种情况我们一般称之为建筑场地。

构成地基的物质是地壳的岩石和土体。地球的岩浆活动和地壳运动的结果，形成了各种类型的地质构造和地球表面的各种形态。气温变化、雨雪、山洪、河流、湖泊、海洋、冰川、风、生物等外界活动，使地球表面形态不断发生变化，使得原岩风化物质在水流、冰川、风等作用下，产生剥离、搬运、沉积作用，形成了建筑物地基的多样性。由于火山、地震等地球活动，形成的断裂、覆盖，增加了其复杂性。人类在利用天然的岩石和土作为建筑地基使用时，必须掌握和确定其工程性质。

建（构）筑物的种类很多，按使用用途划分，有工业与民用建筑、市政、港口、水利、电力、公路、铁路、桥梁等；按结构形式划分有刚架结构、排架结构、重力式结构、索结构、网架结构等；按建筑材料分有木结构、砌体结构、钢筋混凝土结构、钢结构、混合结构等；按建筑物高度分有高耸构筑物、地下建筑、中低层建筑、高层建筑等。各种不同建（构）筑物的荷载传递体系不同，对地基基础的作用不同，使得地基基础面对不同场地地基情况下的工作特性不同，不能简单地采用特定场地的建设经验而简单采用等同设计。目前，对于地基基础设计采用的上部结构各种荷载作用，一般采用假定地基不变形情况下的结构分析方法确定，而由于地基实际情况多存在变形（地基变形的完成时间视土性不同约需5~8年），使得传递的上部结构作用的各种荷载与实际存在差异，实际的基础设计构件验算均要在一定经验基础上进行调整，或调整作用荷载的大小，或调整构件材料的强度发挥度，使之满足结构的使用安全。上部结构各种荷载对地基基础的作用效应是不同的，永久荷载作用在建筑物建设开始就始终存在，而活荷载的作用有其随机性。因此地基基础设计的作用荷载应按最不利工况的组合效应考虑。同时还应考虑地基变形对基础结构产生的附加应力的影响。

建（构）筑物的形式及其功能，是随着人类生存的需求以及对自然客观规律的认知，随着人类文明的发展而不断发展变化。早期，人类生产力低下，使用棍棒、石器获取猎物、野果生存，住在简陋的茅草屋、天然洞穴中；随着火、陶器、青铜、铁等的使用技术，开始定居生活，居住在土或石垒造的房屋中；而随着灰土、砖石、混凝土、钢铁等材料技术的发展，人类对生产、工作环境和生活、居住条件的需求不断发生变化，进而出现了生土建筑、砌体建筑、混凝土或钢结构建筑，建筑的类型包括住宅、办公楼、厂房、学校、医院、商场、影院、剧场、体育场等。随着人们日益增长的生产、生活和各种文化需求，现代建筑的艺术和结构形式日新月异。

不同的建筑形式和结构体系，为保证建（构）筑物的使用功能，均应坐落在稳定的场地上，并保证建构筑物在使用期间的稳定性、地基承载力和地基变形要求。在每个国家不同的历史时期，地基基础设计理论随着人们认识和社会生产力的提高也在不断发展，赋予其新的内涵。

2. 地基基础设计理论的主要内容

地基基础设计理论的内容通常包括地基土（岩）的工程性质、地基设计参数的确定方法、基础结构类型选择、地基与结构的荷载传递特性及内力分析方法、基础结构可靠性设计、天然地基不满足的地基处理技术、基础施工的基坑支护和环境保护技术、地基基础的检验验收评价方法等。近年来，面对人类生存环境恶化及可供使用资源有限等提出的可持续发展理念、“绿色”理念等，对于基础工程的耐久性设计、面向未来基础功能可改造性以及投入地下的材料更有效利用等研究课题提到了该技术领域应解决问题的日程中。

地基土（岩）的工程性质，主要指建（构）筑物作用荷载通过基础结构的传递作用在地基上，使其承载变形的特性。由于地基岩土的成因各异，地基岩土的承载变形特性千变万化。设计者对于地基土（岩）工程性质的认识，应主要识别其成因、颗粒组成及其孔隙率、应力历史、地下水影响等。地基基础的建造过程，使得基础对地基的作用，表现为一定埋深的作用条件。不同埋深条件的地基性状，房屋基础的沉降量中地基土回弹再压缩变形量与地基土固结变形量的比例关系，对基础设计的影响很大。研究分析确定地基土（岩）的工程性质，必须结合地基土的成因、应力历史、地下水影响等通过原位试验或原状土试验确定，尚应根据实现地下建筑功能的基础设计情况，采用符合施工过程地基土应力历史影响的测试分析结果进行设计，才能得到真正意义上的优化设计成果。

地基设计参数的确定，一般采用原位测试或室内试验测试方法。原位测试技术是针对拟建建筑物情况，对地基岩土工程特性的测试，一般包括载荷板试验、标准贯入试验、动力触探试验、静力触探试验、十字板剪切实验、原位剪切试验等。室内试验测试技术是取得原状土样在实验室模拟工程情况进行土的抗剪强度、应力应变关系以及地基土的物理力学指标测试、包括含水量、重度、相对密度等基本实验，以及地基土的颗粒组成、压缩性质、渗透性质测试。这些测试得到的地基设计参数，有些是地基土自身现状的工程特性，有些是在原状应力状态基础上针对工程实际将发生工况的工程特性。按照目前工程实践的认识，地基设计参数的确定应在地基土应力历史的基础上，考虑工程将发生的应力应变状态进行的地基岩土工程特性的测试，得到设计参数进行设计分析，可以得到与实际结果较接近的设计成果。地基基础设计参数不仅是地基承载力、地基变形计算参数，还应包括地基稳定计算、基础内力计算参数。符合建筑结构受力变形特性及建造过程地基土应力应变关系及应力历史的地基参数，是进行基础设计可靠性分析的基础。深大基础更要求按照施工条件引起的地基土应力路径进行内力分析和设计。

地基基础选型是指基于工程的地下功能设计及对于结构传递荷载大小、地基强度、地基变形、基础稳定性要求等工程经验，经设计计算分析确定的基础形式，可以看做地基基础“概念设计”的基本内容。随着人类开发地下空间的需求，与地铁车站、地下商场、地下道路等地下结构物的衔接等功能要求，使得地基基础形式及作用在基础上的荷载类型均发生了较大变化，使得传统的基础类型的工程经验需要更进一步的工程实践总结和深化。

基础结构内力分析方法，目前主要采用传统的工程经验方法（即采用地基不变形假定得到的上部结构作用以及基于工程经验推荐的地基反力分布进行基础结构内力分析），对于复杂条件的建筑物应采用符合建筑物建造过程变形特点的共同作用分析方法。目前，随着地下空间开发利用，基础埋深很大，且多为主裙楼一体结构，整体大面积基础上建有多栋多层或高层建筑的基础形式，面积可达几万或数万平方米。此时，建筑物沉降量的较大部分，为地基土回弹再压缩变形，其余为地基土的固结变形。不同荷载压力段引起地基变形处于不同应力历史的变形过程，在基础结构形成过程中引起的基础结构内力也不同，必须分别计算。

基础结构可靠性设计，应从构件可靠性，进一步深化到结构可靠性，直至工程可靠性，切不可把设计表达式的可靠性等同工程可靠性；应在正确确定上部结构传递到基础上的荷载作用前提下进行基础结构可靠性设计的分析研究，不能忽视按照传统的工程经验设计方法（在一定条件下应是安全的设计）带来的设计不确定性对基础结构可靠性设计指标的影响。

天然地基不满足时的地基处理技术，应正确认识工法的适用条件和可能达到的加固效果，按照全面满足建筑物功能要求的地基承载力、变形设计及工程验收评价标准进行地基处理的设计、施工及工程验收。

基础施工需要的支挡结构设计，一般按经验方法进行。按土力学基本理论符合实际应力路径确定的岩土力学参数，从而得到符合实际的支挡结构内力及变形，才能进行真正的“优化”设计。基础施工需要的支挡结构，传统的理念是把它作为地基基础施工的临时措施，因而采用了许多经验的设计方法，例如采用库仑或朗肯土压力的极限状态作为支挡结构的外荷载，按弹性地基梁计算理论计算结构内力和变形，采用经验系数调整弯矩计算值及配筋等。进入新的世纪，面对生存环境恶化及资源贫乏的现状，将基础施工需要的支挡结构，不仅作为地基基础施工的支挡措施，并考虑其对永久地下结构的有利作用发挥的设计新理念已在实际工程中采用，产生了重要的经济效益和社会效益。

地基基础的检验验收评价，不仅要检验施工后地基基础性状与原设计的符合性，更要评价荷载作用的地基主要持力层、下卧层性状能否满足建筑物地基承载力、地基变形以及地基稳定性要求。对于采用地基基础新方法新技术的工程，尚要检验评价采用的地基基础设计参数的可靠性。

基础工程技术随着土木工程兴起、发展的过程，是伴随着成功与失败的总结而发展。进入新的世纪，在全球应对生存环境恶化、资源日益减少而提出节能减排、可持续发展的人类科技进步的新理念时，为从事这项技术研究的人们提出了新的课题和挑战。基础工程的耐久性设计、面向未来基础功能可改造性以及投入地下的材料更有效利用等研究课题已取得一定成果，给地基基础设计理论的发展注入新的内容和动力。

3. 地基基础的“概念设计”

地基基础概念设计，是指基于设计理论和工程经验，对工程场地资料、建筑物设计要求以及地下结构施工方法充分了解基础上，对地基基础设计安全性、经济性作出的基本评价，其基本内容以及应符合的条件包括：

1）场地地质灾害评价和地基稳定性评价应作为地基基础设计的前提条件认定并解决相关问题。

2）作用在地基基础上的荷载效应具有明显的时间效应，地基变形引起的基础结构内力应作为评价基础结构设计安全性的重要内容。

3）正确评价地基基础设计地基压力以及基础内力计算的方法及计算结果的可靠性，依靠经验加以调整，确保安全（整个方法体系的完备性、适用性、可靠性）。

4）目前基础结构验算的验算表达式采用简单应力状态的表达，而地基基础一般处于复杂应力状态（超静定结构），验算后的结果应留有余地。

5）地基课题均具有时间效应，包括土的固结状态、抗剪强度、地基变形计算等，工程中应分别对待。地基设计参数的选取应符合地基的工作状态、加荷路径等。

6）地基基础设计水平一定是地区勘察、设计、施工、检测评价水平的综合反映。

7）应采用能反映地基及基础真实受力状态的设计（共同作用分析）成果用于实际工程设计。

8）面向未来的地基基础设计应包括地基基础的耐久性、功能可改造性及对资源的充分利用等内容（真正技术经济统一的观点）。

9）上部结构与基础的连接条件应能满足复杂应力条件对基础材料的要求。例如，简单应力条件下独立基础承担的弯矩剪力较小、条形基础承担线性分布荷载（弯矩较小），可采用无筋扩展基础形式；复杂应力条件下则应采用扩展基础形式。

10）地基基础设计的成果，在任何可能的工况下应能满足建筑物的正常使用功能要求；在超越设防工况条件下（地震、抗浮、偶然爆炸或撞击荷载、其他可能引起地基失效的下沉、冲刷等作用）应能保证地基基础不失效或仅产生可修复的损伤。

4. 地基基础设计理论的新进展

随着人们生活水平的提高，对物质文化的需求日益增长，城市建设的压力不仅是人口增加、住房需求、城市交通等需求的压力。近十年来日益增长的私家车用量、大都市建设需要的大型公共设施、文化休闲场所、商场、车库等需求的压力也越来越大。增加城市容量和人类的活动空间，缓解交通堵塞，不占或少占土地的目的，开发利用地下空间将成为必然的选择。解决大城市住房用地紧张的措施之一是建造高层、超高层建筑。

中国的主要城市已经进入地下空间高速开发的时期。我国地下空间资源丰富，开发地下空间是节省土地资源，提高利用率，缓解城市压力，减少环境污染，改善生态环境的有效途径。针对我国工程建设的进展，地基基础设计带来了新问题，促进了地基基础设计理论新的进展。

1）深、大基础带来的地基基础设计问题

为了满足使用功能的需求，地下结构的层数由1～2层发展到4～5层，基础埋深已达30m以上；基础的面积已达数万平方米，同时基础结构的开间由以6～8m为主发展为更大开间（9～12m）。在同一大面积整体基础上建有多栋高层建筑或多层建筑已成为大城市建设的主要基础形式。其带来的新问题包括地基反力和地基变形特征、回弹以及再压缩变形特征、深大基础的地基承载力和变形控制设计方法等。基础工程的抗浮稳定性的重要性引起人们的重视。

2）深基坑施工带来的环境安全问题

由于基坑开挖深度大，深基坑开挖对周边环境的影响范围加大，其引起后果也越来越严重。其主要问题包括周边已有建筑由于基坑开挖变形引起的差异沉降、周边管线变形引起的上下水渗漏、燃气爆炸危险、道路交通安全等。深基坑施工降水引起的地下水资源保护问题也应引起重视。

3）深、大地下建筑建设对已有周边建筑设计条件以及使用条件改变引起的基础设计评价问题

新建地下建筑的基础埋深比既有建筑基础埋深大，且体量较大，对既有建筑整体稳定以及地基承载力的评价已是基础工程应该解决的新问题。其评价方法应考虑既有建筑地基的受力历史，对既有建筑不同的地基基础形式的评价方法亦有不同。

4）地下交通线路施工或穿越工程以及地下使用功能实现引起的有关基础工程问题

城市地下交通的线路建设一般埋深较大，施工引起的地应力损失造成地面沉降，对周边环境的影响范围内的建筑物影响较大；穿越工程改变了原有建筑物的地基基础受力条件，需进行评价，进行结构或地基托换加固；为实现地下交通与地下空间的人流、商业及综合使用功能，需进行既有建筑地下结构改造等。

5）建设节约型和环境友好型社会对基础工程的要求

建设节约型和环境友好型社会是人类对保障其自身生存环境的共同认识。我国由于人口众多，资源相对匮乏，对这个问题更有深刻的认识。“节能、节地、节水、节材、保护环境”是我国的长期国策。在保证安全的基础上，追求基础工程的技术经济的统一，也是我们应该追求的目标。因此在基础工程中研究新的设计方法，新材料、新工艺、新设备的使用以及绿色施工技术的研发等仍是基础工程技术的重点内容。

6）基础工程的耐久性

《工程结构可靠性设计统一标准》GB 50153—2008规定：工程结构设计时，应规定结

构的设计使用年限。基础工程结构应满足建筑物结构使用年限的要求。基础工程结构中，其地下水和土壤环境与上部结构使用环境不同，应根据其特点进行耐久性设计和维护。新中国成立60年来的情况调查，位于地下水位以上或完全位于地下水位以下、地下水和土壤无腐蚀性，基础工程结构的耐久性有保障，但对位于雨水渗透区、地下水位变化范围内的砌体结构、混凝土结构，有一定损坏。近年来我国主要大城市地下水位均在下降阶段，雨水渗透区、地下水位变化范围也在变化。对于这些情况以及腐蚀性环境的基础工程结构耐久性设计以及维护仍应加以重视和研究。

针对上述需求，我国科技工作者进行多年研究，得到了若干积极成果，满足工程建设的需求。例如，在同一大面积整体基础上建有多栋高层建筑或多层建筑的地基基础设计方法、基础变刚度调平设计方法、深大基础回弹以及再压缩变形特征及计算方法、基础结构抗浮设计、桩基工程新技术、既有建筑地基基础的工作性状及工程应用方法、地铁交通枢纽工程的地基基础加固改造等。这些成果体现出我国基础工程技术的特点和技术先进性。结合国外技术的发展，我国基础工程技术应在大跨地下结构的设计理论方法、按变形控制设计、深基坑施工引起环境影响的评价方法和工程措施、深大地下建筑建设对已有周边建筑设计条件以及使用条件改变引起的基础设计评价方法及加固技术、基础工程的抗浮稳定性及抗浮构件设计、地下交通线路施工或穿越工程以及地下使用功能实现引起的有关基础工程技术、基础耐久性问题、新材料、新工艺、新设备的使用以及绿色施工技术等需进一步深入研究。

可以看出，面对新的需求，地基基础设计面对的工程对象，其地基性状由于深、大基础建造过程发生了变化。首先，地基受荷的应力状态经历正常固结到超固结、或正常固结到超固结再到正常固结的阶段，其地基受荷的应力路径经历卸荷再加荷的阶段；其次，地基变形回弹再压缩变形比例大，可能起控制作用，附加应力所占的比例变小，固结变形大幅减少。

所以，基础设计参数不能用单一参数表达，应按地基受荷的应力状态按不同阶段工程性质确定，获取计算参数的试验方法应反映应力历史、应力路径影响。

由于人类工程建设活动的实施，导致土体的应力状态与原始状态相比发生变化，进而引起土体变形及强度指标的变化，这种变化又影响着工程建设行为模拟准确性，例如基坑开挖回弹再压缩变形计算中指标的确定、基坑开挖引起的土体抗剪强度指标的变化、基坑开挖支挡结构内力及变形分析等。建筑物基槽开挖前，地基土体状态为天然状态，即土性试验的初始状态，然后应根据地基土的实际应力路径进行试验，获取设计参数。以往的研究，加荷应力路径已有若干成果，而卸荷应力路径研究成果较少。同时应指出，地基基础设计参数尚与地基基础共同工作的结果关系密切。而目前的研究还不全面，需要进一步深入研究。

1.2　现代土力学的分析方法

某些学者提出了“现代土力学”的概念。事实上，所谓“现代土力学”的理论，比较经典土力学来说，仅仅增加了现代分析技术而已。现代分析技术为经典土力学的发展创造了条件，主要表现在，现代土力学可以揭示土体力学特性的发展过程，从而建立包括过程内涵统一的地基土力学模型，使之不仅揭示极限状态的平衡条件、屈服条件和流动法则等状态参数的规律和特性，还可揭示土体力学过程的规律和特性，从而解决地基土实际工作的应力历史、应力路径条件下的优化设计。

赋予地基基础设计理论新的内涵，即运用土力学和结构力学的基本知识，计算分析地基及基础结构真实的工程行为，使得基础结构能够抵御建造期间、使用期间各种不利作用，满足安全性、经济性、适用性、耐久性要求的设计理论。针对建筑地基基础设计理论的发展，重要的问题是要解决现代计算分析采用的应力应变关系及计算参数获取的试验方法。发展中的地基基础工程技术，随着人们不断增长的生活、工作物质需求的增长，以及基础建设的深度、体量，施工工法的改进，都可改变地基土实际的应力历史、应力路径条件，随之而来的研究课题包括地基土实际的应力历史、应力路径条件下工程特性的试验方法、设备；分析模型、计算参数；结果的应用条件及优化设计等。

第 2 章　与建造过程相关的地基土工程特性

影响地基土工程性质的主要因素，除土的成因、颗粒成分、孔隙比、含水量等基本条件因素外，地基土的应力历史及建造过程的应力路径等也是确定地基土工程性质的必要条件。

地基土的工程性质与地基土受荷后的应力应变关系直接相关，也直接影响结构、基础、地基共同作用的基础变形及地基反力分布。我们认识地基岩土的工程性质，不仅应认识其基本性质，还应认识应力历史及建造过程的应力路径变化产生的工程特性。

2.1　与应力历史有关的地基土工程特性

与应力历史有关的地基土工程特性有两类问题。第一类问题：在地基土形成过程中地基土的应力历史对其工程特性的影响；第二类问题：建筑物建设过程中由于基坑或土方开挖卸荷及再加荷过程产生的地基土工程特性。与应力历史有关的地基土工程特性主要表现为地基岩土的强度及变形特性。

1. 地基土的固结应力状态及抗剪强度

在很漫长的地质年代形成的地基岩土，可能经受多次冲刷沉积过程，或由于地壳运动地面上升下降过程，地基岩土的应力历史可能经历多次加载、卸载或再加载的过程。按照工程地质的区分，其中河漫滩（河床两侧在洪水期淹没而在平水期又露出水面的部分）、古河道（在地质历史上自然改道断流或人类历史上被废弃的河道）、河流阶地（由于地壳升降在河流两岸交替侵蚀与堆积而形成的阶梯状地）、冲沟（坡地上由间歇性地面水流冲蚀形成的沟槽）等包含形成过程的定名，以及前期固结压力或先期固结压力（土的历史上承受过的最大垂直有效压力又称先期固结压力）、超固结比（土层的前先期固结压力与现有的有效覆盖压力的比值）等定义和概念有益于理解地基岩土的应力历史对其工程特性指标的影响。

自然界存在的地基土，依其成因和应力历史，均存在一个固结应力状态，在此固结应力状态下有相应的强度和变形性质。对于地基土来说，土的应力历史影响变形性质的概念一般用土的固结应力状态表达，即欠固结土、正常固结土、超固结土。在自重压力下尚未完成固结的土称为欠固结土；在自重压力下已完成固结的土称为正常固结土；在自重压力下已完成固结且土体自重压力小于先期固结压力的土称为超固结土。

土力学基本理论对于地基土的强度和变形问题的认知，应是同一问题的两个方面，即强度理论是与应力应变关系直接相关的。例如，摩尔库仑强度理论，在确定地基土的抗剪强度指标时，是在原位取得土样后，在实验室首先进行恢复土样原始应力状态的准备（主要是恢复地基土的初始固结状态），然后针对不同固结压力进行模拟工程使用情况的剪切试验（不固结不排水剪、固结不排水剪或固结排水剪），确定破坏标准，然后得到以 c、φ 表达的土样抗剪强度。在确定每一个试验土样的破坏强度时，或采用峰值，或采用某一破坏标准应变值的试验值。这时确定的地基土摩尔库仑强度是与土样试验的应力应变关系密切相关的。而目前对于抗剪强度指标的应用，并未与试验过程的应力应变关系发生关系，直接用到地基承载力计算或地基稳定性计算中。只有在岩土工程计算分析采用的本构关系与协调方程采用统一的试验结果时，两者才是统一的。例如邓肯-张模型的计算参数。

目前，工程中针对土的应力历史影响的抗剪强度已有的成果如下：

① 砂土的抗剪强度

砂性土渗透系数大，受压力作用后土体结构的变形稳定时间短，因此砂性土的抗剪强度受水的作用影响较小。但从地基土的强度和变形问题是一个统一体来看，强度理论与应力应变关系过程直接相关来研究过程，不同含水量的砂性土达到其抗剪强度的变形量不同，含水量大的土样明显变形量大。所以，对于砂性土抗剪强度的影响因素分析，除传统认知的土样的密实度、土颗粒大小、土颗粒形状、土颗粒矿物成分以及颗粒级配状况等外，处于干湿交替环境不同含水量的土样抗剪强度会由于试验过程中的变形不同而产生变化。

砂性土抗剪强度一般用下式表达：

$$s=\sigma\tan\varphi \tag{2.1}$$

式中 s——土的抗剪强度（kN/m²）；

σ——作用在剪切面上的正应力（kN/m²）；

φ——土的内摩擦角（°）。

目前，对于砂性土抗剪强度，尚较少考虑应力历史影响的研究结果。从砂土结构出发，历史上受过较大上覆压力与未受过该压力的土样，在同等上覆压力条件剪切，历史上受过较大上覆压力的土样抗剪强度高于未受过该压力的土样。

② 正常固结和超固结黏性土的抗剪强度

与砂土性质不同，黏性土的抗剪强度受应力历史的影响很大。

如果取几个相同的试样分别在三轴仪中以不同的压力室压力固结，然后都在不排水条件下剪切，这些试样的不排水强度也将是随着剪切前的固结压力而改变的，图 2.1 为正常固结和超固结黏性土的抗剪强度，图 2.2 为模拟自然存在的粉质黏土试样在不同固结应力的三轴试验结果。

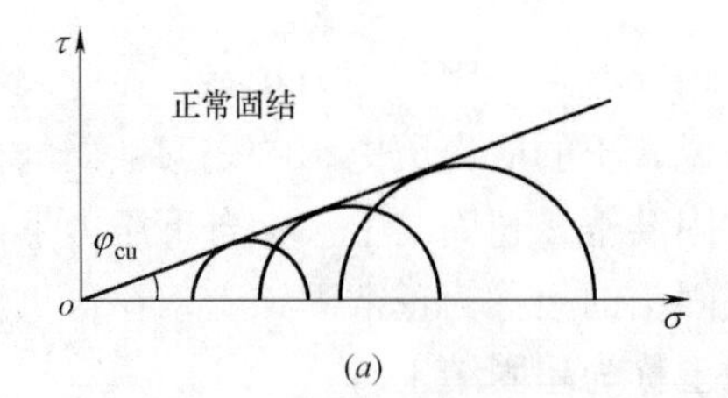

(a)

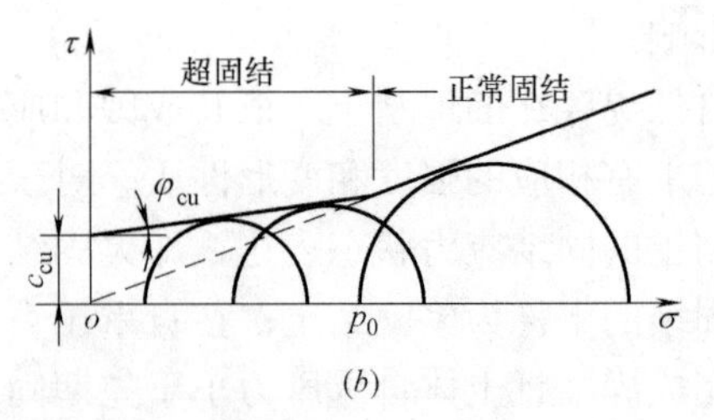

(b)

图 2.1　正常固结和超固结黏性土的抗剪强度

正常固结黏土从未经受过超过剪切前的固结压力，如果剪切前的有效固结压力等于零，土的不排水强度也等于零，所以摩尔包线是通过原点的直线（图 2.1*a*），因此固结不排水剪的黏聚力 c_{cu} 等于零。当固结压力增大时，不排水强度就随着增大。φ_{cu} 是固结不排水剪的内摩擦角。超固结土曾经受过的固结压力大于剪切前的有效固结压力，其试验结果如图 2.1（*b*）所示，图中三个应力圆的试样都在相当于天然土层压力 p_0 的作用下发生过固结，三个试样的初始孔隙比或含水量都相同。将这些试样分别在不同的压力室压力 σ_3

下再固结，其中 σ_3 大于 p_0 的试样属于正常固结，摩尔包线与图 2.1（a）一样是通过原点的直线，σ_3 小于 p_0 的试样属于超固结，摩尔包线是一条略平缓的曲线，与正常固结土的摩尔包线相交。实用上这条曲线常连成直线，即超固结土的固结不排水剪黏聚力 $c_{cu}>0$，p_0 越大 c_{cu} 就越大，内摩擦角则比正常固结土的小。

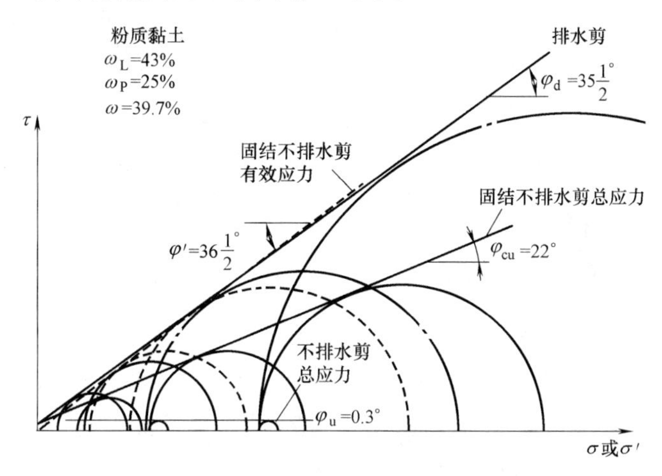

图 2.2 不同固结应力的三轴试验结果

③ 不同应力路径时的抗剪强度

饱和黏性土的工程特性指标，由于重塑土样难于正确模拟土的沉积、固结历史，应采用原位试验或通过原状土的室内试验测定。饱和黏性土的工程行为，与其应力历史关系密切，由图 2.3 所示结果[1]可知，在不同的应力状态和应力历史条件时，地基土的应力应变、固结变形、抗剪强度等工程特性应采用不同的指标表达。

2. 地基岩土的固结应力状态及变形特性

无论是自然界存在还是由于人为开挖加载形成的土体应力历史，其固结应力状态的改变、土体变形性质均有较大变化，应按其土体所处应力状态具有的变形性质进行变形计算。土体应力状态不同而变形性质改变的典型试验结果[8]见图 2.4。

由图 2.4 可知，土样卸荷回弹过程中，当卸荷比 $R<0.4$ 时，已完成的回弹变形不到总回弹变形量的 10%；当卸荷比增大至 0.8 时，已完成的回弹变形仅约占总回弹变形量的 40%；而当卸荷比介于 0.8～1.0 之间时，发生的回弹量约占总回弹变形量的 60%。

土样再压缩过程中，当再加荷量为卸荷量的 20%时，土样再压缩变形量已接近回弹变形量的 40%～60%；当再加荷量为卸荷量

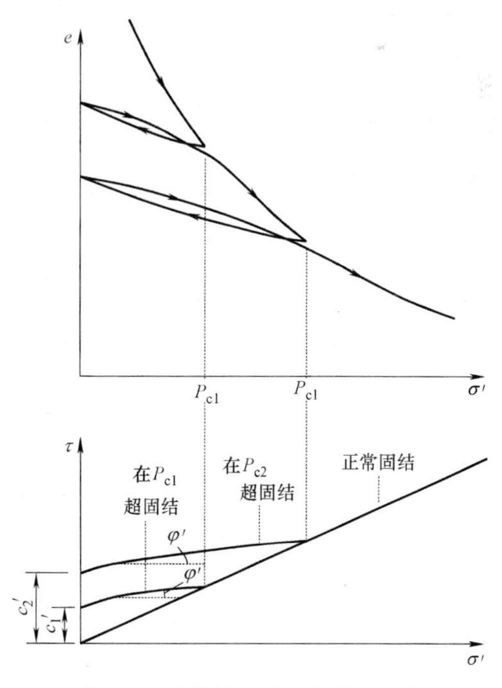

图 2.3 土的应力历史及抗剪强度

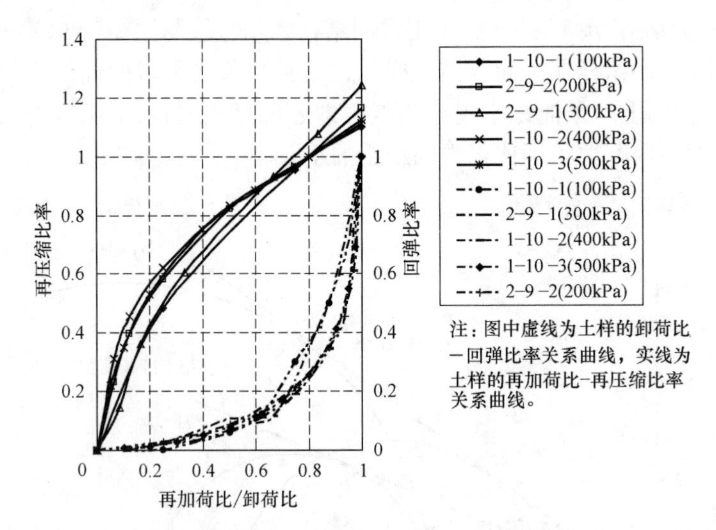

图 2.4　土样卸荷比—回弹比率、再加荷比—再压缩比率关系曲线（粉质黏土）

40%时，土样再压缩变形量为回弹变形量的 70%左右；当再加荷量为卸荷量的 60%时，土样产生的再压缩变形量接近回弹变形量的 90%。

在相同固结压力下，不同土性土样的回弹率存在明显差异。在相同固结压力下，淤泥及淤泥质土的最终回弹率最大，黏土和粉质黏土次之，砂土的最终回弹率最小。土体回弹变形具有一定滞后性，其滞后性与固结压力、卸荷比、土性密切相关。在相同固结压力下，随着时间的推移，淤泥及淤泥质土比黏性土、砂土表现出更为明显的回弹滞后性。土性也是影响土体回弹变形的主要因素之一。

上述成果说明，超固结土的变形依据其所处应力状态，可分别按分段线性特性计算，而正常固结土的变形随孔隙比的改变，不断变小的同时变形增量也减少。

土的应力历史对土的强度和变形性质影响很大，工程应用时必须确定土体应力历史影响的土性参数，才能得到符合实际的分析结果。

2.2　获取地基设计参数的原位试验及室内试验

由于地基土的成因及应力历史对地基土的工程特性影响很大，在原位取得的地基设计参数进行地基基础设计的适用性、可靠性及经济性最好，可以得到最优设计成果。如果采用室内试验得到地基设计参数，要求采用原状土样，试验条件模拟原位的应力条件或应变条件，同时采用工程实际的应力路径进行试验。

1. 获取地基强度设计参数的原位试验

获取地基强度设计参数的原位试验方法主要有载荷板试验、标准贯入试验、动力触探试验、静力触探试验、十字板剪切试验、原位剪切试验等。这些试验方法的具体操作及获得相应参数的计算原理规范中已有具体规定，在此不一一细述。但地基基础的设计工程师应该了解，原位试验方法得到设计参数的地基应力状态，可能比室内试验更符合实际，但与所要设计的房屋基础的地基工作条件及性状，仍有试验条件或使用条件的异同，需要了解分析获得参数的试验条件与使用条件的差异，分析设计参数的可靠性。

原位载荷板试验，采用慢速加荷的荷载维持稳定标准分级加荷，可以较好地模拟房屋基础的工作情况，但由于载荷板一般小于基础宽度，使得试验荷载下地基的有效持力层深度大大小于实际基础地基的影响深度，反映的地基性状不完整，对于上硬下软或上软下硬等不同成因的地基承载力影响不尽相同；同时由于载荷板试验得到的荷载变形曲线的线性段并不明显，当按相对变形标准（例如按沉降与基础宽度之比的 0.01 为标准）确定地基承载力特征值时，不同尺寸的载荷板会得到不统一的试验值。载荷板的宽度越大，越接近实际基础工作形状，但一般情况下载荷板宽度越大得到的地基承载力值越高，当采用地基承载力设计的深宽修正经验公式时会得到不一致的结果。设计工程师在分析设计参数可靠性时应充分了解地基情况、试验情况及参数确定原则等。《建筑地基基础设计规范》GB 50007 规定静载荷试验的载荷板尺寸为 0.25～0.5m^2 时的地基承载力特征值确定方法，并与规范给出的地基承载力深宽修正系数配套使用，就是这个道理。

标准贯入试验、动力触探试验、静力触探试验等方法确定地基承载力，一般是采用这些方法的现场试验值与载荷板试验结果的统计分析，建立地区经验值的间接确定方法。采用这些方法确定地基承载力，建立与载荷板试验结果的统计分析关系对于场地条件的适用性，基础埋深条件等应进一步分析确定。同时，对于同一地质分层地基现场取得的试验结果，是否需要杆长修正，是采用平均值还是采用标准值建立的相关关系，在使用时应十分注意，否则会出现不尽合理的设计参数。

十字板剪切试验、原位剪切试验等方法确定了试验点的剪切强度后，可以经过数据的统计分析处理，提出剪力沿深度或沿分层空间分布的抗剪强度表达式。但该方法获取的试验点数量少，试验数据变异性高，目前在实际工程中应用较少。

2. 获取地基变形设计参数的原位试验

获取地基变形设计参数的原位试验方法主要有平板载荷试验、深层载荷试验及地基旁压试验等。目前，利用这些方法分别得到地基变形模量或旁压模量等变形计算参数，但利用这些计算参数计算得到的地基变形量与实测结果的吻合程度还没有建立较好的相关关系，在实际工程中尚未得到推广。其中主要的问题在于，地基变形计算需要确定的物理量分别有基底压力分布曲线、分层地基变形模量、分层地基变形计算值与实测值的修正系数等，且这些物理量应在一个统一的系统解决，才能解决实际工程问题。当我们解决了某一物理量的问题后，没有解决系统的相关问题，仍然解决不了实际工程问题。2013 年在法国召开的第 18 届国际土协会议上，国际土协主席 Briaud 作了关于旁压试验在实际工程应用，特别是在地基变形计算中的应用成套技术，为我国工程技术人员研究用于地基变形计算的原位测试技术提供了较好的范例[2]。

Briaud 等采用旁压试验解决工程应用的主要成果包括：

1）工程设计需要的旁压钻孔试验数量

2）旁压试验设备的改进

在控制应力试验或控制应变试验方面有所提升：控制应变试验具有在加压阶段无需预估极限应力的优点，而控制应力试验在试验孔较大时具有节约试验时间的优势。控制应力试验需要配置压缩气瓶，这具有一定危险性。控制应变试验这方面则相对安全，更多的土木工程师应用应力控制试验。

3）高质量的钻孔是最重要的步骤

表 2.1 为旁压试验钻孔与取样钻孔的区别；表 2.2 为湿法旋转钻孔方法确保 PMT 钻

孔质量的几点建议。

旁压试验钻孔与取样钻孔对比 表 2.1

旁压试验钻孔	土体取样钻孔
慢速钻进以避免造成扩孔	快速钻进以尽快到达取样深度
密切关注成孔后孔壁土体的扰动情况,尽量降低对孔壁土体的扰动	无需关注成孔后孔壁土体扰动与否
无需关注钻头以下土体的扰动与否	密切关注钻头以下未钻进土体的扰动情况,尽量降低对钻头下未钻进土体的扰动
预先钻孔超过试验深度以让土屑沉积	到达取样深度即试验完成
不得在钻孔内上下移动钻头来清理孔壁,这将造成扩孔,严禁扩孔	通过运行钻头快速地在孔内上下移动来清理孔壁,避免对取样管作不必要的切削
密切关注钻孔孔径,不得扩孔	无需关注钻孔孔径

4)旁压试验成果的应用

通过旁压试验曲线可以获得土体参数，作者获取了诸多土体参数：PMT 模量、环向张力、初始加荷模量、小应变模量、长期蠕变模量、循环加荷模量、卸荷-再加荷模量、屈服压力 p_y 等参数，借助上述参数对由 PMT 试验得到的成果曲线对土体性能进行了深入的分析研究，并对由 PMT 试验得到的参数与土体其他参数如黏性土的状态、砂土的密实度等参数进行了相关性研究，得出了相应的经验值；应用推广旁压试验成果在浅基础、竖向荷载作用下的桩基础、水平荷载作用下的桩基础、汽车引起的水平冲击荷载下的桩基础、液化判别及其在基坑支护体系等方面均有其应用价值，建立的 Γ 函数，即为分析得到的沉降与实际工程沉降的关系函数。

湿法旋转钻孔方法下确保 PMT 钻孔质量的建议 表 2.2

确保钻孔质量的建议
预钻孔钻头直径与旁压试验探头直径相同
粉土和黏土中采用三翼钻头(切削),砂土和碎石土中用牙轮钻头(磨削)
钻杆要足够细以免对孔径造成影响
采用慢速钻进(60rpm)
缓慢的泥浆循环以降低对孔壁的侵蚀
比试验深度超钻 1.0m 以让土屑沉积
一次钻入一次撤出钻孔(不得对孔壁进行清理)
每孔只试验一次

3. 获取地基设计参数的室内试验

获取地基设计参数的室内试验方法主要有直接剪切试验、三轴剪切试验、固结试验等。现场取得的非扰动土样，通过模拟恢复地基土的原位应力应变条件的预处理工作，再在预定应力路径的应力条件下（或应变条件）实施剪切，可同时得到地基土的应力应变关系曲线及相应破坏条件下的抗剪强度。事实上，地基基础设计的数值方法，采用的地基土力学模型与破坏强度应具有一致性，即在同一实验条件下得到的应力应变关系及破坏强度。当室内试验的模拟条件符合地基土的应力历史及应力路径，得到的地基设计参数进行实际工程的分析计算，可以得到符合工程实际的分析结果。下面通过饱和软黏土的抗剪强度试验研究，阐述试验方法选择与工程应用方法之间的关系。

为了研究地基土应力历史对其抗剪强度试验结果的影响，进行了天津某地正常固结饱和黏性土不同室内试验方法的试验[24],[25]。试验用土样取自天津市塘沽区海河南岸，西起头道桥路，东至闸南路的地段。土样取土深度位于地表下 18.5m、20.5m、22.5m、24.5m，地下水位埋深 1.5m，土样的基本物理力学指标见表 2.3，前期固结压力、K_0 试验结果见表 2.4。试验结果可知，试验土样为正常固结的饱和黏性土。

（1）地基土的原始状态及物理力学指标

直剪试验采用快剪，在有效自重压力下预固结，剪切时的垂直压力分别为 50kPa、100kPa、150kPa、200kPa、300kPa、400kPa、500kPa；三轴试验（如埋深 20.5m 的试样）采用自重压力下预固结后分别在 20kPa、40kPa、60kPa、80kPa、130kPa、180kPa、280kPa 围压下的不固结不排水剪（即施加围压后不再固结）。埋深 18.5m 的土样含贝壳等杂质较多，代表性差，不做三轴剪切试验。埋深 20.5m 的试验结果分别见图 2.5、图 2.6。由图 2.5 直剪试验结果可知，抗剪强度在前期固结压力的两侧表现为明显不同的规律，垂直压力小于前期固结压力的抗剪强度指标 c=55.25kPa，φ=8.01°；垂直压力大于前期固结压力的抗剪强度指标 c=82.09kPa，φ=2.29°。由图 2.6 三轴试验结果可知，抗剪强度在前期固结压力的两侧也表现为明显不同的数值，垂直压力小于前期固结压力的抗剪强度指标 c=57.4kPa，φ=7.1°；垂直压力大于前期固结压力的抗剪强度指标 c=98.4kPa，φ=1.2°。其他埋深的土样试验结果具有同样的规律。从试验结果可知，土工试验确定地基土的抗剪强度指标时，试验上覆压力（或围压）的范围应以前期固结压力为限，大于或小于前期固结压力的结果分别处理，按照工程设计实际的应力路径和应力状态分别采用，才能符合地基土的抗剪强度特性。目前岩土工程勘察报告提供的地基土抗剪强度指标，一般采用“习惯”的竖向压力或围压，并未考虑工程使用时的实际应力状态，使得提供的抗剪强度指标偏于保守，或存在安全隐患。

试样物理指标 **表 2.3**

土样（#）	取土深度 d(m)	土的分类	含水率 w_0（%）	密度 ρ（g/cm³）	孔隙比 e	液限 w_L（%）	塑限 w_P（%）	塑性指数 I_P	液性指数 I_L	备注
原状土 A	18.5	粉土	19.58	2.07	0.56	20.80	11.10	9.70	0.87	含大量贝壳
原状土 B	20.5	粉质黏土	31.23	1.90	0.84	38.29	23.56	14.73	0.52	灰色，少许贝壳，含有机质
原状土 C	20.5	粉质黏土	30.06	1.92	0.85	37.30	26.80	10.50	0.31	
原状土 D	20.5	粉质黏土	37.46	1.90	0.96	40.10	26.40	13.70	0.81	
原状土 E	22.5	粉质黏土	23.90	2.04	0.64	27.00	16.40	10.60	0.71	褐色、灰色，有粉土团，少量贝壳
原状土 F	22.5	粉质黏土	23.65	2.04	0.64	27.51	17.48	10.03	0.62	
原状土 G	22.5	粉质黏土	22.78	2.10	0.56	26.82	16.63	10.19	0.60	
原状土 H	24.5	粉质黏土	22.70	2.05	0.63	32.90	17.40	15.50	0.34	褐黄色，含姜石
原状土 I	24.5	粉质黏土	22.92	2.06	0.62	31.55	20.38	11.17	0.23	
原状土 J	24.5	粉质黏土	21.71	2.08	0.59	30.64	18.60	12.04	0.26	

注：原状土取土工作由天津市工程地质勘察设计研究院完成，并严格按照规范要求的饱和黏性土现场取土要求操作取样。

土样的原始应力状态　　　　表 2.4

土样（#）	深度 d(m)	土的分类	K_0	前期固结压力 p_c(kPa)	有效自重应力 σ'_z(kPa)	有效周围应力 σ'_r(kPa)
原状土 B	20.5	粉质黏土				
原状土 C	20.5	粉质黏土	0.366	192	194.85	72.2
原状土 D	20.5	粉质黏土				
原状土 E	22.5	粉质黏土				
原状土 F	22.5	粉质黏土	0.394	209	211.85	83.5
原状土 G	22.5	粉质黏土				
原状土 H	24.5	粉质黏土				
原状土 I	24.5	粉质黏土	0.414	246	228.85	94.8
原状土 J	24.5	粉质黏土				

注：K_0 固结试验数据由北京市勘察设计研究院土工试验室提供。

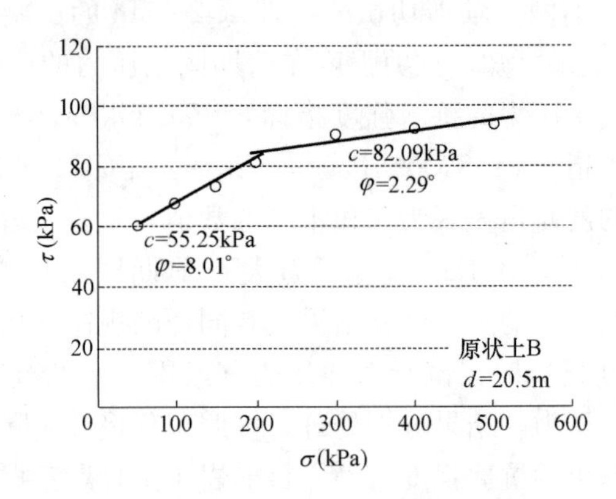

图 2.5　20.5m 埋深土样直剪试验

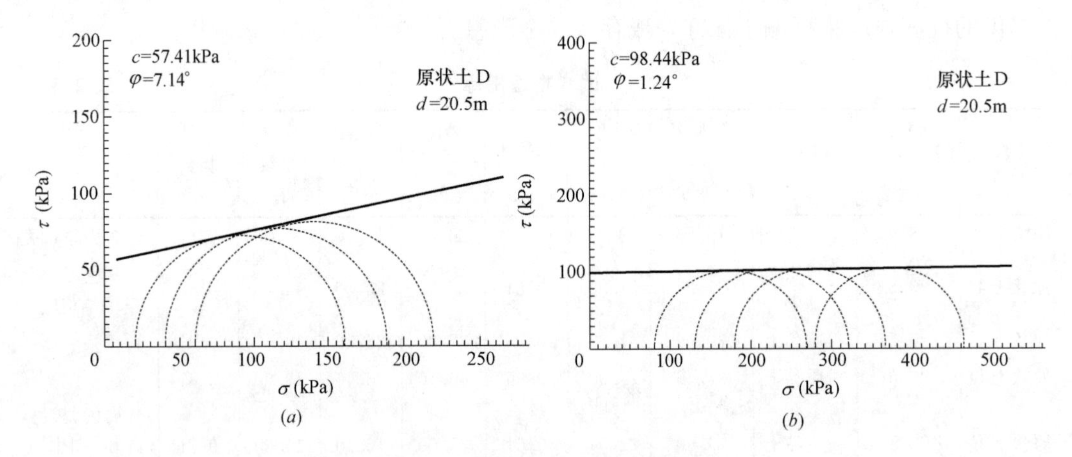

图 2.6　20.5m 埋深土样三轴试验

（2）室内剪切试验的工程模拟方法

实际工程的饱和黏性土，自然状态下具有不同的应力和固结状态；而在使用阶段，由于是在基坑开挖后建造，其上覆压力可能大于或小于前期固结压力。在建造期间饱和黏性土因其土性排水条件差，不能充分固结，工程模拟的最不利工况是土样在各级荷载作用下不固结不排水剪确定抗剪强度。采用直剪试验时应在有效自重压力下预固结，然后实施快剪；三轴剪切试验应采用自重压力下预固结后在各级荷载作用下进行不固结不排水剪。

针对实际工程的有效固结压力的模拟，分别进行了 K_0 应力以及（$\sigma'_z+2\sigma'_r$）/3、σ'_r均匀压力预固结的不固结不排水剪试验比对，试验结果见表 2.5。可以认为 K_0 应力状态预固结应该最接近实际土层的受力状态，从表中试验结果可知，其与（$\sigma'_z+2\sigma'_r$）/3 均匀围压预固结的试验结果抗剪强度接近，而采用 σ'_r均匀压力预固结的抗剪强度偏低。工程试验时为减少偏压固结试验的困难，可采用（$\sigma'_z+2\sigma'_r$）/3 均匀围压预固结的试验结果。

表 2.5 不同固结状态下三轴 UU 试验结果

试验（#）	取土深度 d(m)	预固结状态	$(\sigma_1-\sigma_3)_f$(kPa)
1	20.5	K_0	213.5
		$(\sigma'_z+2\sigma'_r)/3$ 均压	207.2
		σ'_r均压	161.3
2	22.5	K_0	237.1
		$(\sigma'_z+2\sigma'_r)/3$ 均压	224.8
		σ'_r均压	193.4
3	24.5	K_0	224.7
		$(\sigma'_z+2\sigma'_r)/3$ 均压	217.3
		σ'_r均压	170.1

（3）自重应力下预固结的不固结不排水剪切试验与固结不排水剪切试验模拟工况的异同

自重压力下预固结的不固结不排水剪切试验，其自重压力下预固结是指剪切试验开始前对土样进行恢复原始应力状态和固结状态的预处理过程，而不固结不排水剪切是指剪切试验施加围压后不固结，剪切过程中不排水的试验方法。可以说这种试验方法适合于所有地基土确定其抗剪强度的情况，特别对于饱和黏性土可以直接得到模拟工程实际的抗剪强度。

固结不排水剪切试验，没有强调固结压力与土样原始应力状态和固结状态的关联性。实际操作中如果固结压力与前述土样的自重压力下预固结的应力状态一致，试验应得到相同的抗剪强度；如果固结压力大于土样原始固结压力，其试验得到的抗剪强度是土样在假定固结压力下的抗剪强度，由于固结压力高于实际土层的固结压力，得到的土样抗剪强度偏大；而如果固结压力小于土样原始固结压力，同样改变了实际土层的固结压力，土样的的抗剪强度可能偏小。

采用埋深 20.5m 的土样试验作比较，试验的结果见图 2.7。试验结果可知，采用固结不排水剪切试验，也应区分前期固结压力两侧的不同压力段，进行抗剪强度指标的整理。自重压力下预固结的不固结不排水剪切试验与固结不排水剪切试验确定的抗剪强度在固结压力相同时的点上基本一致；固结压力大于前期固结压力的应力段，固结不排水剪的抗剪强度明显大于自重压力下预固结的不固结不排水剪的抗剪强度（图 2.7*b*、图 2.7*d*）；固结压力小于前期固结压力的应力段，两种试验的结果 c、φ 的分布规律不同，自重压力下预固结的不固结不排水剪的抗剪强度指标 c 值小，φ 值大（图 2.7*a*）；而在固结压力大于前期固结压力的应力段，固结不排水剪的抗剪强度指标 c 值小，φ 值大（图 2.7*d*）。

实际工程的饱和黏性土地基，如果认为成因相同，沉积历史相同，地下水条件相同，一般情况下其抗剪强度应沿深度逐渐增大，在剪切试验中其土样抗剪强度随固结压力增大而增大的规律明显，完全可以验证。

（4）工程应用的几个问题

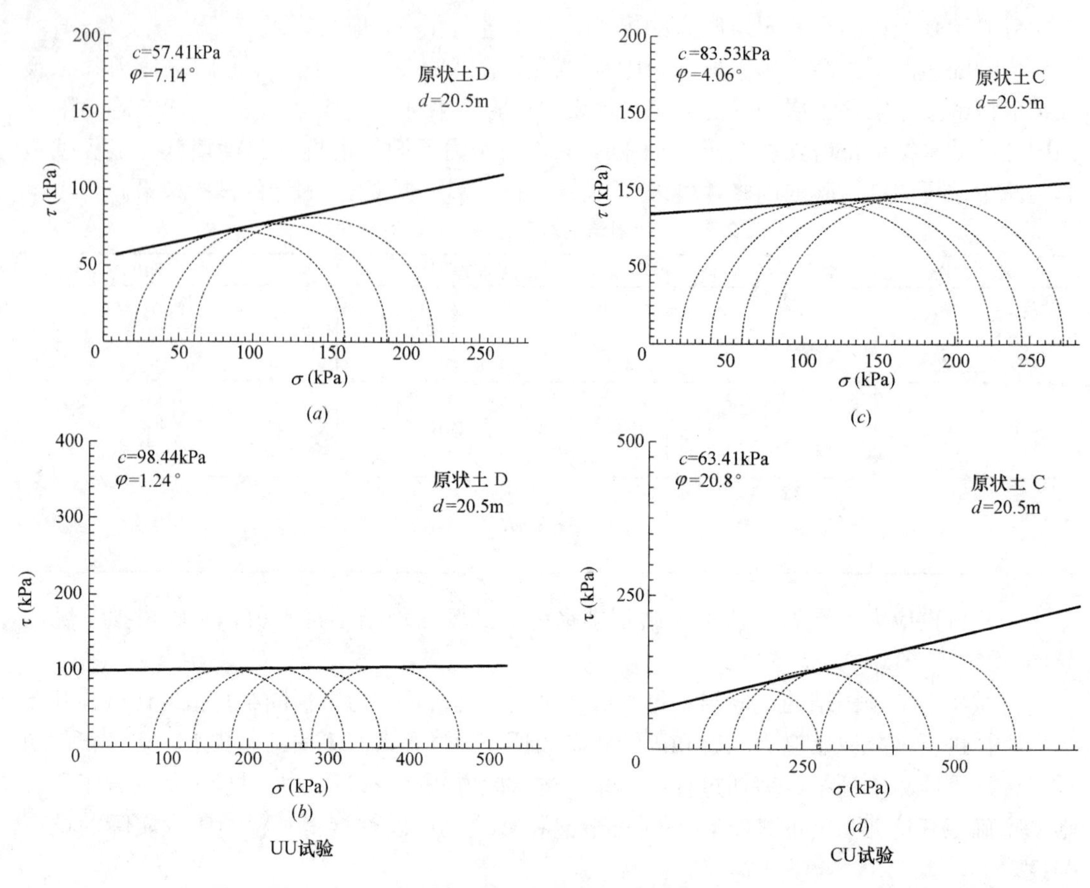

图 2.7　三轴压缩试验

上面所谈的问题主要是地基土的抗剪强度试验方法和模拟工程实际的认识。作为地基基础设计采用的设计参数，应考虑房屋结构建造和使用过程中地基基础的可能最不利工况的安全性控制，例如工程勘察时判定的地下水位及其浮动范围在未来使用期间的变化，特别对于场地排水条件及地下管线渗漏对地基土承载特性和变形特性的影响，非饱和土的试验结果在使用过程中是否可能变成饱和土的可能性；地下水位升高对地基土变形的影响等问题。对于工程设计采用的抗剪强度指标应采用工程最不利工况的实际应力状态和应力路径，通过试验取得。

1）地基承载力设计采用的抗剪强度指标

地基承载力计算，在大多数工程中是对地基的加载过程，某些工程（例如纯地下工程）地基土可能处于卸荷状态。在地基承载力设计中采用的抗剪强度指标，应视房屋地基使用中可能达到的最大基底压力与实际土层地基土的应力、固结状态，采用不同的抗剪强度指标分析计算。房屋地基使用中可能达到的最大基底压力若小于土体的前期固结压力(例如纯地下工程)，应采用小于等于土样前期固结压力段的抗剪强度指标；若大于土体的前期固结压力，应采用大于等于土样前期固结压力段的抗剪强度指标。房屋地基土的最终固结完成，需 5～8 年时间，对于饱和黏性土来说，排水条件更差，所以工程采用自重压力预固结的不固结不排水剪抗剪强度指标进行地基承载力设计认为是合理且安全的。

2）基坑工程设计采用的抗剪强度指标

基坑工程控制工况大部分是土体卸荷情况下的稳定性问题，即对天然土体在原始应力和固结状态下开挖基坑土体卸载情况下的作用和抗力进行的稳定性计算。其采用的抗剪强度指标应属于卸荷应力路径的指标。基坑开挖的被动区的抗力计算，应采用卸荷段的抗剪强度指标（主要上覆压力减少），其应力的范围应在小于前期固结压力的应力段；基坑开挖的主动区的作用计算，应采用卸荷段的抗剪强度（主要周围压力减少），其应力的范围也在小于前期固结压力的应力段。

对于饱和黏性土地基的基坑工程设计采用的抗剪强度指标，亦应采用自重压力下预固结的不固结不排水剪切试验得到的抗剪强度指标，与地基承载力设计采用指标的不同在于应力路径和固结状态不同。

3）不考虑土的应力历史试验资料整理的工程问题

工程设计采用的地基土抗剪强度指标应考虑所设计工程问题的土体应力状态和使用指标的安全性。土体应力状态主要指地基工作是加荷还是卸荷，而采用相应应力段的抗剪强度指标；使用指标的安全性是指所采用抗剪强度指标对应的土体固结排水条件。

目前土工试验的试验条件及资料整理并未与实际工程工况相对应，主要问题在于：

① 试验采用土样在未确定地基土的现场应力条件和固结状态时，一律按正常固结土直接在假定的固结压力下进行剪切，测定的抗剪强度指标未考虑实际工程的应用范围；

② 试验资料整理未区分实际土层在工程使用的不同应力段的指标差异，按统一的统计回归方法得到抗剪强度指标，使得测定的抗剪强度指标在实际工程设计中采用的抗剪强度在卸荷段偏低，而在加荷段偏高。

这些问题对于饱和黏性土地基，使得基坑工程采用的抗剪强度指标不符合设计工况要求，影响了工程设计的安全性，应加以改进。

4）关于三轴固结不排水剪资料的应用

土样在原位的固结状态，已在土样的预固结中恢复，而三轴固结不排水剪模拟的工况为土体在剪切过程中部分排水，究竟剪切过程中部分排水的固结状态与试验选用的固结应力之间的关系如何，实际无法确定。所以，目前采用三轴固结不排水剪切试验得到的应力应变关系及抗剪强度指标与实际工程计算分析的模拟，并无验证资料证明其有效合理性。

（5）对抗剪强度试验方法的建议

上述问题的讨论，主要针对饱和黏性土地基，其实对于所有工程地基土的抗剪强度试验及其抗剪强度指标的使用，其概念是一样的，以此提出针对目前岩土工程抗剪强度试验方法的建议。

1）现场取得的不扰动土样，在试验室进行抗剪强度试验，应进行测定土样原始状态参数的试验，包括 K_0、前期固结压力等，剪切试验开始前应使土样在原始应力状态预固结。

2）应针对实际工程问题需要，进行土样的剪切试验。其中对于基坑工程设计其试验压力选择应包括自重压力下预固结的不固结不排水剪切试验，剪切时的上覆压力或围压在小于自重上覆压力的点数不应少于 3 点。对于地基承载力设计其试验压力选择应包括自重压力下预固结的不固结不排水剪切试验，剪切的上覆压力或围压在大于自重上覆压力的点数不应少于 3 点。

3）试验结果资料整理应区分不同压力段分别进行统计分析，即小于前期固结压力的压力段和大于前期固结压力的压力段分别整理。

地基土回弹再压缩变形试验

2.3　地基土的回弹再压缩变形试验研究[9~12]

1. 室内回弹再压缩变形试验设计

采用土样压缩、回弹、再压缩试验研究土体卸荷回弹与再压缩变形特性。根据压缩回弹试验要求对试验进行设计：(1) 原状试样制备：按土工试验国家标准规定进行试样的制备，用环刀切取高度为 2cm、面积为 30cm^2 的试样；(2) 加载与卸载：根据国家标准《土工试验方法标准》GB/T 50123—1999，采用分级加荷的方法，施加每级压力 24h 后测定试样高度变化作为稳定标准，在最终压力下固结稳定后退压，直至退到要求的压力，每次退压 24h 后测定试样的回弹量；(3) 采用多联固结压力仪进行试验，在试验过程中用湿棉纱围住加压板周围，以降低环境对土样含水量的影响。同时在试验过程中，视环境改变对室内的温度、湿度采取调节措施。

试验土性基本指标　　表 2.6

土样编号	取土深度(m)	密度(g/cm^3)	含水率(%)	液限	塑限	塑性指数	初始孔隙比
1-6	3.0～3.15	2.1	15.7	28.6	14.8	13.8	0.4948
1-7	3.5～3.65	2.1	17.9	28.5	17.0	11.5	0.5088
1-8	4.0～4.15	2.1	18.1	26.0	13.9	12.1	0.5053
1-9	5.0～5.15	2.1	25.2	33.9	17.5	16.4	0.649
1-10	6.0～6.15	2.1	22.9	30.7	17.3	13.4	0.6186
1-11	7.0～7.15	2.0	29.3	37.7	18.5	19.2	0.7968
1-12	8.0～8.15	2.1	23.7	35.5	18.9	16.6	0.6176
1-14	10.0～10.15	2.0	30.7	37.0	19.8	17.2	0.7541
2-6	3.0～3.15	2.1	18.8	27.8	12.7	15.1	0.5571
2-7	4.0～4.15	2.1	19.5	25.9	12.0	13.9	0.5367
2-8	5.0～5.15	2.1	21.9	27.0	16.3	10.7	0.6056
2-9	6.0～6.15	2.1	27.5	30.2	15.8	14.4	0.6567
2-10	7.0～7.15	2.1	18.6	26.0	14.7	11.3	0.5166
2-11	8.0～8.15	2.1	21.1	28.1	14.8	13.3	0.5227
2-12	9.0～9.15	2.1	20.8	34.4	15.9	18.5	0.5349

注：表中将取土深度相同的土样视为同一土层土样，每一土样切取 3～4 个环刀土样，如土样 1-6 切取的三个环刀土样编号为 1-6-1、1-6-2、1-6-3，对各环刀土样分别按要求进行压缩回弹试验。表中除 1-11、1-14、2-12 为黏土外，其余均为粉质黏土。

粉质黏土土样来自地基所实验坑内，实验坑内由地面向下 3.0m 为回填粉质黏土，历经之前的试验已经固结稳定，3.0m 以下为深厚土层，根据基坑开挖模型试验的要求，主要对地面以下埋深 3.0～10.0m 的土层进行变形观测，分别在实验坑东、西部各选一点钻孔取得原状土样，对每个土样进行环刀法密度试验、含水率试验、界限含水率试验等常规试验得到土样基本参数，土样土性基本指标见表 2.6。

黏土土样来自北京地区某工程勘察所取得原状土样，对每个土样进行环刀法密度试验、含水率试验、界限含水率试验等常规试验得到土样基本参数，黏性土土样土性基本指标见表 2.7。

黏土土样基本指标　　表 2.7

土样编号	密度(g/cm³)	含水率(%)	塑性指数	初始孔隙比
1-1	2.03	20.22	17.8	0.6254
1-2	1.90	17.19	17.5	0.6980
1-3	2.08	14.39	18.1	0.5132
1-4	1.99	21.82	17.4	0.6851
1-5	2.14	17.83	18.4	0.5110
1-6	1.82	25.44	19.2	0.8953

注：表中土样编号为环刀土样编号，对每一环刀土样进行压缩回弹试验。

砂土重塑土土性基本指标　　表 2.8

土样编号	干密度(g/cm³)	含水率(%)	相对密实度	初始孔隙比
1-1	1.45	12.49	0.35	0.8223
1-3	1.52	13.10	0.53	0.7406
1-4	1.50	13.96	0.45	0.7746
1-6	1.51	12.05	0.47	0.7662
1-7	1.53	13.14	0.55	0.7335
1-8	1.53	15.28	0.54	0.7361
1-9	1.55	12.11	0.59	0.7131
1-10	1.54	13.17	0.58	0.7210
1-11	1.55	12.69	0.60	0.7106
1-12	1.55	13.17	0.59	0.7137

注：表中砂土土样编号即环刀土样编号，对每一环刀土样进行压缩回弹试验。

砂土重塑土土样采用细砂，按12%的含水率加水充分搅拌后装入密闭容器内静置24h，通过击实试验将砂土击实至一定相对密实度，在逐层击实土样过程中将环刀放入土中适当位置，待击实完成后再将其中的环刀土样取出。对每个土样进行环刀法密度试验、含水率试验等常规试验得到土样的基本参数，砂土重塑土土性基本指标见表2.8。

淤泥及淤泥质土土性指标　　表 2.9

土样编号	密度(g/cm³)	含水率(%)	液限	天然孔隙比
淤泥质土样 1	1.71	61.76	58.0	1.391
淤泥土样 2	1.66	71.75	70.1	1.633

注：表中土样1切取得到4个环刀土样，编号依次为4-1-1、4-1-2、4-1-3、4-1-4；土样2切取得到5个环刀土样，编号依次为4-2-1、4-2-2、4-2-3、4-2-4、4-2-5；对各环刀土样分别按要求进行压缩回弹试验。

淤泥及淤泥质土样来自天津地区，对每个土样进行环刀法密度试验、含水率试验、界限含水率试验等常规试验得到土样的基本参数，其土性基本指标见表2.9。

按固结回弹试验设计方案对以上土样所得到的环刀土样进行固结回弹试验，得到原始数据。为了取得比较充分的压缩回弹数据，每一深度的土样进行六个不同固结压力下的试验。每组土样预压荷载分别为100kPa、200kPa、300kPa、400kPa、500kPa和一组往复加荷卸荷再加荷的试验（此土样经历的固结压力先后为100kPa、200kPa、300kPa、400kPa、500kPa）。待每级压力固结稳定后按比例卸荷取得原始数据进行分析。

2. 土样压缩回弹变形曲线

将各环刀土样分别按要求进行压缩回弹试验取得原始数据，得到各土样压缩回弹变形的 e-P、e-lg$P$ 曲线，由于试验土样数量较多，为说明土样回弹变形的基本规律，每种土只列举一组 e-P、e-lg$P$ 曲线进行说明（下图中图名括号内的压力值为该土样压缩回弹试验中所受固结压力值）。图 2.8～图 2.11 分别为粉质黏土、黏土、砂土及淤泥土的 e-P 与 e-lg$P$ 试验曲线，图 2.12 为粉质黏土 1-7-1（往复加卸荷）e-P 曲线。

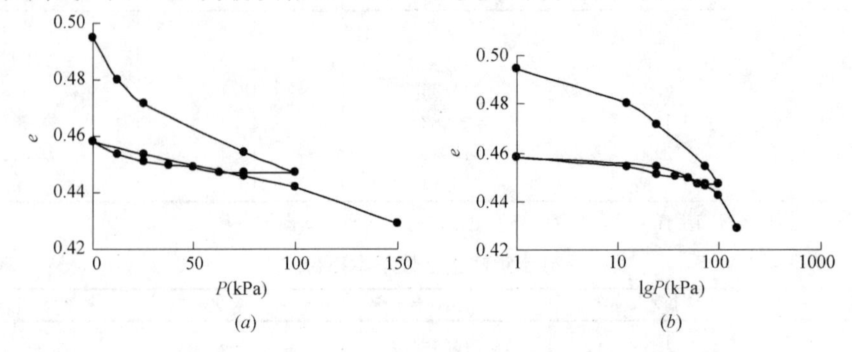

图 2.8　粉质黏土 1-6-1（100kPa）*e-P* 与 *e*-lg*P* 曲线

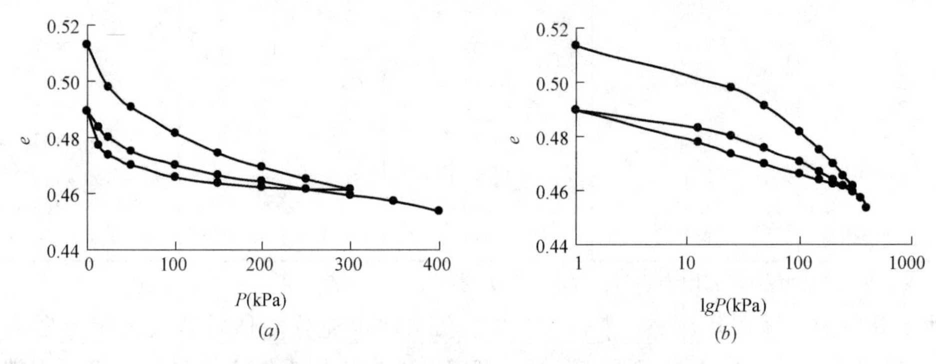

图 2.9　黏土 1-3（300kPa）*e-P* 与 *e*-lg*P* 曲线

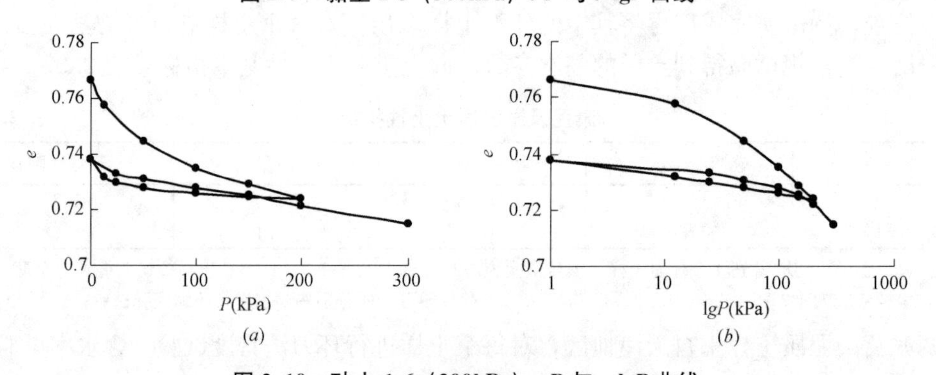

图 2.10　砂土 1-6（200kPa）*e-P* 与 *e*-lg*P* 曲线

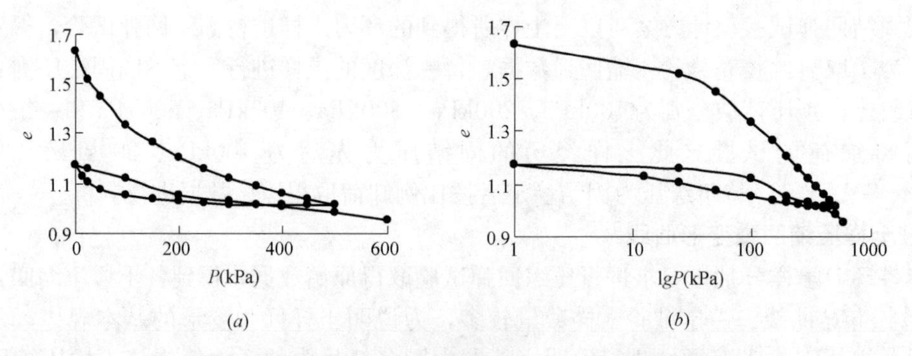

图 2.11　淤泥土 4-2-5（500kPa）*e-P* 与 *e*-lg*P* 曲线

土工试验中所做各种土性土样总数近 200 个，试验土样压缩回弹再压缩试验结果表现出一致的基本规律，即土样卸荷的初始阶段，回弹变形量较小；当卸荷至一定程度回弹变形逐渐增大，完全卸荷后回弹变形达到最大。

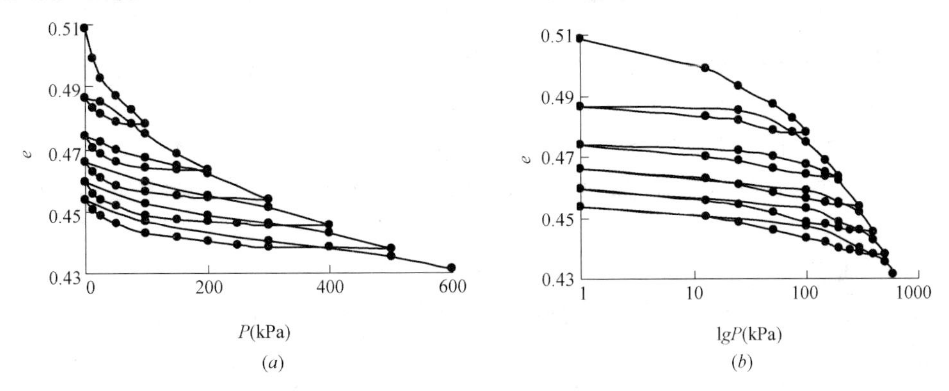

图 2.12 粉质黏土 1-7-1（往复加卸荷）e-P 曲线

本次试验中得到往复加、卸荷过程的 e-p 曲线均存在如下特征：往复加、卸荷过程中所有的回弹过程曲线都接近于一组相互平行曲线；当卸荷初期卸荷量较小时回弹曲线为接近于与横轴平行的水平线，此时回弹量很小；随着卸荷量增大，回弹变形越来越明显。其他单次加卸荷的土样其回弹变形曲线同样存在上述规律，如图 2.12 所示。

3. 土样回弹再压缩变形计算参数

除按照《土工试验方法标准》绘制 e-p、e-$\lg p$ 曲线进行分析外，为寻求土样在卸荷条件下回弹变形的基本规律，再以下列指标进行分析：

1）卸荷比或卸荷水平

$$R=\frac{P_{\max}-P_i}{P_{\max}} \tag{2.2}$$

式中 $P_{\max}$——最大预压荷载，或初始上覆荷载；

P_i——第 i 级卸荷后剩余上覆荷载。

2）回弹率

$$\delta=\frac{e_i-e_{\min}}{e_{\min}} \tag{2.3}$$

式中 $e_{\min}$——最大预压荷载或初始上覆荷载下土体孔隙比；

e_i——对应于第 i 级卸荷后上覆荷载下土体孔隙比。

3）回弹模量

回弹模量表示卸荷应力与回弹应变之比，即：

$$E_c=\frac{P_{\max}-P_i}{e_i-e_{\min}}(1+e_{\min})=\frac{P_{\max}-P_i}{n_0\delta} \tag{2.4}$$

式中 n_0——初始上覆荷载下土体孔隙率。

4. 临界卸荷比 R_{cr} 和极限卸荷比 R_u

在计算基坑开挖回弹变形时要涉及回弹层的计算厚度，由试验数据的分析可知，根据基坑底下不同深度土层回弹量与卸荷比的关系将土层分为三部分，这三部分的分界点分别为临界卸荷比 R_{cr} 和极限卸荷比 R_u。若不考虑基坑工程空间效应，即认为基坑开挖面积足够大，则在基底下相同深度处土体的卸荷比相同，如图 2.13 所示认为基底下临界卸荷比与极限卸荷比均为一平面，将在临界卸荷比和极限卸荷比之间的土层定义为Ⅰ区，其回弹量随着卸荷比的增加而减小；将在极限卸荷比之上的土体定义为Ⅱ区，其回弹量远远大于Ⅰ区，而且土体稳定的时间也长于Ⅰ区；Ⅰ区以下部分基坑开挖卸荷对其影响非常小，其回弹量与总回弹量相比非常小，可以忽略不计。

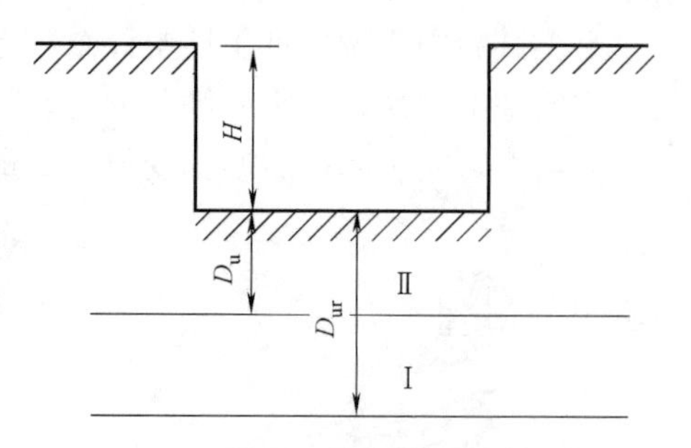

图 2.13　基坑开挖回弹区卸荷比与回弹变形影响深度示意图

5. 回弹比率

回弹率这一概念是在每级卸荷后回弹变形稳定时孔隙比变化值与卸载开始时初始孔隙比的绝对比值，并不能很好地反映出回弹变形在各不同卸荷比下变形的完成程度。为衡量土样经每级卸荷后回弹变形稳定时回弹变形量与土样全部卸载后回弹变形稳定时总回弹变形量之间的比例关系，现提出一衡量指标即回弹比率 r：

$$r=\frac{e_i-e_{\min}}{e_{\max}-e_{\min}} \tag{2.5}$$

式中　e_i——卸荷过程中 P_i 级荷载卸载后回弹变形稳定时的土样孔隙比；

$e_{\min}$——最大预压荷载或初始上覆荷载下的孔隙比；

$e_{\max}$——土样上覆荷载全部卸载后土样回弹稳定时的孔隙比。

6. 土样回弹变形卸荷比—回弹比率分析

为得到土样在卸荷不同阶段回弹变形发展规律，利用卸荷比—回弹比率关系曲线分别对不同土性土样进行分析。

卸荷比这一概念在此可用来评定基底处土体随上部土体开挖进程的卸荷情况，以基坑底面处土体为研究对象，基坑尚没有开挖时，基底处土体的卸荷比为 0，随着基坑开挖深度不断增大，基坑底面处土体的卸荷比逐渐增大，当基坑开挖完成时，基底处土体的卸荷比为 1.0。

(1) 粉质黏土土样回弹变形的卸荷比—回弹比率分析

图 2.14 为实验坑内粉质黏土土样在各固结压力下所得卸荷比—回弹比率关系曲线，图 2.15 为粉质黏土土样 2-11-3 在先后经历 100kPa、200kPa、300kPa、400kPa、500kPa 固结压力后，分别得到各固结压力下土样的卸荷比—回弹比率关系曲线。

通过卸荷比—回弹比率关系曲线可知，回弹比率是回弹变形过程中的相对比值，直观地反映出了在各级卸荷进程中相应的回弹变形变化规律。回弹比率概念的应用充分反映了土样回弹变形 e-P 曲线基本变化规律，即卸荷初始阶段，回弹量较小；随着卸荷比逐渐增大土样回弹变形逐渐增大，完全卸荷后回弹变形达到最大。由图可见，粉质黏土土样卸荷回弹过程中，当卸荷比小于 0.4 时，已完成的回弹变形不到总回弹变形量的 10%，随着卸荷量的增加，回弹比率增大，当卸荷比增大至 0.8 时，已完成回弹变形量接近总回弹变形量的 40%，而当卸荷比介于 0.8～1.0 之间时，发生的回弹量约占到总回弹变形量的 60%，可见卸荷比是影响回弹变形量的关键因素。在不同的固结压力下，土样的卸荷比—回弹比率关系表现出较为一致的上述规律。

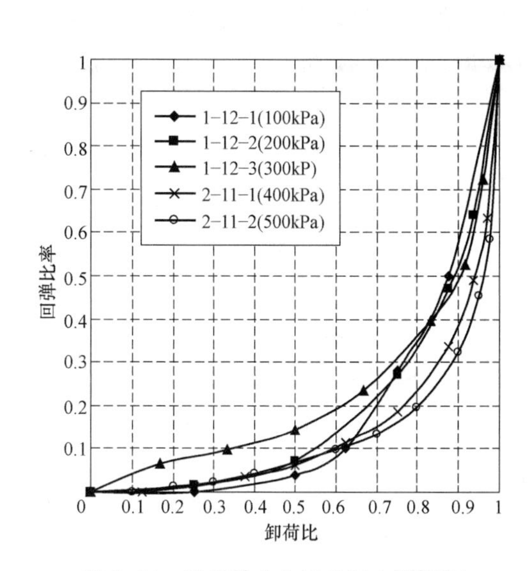

图 2.14　粉质黏土土层 7 各土样卸荷比—回弹比率关系曲线

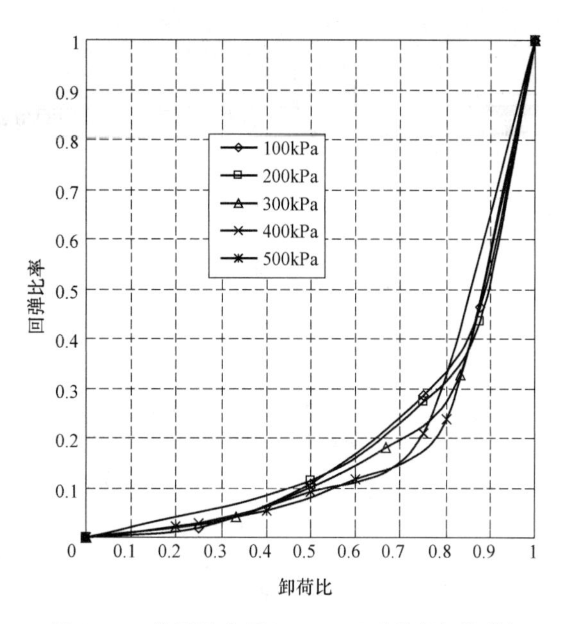

图 2.15　粉质黏土层 7：2-11-3（往复加卸荷）卸荷比—回弹比率关系曲线

（2）黏土土样回弹变形的卸荷比—回弹比率分析

图 2.16 为现场黏土土样在各固结压力下所得卸荷比—回弹比率关系曲线，图 2.17 为黏土土样 1-1 在先后经历 100kPa、200kPa、300kPa、400kPa、500kPa 固结压力后，分别得到各固结压力下土样的卸荷比—回弹比率关系曲线。

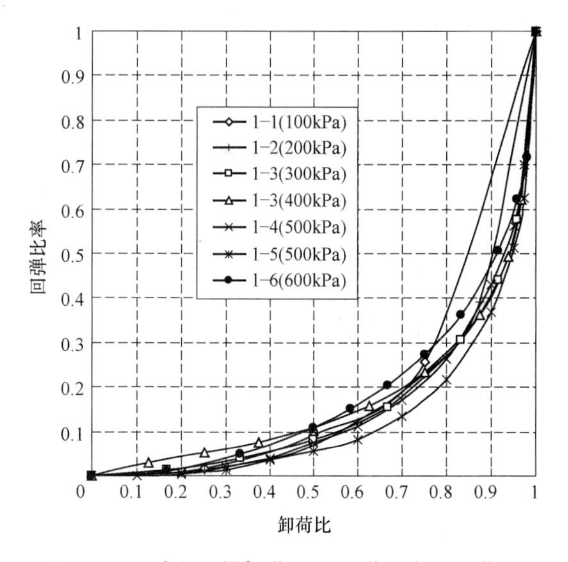

图 2.16　黏土土样卸荷比—回弹比率关系曲线

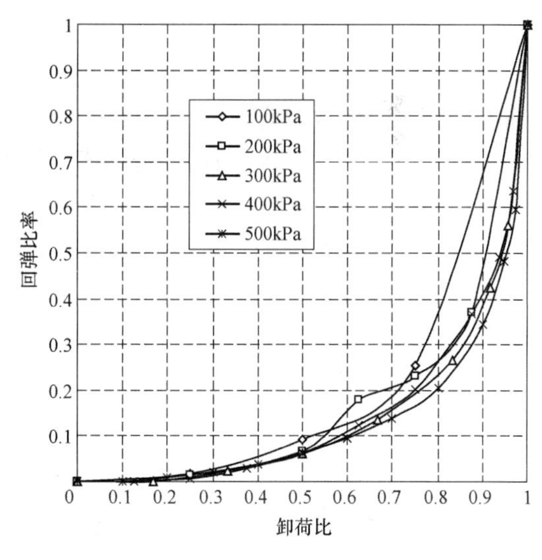

图 2.17　黏土土样 1-1（往复加卸荷）卸荷比—回弹比率关系曲线

通过对比可知，黏土土样的卸荷比—回弹比率关系曲线反映出了与粉质黏土土样相同的变化规律。当卸荷比很小时，回弹比率很小，即此时发生的回弹变形较小，随着卸荷比的增加，卸荷比与回弹比率关系曲线由最初的线性关系逐渐表现为非线性，卸荷比越大曲线越陡。

(3) 砂土土样回弹变形的卸荷比—回弹比率分析

图 2.18 为砂土重塑土土样在各固结压力下所得卸荷比—回弹比率关系曲线，图 2.19 为砂土土样 1-1 在先后经历 100kPa、200kPa、300kPa、400kPa、500kPa 固结压力后，分别得到各固结压力下土样的卸荷比—回弹比率关系曲线。

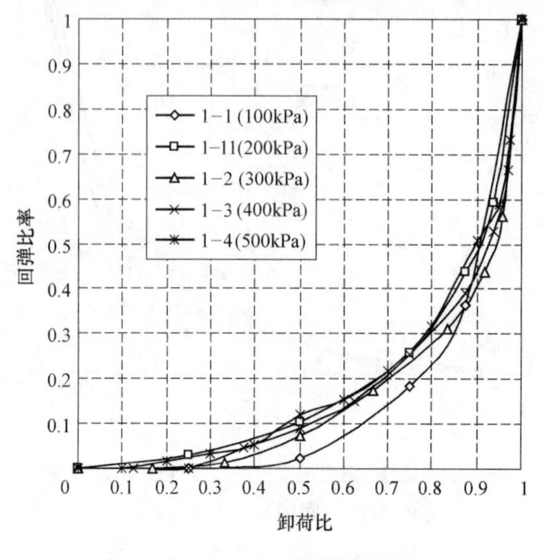

图 2.18　砂土 1 组土样卸荷比—回弹比率关系曲线

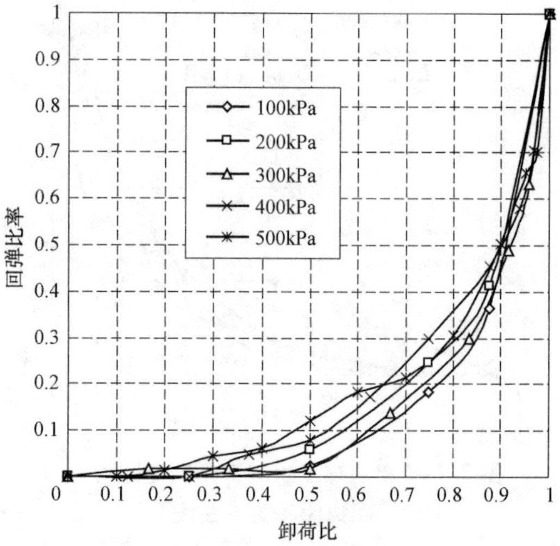

图 2.19　砂土土样 1-1（往复加卸荷）卸荷比—回弹比率关系曲线

通过对比可知，砂土土样的卸荷比—回弹比率关系曲线反映出了与粉质黏土、黏性土土样相同的变化规律。

(4) 淤泥及淤泥质土土样回弹变形的卸荷比—回弹比率分析

图 2.20 为天津地区淤泥及淤泥质土土样在各固结压力下所得卸荷比—回弹比率关系曲线，图 2.21 为淤泥及淤泥质土土样 4-2-1 在先后经历 100kPa、200kPa、300kPa、400kPa、500kPa 固结压力后，分别得到各固结压力下土样的卸荷比—回弹比率关系曲线。

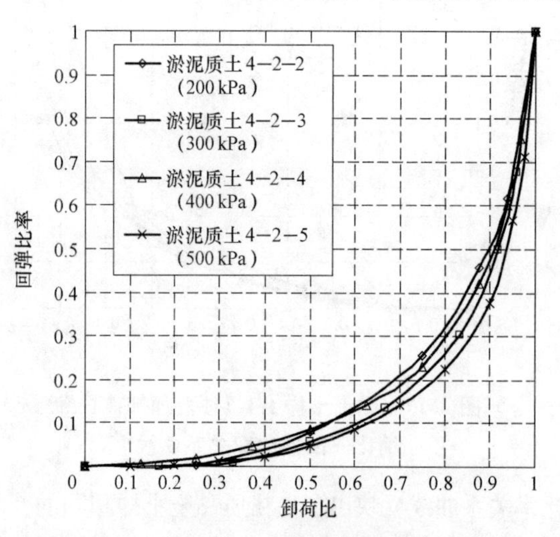

图 2.20　淤泥土 2 组土样卸荷比—回弹比率关系曲线

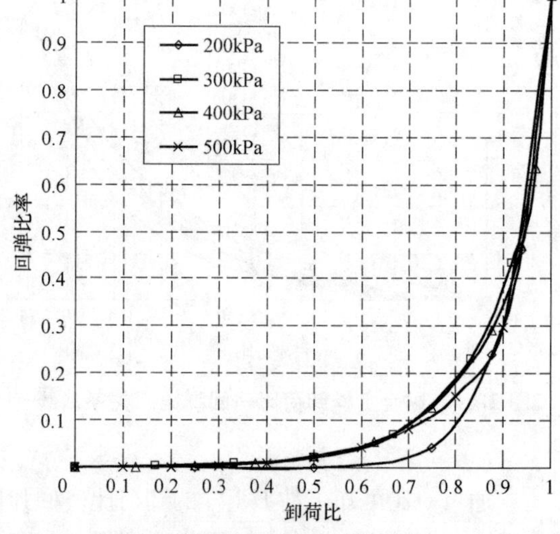

图 2.21　淤泥土样 4-2-1（往复加卸荷）卸荷比—回弹比率关系曲线

通过对比可知，淤泥质土样的卸荷比—回弹比率关系曲线反映出了与粉质黏土、黏土、砂土土样相同的变化规律。

采用卸荷比—回弹比率关系曲线对土样的回弹变形规律进行分析时，在不同固结压力下不同土性土体的回弹比率随卸荷比的变化表现出了较为相似的变化规律，综合以上不同土性土样的卸荷比—回弹比率关系曲线可得到土体回弹变形随卸荷比变化的普遍规律，即土样卸荷回弹过程中，当卸荷比 $R<0.4$ 时，已完成的回弹变形不到总回弹变形量的10%，当卸荷比 R 增大至0.8时，已完成的回弹变形约占总回弹变形量的40%，而当卸荷比介于0.8～1.0之间时，发生的回弹量占总回弹变形量的60%左右，可见卸荷比是影响回弹变形的关键因素。由卸荷比与基坑开挖深度的关系，可知在基坑开挖中，在最后开挖阶段为回弹变形增长最快的阶段，即基底处土体卸荷比 R 由0.8增长至1.0这一阶段，单位卸荷比所对应的回弹变形急剧增加，基坑工程中在这一阶段应加强回弹变形的观测，提高回弹变形观测次数，更有利于准确地把握回弹变形发展规律。

通过对比上述关系曲线可知，固结压力不同在卸荷比—回弹比率关系曲线上并没有产生明显的规律性影响，但这并不说明固结压力对土样回弹变形没有影响，只是表明回弹比率概念与卸荷比的变化密切相关，也进一步印证了回弹比率这一变形相对比值在研究回弹变形规律中的作用，其与回弹率的概念明显不同。

（5）土样回弹变形卸荷比—回弹率分析

通过式（2.3）与式（2.5）对比可知，回弹比率是各级卸荷产生的变形量与最终总回弹变形量的相对比值，而回弹率是指各级卸荷产生的孔隙比差值与土样初始孔隙比的绝对比值，因此利用回弹率对土样回弹变形进行分析能够较为清晰地反映出固结压力的不同对回弹量的影响。

1）粉质黏土土样回弹变形的卸荷比—回弹率关系分析

图2.22为实验坑内粉质黏土土样在各固结压力下所得卸荷比—回弹率关系曲线，图2.23为粉质黏土土样2-11-3在先后经历100kPa、200kPa、300kPa、400kPa、500kPa固结压力后，分别得到各固结压力下土样的卸荷比—回弹率关系曲线。

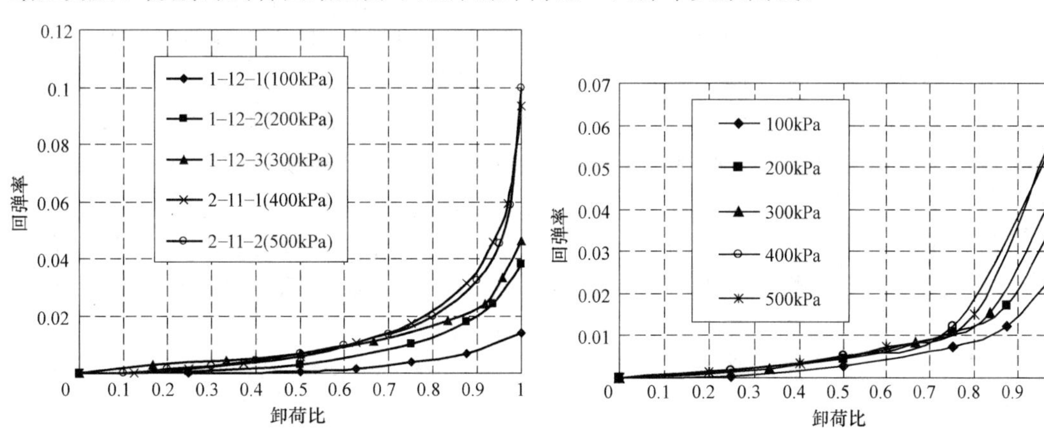

图2.22　粉质黏土土层7各土样卸荷比—回弹率关系曲线

图2.23　粉质黏土层7：2-11-3（往复加卸荷）卸荷比—回弹率关系曲线

由图2.22和图2.23可知，当卸荷比较小时，土样回弹率随卸荷比呈线性增大。当卸

荷比 $R>0.4$ 时，土样回弹率随卸荷比的增大不再表现为线性关系；当卸荷比 $R>0.8$ 后，回弹率随卸荷比的增加而急剧增大，这一分析结果与之前采用卸荷比—回弹比率分析所得结果一致。由以上卸荷比—回弹率关系曲线可知，当卸荷比 $R<0.4$ 时，卸荷比与回弹率两者关系曲线接近于线性变化，此时回弹率很小；当卸荷比 $R>0.4$，随着卸荷比的增大，不同固结压力的土样开始产生明显不同，在相同卸荷比下，固结压力越大的土样，其所对应的回弹率越大，说明土样所受固结压力越大，回弹完成后土体的回弹量越大，即基坑开挖越深所引起的回弹变形量亦越大。

2）黏土土样回弹变形的卸荷比—回弹率关系分析

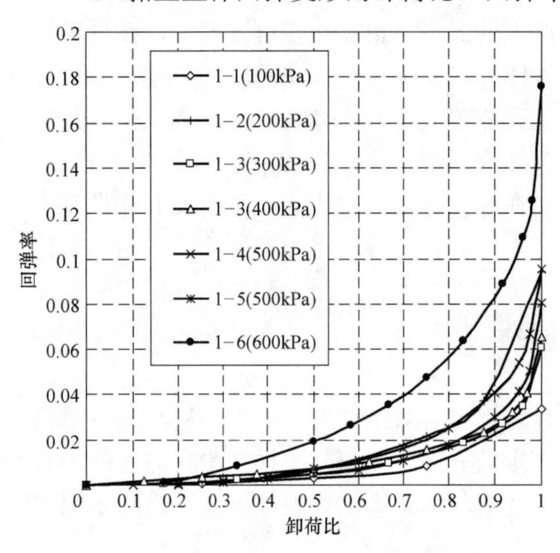

图 2.24　黏土土样卸荷比—回弹率关系曲线

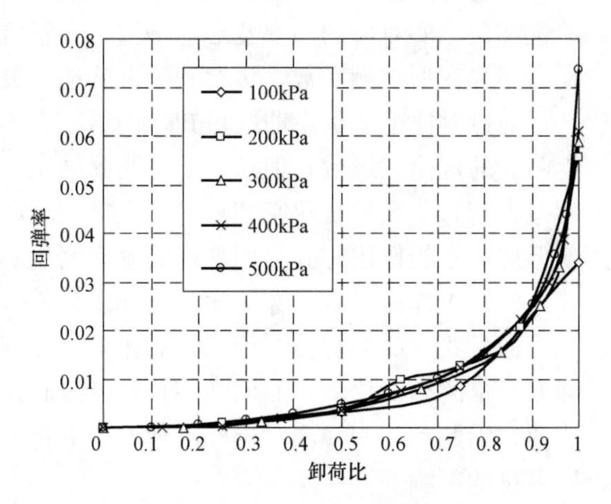

图 2.25　黏土土样 1-1（往复加卸荷）卸荷比—回弹率关系曲线

图 2.24 为黏土土样在各固结压力下所得卸荷比—回弹率关系曲线，图 2.25 为黏土土样 1-1 在先后经历 100kPa、200kPa、300kPa、400kPa、500kPa 固结压力后，分别得到各固结压力下土样的卸荷比—回弹率关系曲线。如图 2.25 所示，黏土土样最终回弹率亦受固结压力的影响，土样所受固结压力越大，回弹完成后回弹率越大。

在往复加卸荷试样中，固结压力的大小对黏土土样卸荷比—回弹率关系的影响越来越小，土体的塑性随着加卸荷次数的增加减小，土体变形表现出更为明显的弹性特征。

3）砂土土样回弹变形的卸荷比—回弹率关系分析

图 2.26 为砂土重塑土样在各固结压力下所得卸荷比—回弹率关系曲线，图 2.27 为砂土重塑土样 1-1 在先后经历 100kPa、200kPa、300kPa、400kPa、500kPa 固结压力后，分别得到各固结压力下土样的卸荷比—回弹率关系曲线。

通过对比可知，砂土土样的卸荷比—回弹率关系曲线表现出了与粉质黏土、黏土土样相似的变化规律。

4）淤泥及淤泥质土土样回弹变形的卸荷比—回弹率关系分析

图 2.28 为淤泥质土样在各固结压力下所得卸荷比—回弹率关系曲线，图 2.29 为淤泥质土样 4-2-1 在先后经历 100kPa、200kPa、300kPa、400kPa、500kPa 固结压力后，分别得到各固结压力下土样的卸荷比—回弹率关系曲线。

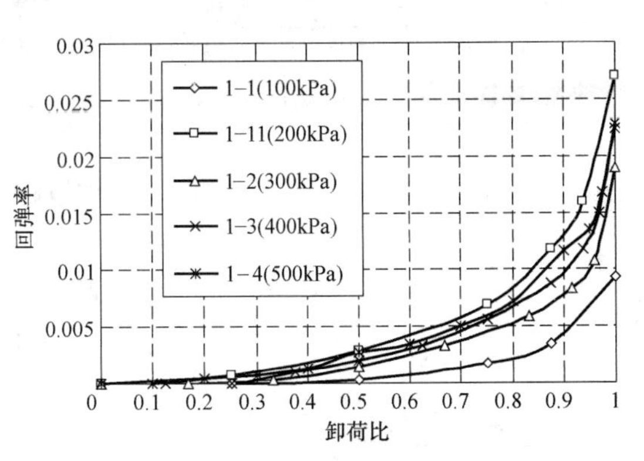

图 2.26 砂土 1 组土样卸荷比—回弹率关系曲线

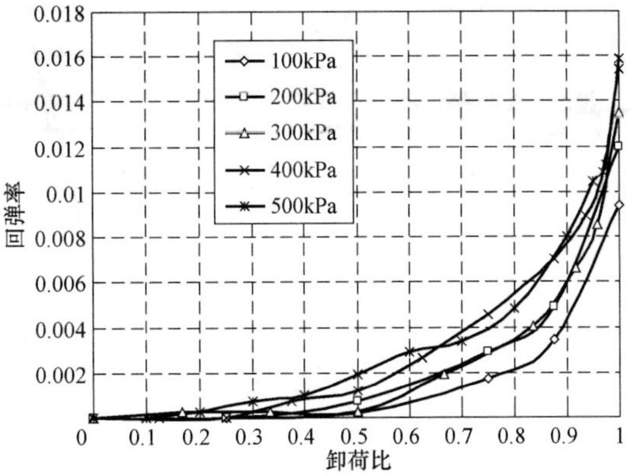

图 2.27 砂土土样 1-1（往复加卸荷）卸荷比—回弹率关系曲线

根据试验结果，土样所受固结压力越大，其土样的最终回弹率也越大，但在卸荷开始阶段固结压力大小的影响并不明显，当卸荷比 $R<0.4$ 时，各不同固结压力下回弹率的差异并不大；而是当卸荷比越来越大时在相同卸荷比下，固结压力大小的影响在回弹率上逐渐体现，这种回弹率的差异在卸荷比为 1.0 时达到最大。由此可得出基坑开挖深度越大，对基底以下土体而言，越接近基底的土体回弹变形越大。

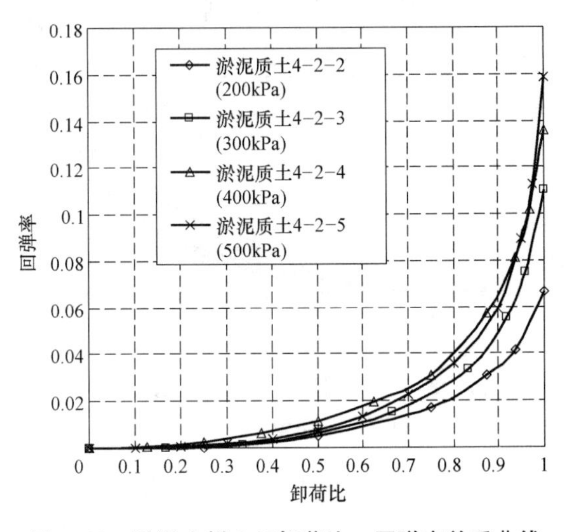

图 2.28 淤泥土样 2 组卸荷比—回弹率关系曲线

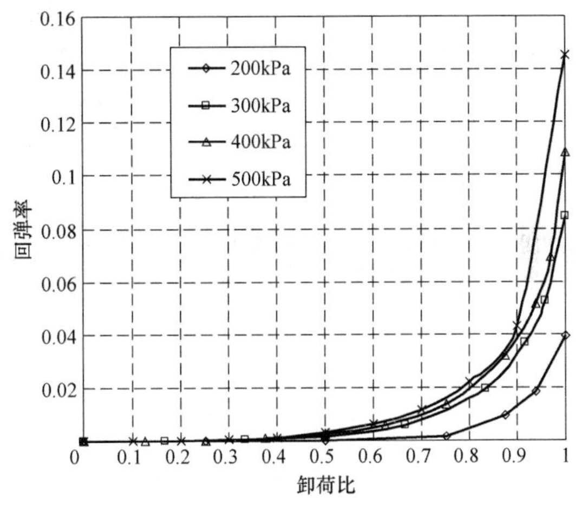

图 2.29 淤泥土样 4-2-1（往复加卸荷）卸荷比—回弹率关系曲线

综合以上各种土性土样的卸荷比—回弹率关系曲线可知，无论何种土性，回弹变形完成后最终回弹率与土样固结压力有关，土样所受固结压力越大，其最终回弹率越大。

5）不同土性土样回弹变形对比分析

① 卸荷比—回弹比率对比分析

不同土性土体在相同固结压力下在卸荷比—回弹比率变化规律上并没有明显差异，这恰恰反映了土体回弹变形的基本规律。

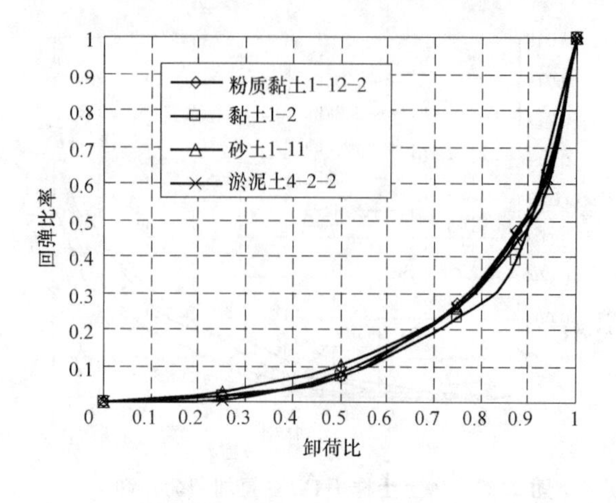

图 2.30　不同土性土体在固结压力 200kPa 时卸荷比—回弹比率关系曲线

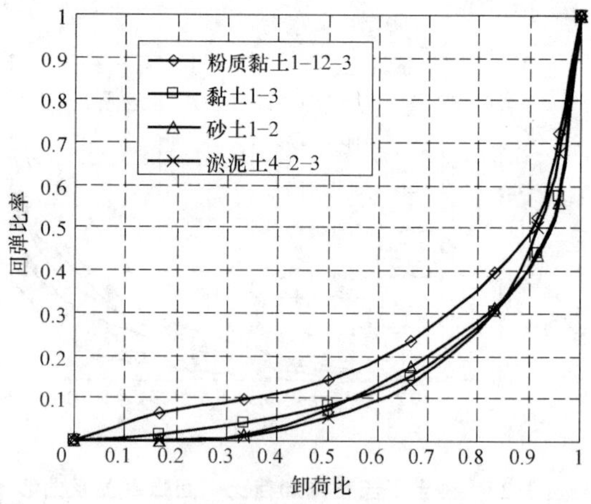

图 2.31　不同土性土体在固结压力 300kPa 时卸荷比—回弹比率关系曲线

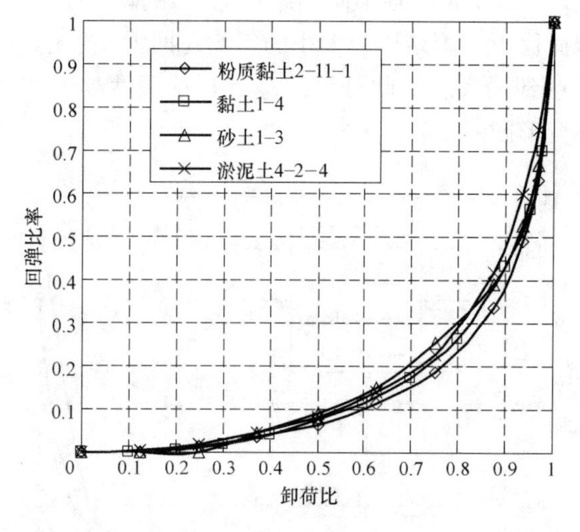

图 2.32　不同土性土体在固结压力 400kPa 时卸荷比—回弹比率关系曲线

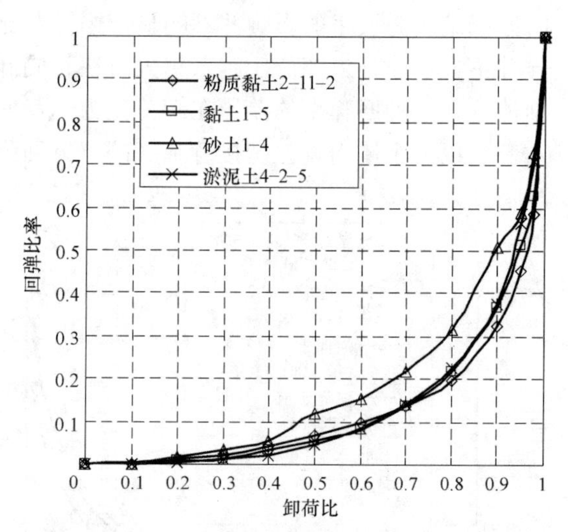

图 2.33　不同土性土体在固结压力 500kPa 时卸荷比—回弹比率关系曲线

图 2.30～图 2.33 为不同土性土体在相同固结压力下卸荷比—回弹比率关系曲线，由图可知不同土性土体其卸荷比—回弹比率关系曲线所反映的规律基本一致，在卸荷比较小时，所发生的回弹变形占总回弹变形的比例亦较小，可见，卸荷比—回弹比率关系曲线已包含了影响土体回弹变形的卸荷量等因素的影响，在相同固结压力相同卸荷比条件下，几种土样的回弹比率差异很小。

② 卸荷比—回弹率对比分析

通过图 2.34～图 2.36 可以发现，在相同固结压力下，不同土性土样的回弹率存在明显差异，尤其是在全部卸荷后差异达到最大，在相同固结压力下，淤泥及淤泥质土的回弹率最大，黏土和粉质黏土次之且较为接近，砂土的回弹率最小，且这种差异在卸荷比较小时即开始显现，如上图中在卸荷比为 0.4 时，在相同固结压力相同卸荷比条件下，不同土性土样的回弹率开始出现差异，并随着卸荷比的增大更加趋于明显。当卸荷完成后，淤泥及淤泥质土的回弹率是相同条件下砂土回弹率的 6～8 倍，而黏土与粉质黏土回弹率是相同条件下砂土回弹率的 3～5 倍。这说明土体性质也是影响土体回弹变形的主要因素，考虑不同土体回弹特性的不同对于确定基坑开挖回弹变形量具有实际意义。

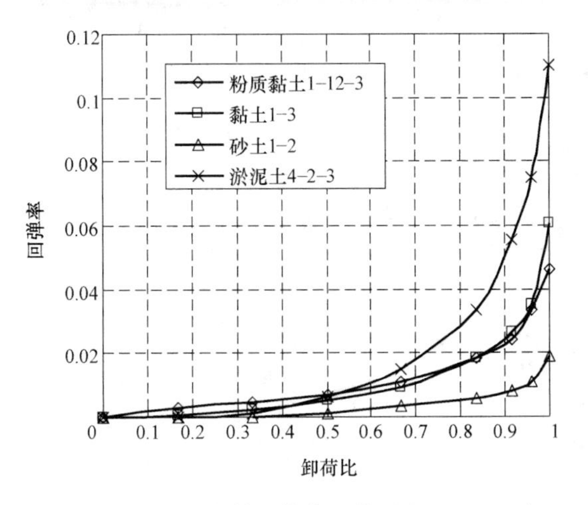

图 2.34 不同土性土体在固结压力 300kPa 时卸荷比—回弹率关系曲线

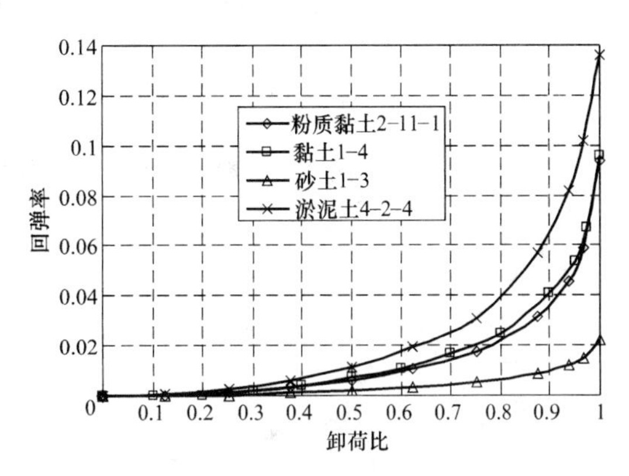

图 2.35 不同土性土体在固结压力 400kPa 时卸荷比—回弹率关系曲线

在相同工程条件下，若基底以下土层为淤泥及淤泥质土时，其最终回弹变形量要明显大于基底以下为黏性土或砂土的情况，因此在软土地区，基坑开挖回弹问题更为突出。

（6）土样回弹变形卸荷比—回弹模量分析

土体回弹模量不是一个定值，不同埋深土体的回弹模量不同，同一深度土体在不同的上覆层开挖深度情况下其回弹模量也不同。通过试验数据分析发现随着卸荷比不断增大，土样的回弹模量不断减小，也就说明在基坑开挖过程中，基底以下同一深度处土体的回弹模量随着上覆层土体开挖而不断减小。

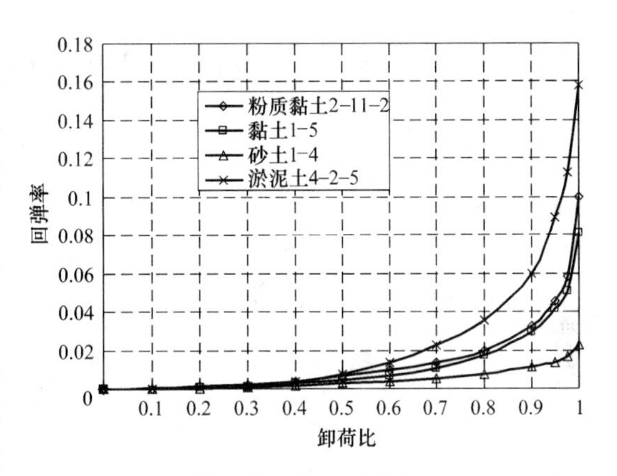

图 2.36 不同土性土体在固结压力 500kPa 时卸荷比—回弹率关系曲线

① 粉质黏土土样回弹变形的卸荷比—回弹模量分析

如图 2.37～图 2.40 为由粉质黏土土层 5 土样的一系列试验数据所得 $R\text{-}E_c$ 与 $R\text{-}\lg E_c$ 关系曲线。

图中结果可以发现，随着卸荷比的增加，土体的回弹模量逐渐减小。在每个土样回弹试验所得到的 $R\text{-}E_c$ 与 $R\text{-}\lg E_c$ 曲线上均各存在一个转折点，在转折点的两侧，卸荷比与回弹模量或者卸荷比与回弹模量的对数表现为线性关系。

在 $R\text{-}E_c$ 关系曲线上转折点左侧半支的回弹模量较大，此时产生的回弹变形很小，曲线转折点右侧半支各点回弹模量值相对于左侧半支来说小得多，则此时相应的回弹变形较

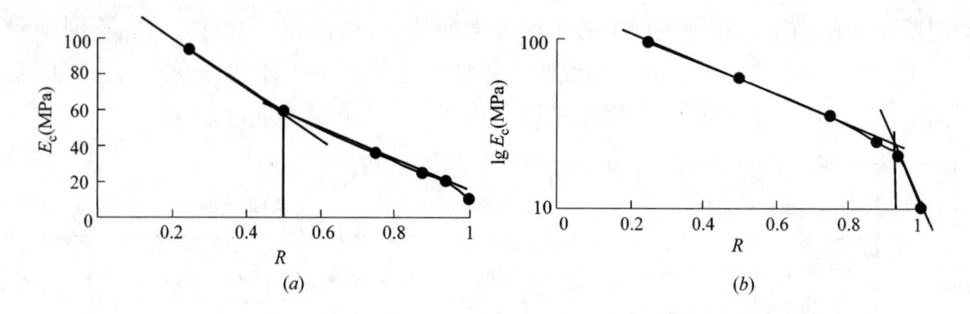

图 2.37　粉质黏土样 2-9-2（200kPa）R-E_c 与 R-lgE_c 关系曲线

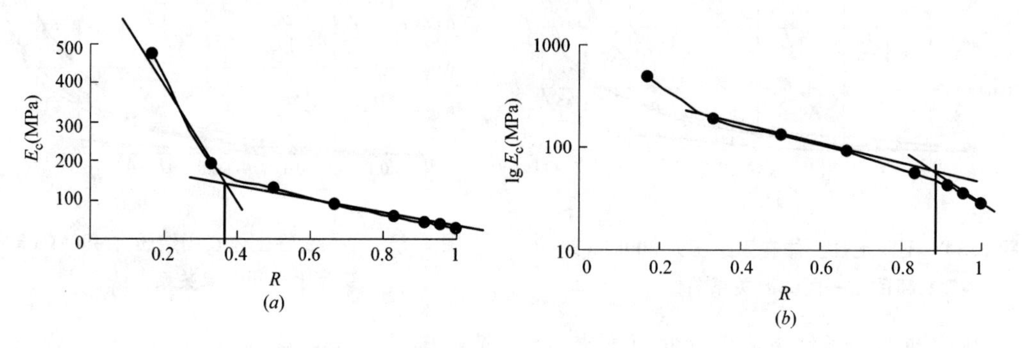

图 2.38　粉质黏土样 2-9-1（300kPa）R-E_c 与 R-lgE_c 关系曲线

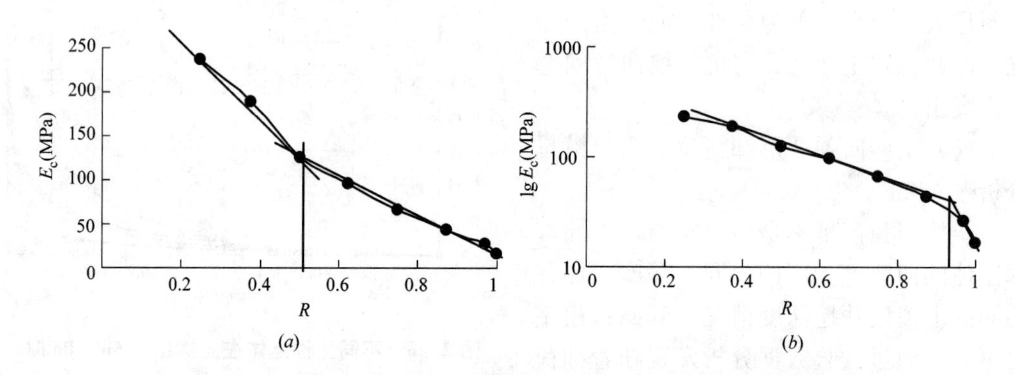

图 2.39　粉质黏土样 1-10-2（400kPa）R-E_c 与 R-lgE_c 关系曲线

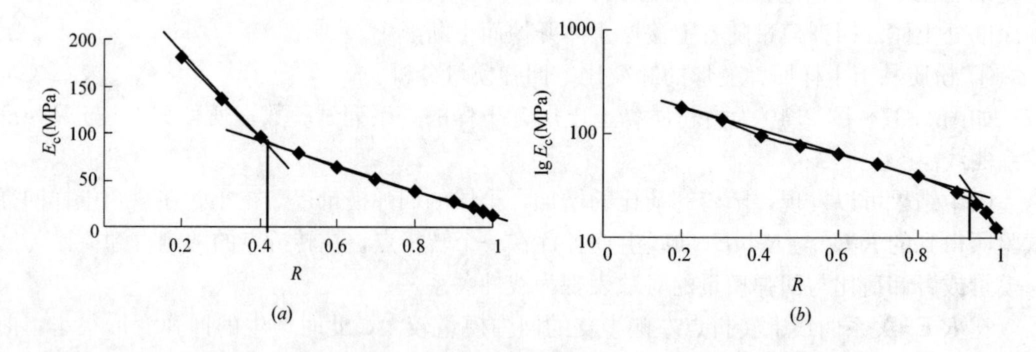

图 2.40　粉质黏土样 1-10-3（500kPa）R-E_c 与 R-lgE_c 关系曲线

大，如图 2.37（*a*）～图 2.40（*a*）所示。分别做该曲线左、右半支的连线，两线相交于一点，认为该转折点是回弹模量开始明显减小的转折点即为临界点，所对应的横轴坐标即为临界卸荷比 R_{cr}。

同样综合以上 R-lgE_c 曲线可以发现，在 R-lgE_c 关系曲线中存在第二个转折点（图 2.37*b*～图 2.40*b*），在该转折点左侧 R 与 lgE_c 近似线性变化，随着卸荷比的增大，lgE_c 呈线性减小；该转折点的右侧随着卸荷比的增大，lgE_c 迅速减小，即土样的回弹模量 E_c 迅速减小，将此点所对应横坐标取为极限卸荷比，以此来判断回弹变形强烈发展区域的范围。分别做 R-lgE_c 曲线左、右半支的连线，两线相交于一点，该点是回弹模量急剧减小的转折点即为临界点，该点对应的横坐标即为极限卸荷比 R_u。

试验坑内土样临界卸荷比与极限卸荷比汇总 **表 2.10**

土层编号	土样编号	固结压力(kPa)	临界卸荷比	极限卸荷比	土层编号	土样编号	固结压力(kPa)	临界卸荷比	极限卸荷比
1	1-6-1	100	0.50		6	1-11-3	100	0.50	0.87
	1-6-2	200	0.50			2-10-2	200	0.55	0.94
	2-6-1	300	0.45	0.90		2-10-3	300	0.38	0.93
	2-6-2	400	0.43	0.90		1-11-1	400	0.38	0.88
2	2-6-3	500	0.41	0.85	7	1-11-2	500	0.38	0.92
	1-7-1	100	0.50	0.8		1-12-1	100	0.50	0.75
	1-7-4	200	0.54	0.93		1-12-2	200	0.58	0.93
	1-7-3	300	0.50	0.94		1-12-3	300	0.36	0.88
	1-7-5	400	0.43	0.92		2-11-1	400	0.43	0.92
	1-7-2	500	0.41	0.93		2-11-2	500	0.43	0.94
3	2-7-3	100	0.5	0.80	8	1-13-1	100	0.52	0.87
	1-8-2	200	0.63	0.90		2-12-3	200	0.50	0.93
	1-8-3	300	0.62	0.83		2-12-1	300	0.38	0.90
	2-7-1	400	0.5	0.87		2-12-2	400	0.54	0.88
	2-7-2	500	0.52	0.93		1-13-3	500	0.41	0.92
4	1-9-1	100	0.55	0.80	9	1-14-1	200	0.50	0.91
	1-9-2	200	0.50	0.89		1-14-2	300	0.41	0.88
	1-9-3	300	0.60	0.86		1-14-3	400	0.38	0.94
	2-8-1	400	0.50	0.88					
	2-8-2	500	0.46	0.91					
5	1-10-1	100	0.60	0.80					
	2-9-2	200	0.56	0.92					
	2-9-1	300	0.38	0.86					
	1-10-2	400	0.53	0.94					
	1-10-3	500	0.41	0.92					

表 2.10 试验坑内土样临界卸荷比与极限卸荷比汇总通过统计得出各土样在不同固结压力下的临界卸荷比值与极限卸荷比值，将上述卸荷比值对照相应的卸荷比—回弹比率关系曲线，当小于临界卸荷比时，回弹比率不超过 0.2，因此临界卸荷比反映了回弹变形发展的基本规律。

② 黏土土样回弹变形的卸荷比—回弹模量分析

如图 2.41～图 2.45 为由黏土土样一系列试验数据所得 R-E_c 与 R-lgE_c 关系曲线。

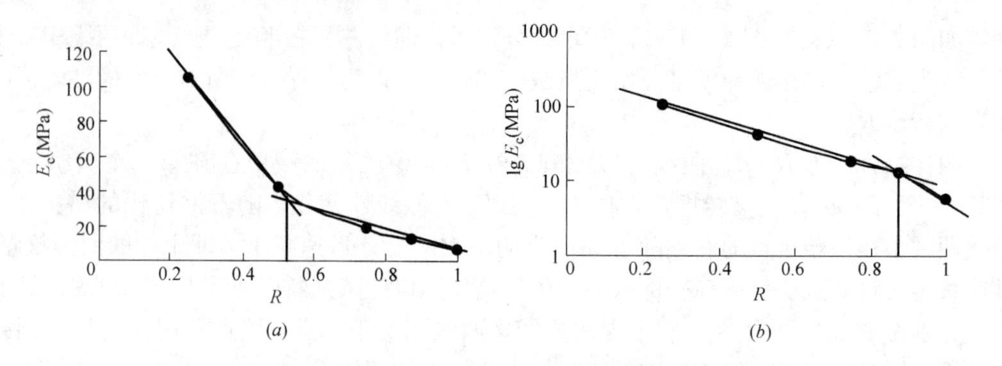

图 2.41　黏土样 1-2（200kPa）R-E_c 与 R-lgE_c 关系曲线

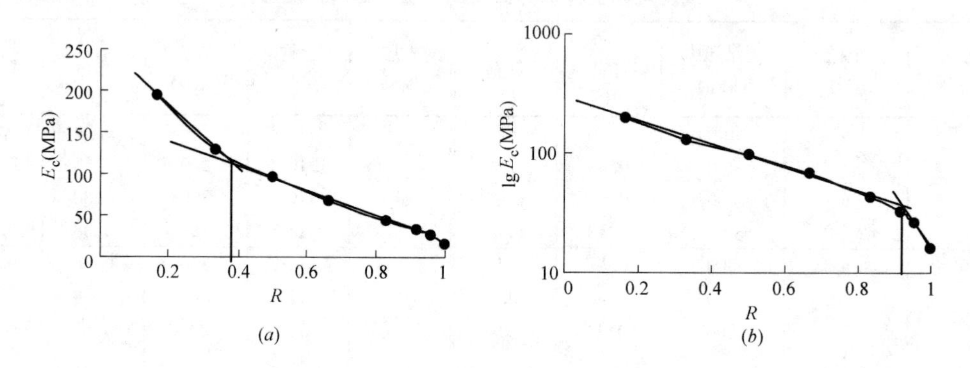

图 2.42　黏土样 1-3（300kPa）R-E_c 与 R-lgE_c 关系曲线

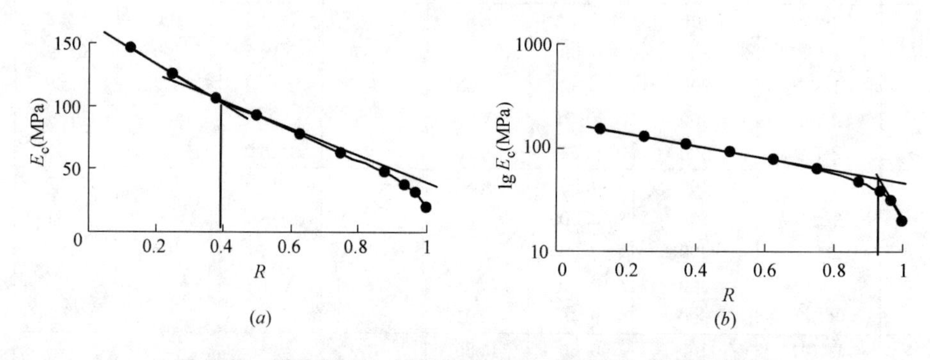

图 2.43　黏土样 1-4（400kPa）R-E_c 与 R-lgE_c 关系曲线

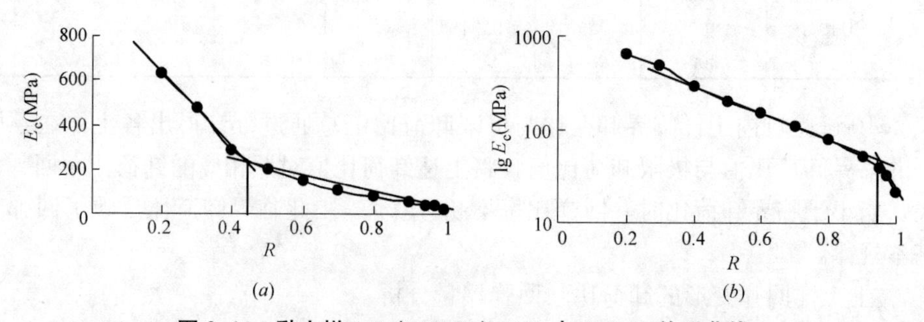

图 2.44　黏土样 1-5（500kPa）R-E_c 与 R-lgE_c 关系曲线

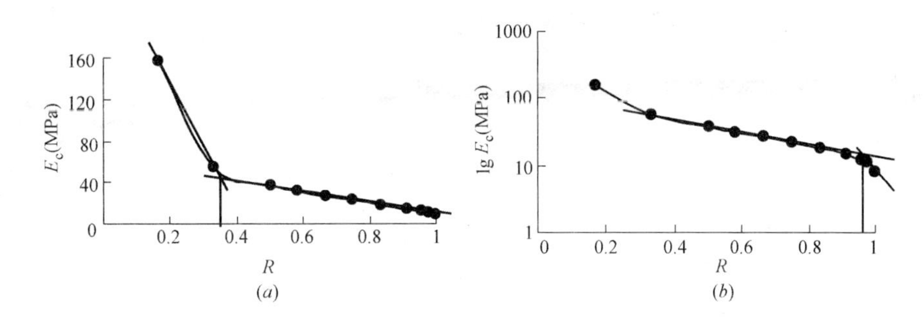

图 2.45　黏土样 1-6（600kPa）R-E_c 与 R-lgE_c 关系曲线

图中结果可见，在黏土土样的卸荷比—回弹模量关系曲线上亦存在回弹模量变化较大的转折点，采取同样的方法可求得黏土土样回弹变形的临界卸荷比 R_{cr} 与极限卸荷比 R_u，见表 2.11。

黏土土样临界卸荷比与极限卸荷比汇总　　表 2.11

土样编号	固结压力	临界卸荷比	极限卸荷比	土样编号	固结压力	临界卸荷比	极限卸荷比
1-1	100	0.50	0.75	1-6	600	0.36	0.96
1-2	200	0.53	0.88	1-1	100	0.50	0.8
	300	0.55	0.94		200	0.55	0.88
1-3	300	0.38	0.94		300	0.54	0.93
	400	0.39	0.93		400	0.38	0.95
1-4	500	0.40	0.93		500	0.36	0.95
1-5	500	0.44	0.94				

③ 砂土土样回弹变形的卸荷比—回弹模量分析

如图 2.46～图 2.50 为由砂土土样的一系列试验数据所得 R-E_c 与 R-lgE_c 关系曲线。

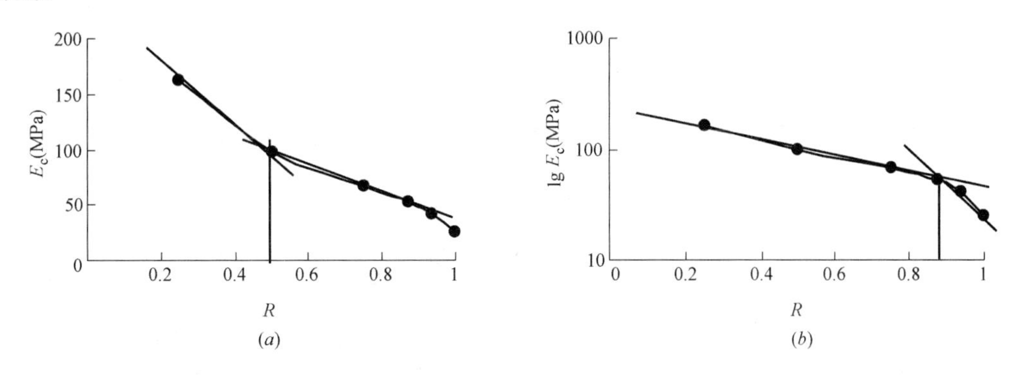

图 2.46　砂土土样 1-6（200kPa）R-E_c 与 R-lgE_c 关系曲线

图中结果可见在砂土土样的卸荷比—回弹模量关系曲线上亦存在回弹模量变化较大的转折点，采取同样的方法可求得砂土土样回弹变形的临界卸荷比 R_{cr} 与极限卸荷比 R_u，见表 2.12。

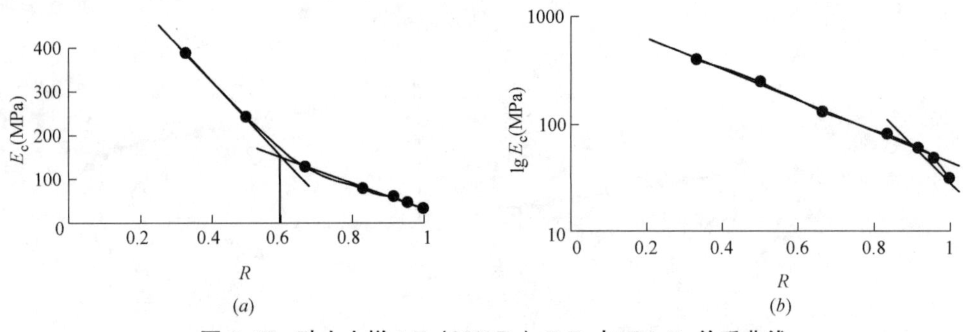

图 2.47 砂土土样 1-7（300kPa）R-E_c 与 R-lgE_c 关系曲线

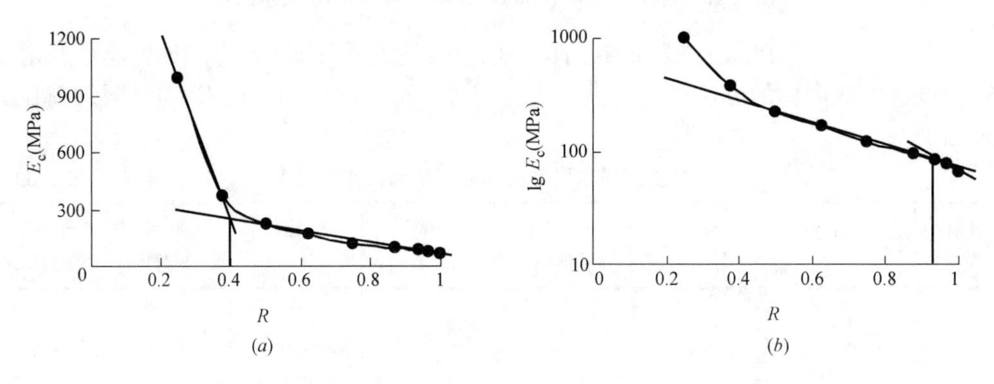

图 2.48 砂土土样 1-8（400kPa）R-E_c 与 R-lgE_c 关系曲线

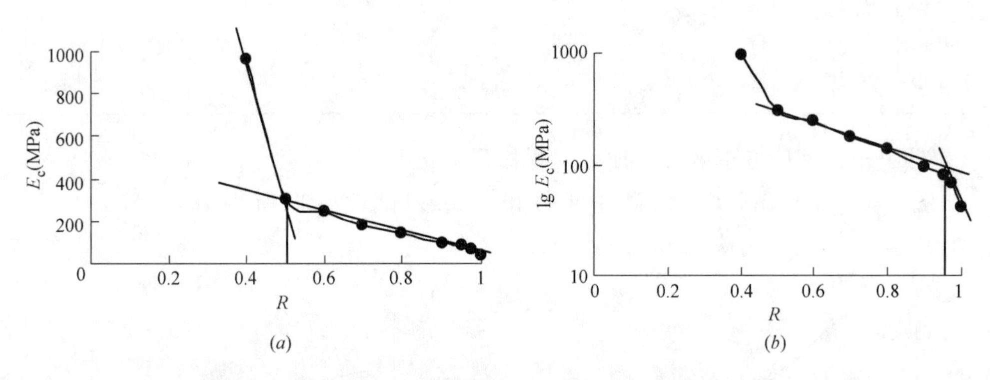

图 2.49 砂土土样 1-9（500kPa）R-E_c 与 R-lgE_c 关系曲线

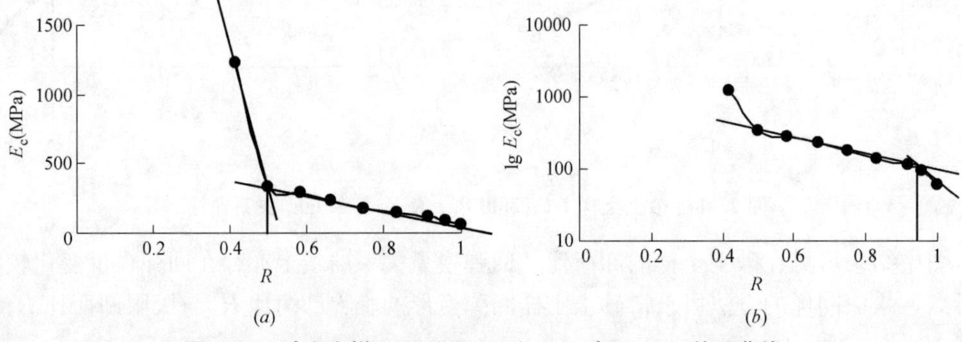

图 2.50 砂土土样 1-10（600kPa）R-E_c 与 R-lgE_c 关系曲线

砂土土样临界卸荷比与极限卸荷比汇总　　表 2.12

土样编号	固结压力	临界卸荷比	极限卸荷比	土样编号	固结压力	临界卸荷比	极限卸荷比
1-1	100	0.50	0.88	1-5	100		0.88
1-11	200	0.52	0.9	1-6	200	0.52	0.88
1-2	300	0.51	0.94	1-7	300	0.60	0.92
1-3	400	0.52	0.94	1-8	400	0.4	0.93
1-4	500	0.43	0.94	1-9	500	0.51	0.95
	100	0.50	0.88		100		0.88
	200	0.50	0.87		200	0.50	0.92
1-1	300	0.50	0.9	1-5	300	0.50	0.89
	400	0.40	0.96		400	0.50	0.96
	500	0.42	0.96		500	0.46	0.94

④ 淤泥及淤泥质土土样回弹变形的卸荷比—回弹模量分析

如图 2.51～图 2.54 为由淤泥及淤泥质土土样的一系列试验数据所得 R-E_c 与 R-lgE_c 关系曲线。

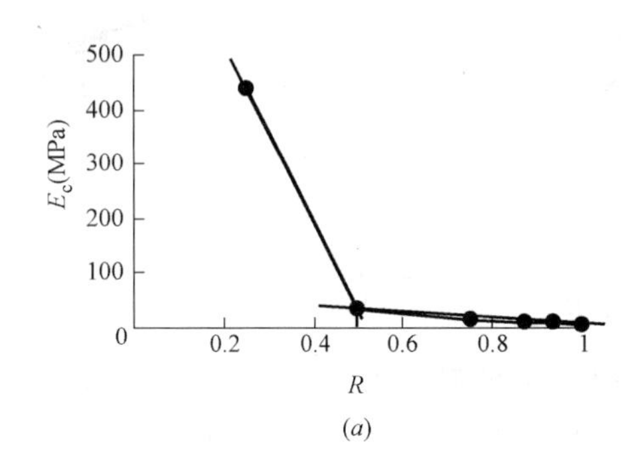

(a)

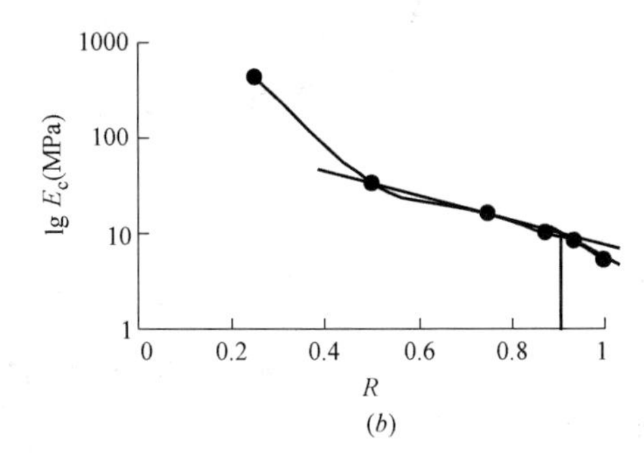

(b)

图 2.51　淤泥土样 4-2-2（200kPa）R-E_c 与 R-lgE_c 关系曲线

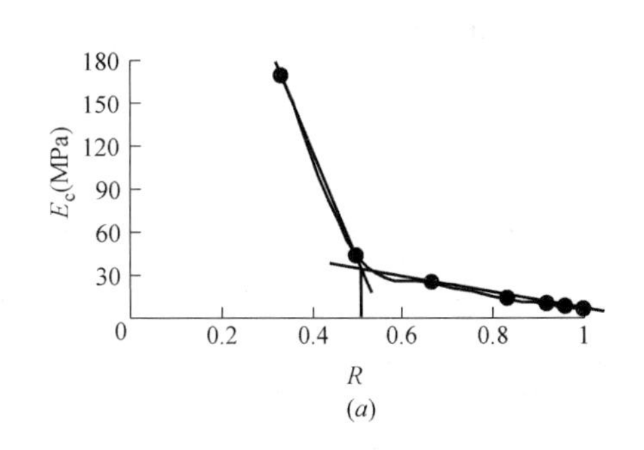

(a)

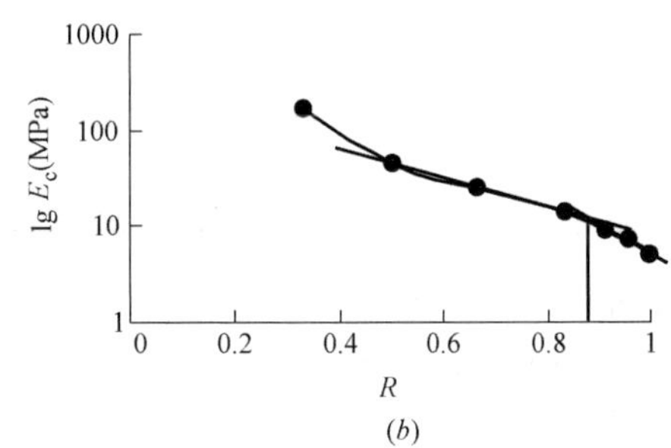

(b)

图 2.52　淤泥土样 4-2-3（300kPa）R-E_c 与 R-lgE_c 关系曲线

由以上各图可见在淤泥及淤泥质土土样的卸荷比—回弹模量关系曲线上亦存在回弹模量变化较大的转折点，采取同样的方法可求得淤泥及淤泥质土土样回弹变形的临界卸荷比 R_{cr} 与极限卸荷比 R_u，见表 2.13。

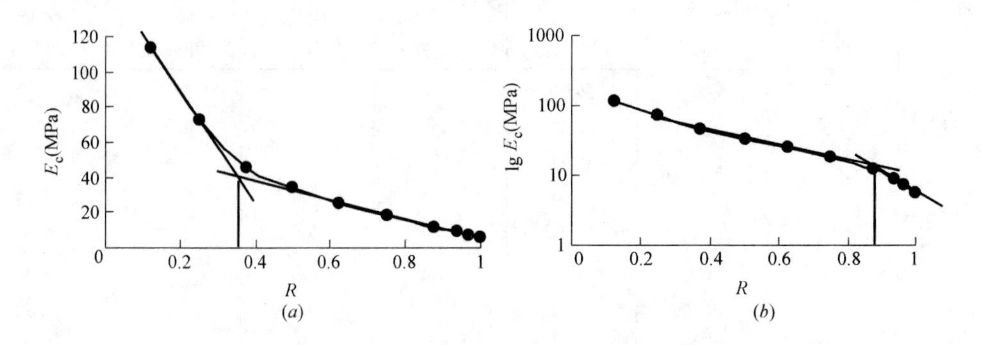

图 2.53　淤泥土样 4-2-4（400kPa）R-E_c 与 R-lgE_c 关系曲线

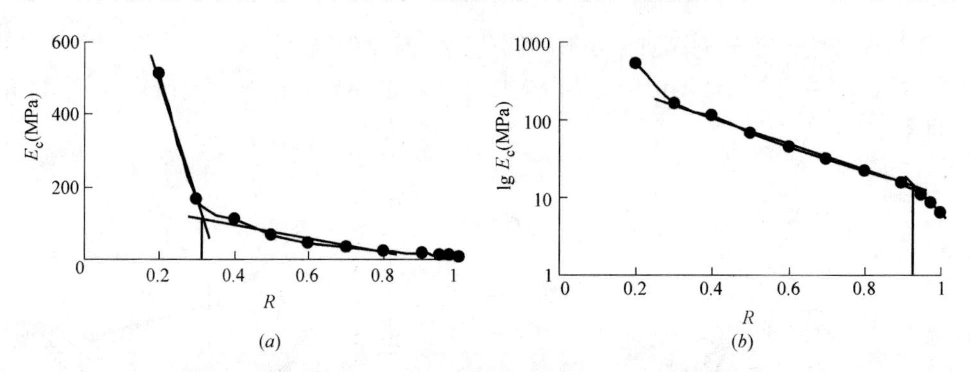

图 2.54　淤泥土样 4-2-5（500kPa）R-E_c 与 R-lgE_c 关系曲线

淤泥及淤泥质土临界卸荷比与极限卸荷比汇总　　表 2.13

土样编号	固结压力	临界卸荷比	极限卸荷比	土样编号	固结压力	临界卸荷比	极限卸荷比
4-1-1	200	0.50	0.91	4-2-2	200	0.50	0.91
4-1-2	300	0.37	0.92	4-2-2	300	0.51	0.88
4-1-3	400	0.38	0.92	4-2-3	400	0.36	0.88
4-1-4	500	0.42	0.94	4-2-4	500	0.32	0.93
	200	0.50	0.91		300		0.92
	300	0.37	0.90		400	0.40	0.93
4-1-1	400	0.42	0.94	4-2-1	500	0.47	0.88
	500	0.38	0.87				

综合所有土样的 R-E_c 与 R-lgE_c 曲线分析发现，土体回弹变形随卸荷比的变化可以分为三个阶段：(1) 卸荷初期，当卸荷比处于 0 与临界卸荷比 R_{cr}之间时，土体回弹模量很大，卸荷量很小，土体产生的回弹变形很小；(2) 当卸荷比处于临界卸荷比 R_{cr}与极限卸荷比 R_u之间时，为回弹变形的第二阶段，这一阶段中，R-E_c 曲线或 R-lgE_c 曲线均表现为直线段，即随着卸荷比的增大，回弹模量出现相应的线性减小，回弹变形开始明显产生并随卸荷比的增大而增长；(3) 当卸荷比超过极限卸荷比 R_u后，随着卸荷比的继续增大，R-lgE_c 关系曲线上回弹模量的减小速率明显大于上一阶段，且这一阶段土样的卸荷量较大，因此这一阶段所产生的回弹变形在总回弹变形中所占比例最高，处于这一卸荷比范围

内的土体是回弹变形发展最为强烈的区域，这一阶段也是回弹变形发展最快的阶段。通过以上各土样统计所得临界卸荷比 R_{cr} 与极限卸荷比 R_u 将回弹模量随卸荷比的变化分为三个阶段，采用数学方法对各阶段卸荷比与回弹模量进行线性拟合，即得到回弹模量 E_c 与卸荷比 R 的表达式，应用在回弹变形的计算中。

根据土体回弹模量随卸荷比变化的三个阶段，基底以下土体亦可以分为三个区域，由基底向下，土体卸荷比随着深度的增加而减小，在基坑底面处土体的卸荷比为 1.0，假定在基底以下一定深度处土体不再受基坑开挖卸荷的影响，此处土体的卸荷比为 0，基底下土体的卸荷比由基底处为 1.0 向下逐渐衰减为 0。假定在基底下某一深度处土体的卸荷比恰好为临界卸荷比 R_{cr}，由此深度以下的土体卸荷比均小于临界卸荷比 R_{cr}，根据土工试验成果，小于临界卸荷比时土体回弹变形量很小，若不考虑这部分土体所产生的回弹变形，即可认为此深度即为回弹变形影响深度，在这一深度之上的土层也就是回弹变形的主要发生区域。同样在基底下某一深度处土体的卸荷比为极限卸荷比 R_u，这一深度以上至基坑底面处的土体卸荷比均大于极限卸荷比，根据土工试验成果，卸荷比大于极限卸荷比的土层是回弹变形发展的主要区域，因此这部分土体也是基坑底面以下回弹变形最为剧烈的区域，其所产生的回弹变形占基底处回弹变形量较大比例，介于这一深度和基底间的土层也是回弹变形量最大的土层。因此实际工程中需要采取加固措施来降低回弹变形影响时，在坑底的加固措施中应以这部分区域为主要加固区域。

（7）土样再压缩变形研究

对于高层建筑而言，一般基础的埋深较大，如箱基或筏基，而且基础宽度也较大，此时基底回弹所导致的回弹再压缩变形不容忽视。对于中等埋置深度的基础情况，此时总压力 p 虽然大于土自重压力 p_c，但是回弹再压缩变形在总变形中占有相当的比例。对于深基础的情况，此时基底总压力 p 小于或等于基底处的土自重压力 p_c，属于超补偿或全补偿式基础，此时地基变形全部取决于回弹再压缩变形。因此土体的回弹再压缩变形在高层建筑箱基与筏基的地基变形计算中不容忽视，以土工试验所得再压缩变形成果为基础，对土体的再压缩变形规律进行了研究。

1）土样再压缩变形规律分析

由图 2.8～图 2.11 结果可见，土样的再压缩变形过程为回弹变形的逆过程，回弹变形是在卸荷量小时，回弹变形很小，而在最后几级卸荷时，此时卸荷比较大，所产生的回弹变形量也较大；而当再加荷时，在开始阶段加荷量很小，但相应的再压缩变形较为明显，之后随着加荷量的增加，在 e-p 曲线上更趋近于线性关系，再压缩变形过程与回弹变形过程相反，当加荷量较小时即已产生明显的再压缩变形，随着加荷量的增加其再压缩变形有变缓的发展趋势。

为便于对土样的再压缩变形过程进行研究，现提出以下研究参数：

① 再加荷比或再加荷水平

$$R'=\frac{P_i}{P_{max}} \tag{2.6}$$

式中 P_{max}——最大预压荷载，或初始上覆荷载；

P_i——卸荷回弹完成后，再加荷过程中经过第 i 级加荷后作用于土样上的竖向上覆荷载。

② 再压缩比率

随着再加荷的进行，为衡量其所产生的再压缩变形与之前等值荷载卸荷条件下产生的回弹变形之间的关系，现采用再压缩比率的概念：

$$r'=\frac{e_{\max}-e'_i}{e_{\max}-e_{\min}} \tag{2.7}$$

式中　e'_i——再加荷过程中 P_i 级荷载施加后再压缩变形稳定时的土样孔隙比；

$e_{\min}$——回弹变形试验中最大预压荷载或初始上覆荷载下的孔隙比；

$e_{\max}$——回弹变形试验中土样上覆荷载全部卸载后土样回弹稳定时的孔隙比。

现利用以上参数对所有土样土工试验再压缩变形数据进行分析整理，得到再加荷比—再压缩比率关系曲线。

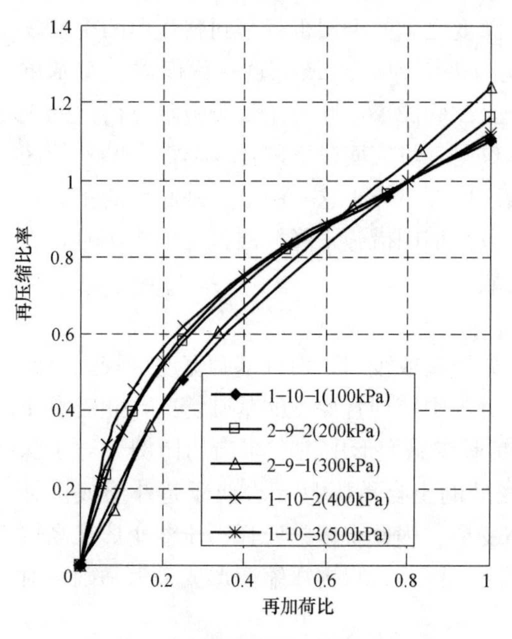

图 2.55　粉质黏土层5各土样再加荷比—再压缩比率关系曲线

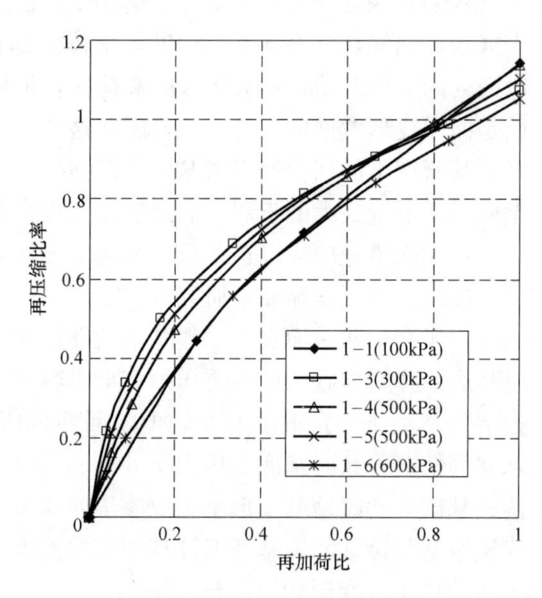

图 2.56　黏土土样再加荷比—再压缩比率关系曲线

如图2.55～图2.58所示，再加荷比—再压缩比率关系曲线与卸荷比—回弹比率关系曲线恰好相反，在土样的再压缩过程中，当再加荷量较小时，土样即产生较大再压缩变形，随着加荷量逐渐增大，再压缩变形速率反而逐渐降低。如以上各图当再加荷量为卸荷量的20%时，土样产生的再压缩变形量已接近回弹变形量的40%～60%；之后土样的再压缩变形量增长速率降低，当再加荷量为卸荷量的40%时，土样产生的再压缩变形量为回弹变形量的70%左右；当再加荷量为卸荷量的60%时，土样产生的再压缩变形量接近回弹变形量的90%，可见在土样的再压缩过程中，在初始阶段再压缩变形增长速率较大，之后增长速率随着加荷量的增加反而逐渐降低。当加荷量为卸荷量的80%时，再压缩变形与回弹变量大致相等，则此时回弹变形完全被压缩；当再加荷量与卸荷量相等时，再压缩变形量约为回弹变形量的1.2倍。通过计算发现，土体再压缩过程中，随着加荷量的增加，其再压缩模量逐渐增大，则每级加荷量相同条件下所产生的再压缩变形逐渐减小。回弹变形是随着卸荷量逐渐增加而土体回弹模量逐渐减小的过程，而与土体的回弹过程相反，其再压缩过程是随着再加荷量逐渐增加其再压缩模量增大的过程。

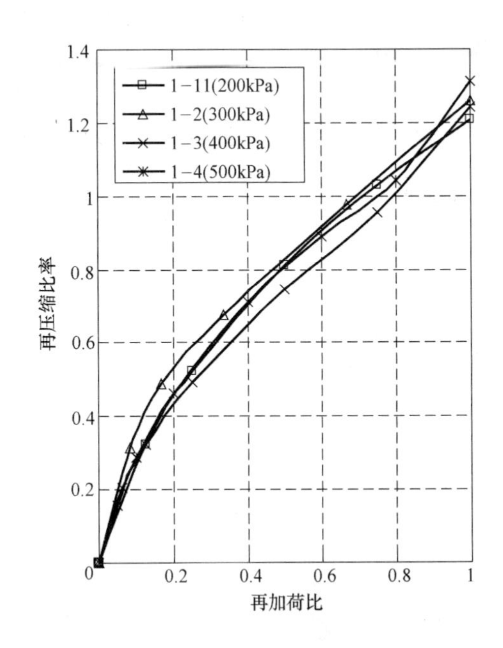

图 2.57 砂土 1 组各土样再加荷比—再压缩比率关系曲线

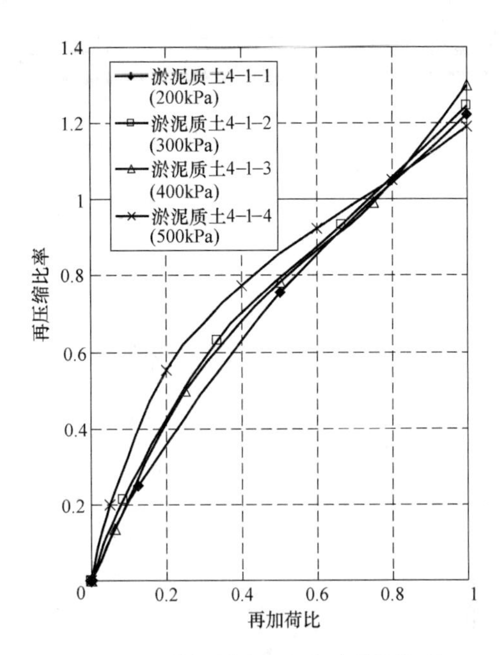

图 2.58 淤泥质土 1 组各土样再加荷比—再压缩比率关系曲线

由图 2.55～图 2.58 可知，当再加荷量与卸荷量相等时，再压缩变形量为前期回弹变形量的 1.2 倍。根据再压缩变形的这一特征可知，在基坑工程中，基坑开挖产生回弹变形，而从建筑物开始施工至施工完成相当于再加荷过程，在此过程中不能简单地认为前期回弹变形转化成建筑物的沉降，而是当建筑物施工至其自重与开挖卸掉土体自重相等时，不仅前期的回弹变形转化为沉降量，根据土样再加荷变形特征，此时建筑物的实际沉降量大于回弹变形量。

此外，根据回弹压缩试验中所得 e-p 曲线上可以直观地发现，当再次加荷至卸载前的固结压力时，再压缩变形曲线并没有与压缩曲线在先前固结压力值处相交，而是当再加荷量与前期固结压力相等时，再压缩变形大于回弹变形，见图 2.8～图 2.11。由土力学基本理论，再加荷曲线与回弹曲线不相吻合，形成滞回圈，表明土的卸载－再加载变形中有不可恢复的塑性分量。土体回弹变形认为是弹性变形得到恢复，而回弹变形完成后再加荷过程中土体变形既有弹性变形又有塑性变形。即土体在再压缩的过程中，之前的回弹变形完全再次压缩后又产生了新的塑性变形，所以 e-p 曲线再压缩过程中当再次达到前期固结压力时不会经过先前的点，而是孔隙比比先前固结压力对应的孔隙比小。

通过对不同土性土样固结回弹试验中所有回弹再压缩过程进行统计分析，当土性不同时其再压缩变形增大程度亦有一定区别。

不同土性土样再压缩变形增大比例统计结果　　表 2.14

土样土性	粉质黏土	黏土	砂土	淤泥及淤泥质土
再压缩变形增大比例	19.96%	25.01%	18.7%	37.44%

由表2.14可知，不同土性土体其再压缩变形增大程度不同，其中淤泥及淤泥质土最大、黏土次之、粉质黏土最小。其中砂土土样为重塑土，相对原状土样来说重塑土相对密实度较低，其再压缩变形增大比例偏大。

2）土样再加荷比—再压缩模量关系分析

根据土样 e-p 曲线卸荷回弹阶段关系曲线，采取参数再加荷比、再压缩模量进行分析，得到不同土性土样再压缩模量随再加荷比变化关系曲线。

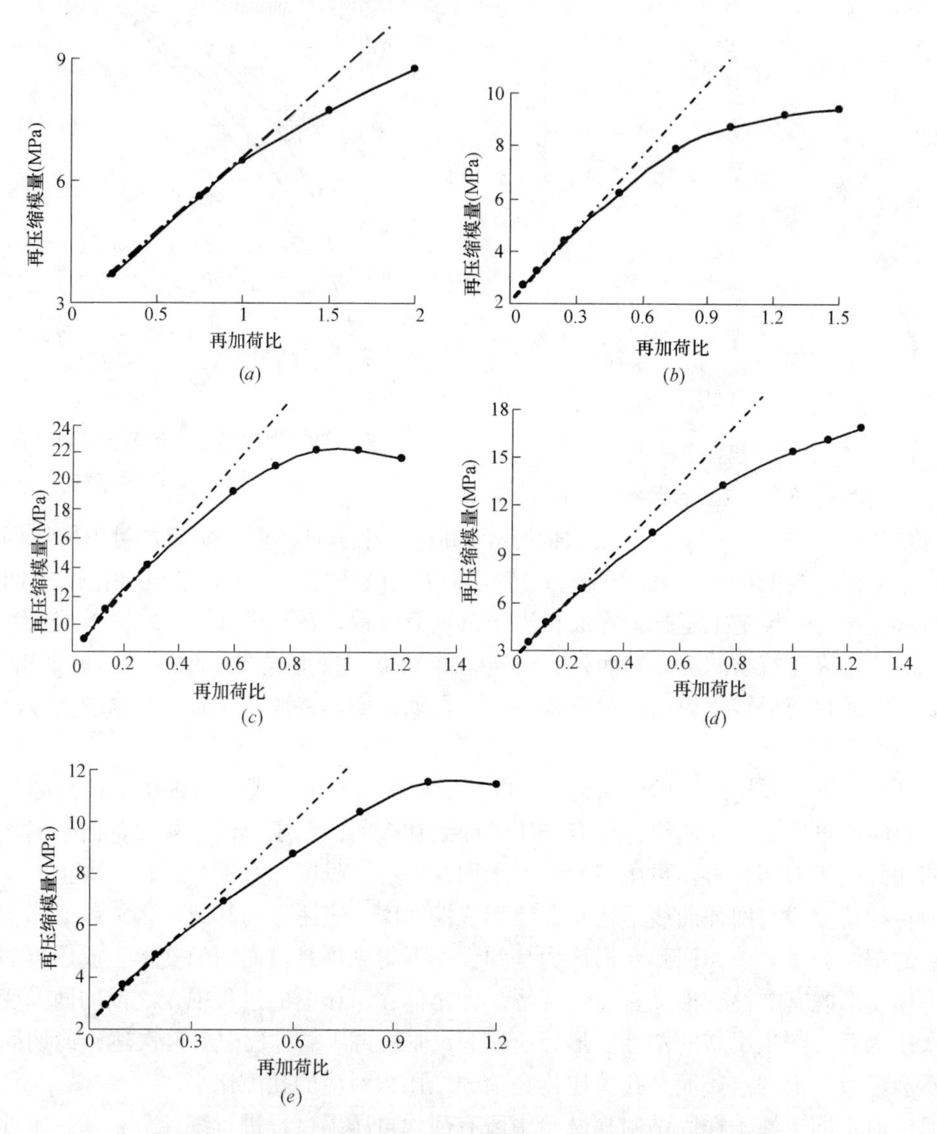

图2.59 粉质黏土层5各土样再加荷比—再压缩模量关系曲线

(*a*) 1-10-1 (100kPa)；(*b*) 2-9-2 (200kPa)；(*c*) 2-9-1 (300kPa)；(*d*) 1-10-2 (400kPa)；(*e*) 1-10-3 (500kPa)

图2.59为粉质黏土土样再加荷比—再压缩模量关系曲线，由以上各图可见，再加荷开始阶段，再压缩模量与再加荷比接近线性关系，随着加荷量逐渐增大，两者关系开始表现出明显的非线性，相同加荷条件下，再压缩模量的增长幅度逐渐减小，当再加荷比超过

0.8 后，再压缩模量的增长幅度最小，在部分土样上甚至不再明显增大，此时再压缩模量逐渐接近土体压缩模量。由此，土体的再压缩过程是随着加荷量逐渐增加再压缩模量逐渐增大的过程。

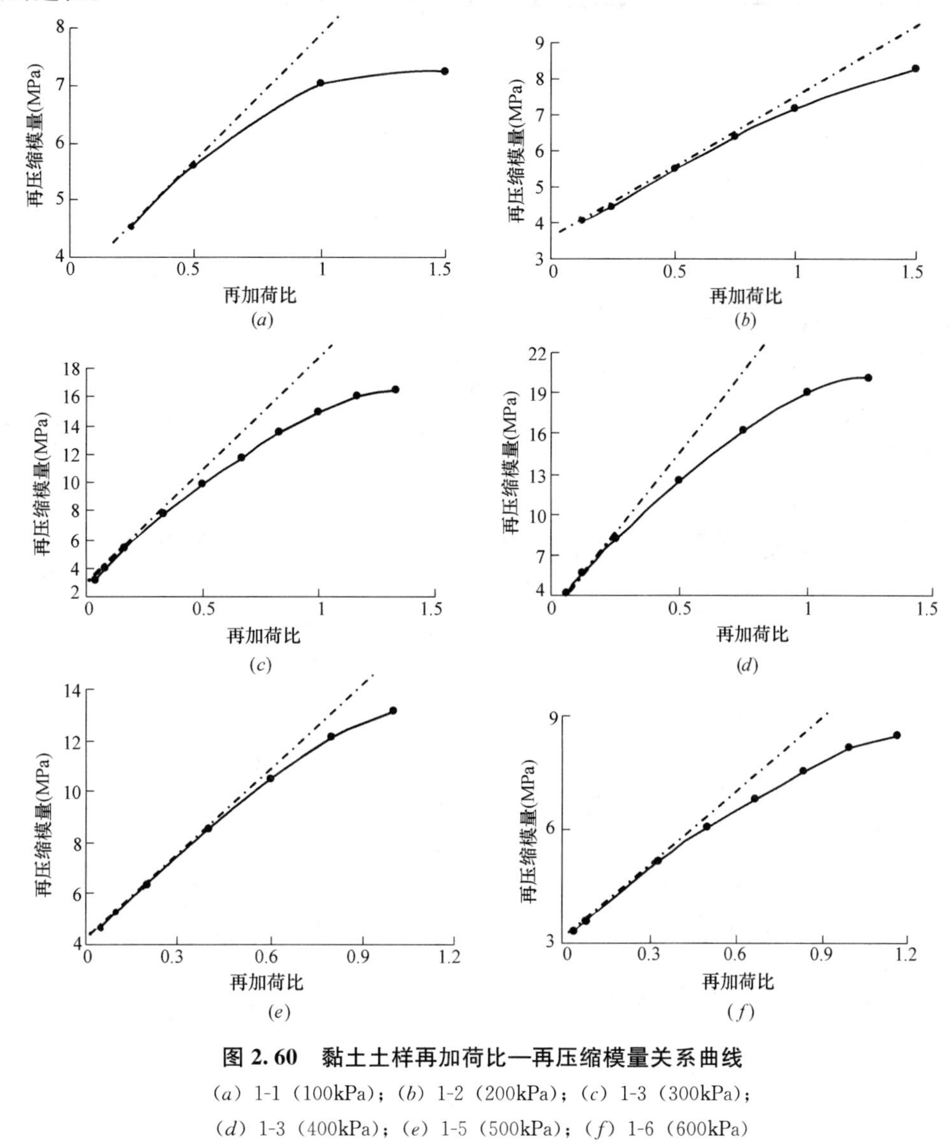

图 2.60 黏土土样再加荷比—再压缩模量关系曲线

(*a*) 1-1 (100kPa)；(*b*) 1-2 (200kPa)；(*c*) 1-3 (300kPa)；
(*d*) 1-3 (400kPa)；(*e*) 1-5 (500kPa)；(*f*) 1-6 (600kPa)

由图 2.59～图 2.62 可知，不同土性土体的再加荷比—再压缩模量关系曲线，可见，不同土性土体均存在上述发展规律，随着加荷量增加，两者的非线性关系越来越明显。

3）土样再压缩变形规律应用研究

通过土体固结试验再压缩过程的再加荷比—再压缩比率关系曲线可得到再压缩比率随再加荷比的发展过程规律，其体现出非线性的发展规律，基于工程中尽量使计算简化的目的，非线性关系并不利于得到简化的计算方法，因此将其发展规律进行合理有效的简化，以方便于工程计算的应用是必要的。根据土样再压缩变形过程规律分析，无论是土体土性的不同，还是同种土体所受固结压力的不同，在由固结回弹试验得到的卸荷比—回弹比率、再加荷比—再压缩比率变化规律上均存在良好的归一性。

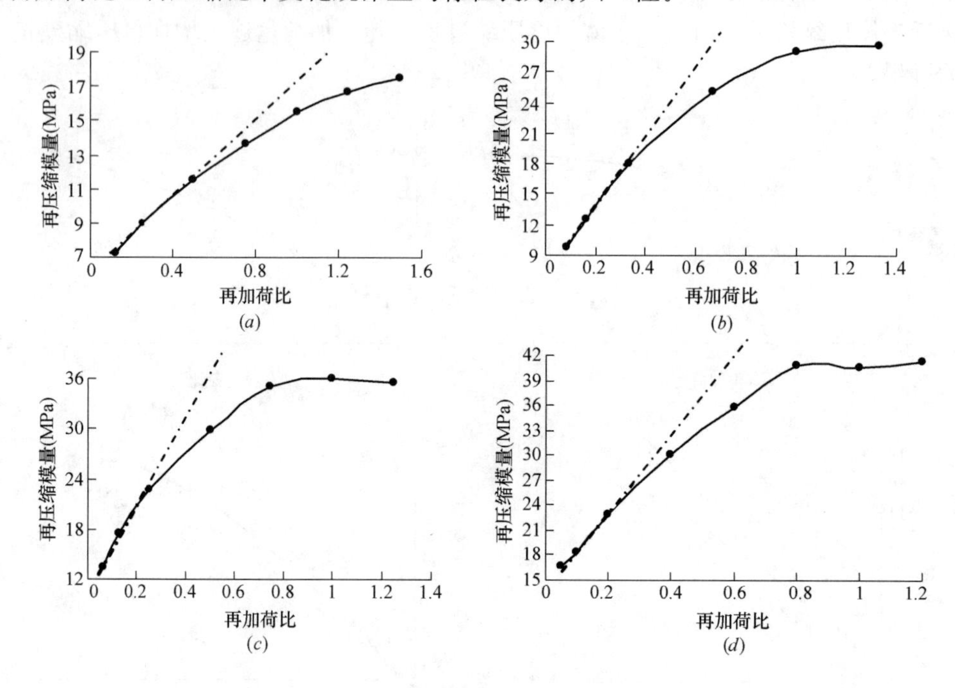

图 2.61 砂土土样再加荷比—再压缩模量关系曲线

(*a*) 1-11 (200kPa); (*b*) 1-2 (300kPa); (*c*) 1-3 (400kPa); (*d*) 1-4 (500kPa)

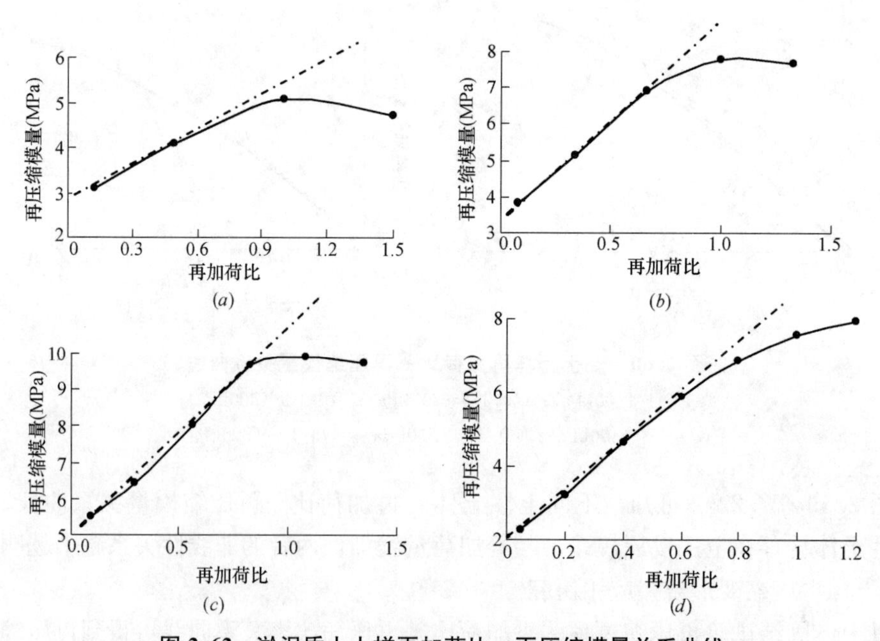

图 2.62 淤泥质土土样再加荷比—再压缩模量关系曲线

(*a*) 4-1-1 (200kPa); (*b*) 4-1-2 (300kPa) (*c*) 4-1-3 (400kPa); (*d*) 4-1-4 (500kPa)

通过再加荷比—再压缩比率关系曲线可发现，再加荷的初期，再加荷比与再压缩比率关系曲线存在一段线性阶段；而当再加荷比增大到一定程度，如再加荷比介于 0.8～1.0

之间时，再加荷比与再压缩比率关系曲线上亦存在一段接近线性的变化规律，由此可将再加荷比与再压缩比率的关系曲线划分为两个线性阶段。

如图 2.63 所示，以再加荷比为 0 作起点，作再加荷比—再压缩比率关系曲线初始段的切线，得到切线①；以再加荷比为 1.0 为起点，作再加荷比—再压缩比率关系曲线末段曲线的切线，得到切线②；则由此将再加荷比—再压缩比率关系曲线划分为两个线性阶段，切线①与切线②的交点即为两者关系曲线的转折点，其所对应的横坐标 R'_0 即为转折点所对应的再加荷比值。

采用数学方法分别对切线①、切线②进行线性拟合，即得到再加荷比—再压缩比率关系曲线的两段线性表达式：

当 $$0<R'\leqslant R'_0 \qquad r'=f_1(R') \tag{2.8}$$

当 $$R'_0<R'\leqslant 1.0 \qquad r'=f_2(R') \tag{2.9}$$

式中 r'——土体再压缩比率；

R'——土体再加荷比。

根据上述拟合公式，即可求得任一再加荷比下所对应的再压缩比率。通过对大量不同土性土体采用相同的方法进行处理，发现这种方法是可行的，如图 2.64～图 2.66 所示。

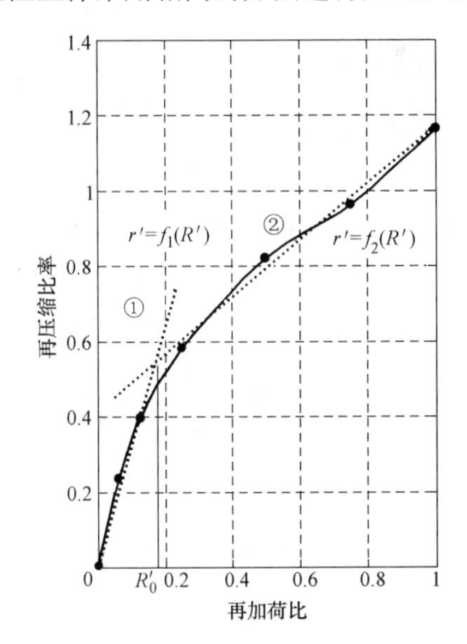

图 2.63 粉质黏土土样 2-9-2（200kPa）再压缩变形数据处理

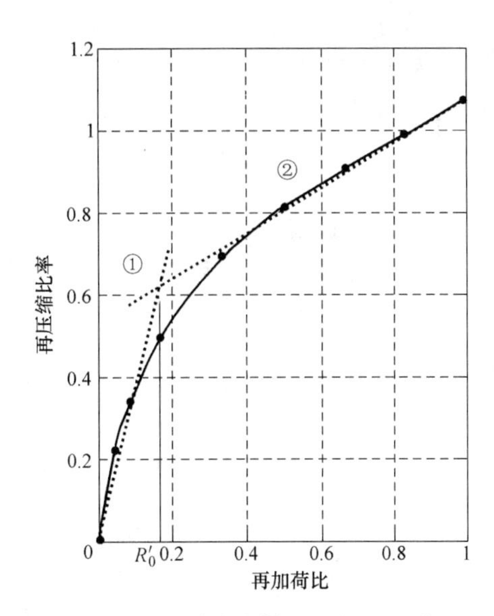

图 2.64 黏土土样 1-3（300kPa）再压缩变形数据处理

综合对各不同土性土体再压缩变形分析结果可知，土体的再压缩变形过程可以简化为两个线性阶段，在前一个阶段，再压缩变形增长较快，当再加荷比发展至后一阶段时，再压缩变形增长变慢。通过以上方法得到的两条切线即分别对应这两个线性阶段，两条切线的交点横坐标即为再压缩变形增长的转折点所对应的再加荷比，通过对大量固结回弹再压缩试验结果的处理，这一再加荷比约在 0.2 左右，以此即可确定再压缩变形中各线性阶段所对应的范围。

（8）回弹变形与再压缩变形对比分析

根据再加荷比与卸荷比的概念，两者均指再加荷过程或卸荷过程中，经某级再加荷或卸荷后，在当前荷载条件下已完成再加荷量或卸荷量与试验中该土样总卸荷量（即固结压力）的比值。同样再压缩比率与回弹比率的概念，也存在上述共同点，也是当前荷载条件下已完成的再压缩变形或回弹变形与试验中该土样总回弹变形量的比值。根据两者概念上的这一特征，可将卸荷比—回弹比率关系曲线与再加荷比—再压缩比率关系曲线综合在同一图中，如图 2.67～图 2.70 所示。

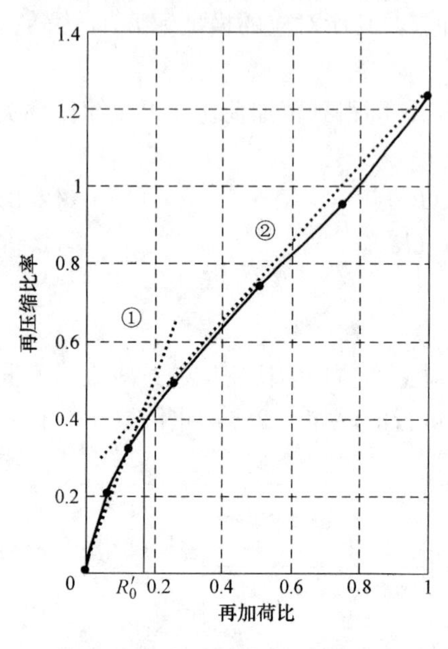

图 2.65　砂土土样 1-3（400kPa）再压缩变形数据处理

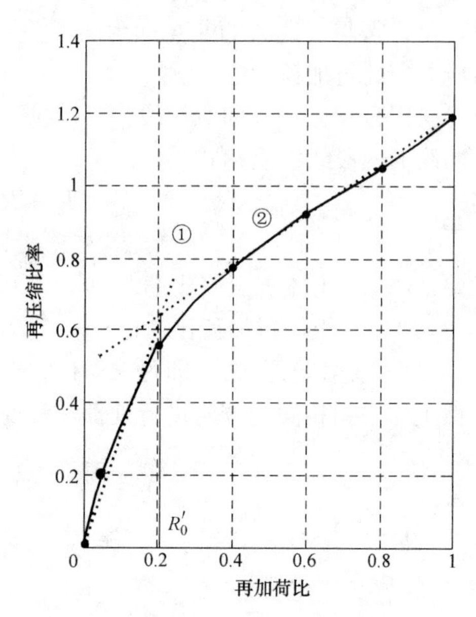

图 2.66　淤泥质土土样 4-1-4（500kPa）再压缩变形数据处理

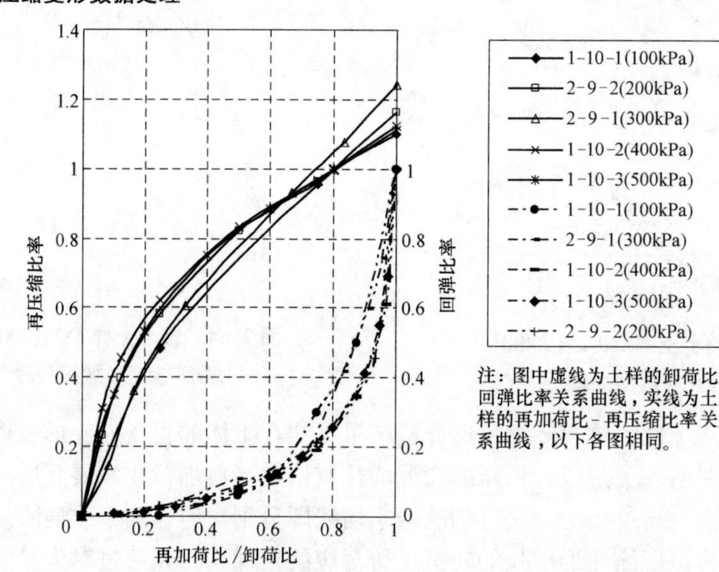

图 2.67　粉质黏土层 5 各土样回弹变形与再压缩变形过程对比

图示结果更为直观地反映出土体的卸荷回弹过程与再压缩过程其变形发展规律恰好相反。且在土工试验中，无论是回弹变形还是再压缩变形，在该分析方法中，固结压力不同，土样变形过程的基本规律上并没有明显区别，这也为分析数据的归一化处理提供了可能。

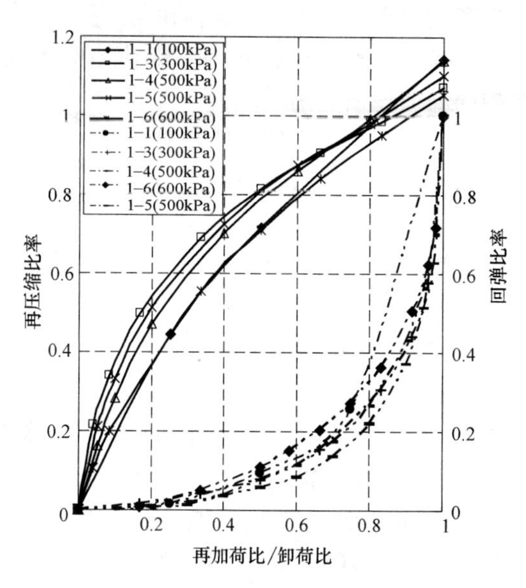

图 2.68　黏土土样回弹变形与再压缩变形过程对比

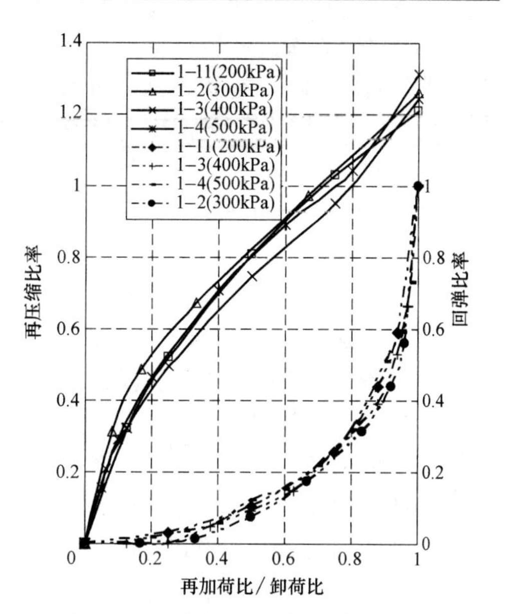

图 2.69　砂土 1 组土样回弹变形与再压缩变形过程对比

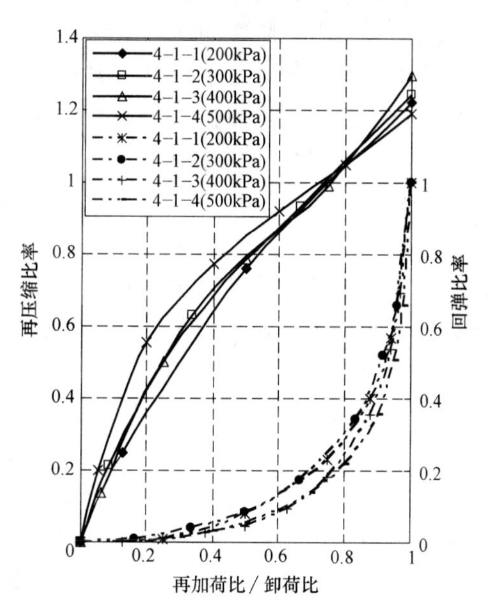

图 2.70　淤泥质土 1 组土样回弹变形与再压缩变形过程对比

将不同土性土体的回弹过程与再压缩变形过程进行对比分析（图 2.68～图 2.70），发现其与图 2.67 所反映出的规律较为一致。综合各图可见，再加荷比—再压缩比率关系曲线相对于卸荷比—回弹比率关系曲线要较为平缓，且由图中各参数的概念可知，这些参数均与土的卸荷回弹过程有关，其实质均是反映与基坑开挖卸荷量或最终回弹量之间的关系，这就为再压缩变形与回弹变形之间建立了更为有效的关系，而不仅仅是再压缩变形直接等于回弹变形，此外这种关系的建立也为求解施工过程中不同工况时产生的再压缩变形提供了一种更为直接有效的途径。

综合试验成果得出以下结论：

（1）在 e-p 曲线上回弹变形均存在如下特征：往复加、卸载试验中回弹过程曲线都接近于一组相互平行曲线；当卸荷初期卸荷量较小时，回弹曲线接近于与横轴平行的水平线，此时回弹量很小；随着卸荷量增大，回弹变形越来越明显。

（2）通过卸荷比—回弹比率关系分析发现：土样卸荷回弹过程中，当卸荷比小于 0.4 时，已完成的回弹变形不到总回弹变形量的 10%；当卸荷比增大至 0.8 时，已完成的回弹变形约占总回弹变形量的 40%；而当卸荷比介于 0.8～1.0 之间时，发生的回弹量约占总回弹变形量的 60%，可见卸荷比是决定回弹变形量的关键因素。

（3）通过卸荷比一回弹率关系分析可知：当卸荷比小于0.4时，卸荷比与回弹率两者关系曲线接近于线性变化，且此时回弹率很小；当卸荷比大于0.4，随着卸荷比的增大，不同固结压力的土样开始产生明显不同，即在相同卸荷比下，固结压力越大的土样，其所对应的回弹率越大，说明土样所受固结压力越大，回弹完成后土体的回弹量越大，即基坑开挖越深所引起的回弹变形量亦越大。

在相同固结压力下，不同土性土样的回弹率存在明显差异，尤其是在全部卸荷后差异达到最大，淤泥及淤泥质土的回弹率最大，黏土和粉质黏土次之且较为接近，砂土的回弹率最小。当卸荷完成后，淤泥及淤泥质土的回弹率是相同条件下砂土回弹率的6～8倍，而黏土与粉质黏土回弹率是相同条件下砂土回弹率的3～5倍。这说明土性也是影响土体回弹变形量的主要因素之一。

（4）根据卸荷比—回弹模量变化关系，土样的回弹变形可以分为三个阶段：①卸荷初期，当卸荷比处于0与临界卸荷比R_{cr}之间时，土样回弹模量很大，卸荷量很小，土样产生的回弹变形很小；②当卸荷比处于临界卸荷比R_{cr}与极限卸荷比R_u之间时，为回弹变形的第二阶段，这一阶段中，无论是在R-E_c曲线上或是R-$\lg E_c$曲线上都表现为线性，即随着卸荷比的增大，回弹模量出现相应的线性减小，回弹变形开始明显产生并随卸荷比的增大而增长；③当卸荷比超过极限卸荷比R_u后，随着卸荷比的继续增大，回弹模量的减小速率明显大于上一阶段的减小速率，且这一阶段土样的卸荷量较大，在这一阶段所产生的回弹变形在总回弹变形中所占比例最高，处于这一阶段的土体是回弹变形发展最为强烈的区域，这一阶段也是回弹变形发展最快的阶段。

（5）土体回弹变形有一定的滞后性，尤其在卸荷过程的最后几级卸荷时，这种变形滞后性越来越明显。回弹变形的滞后性不仅与土性有关，也与土样的固结压力、卸荷比相关。在相同固结压力下，在最后一级卸载时，淤泥及淤泥质土土样的最终回弹量大于同条件下黏性土、砂土的最终回弹量，且随着时间的推移，淤泥及淤泥质土比黏性土、砂土表现出更为明显的回弹滞后性。

（6）在土样的再压缩过程中，在加荷初始阶段再压缩变形增长速率较大，之后增长速率随着加荷量的增加反而逐渐降低。当再加荷量为卸荷量的20%时，土样产生的再压缩变形量已接近回弹变形量的40%～60%；之后土样的再压缩变形量增长速率降低，当再加荷量为卸荷量的40%时，土样产生的再压缩变形量为回弹变形量的70%左右；当再加荷量为卸荷量的60%时，土样产生的再压缩变形量接近回弹变形量的90%，可见在土样的再压缩过程中，在初始阶段再压缩变形增长速率较大，之后增长速率随着加荷量的增加反而逐渐降低。当加荷量为卸荷量的80%时，再压缩变形与回弹变形量大致相等，则此时回弹变形完全被压缩；当再加荷量与卸荷量相等时，再压缩变形量约为回弹变形量的1.2倍，且再压缩变形的增大程度与土性有关。

（7）再加荷比、再压缩比率概念的提出，将再压缩变形与回弹变形建立起更为直接的联系，为再压缩变形的计算提供了便利。根据再压缩变形过程的再加荷比一再压缩比率关系曲线，可将土体的再压缩变形过程分为两个线性阶段，这两个阶段上再压缩变形速率明显不同，通过大量土工试验成果的统计分析，这两个线性阶段分界点所对应的再加荷比在0.2左右。该变化关系在再压缩变形计算中的合理应用将有助于预估各施工工况下建筑物沉降发展规律。应用数学方法对再加荷比一再压缩比率关系曲线进行简单的拟合，为其在计算中的应用提供了条件。

（8）通过对原位载荷试验卸载阶段得到的回弹变形进行分析，为研究土体的回弹变形规律提供了新的研究方向。与压缩回弹试验相比，载荷试验条件下消除了压缩回弹试验的一些不可避免的影响因素，理论上更接近于土体的实际情况。当卸荷比小于 0.4 时，已完成的回弹变形不到总回弹变形量的 20%；当卸荷比增大至 0.8 时，已完成的回弹变形占总回弹变形量的 60%左右。两种试验方法虽存在一定差异，但所反映的回弹变形基本规律较为一致。

2.4 基坑开挖卸荷应力路径地基土工程特性试验研究[23]

基坑开挖卸荷应力路径地基土工程特性试验

地下工程计算分析应考虑土体的既有应力历史及施工过程引起应力状态的变化，确定适用于工程实际工况的地基土工程特性，使得分析结果能够保证支挡结构安全，减小对周围环境的影响。

基坑开挖土体应力状态变化为卸荷过程，基坑开挖卸荷引起的工程特性与一般土体加载所表现的特性明显不同，基坑工程土压力计算及支护结构设计应考虑应力历史、应力路径对土体力学性质的影响。经典土压力理论是基于极限平衡原理，而土体的真实工作状态并非完全处于极限状态。找到符合基坑开挖土体、支挡结构实际工作状态的土压力及变形计算方法是基坑工程设计中亟待解决的问题。

研究基坑工程开挖过程不同阶段周围土体的应力应变关系，探讨适合基坑开挖周围土体的本构模型；研究开挖进程中支挡结构上的土压力及土体自身应力的变化，为支挡结构的设计及基坑工程施工过程各单元的土压力及变形分析提供依据。研究应从工程勘察土体力学参数的选取、数值分析本构关系的选择、工程监测测试设备等方面入手，为基坑工程设计优化提供依据。

1. 基坑开挖应力路径土体应力应变关系的试验研究

已有研究表明，土体的力学特性受其应力历史、应力路径影响很大。基坑工程土体受开挖时空效应影响显著，不同开挖时段、不同位置土体的应力状态差异较大。为反映土体受基坑开挖施工效应影响的力学特性，对试验场地土体做了详细勘察。

1）试验场地条件

现场试验选址为北京市顺义区高丽营镇羊房村一平坦场地。该场地为耕地，之前并无大范围大深度的开挖回填，为自然状态下沉积而成的原状土。整个试验场地长约 250m，宽约 70m。

勘察结果表明，场地土质水平向分布较为均匀，垂直向成层明显，地下水位在地表以下 1.2m。地下水水质较好，pH 呈中性。地层剖面图见图 2.71，相应的土性参数见表 2.15。

土体物理力学指标 **表 2.15**

土层(#)	层底深度(m)	土类	ρ(g/m^3)	w_0(%)	e	w_L(%)	w_P(%)	I_P	I_L
1	1.7	粉土	2.00	22.3	0.66	25.9	17.9	8.0	0.55
2	1.9	粉质黏土	2.00	21.1	0.64	28.8	17.0	11.0	0.34

续表

土层(#)	层底深度(m)	土类	ρ(g/m^3)	w_0(%)	e	w_L(%)	w_P(%)	I_P	I_L
3	4.7	粉砂	2.05	24.4	0.59	—	—	—	—
4	5.6	黏土	1.82	40.7	1.13	48.4	28.6	19.8	0.61
5	6.5	粉质黏土	1.82	31.5	0.86	32.2	20.7	11.5	0.94
6	8.1	粉土	2.04	24.5	0.65	27.6	17.8	9.8	0.68
7	10.2	黏土	1.86	38.1	1.04	47.1	26.7	20.4	0.56
8	12	粉质黏土	1.98	28.2	0.75	32.6	20.7	11.9	0.63
9	13.1	黏土	1.81	41.9	1.08	56.2	33.5	22.7	0.37
10	15	粉质黏土	1.98	27.5	0.73	34.6	22.3	12.3	0.42
11	16	粉质黏土	1.92	34.2	0.92	39.5	23.4	16.1	0.69
12	20	粉质黏土	1.98	29.5	0.80	36.4	22.9	13.5	0.49

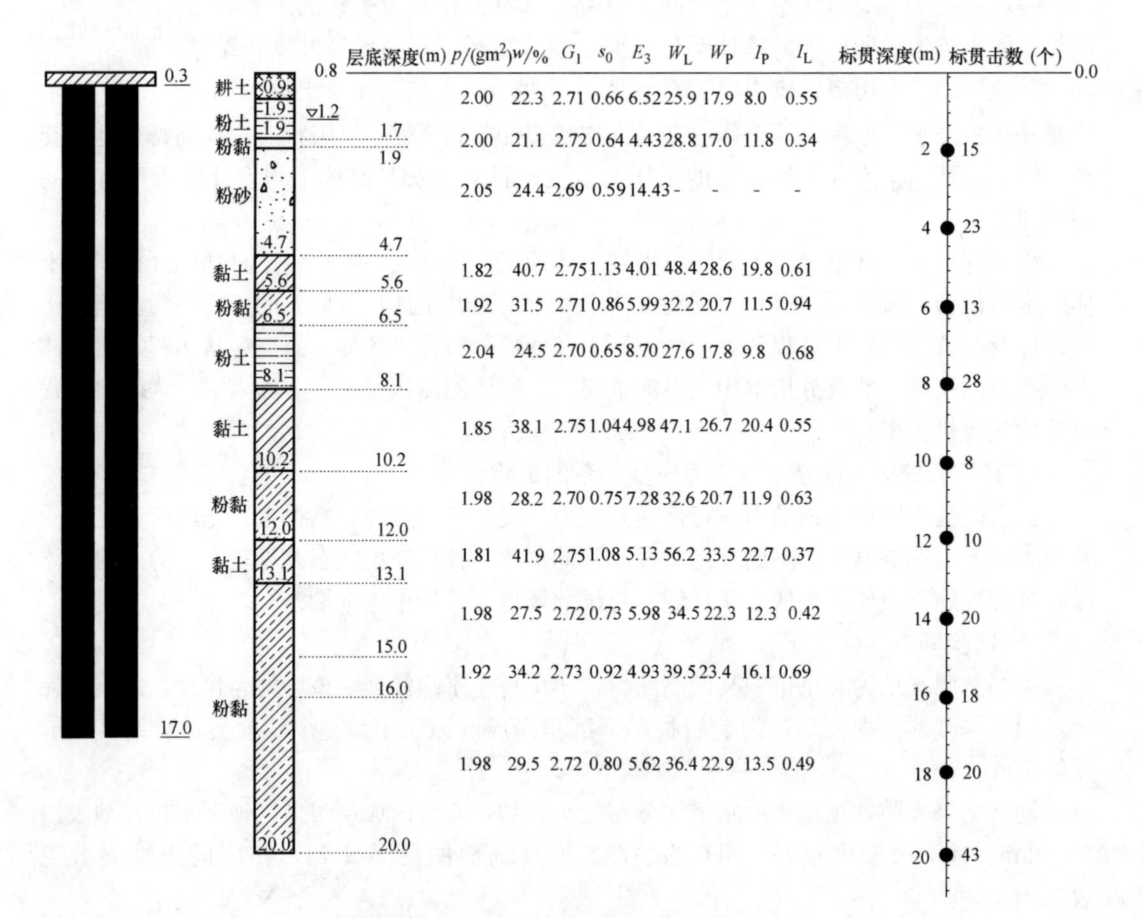

图 2.71　试验场地土体力学特性及土层分布

2）土体的固结应力状态

通过密度试验及高压固结试验，判断土体应力及固结状态，试验结果见表 2.16，超固结比接近于 1.0，认为该场地地基土为正常固结土。

土体固结状态 表 2.16

取土深度(m)	土类	有效上覆压力 $\gamma' \cdot h$(kPa)	前期固结压力 P_c(kPa)	超固结比 OCR
3m	粉砂	42.5	43	1.01
5.5m	黏土	66.9	71	1.06
6m	粉质黏土	71.5	78	1.09
7m	粉土	81.9	77	0.94
9m	黏土	101.1	104	1.03
11m	粉质黏土	119.3	125	1.05
12.5m	黏土	133.1	136	1.02
14.2m	粉质黏土	148.8	150	1.01
15.5m	粉质黏土	161.2	156	0.97
17m	粉质黏土	175.3	178	1.02

3）常规固结快剪试验及三轴 CU 试验土体应力应变关系

本次研究，包含针对以往计算分析方法的比对分析，因此按照传统规范方法也进行了基坑设计参数的试验。依据《建筑基坑支护技术规程》JGJ 120—2012，通过直剪固结快剪试验及三轴固结不排水前剪切强度试验确定土体强度指标，用于基坑设计，确定支挡结构的配筋情况。直剪固结快剪试验所用固结应力为埋深 10m 以上取 50kPa、100kPa、150kPa，200kPa；埋深 10m 以下取 100kPa、150kPa、200kPa、250kPa。三轴固结不排水剪试验固结应力为 100kPa、200kPa、300kPa。

固结快剪试验结果见图 2.72，三轴 CU 试验结果见图 2.73，所得强度指标见表 2.17。

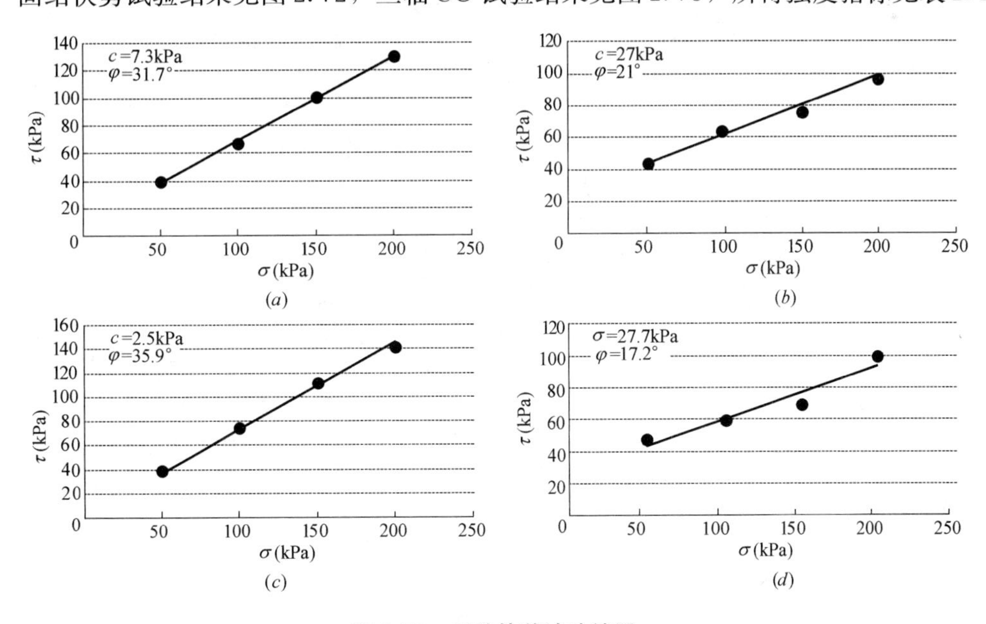

图 2.72 固结快剪试验结果

(*a*) 土层 1；(*b*) 土层 2；(*c*) 土层 3；(*d*) 土层 4

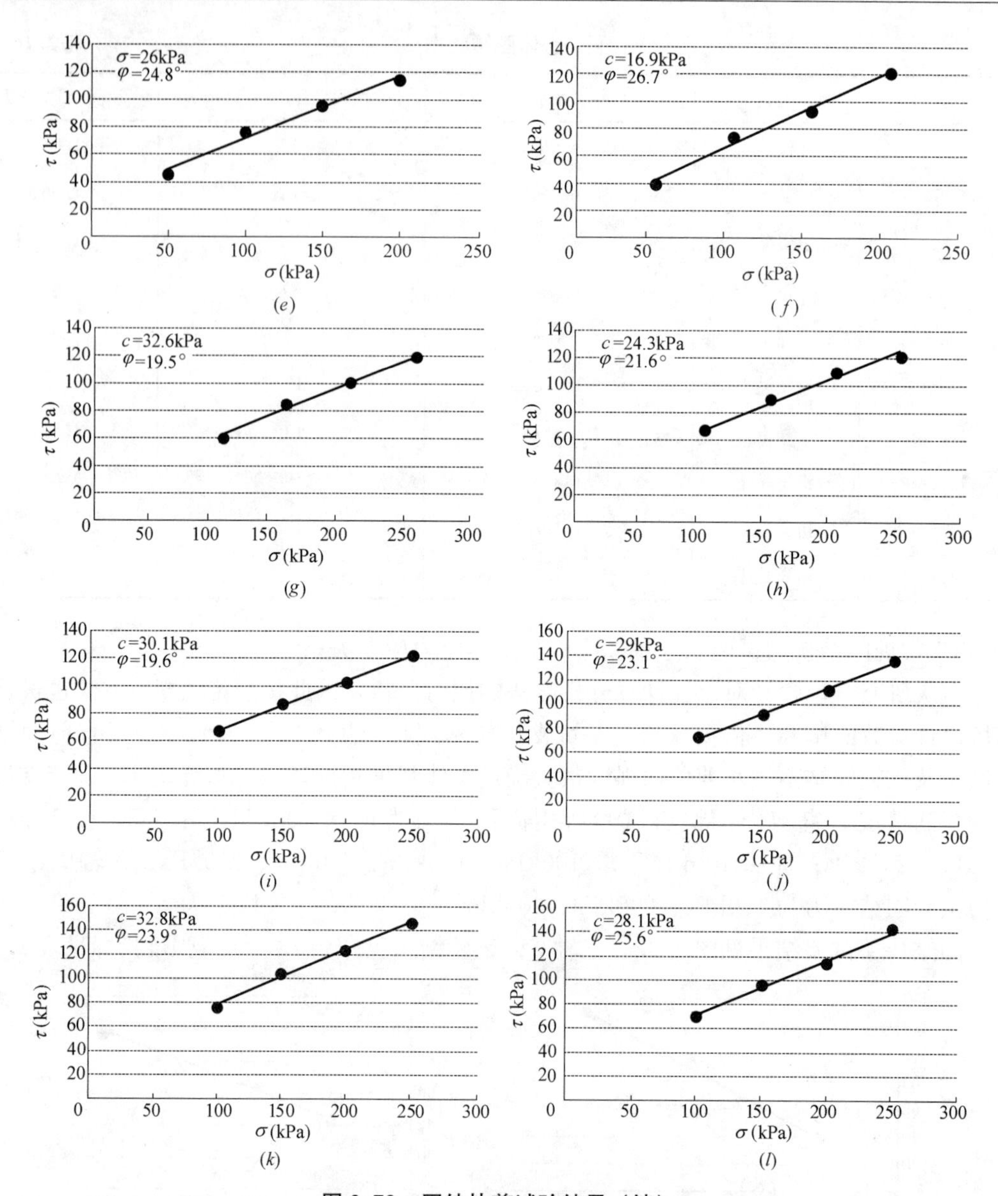

图 2.72　固结快剪试验结果（续）

(*e*) 土层 5；(*f*) 土层 6；(*g*) 土层 7；(*h*) 土层 8；(*i*) 土层 9；(*j*) 土层 10；(*k*) 土层 11；(*l*) 土层 12

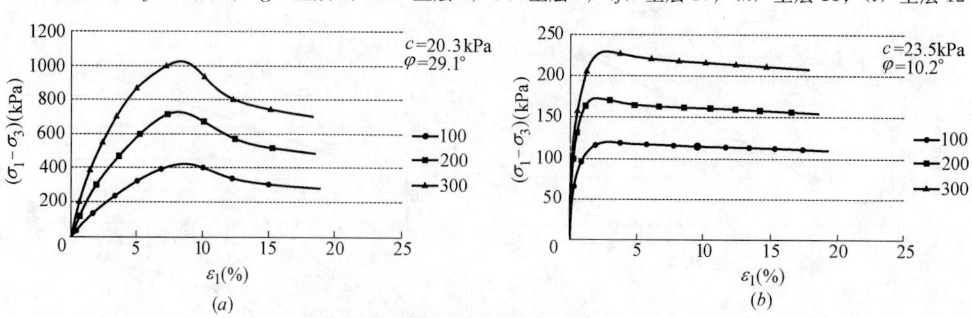

图 2.73　三轴 CU 强度试验结果（一）

(*a*) 土层 1；(*b*) 土层 2

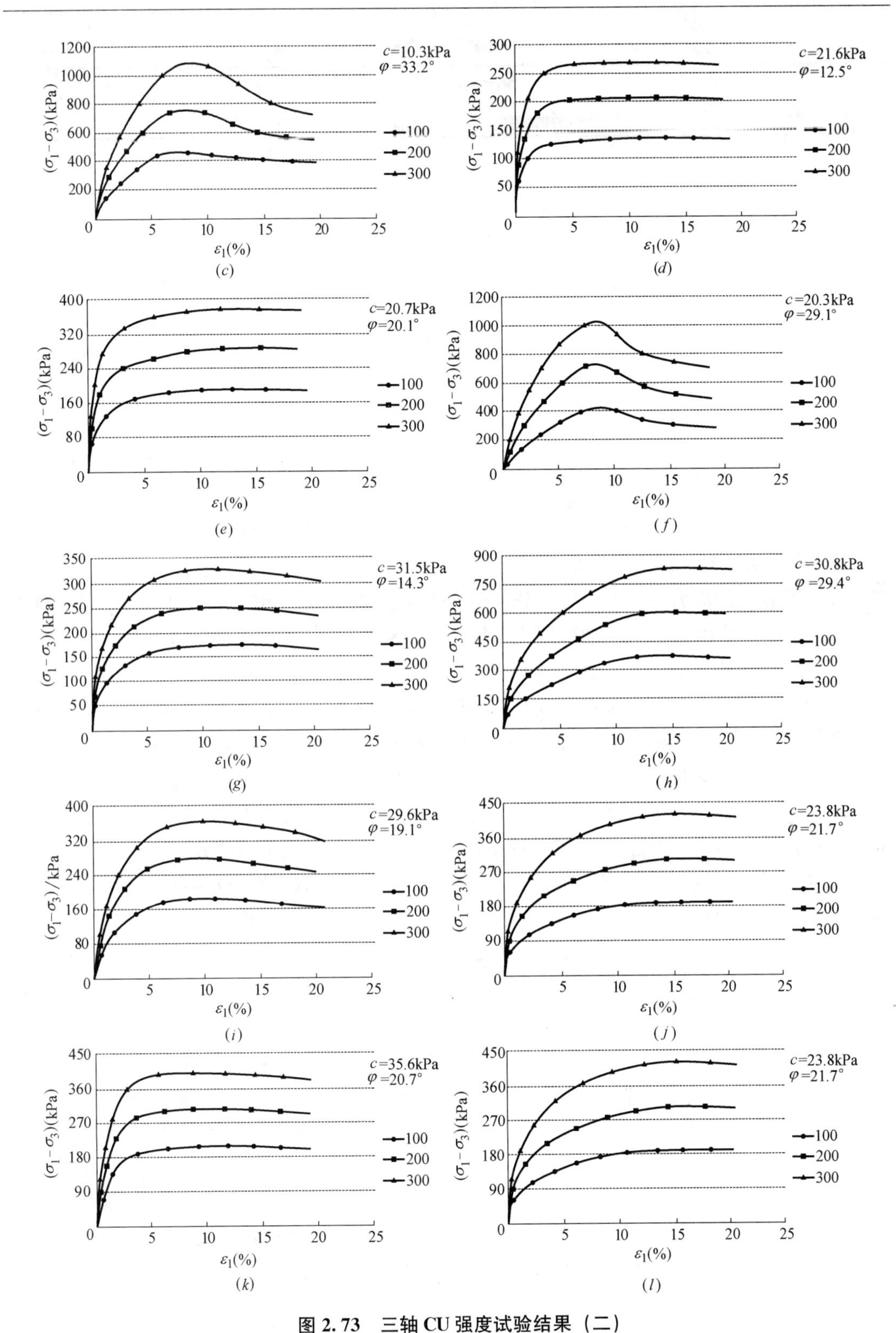

图 2.73 三轴 CU 强度试验结果（二）

(*c*) 土层 3；(*d*) 土层 4；(*e*) 土层 5；(*f*) 土层 6；(*g*) 土层 7；(*h*) 土层 8；(*i*) 土层 9；(*j*) 土层 10；(*k*) 土层 11；(*l*) 土层 12

土体强度指标 表 2.17

土层	土类	固结快剪试验		三轴 CU 试验	
		c_{cq}(kPa)	φ_{cq}(°)	c_{CU}(kPa)	φ_{CU}(°)
1	粉土	7.3	31.7	15.3	32.1
2	粉质黏土	27	21	23.5	10.2
3	粉砂	2.5	35.9	10.3	33.2
4	黏土	27.7	17.2	21.6	12.5
5	粉质黏土	26	24.8	20.7	20.1
6	粉土	16.9	26.7	20.3	29.1
7	黏土	32.6	19.5	31.5	14.3
8	粉质黏土	24.3	21.6	30.8	29.4
9	黏土	30.1	19.6	29.6	19.1
10	粉质黏土	29	23.1	23.8	21.7
11	粉质黏土	32.8	23.9	35.6	20.7
12	粉质黏土	28.1	25.6	23.8	21.7

4）模拟基坑开挖应力路径的土体应力应变关系

基坑开挖土体应力及变形过程十分复杂，受到诸如初始应力状态、施工方法、支挡类型和开挖深度等因素的影响。将基坑周围不同区域土体以单元编号区分，如图 2.74 所示，概括一下主要有三种：①基坑被动区与主动区可分别用 M、N 单元表示，单元 M 横向荷载不变，竖向卸荷；单元 N 竖向荷载不变，横向卸荷；②随着开挖深度的增加，土体单元 A 竖向荷载保持不变，横向卸荷；单元 B 竖向荷载保持不变，横向卸荷较 A 单元小；单元 C 因远离基坑而保持原始应力状态；单元 D 竖向和横向都卸荷，不过横向卸荷相对较小；单元 E 竖向卸荷，横向加荷或卸荷；单元 F 竖向卸荷的同时横向加荷；单元 G 竖向荷载不变，横向加荷。可见，在基坑开挖过程中，土体存在四种类型的应力路径：(a) 竖向和横向都卸荷，(b) 竖向卸荷、横向加荷，(c) 竖向不变、横向卸荷，(d) 竖向不变、横向加荷；③基坑开挖过程中不论主动区还是被动区都处于卸荷状态，但应力路径不同。

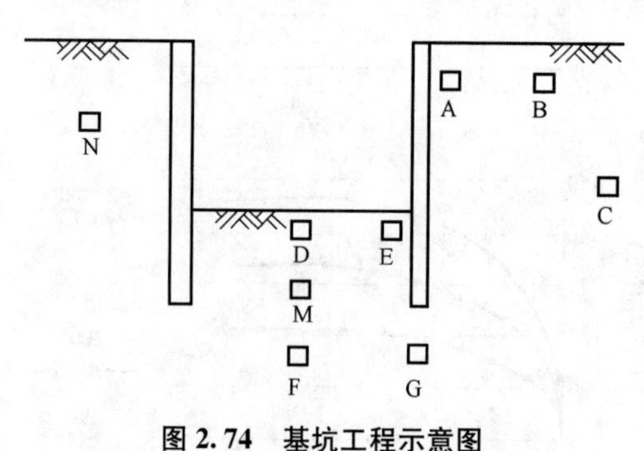

图 2.74 基坑工程示意图

基坑开挖过程中，基坑底面土体受到坑外土体和挡墙的挤压作用而形成坑底隆起变形，基坑内侧作用于挡墙的土压力趋向被动土压力，外侧土体作用于挡墙的土压力趋向于主动土压力，其作用结果是使得挡墙和土体向坑内发生侧移变形。基坑主动区、被动区土体随开挖其应力路径在不断变化，为反映土体应力历史、基坑开挖卸荷路径，土工试验方法不同以往，设计如下：

试样进行初始应力状态下的预固结处理，并考虑到试验条件，剪切时不固结不排水，设计应力路径如下：

主动区：

应力路径 a：轴向应力不变，径向应力减小，以反映基坑开挖主动区土体侧向卸荷、上覆压力基本不变的应力状态，即为图 2.74 中的 A、B、N 区域；

被动区：

应力路径 b：轴向应力减小，径向应力增大，以反映开挖面以下较浅区域，支挡结构挤压土体，侧向压力增加，最大、最小主应力方向改变，侧向压力大于上覆压力，即为图 2.74 中的 E 区域；

应力路径 c：轴向应力减小，径向应力不变，以反映开挖面以下较深区域，支挡结构对土体挤压不明显，侧向压力因上覆压力减小而减小，但减小程度小于上覆压力，即为图 2.74 中的 D、F、M 区域。

在室内利用 GDS 三轴仪模拟主动区、被动区的应力路径，得到卸荷状态下土体的应力应变关系，并做归一化分析，讨论能够描述土体卸荷特性且适合基坑开挖周围土体不同区域的本构模型，为基坑工程数值分析提供依据。

(1) 应力路径 a 的试验结果

基坑开挖主动区土体向基坑内移动，上覆压力基本不变，侧向压力减小，试验中将其简化为上覆压力不变，侧向压力减小，即 K_0 状态固结之后，不排水情况下 σ_1 不变，σ_3 减小。卸荷比为侧向卸荷量与初始侧向应力的比值。所得应力应变关系曲线如图 2.75，此处仅列出各土层实际应力历史状态的土体应力应变关系。

比较可知，主动区应力路径（σ_1 不变，σ_3 减小）作用下土体应力应变关系不同于常规三轴固结不排水剪强度试验土体的应力应变关系，前者在应变很小时就呈现非线性，且很容易达到破坏条件。比较分析卸荷比与应变关系，发现侧向卸荷土体并不是立即表现出卸荷变形，而是在卸荷比超过一个数值（初始卸荷比 R_0）之后才明显出现，且之后的曲线段以双曲线拟合程度较高，以双曲线（见公式 2.10）拟合应变一卸荷比曲线，记录拟合度（即拟合误差最小，采用 Matlab 求取）最高时的临界卸荷比 R_0，见表 2.18，各层土 R_0 均接近 0.2。由于土体自身结构及应力历史等因素，使得卸荷变形表现为滞后性。

$$R-R_0=\frac{\varepsilon_1}{a+b\cdot\varepsilon_1} \tag{2.10}$$

初始卸荷比 R_0 **表 2.18**

编号	土类	初始卸荷比 R_0	编号	土类	初始卸荷比 R_0
1	粉砂	0.19	3	粉质黏土	0.17
2	粉土	0.18	4	黏土	0.22

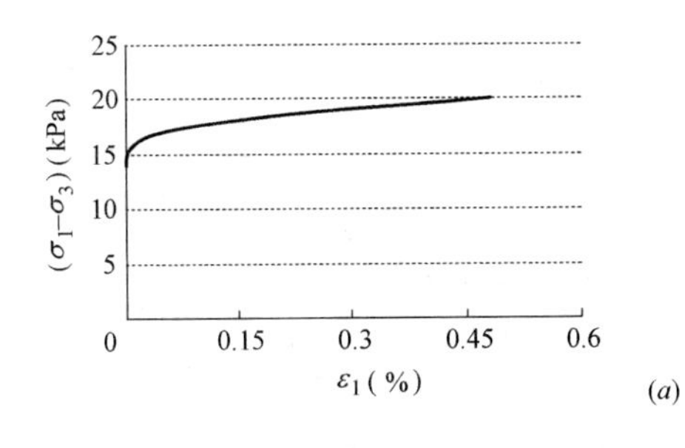

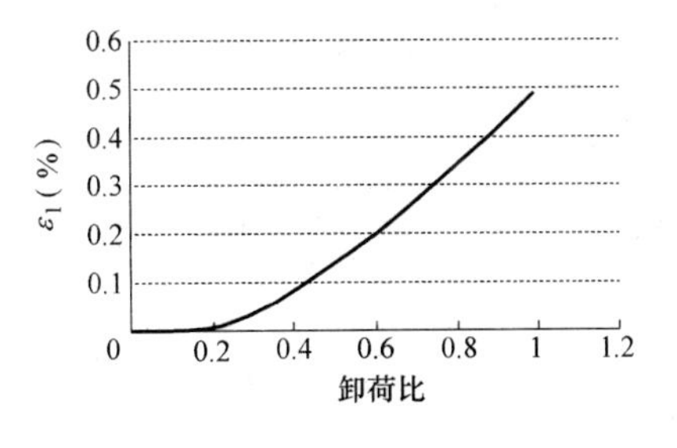

(a)

图 2.75 应力应变曲线（应力路径 a）（一）

(a) 土层 1

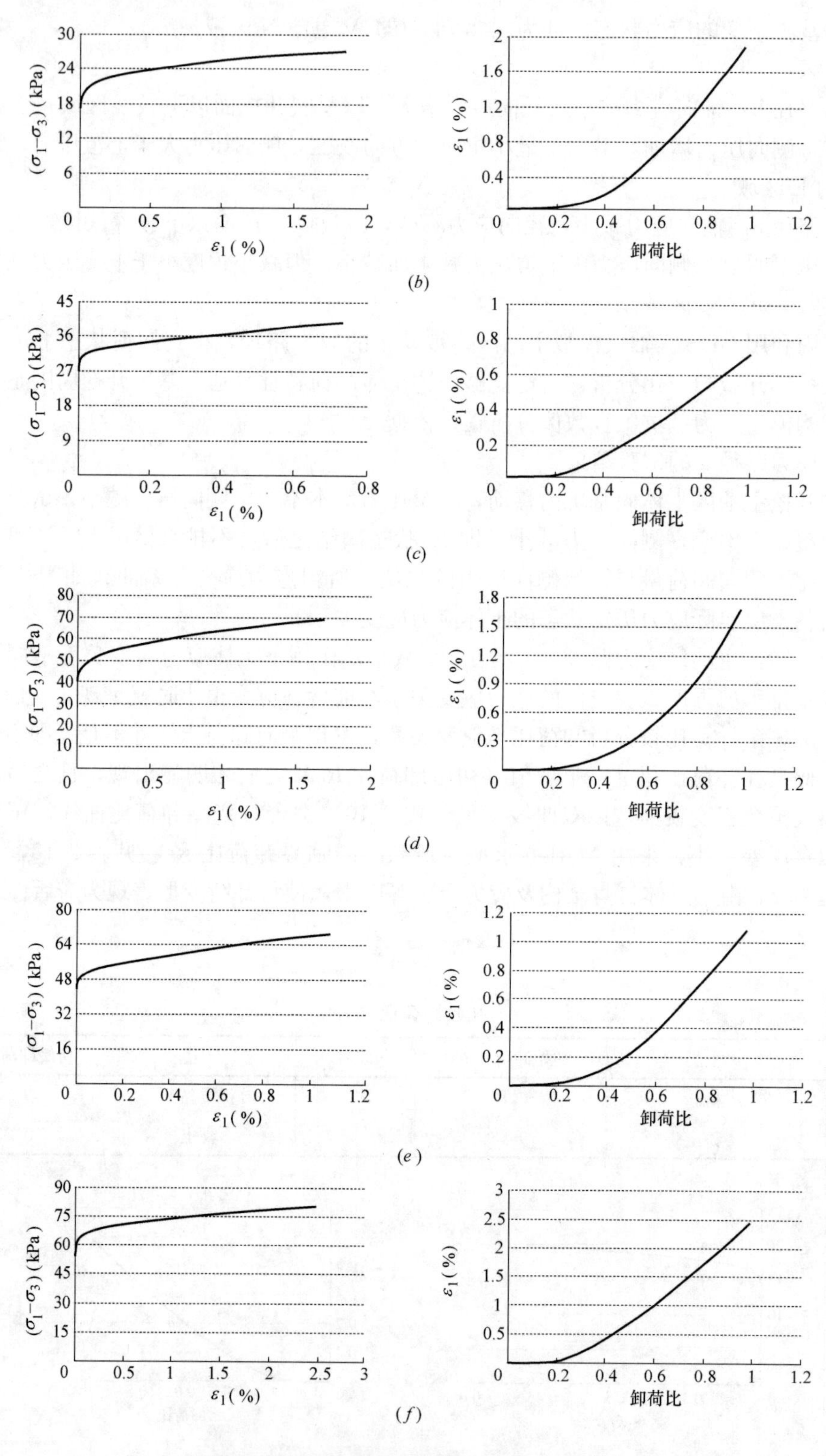

图 2.75　应力应变曲线（应力路径 a）（二）

(*b*) 土层 2；(*c*) 土层 3；(*d*) 土层 4；(*e*) 土层 5；(*f*) 土层 6；

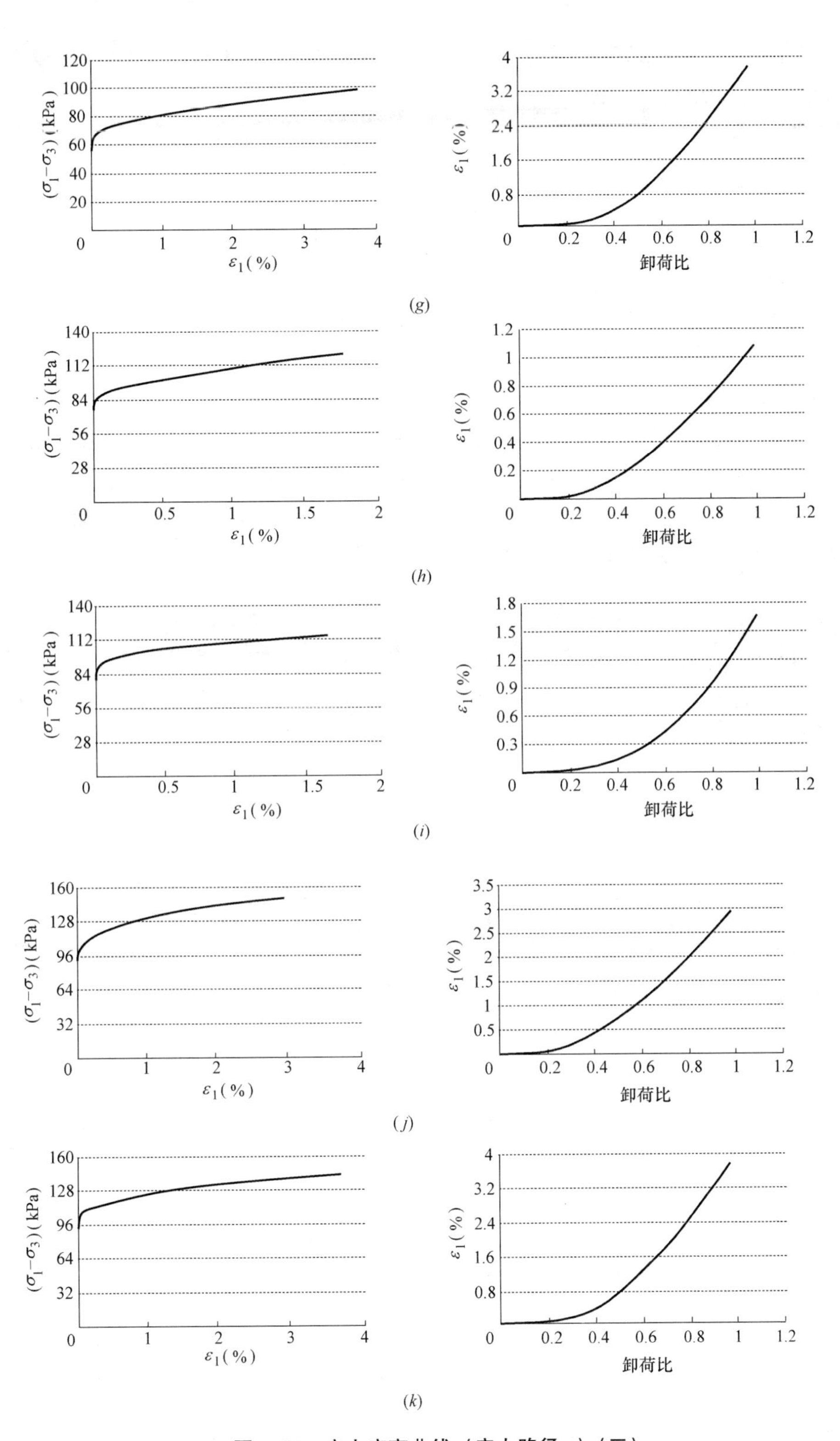

图 2.75 应力应变曲线（应力路径 a）（三）

(*g*) 土层 7；(*h*) 土层 8；(*i*) 土层 9；(*j*) 土层 10；(*k*) 土层 11

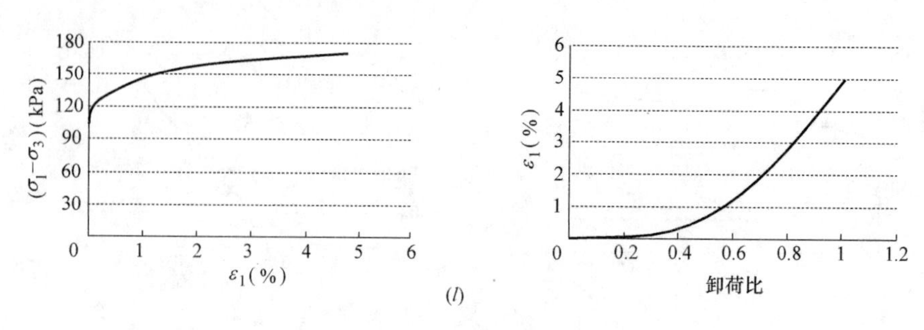

图 2.75　应力应变曲线（应力路径 a）（四）

（l）土层 12

（2）应力路径 b 的试验结果

基坑被动区接近开挖面的位置，土体受支护结构挤压变形，侧向压力增大，上覆压力减小，土体最大主应力方向发生变化，由原来垂直向变为水平向。即平均主应力状态固结后，不排水情况下 σ_1 减小，σ_3 增大。试验中土体分别在小于初始平均主应力和大于初始平均主应力下做不固结不排水剪切。应力应变关系曲线见图 2.76。

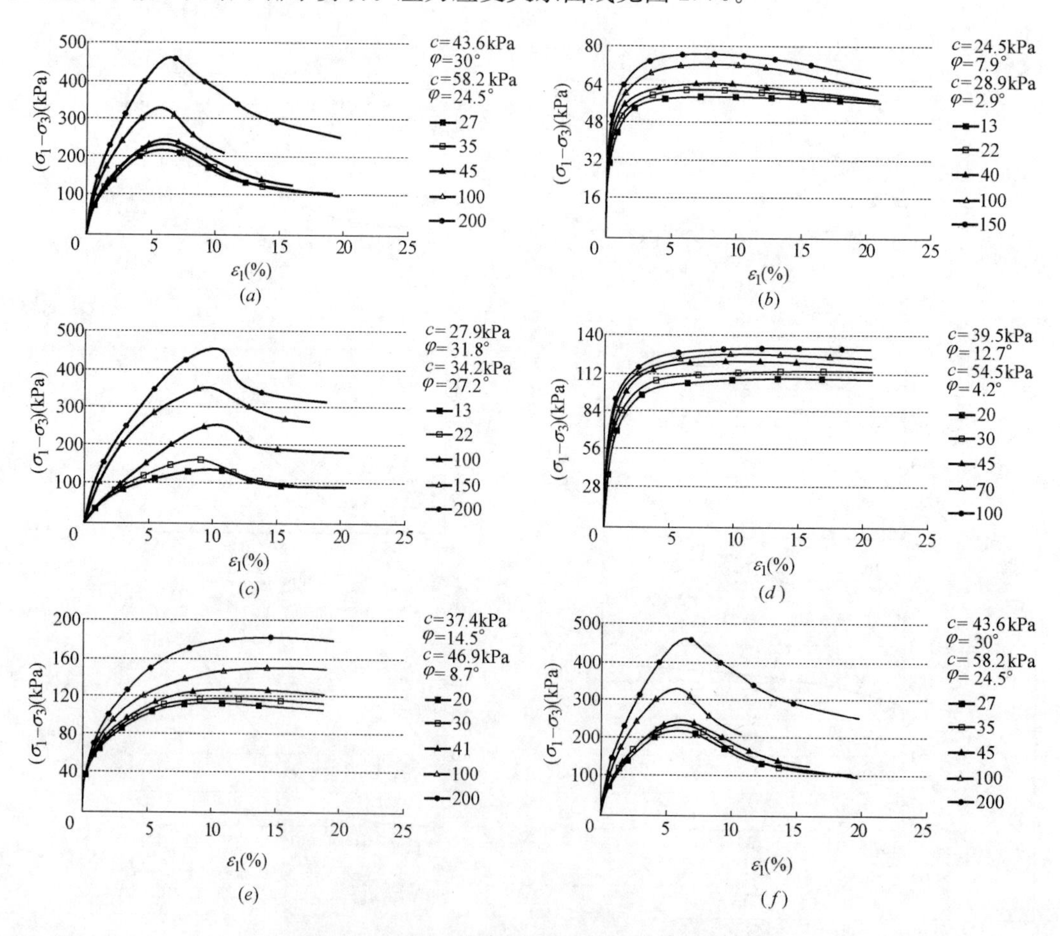

图 2.76　自重压力预固结 UU 强度试验应力应变关系曲线（一）

（a）土层 1；（b）土层 2；（c）土层 3；（d）土层 4；（e）土层 5；（f）土层 6

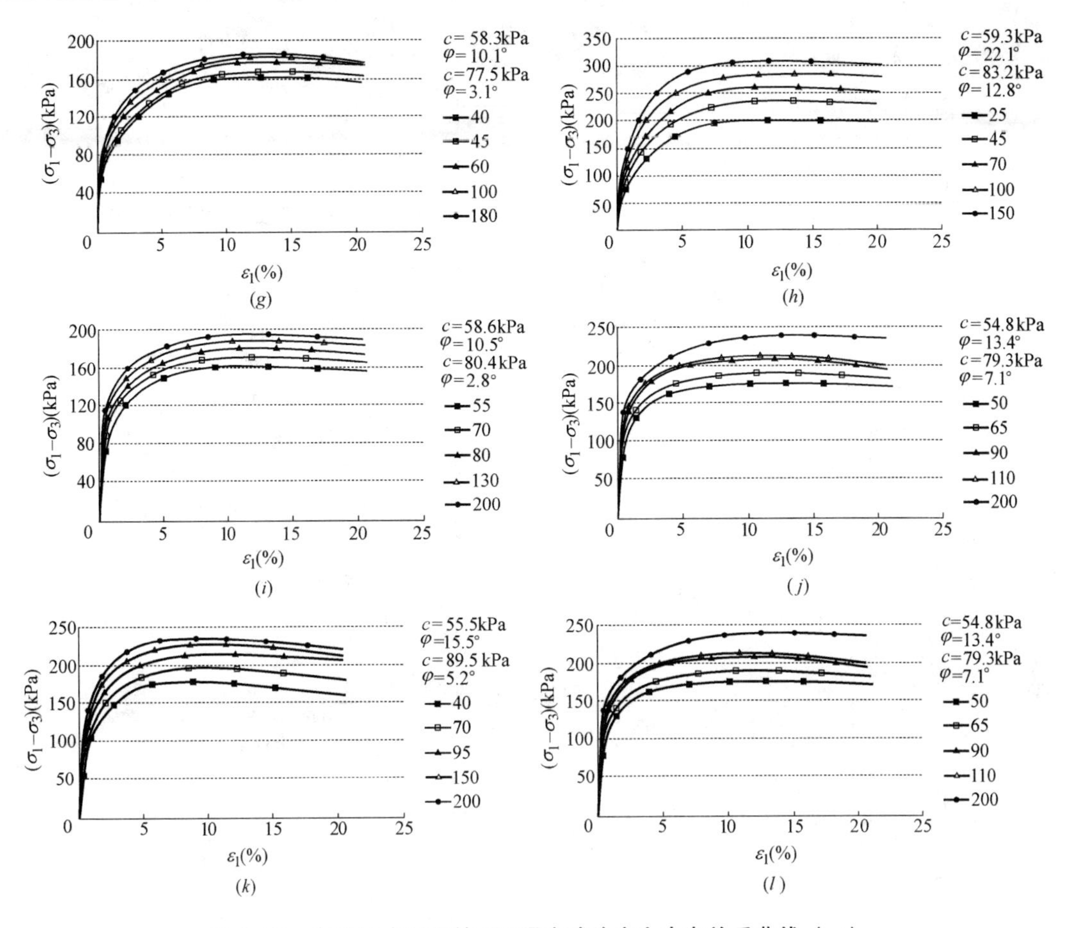

图 2.76 自重压力预固结 UU 强度试验应力应变关系曲线（二）

(g) 土层 7；(h) 土层 8；(i) 土层 9；(j) 土层 10；(k) 土层 11；(l) 土层 12

土体强度包络线见图 2.77、图 2.78，分别对围压达到前期固结压力（初始平均主应力）前后两个压力段的强度指标做了比较，相较于围压大于前期固结压力时（土体处于加荷状态）测得的 c、φ，围压小于前期固结压力时（土体处于卸荷状态）所得黏聚力 c 较小，内摩擦角 φ 较大。

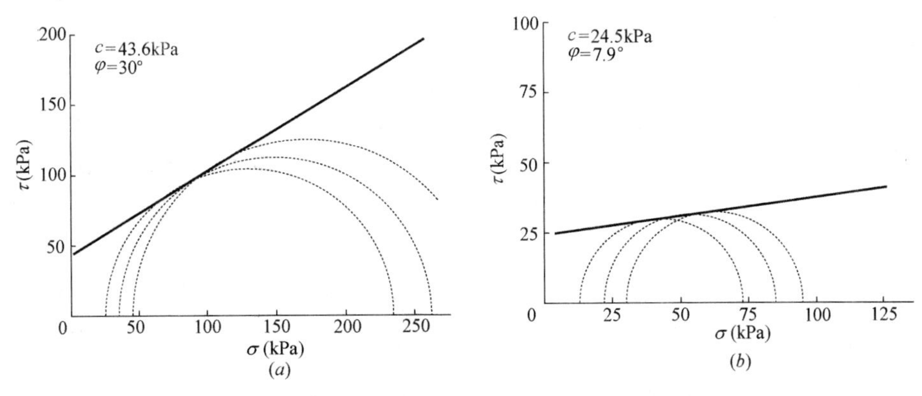

图 2.77 应力应变曲线（小于前期固结压力）（一）

(a) 土层 1；(b) 土层 2

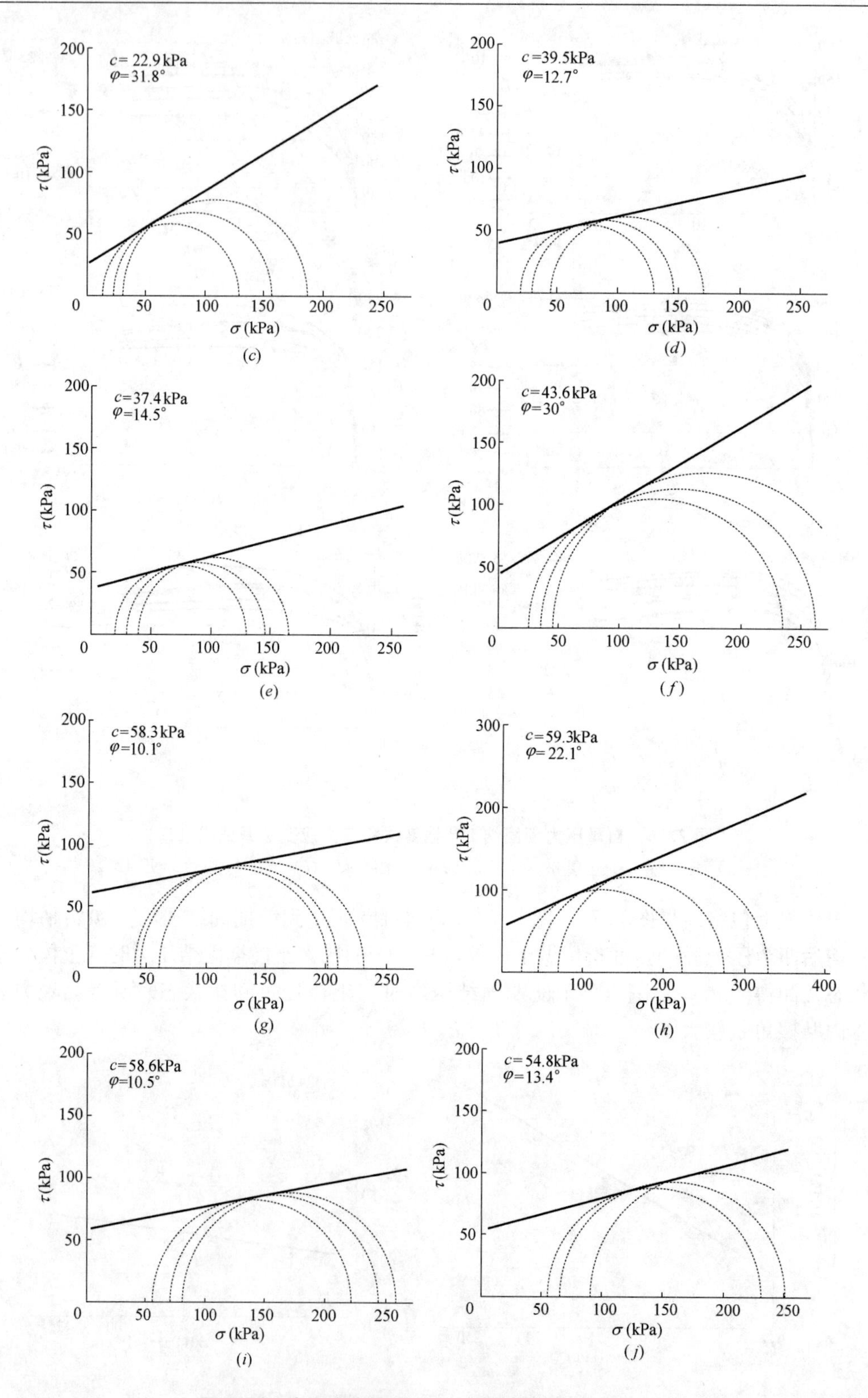

图 2.77　应力应变曲线（小于前期固结压力）（二）

(*c*) 土层 3；(*d*) 土层 4；(*e*) 土层 5；(*f*) 土层 6；(*g*) 土层 7；(*h*) 土层 8；(*i*) 土层 9；(*j*) 土层 10

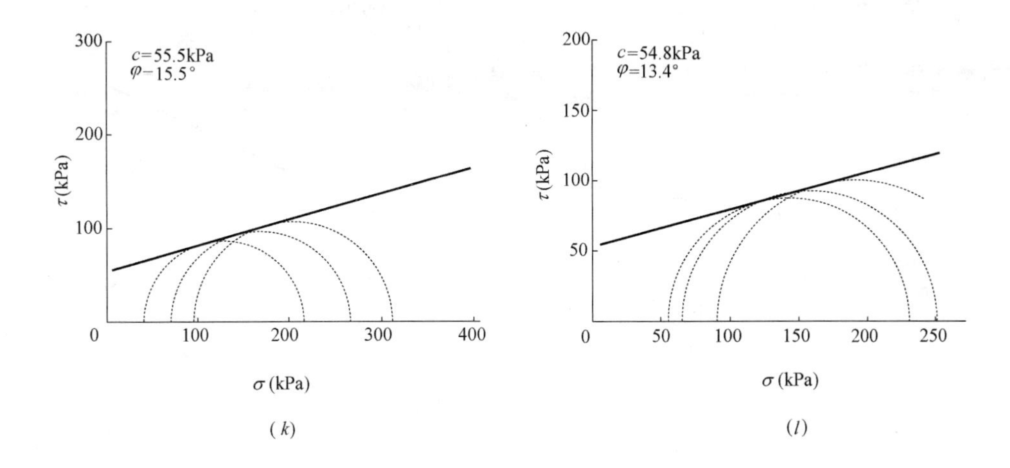

图 2.77　应力应变曲线（小于前期固结压力）（三）

（k）土层 11；（l）土层 12

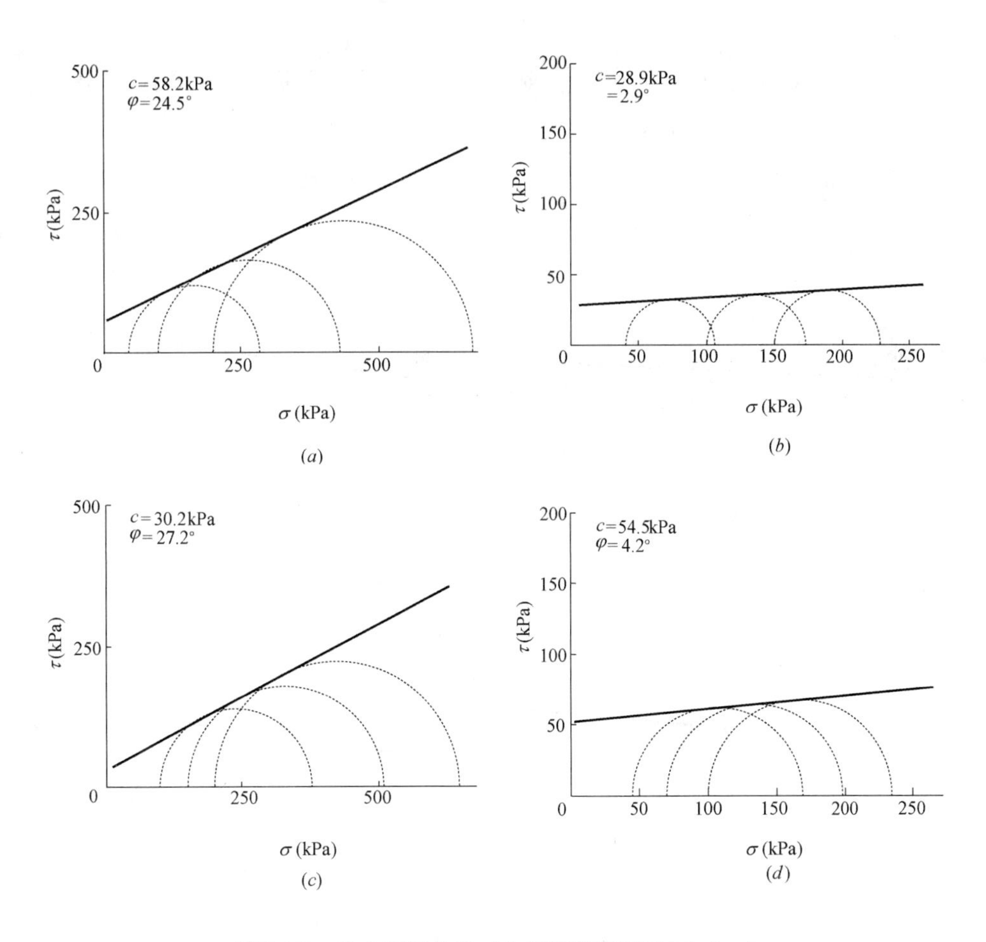

图 2.78　应力应变曲线（大于前期固结压力）（一）

（a）土层 1；（b）土层 2；（c）土层 3；（d）土层 4

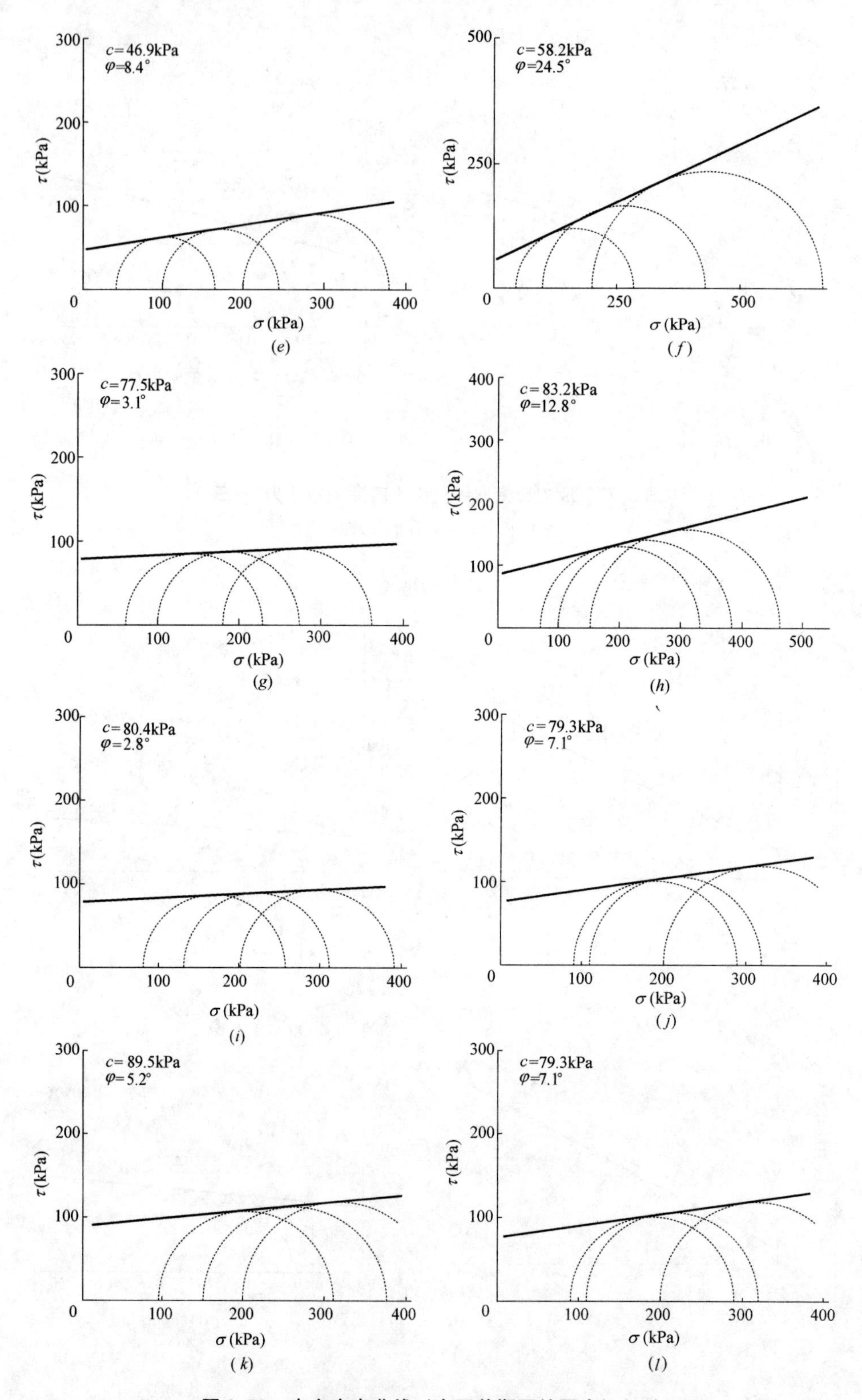

图 2.78　应力应变曲线（大于前期固结压力）（二）

(*e*) 土层 5；(*f*) 土层 6；(*g*) 土层 7；(*h*) 土层 8；(*i*) 土层 9；(*j*) 土层 10；(*k*) 土层 11；(*l*) 土层 12

（3）应力路径 c 的试验结果

基坑被动区较深的区域，开挖之后土体上覆压力减小，由此引起的应力释放使得土体侧向压力有所减小，而侧向受支护结构挤压影响小，使得土体侧向压力还是处于减小趋势，但侧向压力减小幅度小于上覆压力。试验中将应力路径简化，认为侧向压力不变，上覆压力减小，即 K_0 状态固结后，不排水情况下 σ_3 不变，σ_1 减小。土体应力应变关系见图 2.79，列出各土层实际应力历史状态的土体应力应变关系。

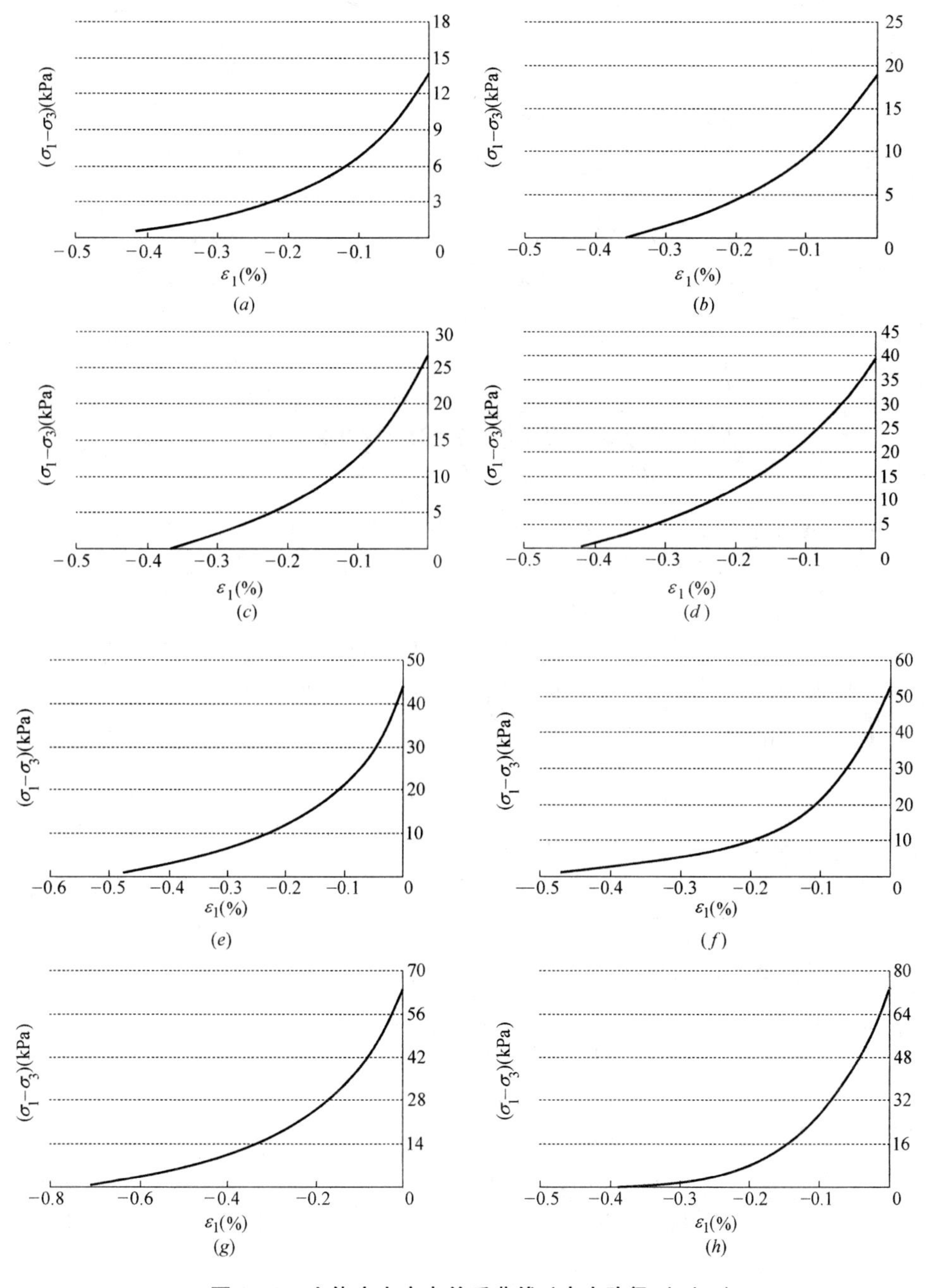

图 2.79 土体应力应变关系曲线（应力路径 c）（一）

(a) 土层 1；(b) 土层 2；(c) 土层 3；(d) 土层 4；(e) 土层 5；(f) 土层 6；(g) 土层 7；(h) 土层 8

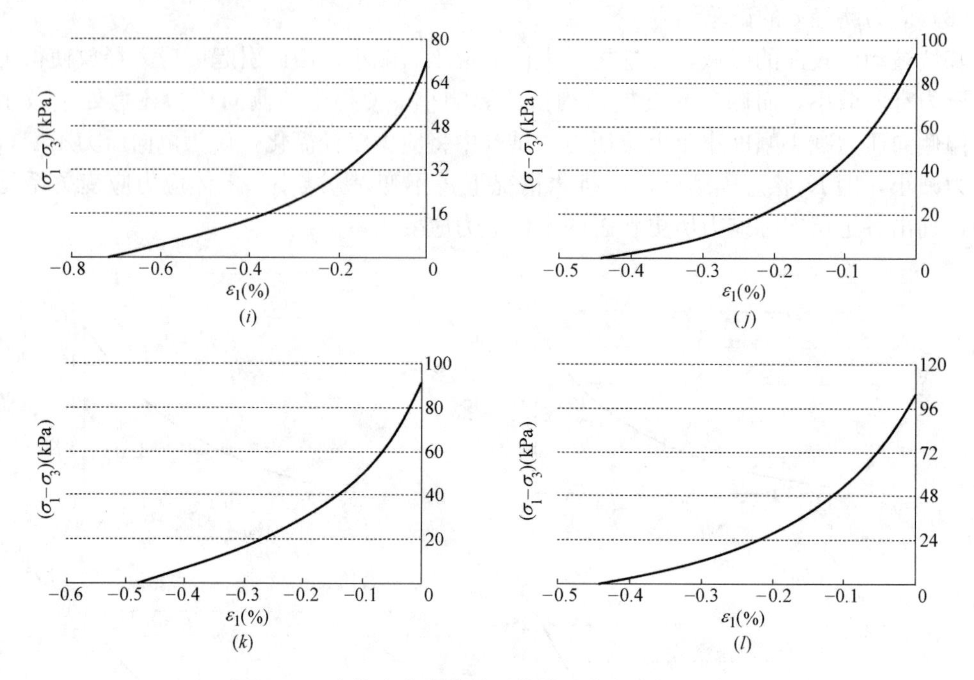

图 2.79 土体应力应变关系曲线（应力路径 c）（二）

（i）土层 9；（j）土层 10；（k）土层 11；（l）土层 12

由于试验条件的限制，σ_1 只能减小至与 σ_3 相等。土体拉伸应变很小，最大只有 0.7%，可将曲线简化为直线处理，求得卸荷模量用于计算。

5）加、卸荷土体强度指标比较

根据上述强度试验，土体加、卸荷强度指标是不相同的。现在以朗肯土压力理论，分别用加、卸荷强度指标计算粉砂、粉土、粉质黏土、黏土土压力。

朗肯土压力理论，主动土压力计算公式：

$$P_a=\gamma \cdot h \cdot \tan^2\left(\frac{\pi}{4}-\frac{\varphi}{2}\right)-2 \cdot c \cdot \sqrt{\tan^2\left(\frac{\pi}{4}-\frac{\varphi}{2}\right)} \tag{2.11}$$

朗肯土压力理论，被动土压力计算公式：

$$P_a=\gamma \cdot h \cdot \tan^2\left(\frac{\pi}{4}+\frac{\varphi}{2}\right)+2 \cdot c \cdot \sqrt{\tan^2\left(\frac{\pi}{4}+\frac{\varphi}{2}\right)} \tag{2.12}$$

三轴试验所得强度指标与 $\gamma \cdot h$ 关系见图 2.80。

以下描述中，

CU 试验表示三轴常规 CU 试验；

UU+试验表示自重压力下固结的加荷状态的 UU 试验；

UU−试验表示自重压力下固结的卸荷状态的 UU 试验；

$P_{a(CU)}$、$P_{p(CU)}$ 表示三轴常规 CU 试验强度指标计算得到的主动土压力、被动土压力；

$P_{a(UU+)}$、$P_{p(UU+)}$ 表示自重压力下固结的加荷状态的 UU 强度指标计算的主动、被动土压力；

$P_{a(UU-)}$、$P_{p(UU-)}$ 表示自重压力下固结的卸荷状态的 UU 强度指标计算的主动、被动土压力；

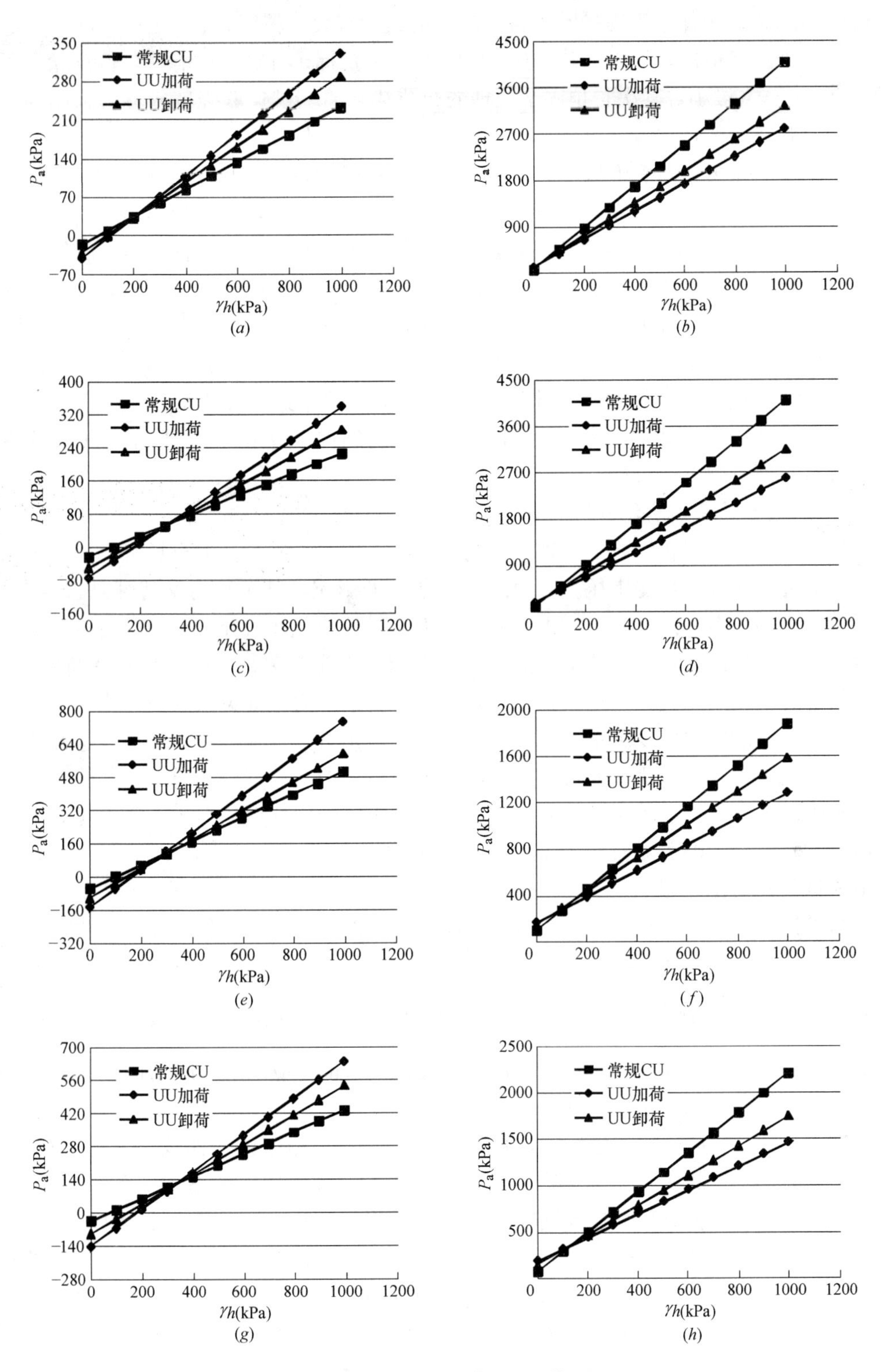

图 2.80 土压力与 $\gamma \cdot h$ 关系

(a) 土层 3 粉砂主动土压力；(b) 土层 3 粉砂被动土压力；(c) 土层 6 粉土主动土压力；(d) 土层 6 粉土被动土压力；(e) 土层 7 黏土主动土压力；(f) 土层 7 黏土被动土压力；(g) 土层 10 粉质黏土主动土压力；(h) 土层 10 粉质黏土被动土压力

$(\gamma \cdot h)_{max}$表示土体不需支护，可自行直立的最大有效上覆压力。

比较三种强度指标，采用三轴常规CU试验强度指标，计算土体能够自行直立，不需支护的$(\gamma \cdot h)_{max}$最小，其次是预固结处理的卸荷状态的UU试验强度指标，采用预固结处理的加荷状态的UU试验强度指标计算的$(\gamma \cdot h)_{max}$最大。

对于主动土压力，随着上覆压力$\gamma \cdot h$增大（深基坑），$P_{a(CU)} < P_{a(UU-)} < P_{a(UU+)}$。

对于被动土压力，$\gamma \cdot h$较小时，$P_{p(CU)} < P_{p(UU-)} < P_{p(UU+)}$；随着$\gamma \cdot h$的增大，$P_{p(UU+)} < P_{p(UU-)} < P_{p(CU)}$。计算得到的被动土压力为土体处于极限状态，即其所能产生的最大抗力，且是有效上覆压力$\gamma \cdot h$小于被动土压力。而实际基坑工程，被动区只有在距开挖面很近的土体才表现为侧向土压力大于上覆压力，即$\gamma \cdot h$较小时。

比较发现，采用不同应力路径作用下土体的强度指标，土压力计算结果不同。卸荷状态的土体UU强度指标计算所得土体能够自行直立、不需支护的最大上覆压力较常规三轴CU强度指标计算的要大，其更能反映土体受自身结构、应力历史的影响，抵抗外界荷载、维持自身原有状态的特性。

6）应力应变关系归一化分析

土具有碎散性、多相性，是一种非均匀不连续介质，不同类型的土具有不同的力学特性。土的应力－应变关系受围压、应力路径等条件的影响，其工程力学特性是很复杂的。即使同一类型的土在相同试验条件下，固结应力水平的变化亦可导致土的应力应变关系类型发生变化。但是围压在一定范围内的时候，土的应力应变关系往往呈现某一特定类型，这为土的应力应变关系的归一化提供了必要条件。所谓应力应变关系的归一化，是指土在不同固结压力下的应力应变关系，可以用某一个数值参数归一在一条曲线上，这种数值参数称为归一化因子。归一化主要目的在于，根据归一化曲线，估计相同试验条件下任意固结压力时土的力学特性，系统评价应力历史对某种土体强度变形的影响，并为建立不同种类土体力学特性之间的关系奠定基础。而若想在数值计算中表达土体的应力应变关系特征，则须将其归一化处理。

对本次试验不同应力路径下的土体应力应变关系曲线进行归一化处理，以便在数值计算中表达土体的强度与变形特征。

不论原状土还是重塑土，均有其一定的结构性，黏聚力c不为0，且不都满足$c=\frac{1}{2}\cdot\sigma_3\cdot\tan\varphi$；归一化因子$(\sigma_c)^n$中$n$值的确定不够简洁。目前，应用最多的是通过$(\sigma_1-\sigma_3)_{ult}$进行归一化分析，且归一化效果较好。

通过$(\sigma_1-\sigma_3)_{ult}$进行归一化分析，须确定不同固结压力下的双曲线参数$a$、$b$，然后确定$\sigma_3$与$(\sigma_1-\sigma_3)_{ult}$的线性关系参数（$c$、$\varphi$不变），进而推导出切线模量$E_t$与主应力$\sigma_n$的归一化关系，用于数值分析。推导期间，因不同固结压力下的a、b不同，计算较为繁琐，且由此计算的前提亦是c、φ不变。为了简化计算，通过合理选取破坏点之后，确定土体在其实际相应的应力路径下的强度指标c、φ，进而以$(\sigma_m+c/\tan\varphi)$或$(\sigma_{3c}+c/\tan\varphi)$作为归一化因子对土体应力应变关系进行归一化处理，归一化效果与通过$(\sigma_1-\sigma_3)_{ult}$归一化效果无二，且省去了后者繁琐的计算过程。

（1）常规三轴CU强度曲线归一化

常规三轴CU强度试验所得土体应力应变关系，属双曲线类型，且具有较好的归一化特性。本次试验以（$\sigma_{3c}+c/\tan\varphi$）作为归一化因子，其归一化方程如下：

$$\frac{\sigma_1-\sigma_3}{\sigma_{3c}+c/\tan\varphi}=\frac{\varepsilon_1}{a+b\cdot\varepsilon_1} \tag{2.13}$$

归一化试验曲线见图 2.81。

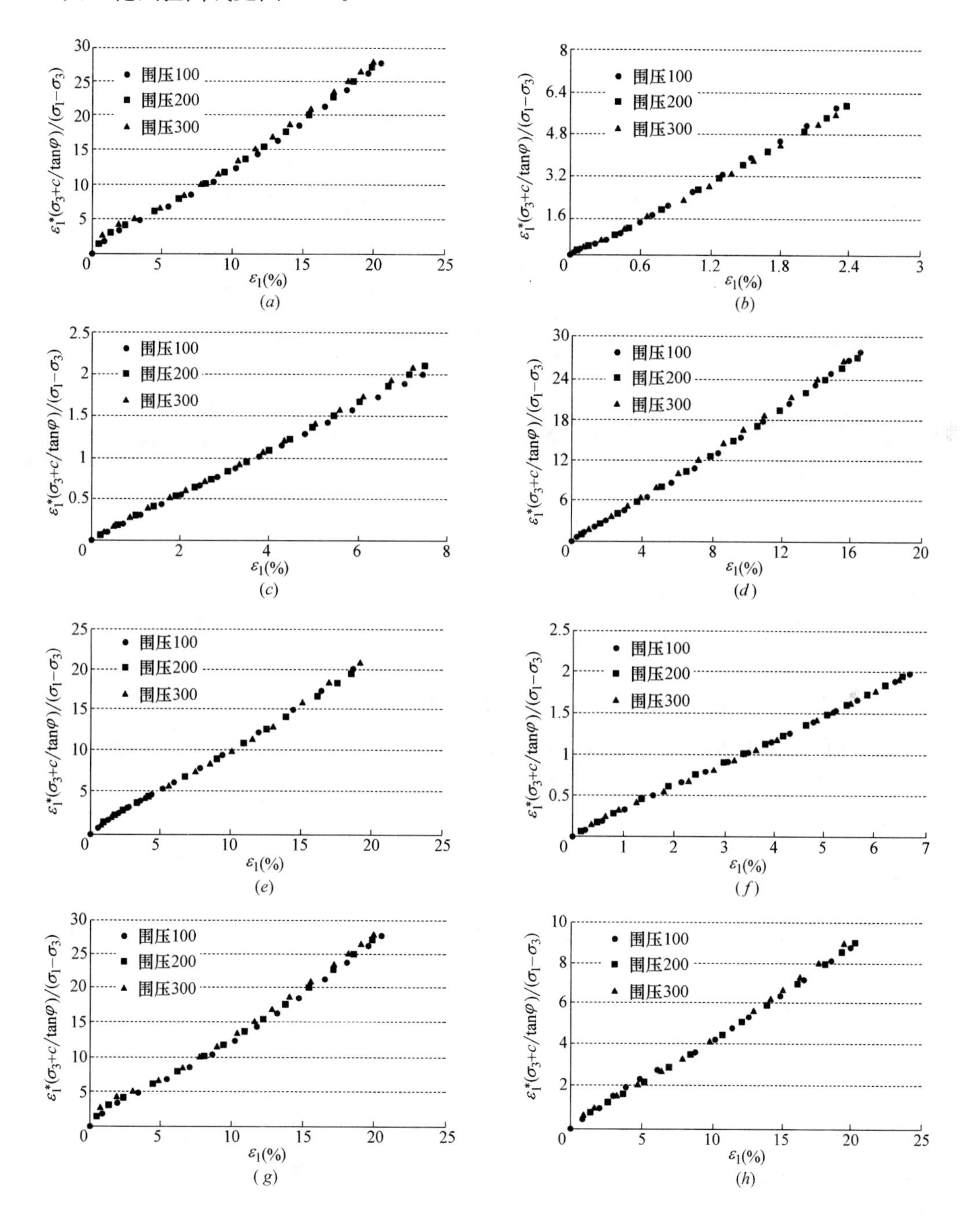

图 2.81　应力应变归一化曲线（一）

(*a*) 土层 1；(*b*) 土层 2；(*c*) 土层 3；(*d*) 土层 4；(*e*) 土层 5；(*f*) 土层 6；(*g*) 土层 7；(*h*) 土层 8

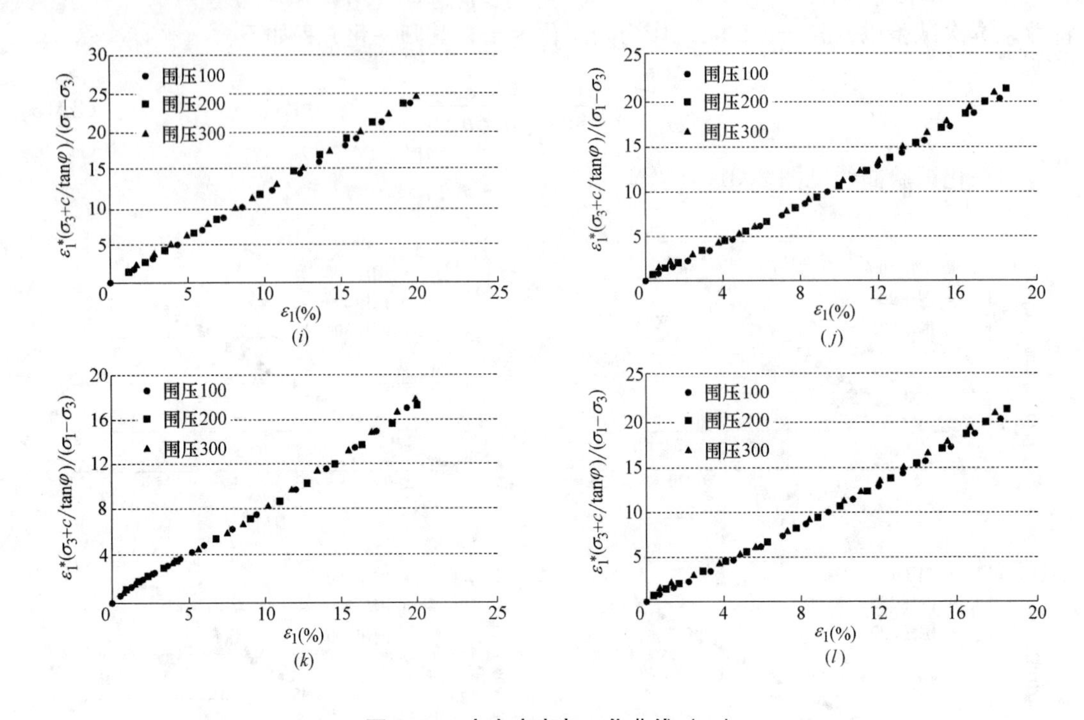

图 2.81 应力应变归一化曲线（二）

（i）土层 9；（j）土层 10；（k）土层 11；（l）土层 12

（2）应力路径 a 归一化

将土体在不同的固结压力作用下进行 K_0 固结，然后 σ_1 不变，σ_3 减小，得到如图 2.82 所示关系曲线，可以发现：

① 该应力路径下的应力应变关系符合双曲线表达方式；

② 在卸荷比小于初始卸荷比 R_0 时，土样基本没压缩变形，表现为滞后性；

③ 主应力差的峰值 q_{max} 与初始主应力差 q_c 存在如下关系：

$$q_{max}-q_c-R_0\cdot\sigma_{3c}\approx \text{constant} \tag{2.14}$$

其中，$q_c=(1-K_0)\cdot\sigma_{1c}$，$\sigma_{3c}=K_0\cdot\sigma_{1c}$；$\sigma_{1c}$，$\sigma_{3c}$ 分别为初始上覆压应力、初始侧向压应力。

通过以上几个特征，认为其归一化方程为：

$$q_{max}-q_c-R_0\cdot\sigma_{3c}=\frac{\varepsilon_1}{a+b\cdot\varepsilon_1} \tag{2.15}$$

其中，$q=\sigma_1-\sigma_3$。

应力路径 a 土体应力应变关系及归一化曲线见图 2.82。

（3）应力路径 b 归一化

将土体在不同的固结压力作用下进行预固结处理，还原其初始状态，然后在不同围压下进行不固结不排水剪，该应力路径下的应力应变关系亦符合双曲线表达方式。其归一化方程与常规三轴 CU 试验所得土体的应力应变关系归一化方程一致，仍以（$\sigma_{3c}+c/\tan\varphi$）为归一化因子。应力路径 b 土体应力应变关系及归一化曲线见图 2.83。

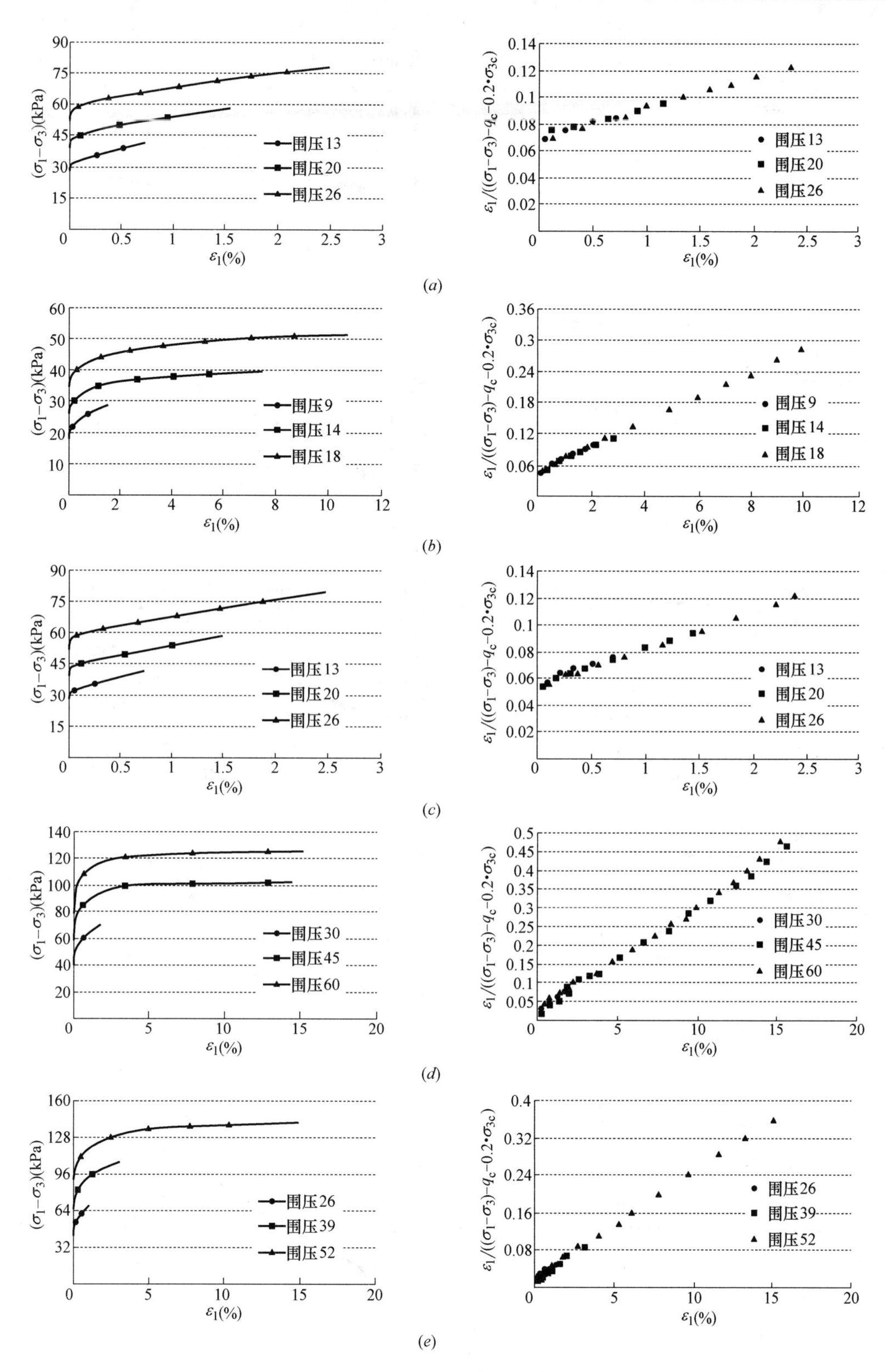

图 2.82 土体应力应变关系及归一化效果（应力路径 a）（一）

(a) 土层 1；(b) 土层 2；(c) 土层 3；(d) 土层 4；(e) 土层 5

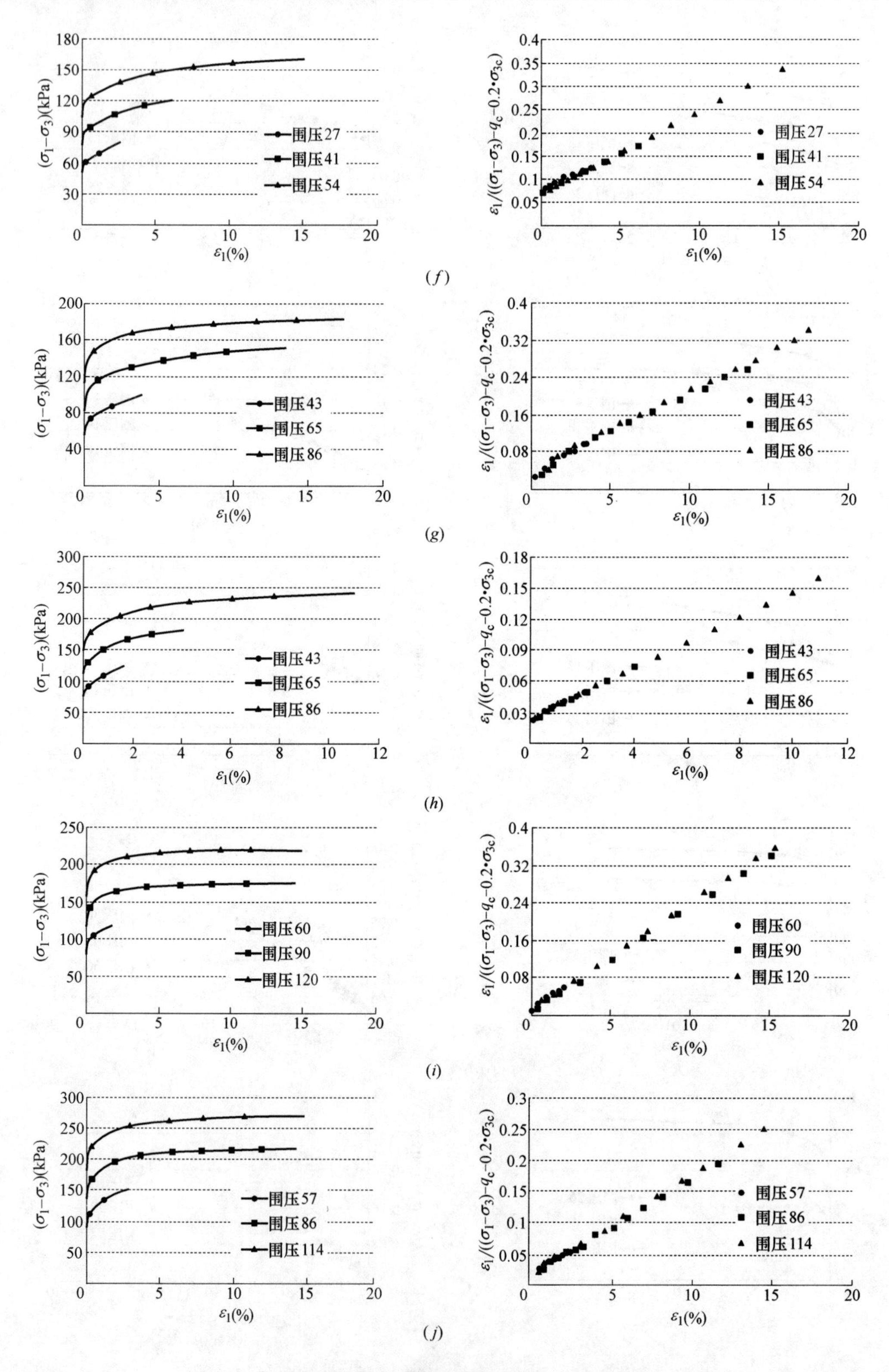

图 2.82 土体应力应变关系及归一化效果（应力路径 a）（二）

（f）土层 6；（g）土层 7；（h）土层 8；（i）土层 9；（j）土层 10

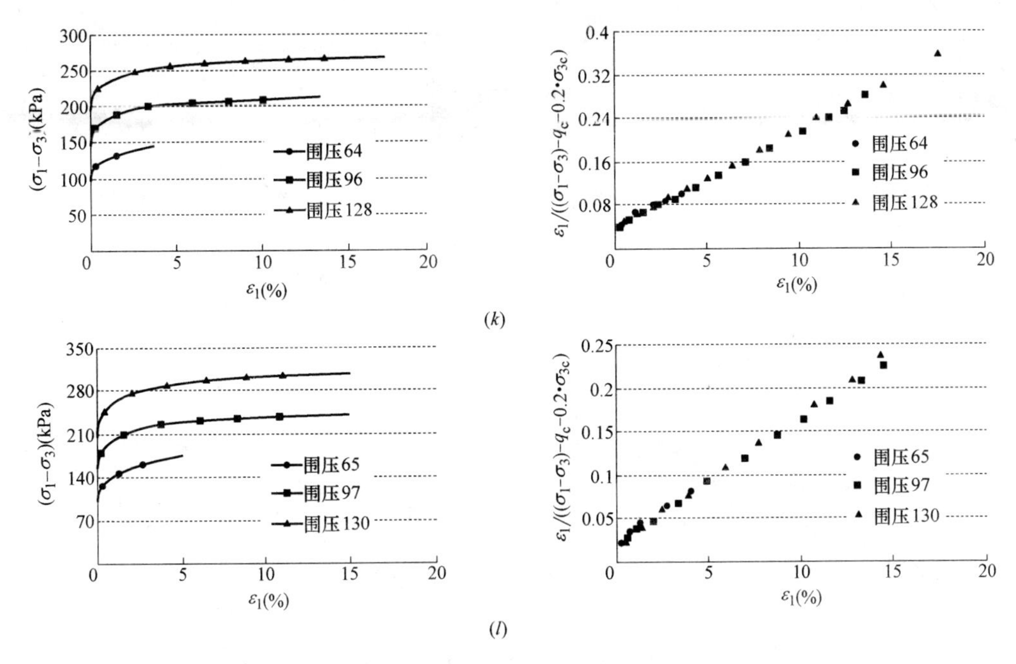

图 2.82 土体应力应变关系及归一化效果（应力路径 a）（三）

（k）土层 11；（l）土层 12

（4）应力路径 c 归一化

将土体在不同的固结压力作用下进行预固结处理，还原其原始状态，然后 σ_1 不变，σ_3 减小，得到如图 2.84 所示关系曲线，该应力路径下的应力应变关系亦符合双曲线表达方式。

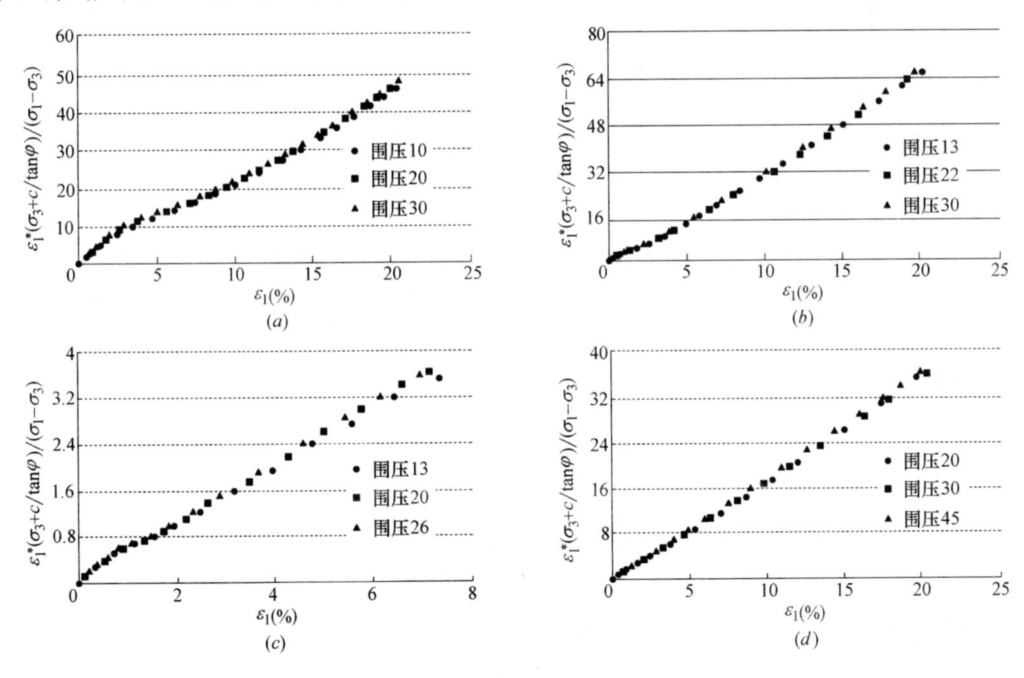

图 2.83 应力应变归一化曲线（应力路径 b）（一）

（a）土层 1；（b）土层 2；（c）土层 3；（d）土层 4

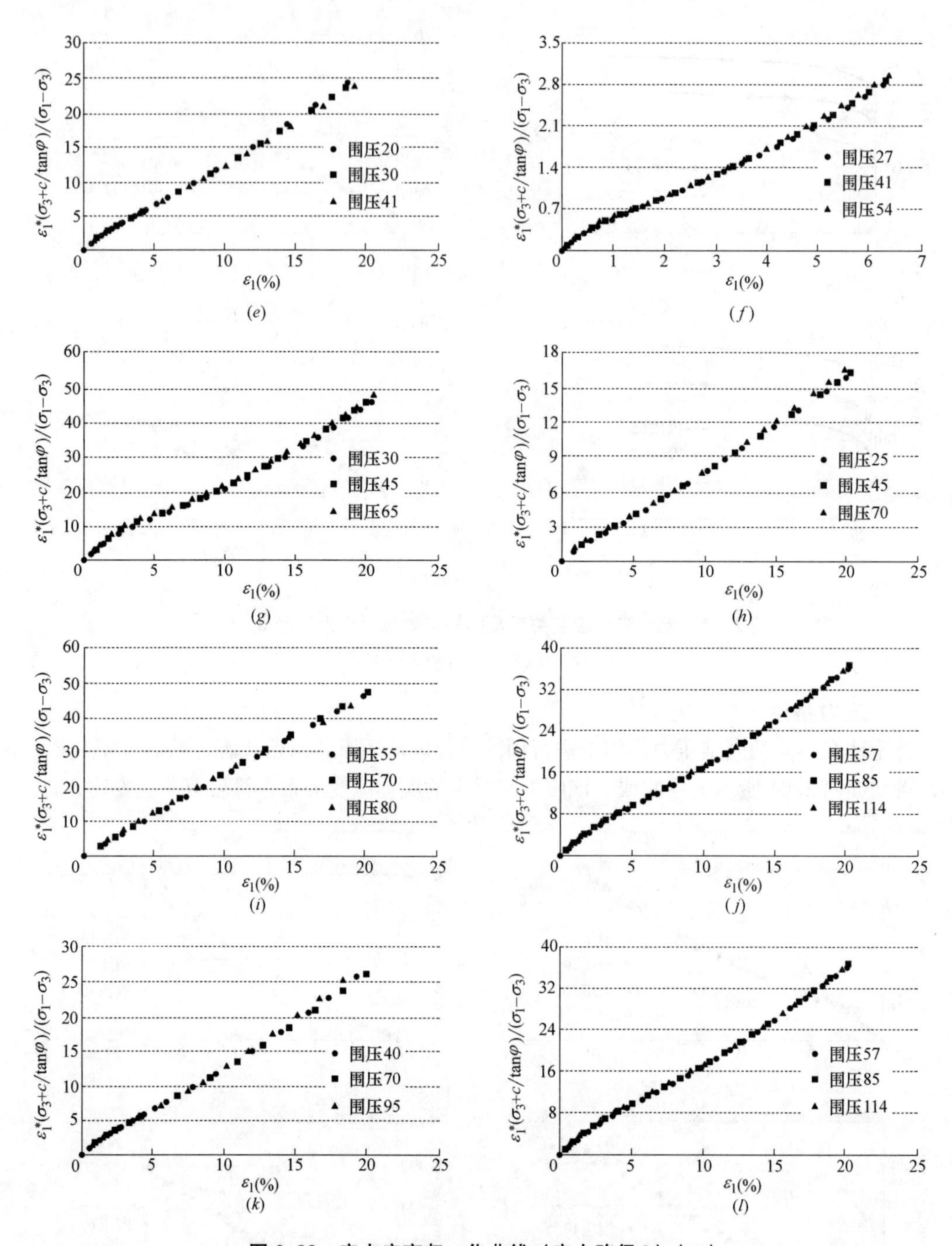

图 2.83　应力应变归一化曲线（应力路径 b）（二）

(*e*) 土层 5；(*f*) 土层 6；(*g*) 土层 7；(*h*) 土层 8；

(*i*) 土层 9；(*j*) 土层 10；(*k*) 土层 11；(*l*) 土层 12

通过平均主应力归一化，归一化方程如下：

$$\frac{q-q_{\mathrm{c}}}{\sigma_{\mathrm{m}}}=\frac{\varepsilon_1}{a+b\cdot\varepsilon_1} \tag{2.16}$$

应力路径 c 土体应力应变关系及归一化曲线见图 2.84。

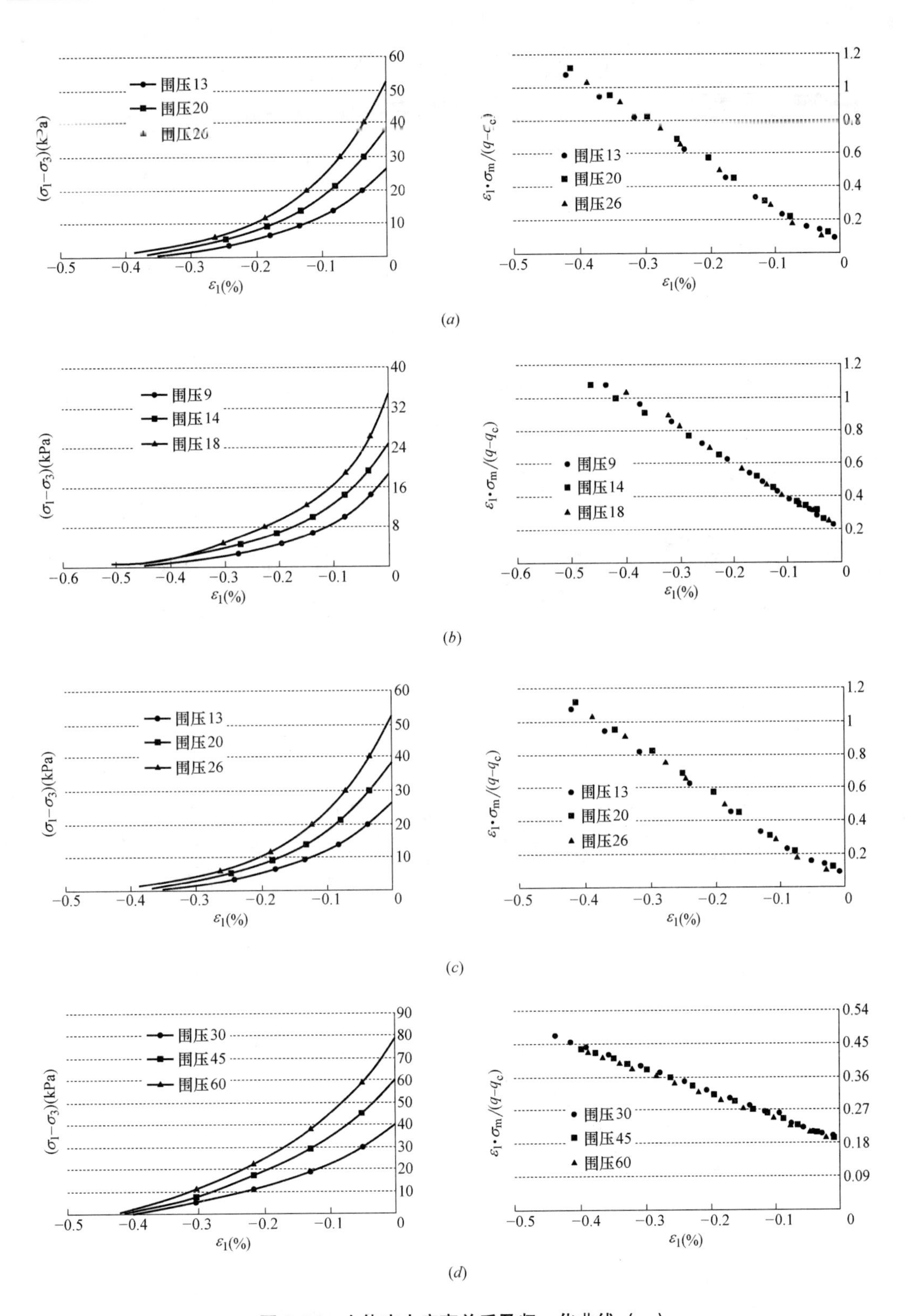

图 2.84 土体应力应变关系及归一化曲线（一）

（*a*）土层 1；（*b*）土层 2；（*c*）土层 3；（*d*）土层 4

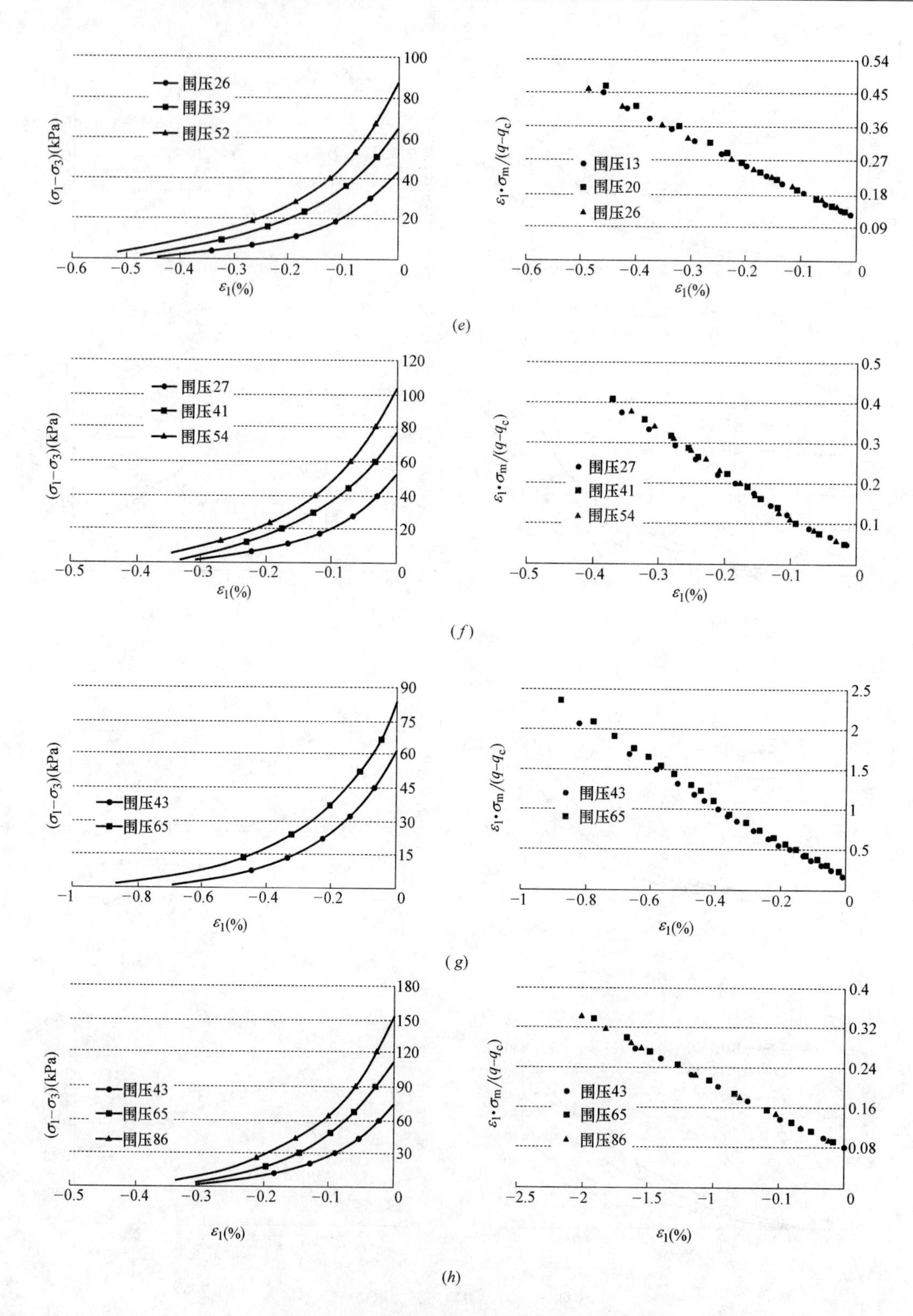

图 2.84 土体应力应变关系及归一化曲线（二）

(e) 土层5；(f) 土层6；(g) 土层7；(h) 土层8

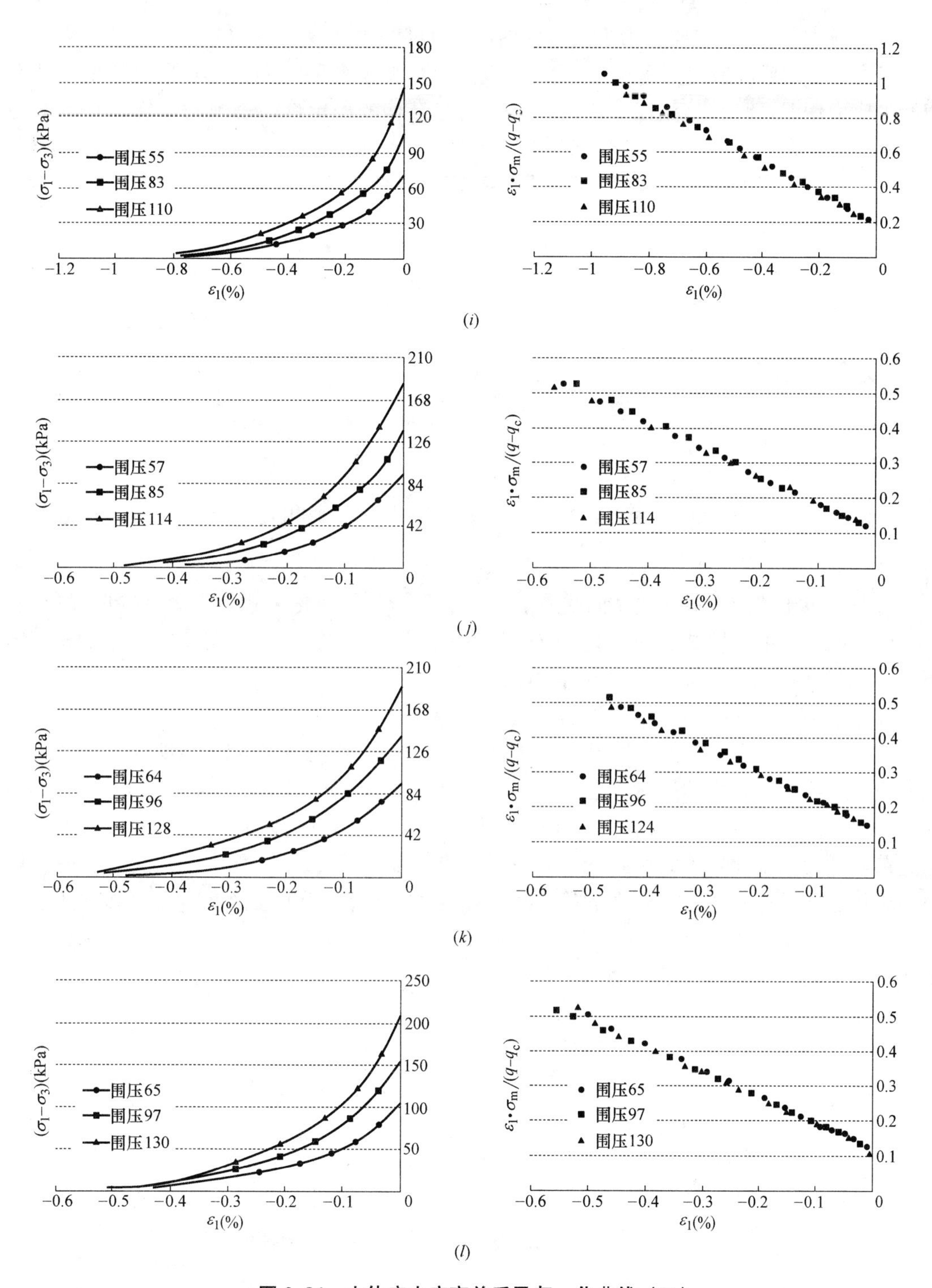

图 2.84 土体应力应变关系及归一化曲线（三）

(*i*) 土层 9；(*j*) 土层 10；(*k*) 土层 11；(*l*) 土层 12

7) 归一化曲线特征

以上三种应力路径作用下的土体应力应变关系曲线均有很好的归一化特性，都能以归一化方程表达。

（1）应力路径 a（上覆压力不变，侧向压力减小）

应力路径 a 应力应变关系见图 2.85，卸荷比-应变关系见图 2.86。该路径下的土体有初始主应力偏差，且在初始段，能反映土体自身结构的稳定性，表现为在卸荷比 0.2 之前，基本没压缩变形；之后，随着卸荷比的增加，土体变形加大；应力应变关系曲线可分为两段，第二段应变明显增大，土体屈服或破坏。

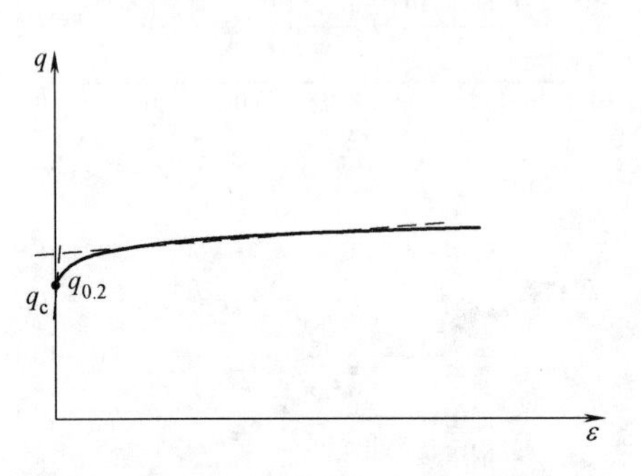

图 2.85　应力应变关系（应力路径 a）

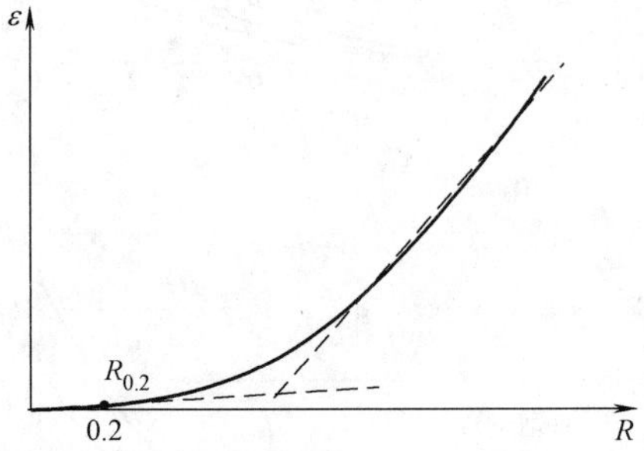

图 2.86　卸荷比-应变关系（应力路径 a）

（2）应力路径 b（上覆压力减小（不同卸荷比），侧向压力增大）

该路径下土体应力应变关系曲线属双曲线类型，其归一化方式与常规试验曲线相同。土体因初始应力的预固结处理，应力应变关系变现为初始强度较高，卸荷状态下的不固结不排水剪强度指标并不符合正常固结黏性土不固结不排水剪的“$\varphi=0$”理论。

（3）应力路径 c（上覆压力减小，侧向压力不变）

应力路径 c 应力应变关系见图 2.87，卸荷比-应变关系见图 2.88。该路径下土体有初始主应力偏差，在较大的卸荷比之下，土体变形仍很小；但当卸荷比增至一定程度（一般在 0.7 以上），应变急剧增大，土体屈服或破坏；应力应变关系曲线可分为两段，认为可通过前后两段的变化，确定被动区不同深度土体对卸荷量的敏感程度，达到第二曲线段时，土体进入屈服状态，进而确定基坑开挖对被动区的影响深度。将前、后两段转折点处的主应力偏差记为 q_R，则土体所能承受的临界卸荷量 $(\Delta\gamma h)_R$ 可用公式（2.17）求得，当开挖卸荷量超过临界卸荷量 $(\Delta\gamma h)_R$ 时，认为土体进入屈服，甚至破坏。

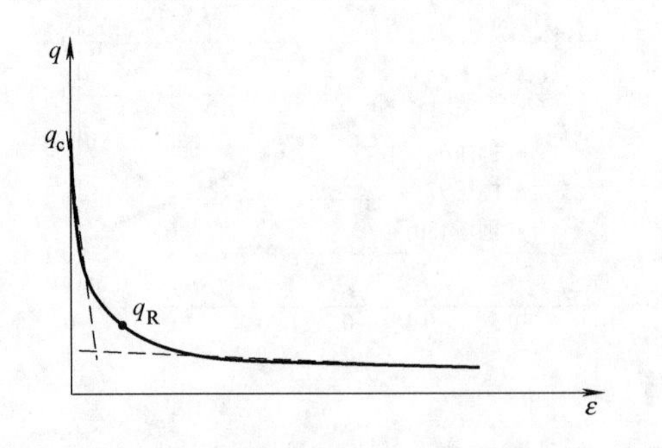

图 2.87　应力应变关系（应力路径 c）

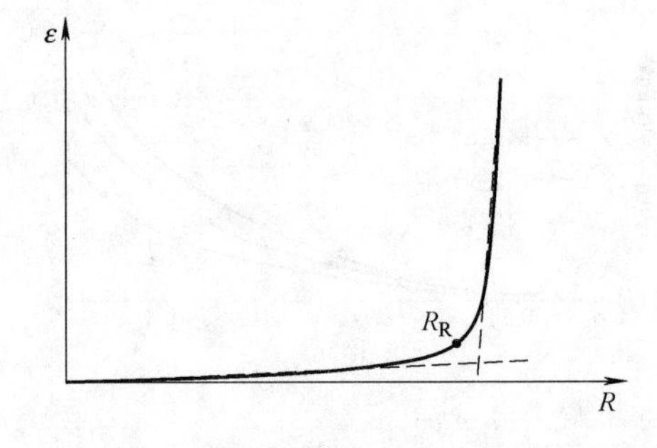

图 2.88　卸荷比-应变关系（应力路径 c）

$$(\Delta\gamma h)_R=q_c-q_R \tag{2.17}$$

将主动区、被动区土体的应力路径简化为三种，并分别对应力应变关系进行归一化分析，得到归一化方程表达式。

（1）主动区

应力路径 a：上覆压力不变，侧向压力减小。此路径下土体在卸荷比 0.2 之前，基本没压缩变形。应力应变关系曲线可分为两段，第二段土体应变随应力增加变化较大。该路径下土体应力应变关系归一化因子为：$q_c+R_0\sigma_{3c}$。

（2）被动区

① 应力路径 b：上覆压力减小（不同卸荷比），侧向压力增大。此路径下土体因初始应力的预固结处理，应力应变关系表现为初始强度较高，而由此得到的强度指标亦不符合正常固结黏性土不固结不排水剪的“$\varphi=0$”理论。该路径下土体应力应变关系归一化因子为：$\sigma_3+c/\tan\varphi$。

② 应力路径 c：上覆压力减小，侧向压力不变。此路径下土体应力应变关系曲线亦可分为两段：在较大的卸荷比之下，土体变形仍很小；但当卸荷比增至一定程度（一般在 0.7 以上），应变急剧增大。该路径下土体应力应变关系归一化因子为：σ_m。

三种应力路径作用下的土体应力应变关系均有较好的归一化特性，其非线性关系都可通过双曲线表达。这也使得下一步建立土体本构模型，进行模拟基坑开挖的数值分析有了可能。

第3章 结构与地基基础荷载传递及共同作用分析方法

结构、基础、地基组成的建筑结构体系，是多次超静定结构体系。针对复杂地质条件、复杂结构体系，应采用现代土力学分析技术，确定基础结构内力、基底反力及基础变形。采用现代土力学分析技术的前提，除需确定工程问题的地基土计算参数外，尚应解决基础结构内力的分析方法。本章从结构与地基基础的荷载传递特性出发，阐述结构与地基基础共同作用分析方法。

3.1 结构与地基基础的荷载传递特性

1. 地基反力分布

建筑地基基础设计，进行地基稳定性、地基承载力、地基变形计算分析等工作，都离不开地基反力分布形态。由于地基基础设计的基础与地基边界条件为多次超静定体系，地基反力一般情况下并不能从上部结构作用荷载直接导荷得到。地基反力分布形态与结构体系、基础刚度、地基变形有关，实际的地基反力分布应是结构、基础、地基相互作用的结果。上部结构荷载在基础顶面的荷载作用以及地基反力分布形态，均与结构调整地基变形的能力有关。上部结构调整竖向荷载分布的能力有限，可不考虑地基变形引起的荷载调整；反之则应考虑地基变形的影响，采用共同作用分析得到基底反力。

图 3.1 为不同结构和基础刚度下的地基反力及地基变形形态，其中（a）为刚性结构，（b）为半刚性结构，（c）为柔性结构。所谓刚性结构、柔性结构，是指结构与基础整体的竖向变形刚度与地基变形刚度的比较。刚性结构具有调整地基变形的能力，在上部结构荷载作用下，地基变形趋于均匀；而柔性结构不具有调整地基变形的能力，在上部结构荷载作用下，地基反力与结构荷载分布一致，地基变形中间部位较大。

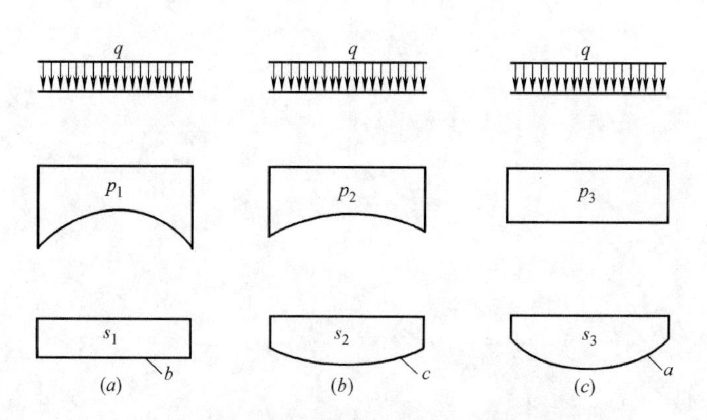

图 3.1 不同结构和基础刚度下的地基反力及地基变形[3]

砌体承重结构，多采用条形基础，上部结构调整竖向地基变形的能力有限，传至基础顶面的作用荷载可采用竖向直接导荷的方法；单层工业厂房排架结构，多采用独立基础或条形基础，结构调整竖向地基变形的能力有限，传至基础顶面的作用荷载也可直接采用结构力学的方法竖向直接导荷；框架结构，采用独立基础或条形基础时，上部结构具有一定调整竖向地基变形的能力，基础传至基础顶面的作用荷载与地基变形有关。实际工程中，针对单体建筑设计经验较多，多采用按地基不变形的假定分析出上部结构传至基础顶面的作用荷载，而在结构断面设计时调整内力分析结果；对于同一整体大面积基础上建有多栋多层或高层建筑的基础结构，由于结构刚度不均匀，荷载分布不均匀，上部结构传至基础顶面的作用荷载以及地基反力分布情况复杂，设计及实践经验欠缺，应按结构、基础、地基相互作用进行基础结构内力分析。

目前工程结构的内力分析，一般按地基不变形的假定直接分析出上部结构传至基础顶面的作用荷载，再按照工程设计经验，或假定地基反力按线性分布（一般为独立基础或条形基础），或按照基础、地基的共同作用分析得到地基反力分布形态（一般为结构和基础刚度较大的箱筏基础）直接得到地基反力，进行基础结构内力分析。同时在基础设计时考虑其与实际作用荷载的差异，在结构构件设计时调整计算荷载（例如框架结构角柱、边柱的冲剪计算、内筒冲切计算的形状系数、多跨基础梁的边跨弯矩等），解决地基反力分布与实际工程差异构件设计的安全。而对于复杂结构体系，由于设计经验不足，对于结构调整荷载分布的作用难于估计，应按照上部结构、基础、地基相互作用的结构荷载传递及地基反力分布进行基础结构内力分析。

目前我国建筑市场需求，在满足建筑功能要求前提下，生存环境的要求逐渐提高。在我国人均土地资源缺乏条件下，整体开发的高层建筑群、地上地下统一开发的大体量地下空间的使用，事实上形成了在同一整体大面积基础上建有多栋多层或高层建筑的基础结构。地下空间开发的深度已达近30m，地下结构形式多为钢筋混凝土的框架剪力墙体系。对于这种结构体系，其结构、基础、地基相互作用的情况更加复杂，需进一步通过理论分析、模型试验验证、工程实测验证等掌握地基反力分布和地基变形的规律，优化基础设计。在基础结构内力变形分析中，随着建造过程，地基土的荷载变形性质与单调加荷的情况发生了很大变化：基坑开挖至基底，地基土变形处于回弹变形阶段；建造基础后随着荷载施加，地基土变形处于回弹再压缩变形阶段；当建造结构荷载大于开挖卸荷土体自重荷载后，地基土变形处于固结变形阶段，直至地基变形稳定。在地基变形的不同阶段，基础结构内力应根据地基与结构相互作用协调变形分别计算分析得到。

结构、基础、地基相互作用分析方法，目前仍大多采用结构有限元离散，施加基础与地基间变形弹簧的有限元分析。在计算分析的不同阶段，变形弹簧的刚度，依据建造工程施加荷载的路径，分别由载荷试验或室内土工试验得到。有限元分析时，由于基础结构与地基土材料之间变形刚度差异大，直接计算的结果，在基础单元的边界节点往往出现“溢出”，影响基础结构内力计算的精度，也是多年来有限元计算结果不能直接用于设计的原因之一。多种计算方法计算结果与实测结果以及大比尺模型试验验证，已找到基础结构内力计算结果与实测值相比偏小的原因，是由于边界节点“溢出”影响；而解决的最直接方法，即针对结构、基础、地基相互作用分析的直接结果，调整“溢出”节点单元的弹簧系数，使弹簧变形后对应的地基反力值与计算得到的地基反力值之间的相对误差小于10%。此时基础结构内力计算值直接用于结构构件设计，即可满足设计安全。

2. 结构的荷载传递特性

结构的荷载传递特性，与构件两端的约束条件、支座的位移以及荷载作用位置、大小等因素有关，其基本概念可从材料力学和结构力学的基本知识得到。

1）支座约束条件下的结构荷载传递

此问题可通过材料力学与结构力学的基础知识，得到基本解答。影响结构荷载传递的因素主要包括支座约束条件、地基变形等。

支座的刚度及约束条件下作用荷载的传递特性，可从材料力学和结构力学的基础知识得到。

表3.1列出部分梁式构件在不同荷载作用时，不同节点边界约束条件或不同节点位移条件时的支座反力和支座弯矩，从中我们可以分析得到支座约束条件下的结构荷载传递特征。

节点约束条件的节点力　　**表3.1**

编号	简图	弯矩		剪力	
		M_{AB}	M_{BA}	Q_{AB}	Q_{BA}
1	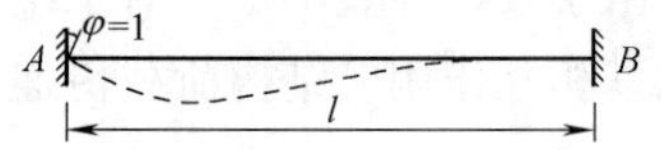	$\frac{4EI}{l}=4i$	$\frac{2EI}{l}=2i$	$-\frac{6EI}{l^2}=-6\frac{i}{l}$	$-\frac{6EI}{l^2}=-6\frac{i}{l}$
2	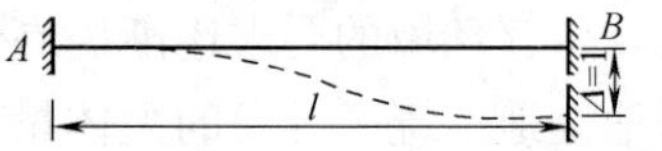	$-\frac{6EI}{l^2}=-6\frac{i}{l}$	$-\frac{6EI}{l^2}=-6\frac{i}{l}$	$\frac{12EI}{l^3}=12\frac{i}{l^2}$	$\frac{12EI}{l^3}=12\frac{i}{l^2}$
3	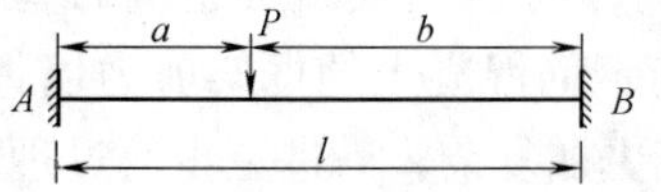	$-\frac{Pab^2}{l^2}$	$\frac{Pa^2b}{l^2}$	$\frac{Pb^2(l+2a)}{l^3}$	$-\frac{Pa^2(l+2b)}{l^3}$
4	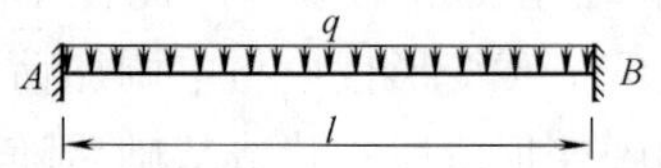	$-\frac{ql^2}{12}$	$\frac{ql^2}{12}$	$\frac{ql}{2}$	$-\frac{ql}{2}$
5	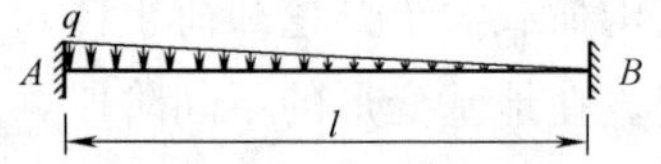	$-\frac{ql^2}{20}$	$\frac{ql^2}{30}$	$\frac{7ql}{20}$	$-\frac{3ql}{20}$
6	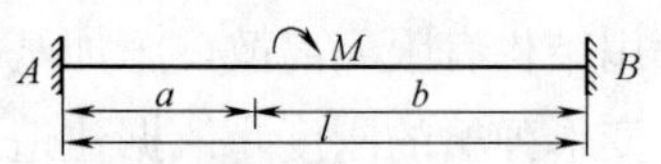	$M\frac{b(3a-l)}{l^2}$	$M\frac{a(3b-l)}{l^2}$	$-M\frac{6ab}{l^3}$	$-M\frac{6ab}{l^3}$
7	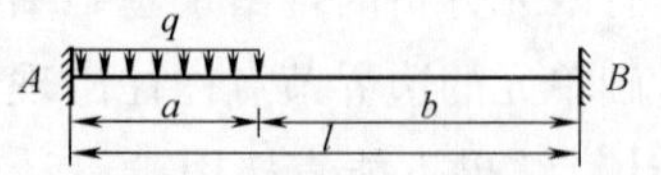	$-\frac{qa^2}{12l^2}(6l^2-8la+3a^2)$	$\frac{qa^3}{12l^2}(4l-3a)$	$\frac{qa}{2l^3}(2l^3-2la^2+a^3)$	$-\frac{qa^3}{2l^3}(2l-a)$
8	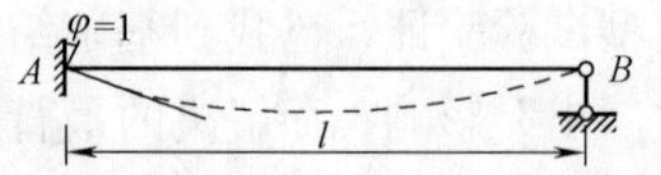	$\frac{3EI}{l}=3i$	—	$-\frac{3EI}{l^2}=-3\frac{i}{l}$	$-\frac{3EI}{l^2}=-3\frac{i}{l}$
9	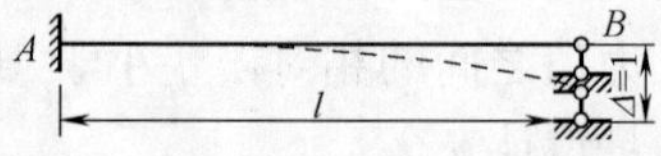	$-\frac{3EI}{l^2}=-3\frac{i}{l}$	—	$\frac{3EI}{l^3}=3\frac{i}{l^2}$	$\frac{3EI}{l^3}=3\frac{i}{l^2}$

续表

编号	简图	弯矩		剪力	
		M_{AB}	M_{BA}	Q_{AB}	Q_{BA}
10	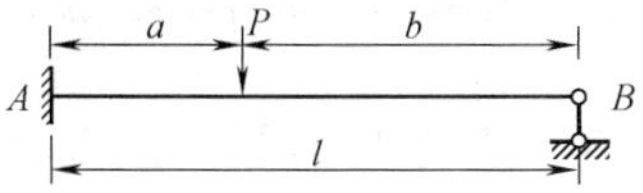 A　a　P　b　B　l	$-\frac{Pab(l+b)}{2l^2}$	—	$\frac{Pb(3l^2-b^2)}{2l^3}$	$-\frac{Pa^2(2l+b^2)}{2l^3}$
11	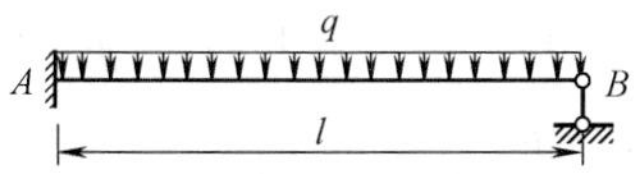 A　q　B　l	$-\frac{ql^2}{8}$	—	$\frac{5ql}{8}$	$-\frac{3ql}{8}$
12	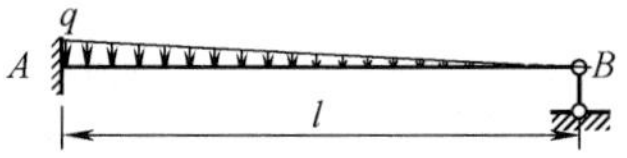 q　A　B　l	$-\frac{ql^2}{15}$	—	$\frac{4ql}{10}$	$-\frac{ql}{10}$
13	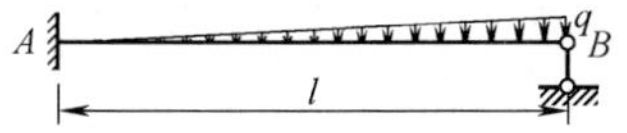 A　q　B　l	$-\frac{7ql^2}{120}$	—	$\frac{9ql}{40}$	$-\frac{11ql}{40}$
14	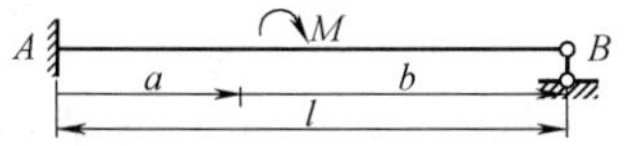 A　M　B　a　b　l	$M\frac{l^2-3b^2}{2l^2}$	—	$-M\frac{3(l^2-b^2)}{2l^3}$	$-M\frac{3(l^2-b^2)}{2l^3}$
15	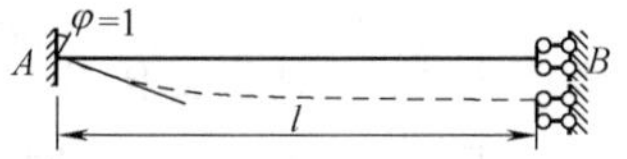 $\varphi=1$　A　B　l	$\frac{EI}{l}=i$	$-\frac{EI}{l}=-i$	—	—
16	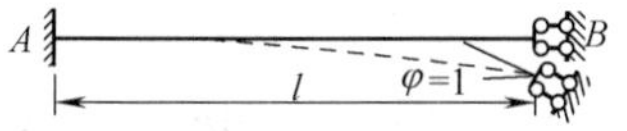 A　B　l　$\varphi=1$	$-\frac{EI}{l}=-i$	$\frac{EI}{l}=i$	—	—
17	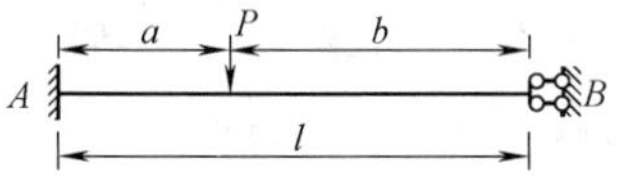 a　P　b　A　B　l	$-\frac{Pa(l+b)}{2l}$	$-\frac{Pa^2}{2l}$	—	$+P$
18	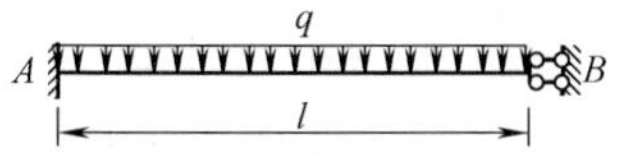 q　A　B　l	$-\frac{ql^2}{3}$	$-\frac{ql^2}{6}$	—	$+ql$
19	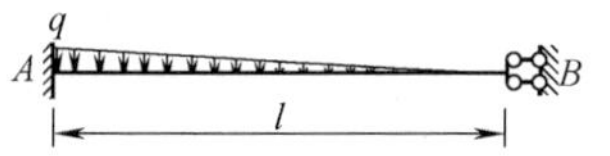 q　A　B　l	$-\frac{ql^2}{8}$	$-\frac{ql^2}{24}$	—	$+\frac{ql}{2}$
20	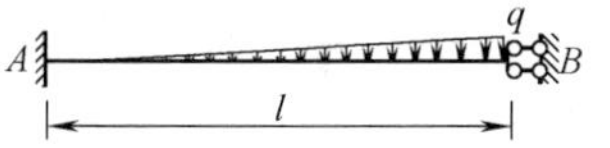 q　A　B　l	$-\frac{5ql^2}{24}$	$-\frac{ql^2}{8}$	—	$+\frac{ql}{2}$
21	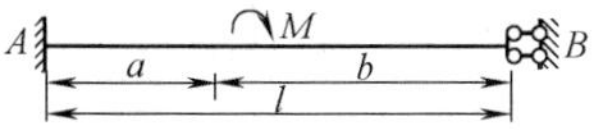 A　M　B　a　b　l	$-M\frac{b}{l}$	$-M\frac{a}{l}$	—	—
22	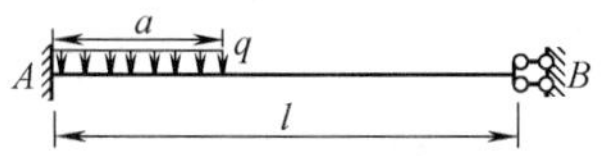 a　q　A　B　l	$-\frac{qa^2}{6l}(3l-a)$	$-\frac{qa^3}{6l}$	—	$+qa$

支座约束刚度的极端情况可为刚性约束和简支约束。表3.1给出的梁式构件4，两端固定刚性支座，在均布荷载作用下的支座弯矩为$\frac{ql^2}{12}$，支座剪力为$\frac{ql}{2}$（q均布荷载，l为计

算跨度）；梁式构件11，一端固定，另一端简支约束条件时，在均布荷载作用下的固端弯矩为$\frac{ql^2}{8}$，支座剪力在固端为$\frac{5ql}{8}$，在简支端为$\frac{3ql}{8}$。当支座产生位移时，梁式构件2，两端固定刚性支座产生单位竖向位移，支座弯矩为$\frac{6EI}{l^2}$，支座剪力均为$\frac{12EI}{l^3}$（EI为梁的抗弯刚度）；梁式构件9，一端固定，另一端简支，在简支端产生单位竖向位移，固端支座弯矩为$\frac{3EI}{l^2}$，支座剪力为$\frac{3EI}{l^3}$（注意剪力方向，其产生的弯矩与截面弯矩平衡）；梁式构件1，两端固定刚性支座产生单位转角，支座弯矩在转动侧为$\frac{4EI}{l}$，在另一侧为$\frac{2EI}{l}$，支座剪力为$\frac{6EI}{l^2}$。由此可知，支座约束刚度越强，分担的弯矩和剪力越大。

实际工程结构对于水平构件的约束刚度，由梁的两端支撑柱的抗弯刚度以及是否开洞减少约束等条件决定。其他条件下的荷载传递特性可在相应的材料力学手册中得到，在此不一一列举。较典型的工程结构形式，例如内筒外框架结构，内筒部位的支座约束要大于边端框架柱，同时该部位的竖向位移较大，使之分担的竖向力也较大。

2）支座竖向刚度差异条件下的结构荷载传递

支座竖向刚度引起的结构荷载传递特性可通过门式框架在均布竖向荷载作用下的柱端内力分析得到。

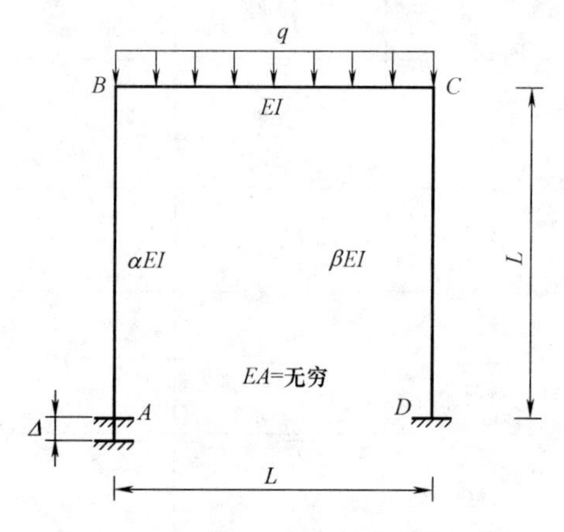

图3.2　平面框架支座内力计算简图

图3.2所示门式框架为典型结构体系的简化模型。平面杆件BC代表楼面支撑梁板，竖向杆件AB、CD代表结构竖向支撑筒或柱。平面杆件、竖向杆件的抗弯刚度分别为EI、αEI、βEI，在平面杆件上作用均布荷载q（kN/m），得到的节点B、C的弯矩、剪力分布规律，节点约束大的节点弯矩、剪力均大于节点约束小的节点。例如，α等于2、β等于3时的剪力弯矩图见图3.3。竖向刚度大的C节点断面，弯

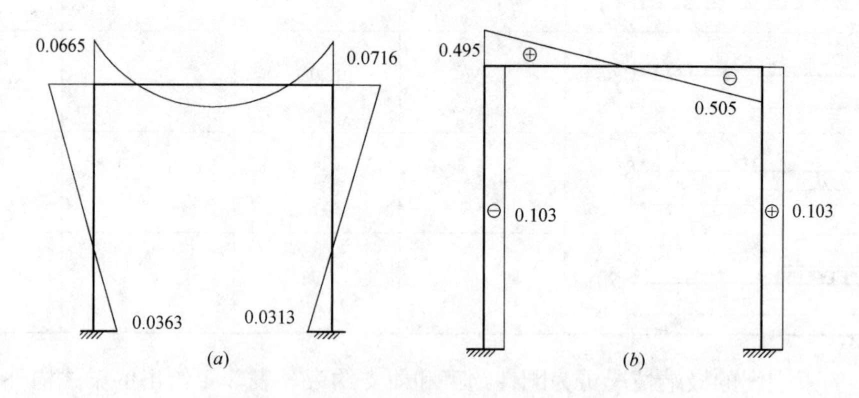

图3.3　α等于2、β等于3时的剪力弯矩图

（a）弯矩分布图；（b）剪力分布图

矩为 $0.0716qL^2$，而竖向刚度小的 B 节点断面，弯矩为 $0.0665qL^2$；C 节点断面剪力为 $0.505qL$，而 B 节点断面，剪力为 $0.4955qL$。

同样针对节点 A 的单位位移量，得到的节点 B、C 的弯矩、剪力分布规律（图 3.4），节点约束大的 C 节点弯矩大于节点约束小的 B 节点。

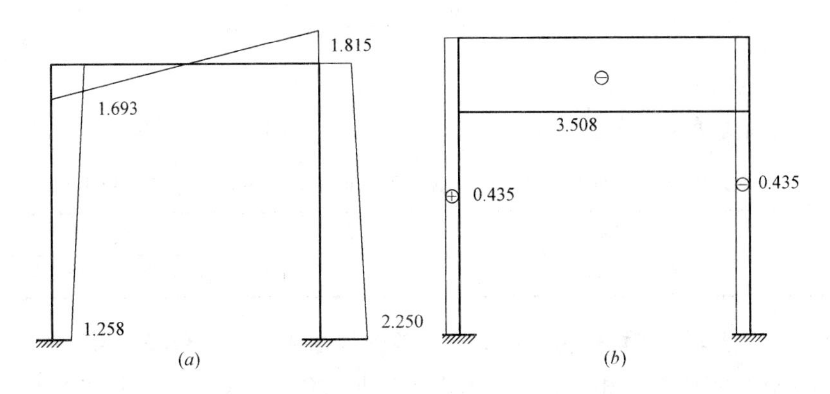

图 3.4 节点 A 的单位位移量引起的节点 B 和 C 的弯矩剪力

（a）弯矩分布图；（b）剪力分布图

实际工程建筑物的结构体系，常常采用框架体系、内筒外框体系、全剪力墙体系等。其竖向支撑体系往往存在楼梯及电梯井部位，形成不均匀的竖向支撑刚度，而使上部结构楼面荷载传至基础顶面时形成不均匀的荷载分布，竖向支撑刚度大的部位往往荷载较大。同时由于基础沉降的分布特点，中间部位刚度较大处沉降最大，形成由中间部位向外框柱的荷载转移。这些结构的基本传力特性，很大程度上影响基础结构分析的结果。

3.2 结构与地基基础共同作用分析方法[13~16]

考虑共同作用的基础结构分析方法可采用结构、基础有限元，在基础地基间设置若干弹性连接，基础与地基位移协调原则进行。在共同作用分析过程中，结构梁、柱采用梁单元进行离散，楼板、剪力墙采用平板壳元进行离散；基础筏板采用厚板弯曲单元进行离散。地基模型按弹性支撑变形刚度取值不同，可分为弹性半空间地基模型、温克尔基床地基模型、有限压缩层地基模型。结构有限元计算方法已较成熟，在各种结构分析的教材中可以得到，在此不再赘述。在基础板分析单元列出厚板理论，给出考虑板中剪力作用的有限元推导结果，供工程使用参考（原有采用薄板弯曲单元，未考虑板中存在的剪力作用，过低估计了板的抗挠曲能力）。重点阐述共同作用基础结构分析的地基模型选取的有关问题。

1. 地基模型

地基模型分为弹性半空间地基模型、温克尔基床地基模型、有限压缩层地基模型，在共同作用分析中的适用性不同，可产生出入较大的分析结果。

（1）弹性半空间地基模型

弹性半空间地基模型假定弹性支撑的变形刚度由弹性半空间理论的位移结果得到。

Boussinesq，J. V. 推导出半无限体表面作用点荷载 Q 后，离作用点距离 r 处的表面沉降可以式（3.1）表达：

$$s=\frac{Q(1-v^2)}{\pi E r} \tag{3.1}$$

由分布荷载引起的地面沉降，可用上式对有关荷载面积积分求得。矩形荷载面积角点下的地面沉降可写成式（3.2）的形式：

$$s=\frac{qB(1-v^2)}{E}I_p \tag{3.2}$$

式中 B——荷载面积的宽度；

I_p——感应系数，与矩形两边之比 L/B 有关。给出的有关结果见表3.2。

半无限弹性表面上均布矩形荷载面积角点下垂直位移的感应系数 I_p　　表3.2

L/B	1.0	1.5	2.0	2.5	3.0	4.0	5.0
I_p	0.56	0.68	0.76	0.84	0.89	0.98	1.05

式（3.2）的结果可直接作为地基柔度矩阵弹性支座的主对角线元素，而式（3.1）的结果可作为该弹性支座对于相邻支座变形影响的非对角线元素，以此考虑基底反力相邻荷载对基础沉降的影响。对于其与温克尔基床地基模型不考虑基底反力相邻荷载对基础沉降的影响相比较，是其一个优点。但该模型的地基柔度矩阵的各因子均采用均质弹性地基的结果，而对于实际地基情况，不仅存在各向异性，还存在地基形成过程的沿深度弹性模量的增长，这些计算参数的差异难于用简单的计算表达式得到。使得采用该地基模型计算，沉降结果较实测为大，过大的基础挠曲计算值使得基础配筋量大大超过经验值。引起这些差异的原因除计算参数难于准确确定外，主要认为实际地基压缩变形的深度是有限的，而在弹性地基参数计算中是无限深大地基的结果。

（2）温克尔基床地基模型

温克尔基床地基模型假定各弹性支撑相互独立，不存在相互影响，Winkler 提出地基上任一点所受的压力强度与该点的地基沉降成正比，可用式（3.3）表达：

$$p=ks \tag{3.3}$$

把该式写成位移表达的形式

$$s=p/k \tag{3.4}$$

式中 p——地基压力强度；

k——基床系数（kN/cm^3）；

s——地基沉降。

根据 Winkler 的这个假设，事实上是把地基看作数个分隔开的土柱组成的体系。模拟实际的工况，当基础与地基变形刚度差异很大，地基土抗剪强度很低时比较符合（最符合的应属类似水的介质）。根据该模型假定，支撑弹簧仅在该弹簧力作用下产生地基的沉降，相邻弹簧不产生相邻影响，使得地基沉降仅发生在基底范围内，这与实际情况不符。同时地基土抗剪强度很低时一般不作为地基的主要持力层，该模型在一般场地地基使用时，不符合实际工程中基础沉降结果，应引起重视。一般认为，温克尔基床地基模型不能考虑应力扩散及相邻变形影响，使得计算得到的基础变形与实际出入较大。但该方法计算简单，参数获取容易，在有了设计经验时，可对分析结果按实际经验调整。

（3）有限压缩层地基模型

有限压缩层地基模型，采用分层总和法计算各弹性支撑自身的地基沉降，并可计算对相邻支撑的沉降影响。分层总和法计算地基沉降可用式（3.5）表示。

$$s=\psi_s s'=\psi_s\sum_{i-1}^{n}\frac{p_0}{E_{si}}(z_i\bar{\alpha}_i-z_{i-1}\bar{\alpha}_{i-1}) \tag{3.5}$$

式中 s——地基最终变形量（mm）；

s'——按分层总和法计算出的地基变形量（mm）；

ψ_s——沉降计算经验系数，根据地区沉降观测资料及经验确定，无地区经验时可根据变形计算深度范围内压缩模量的当量值（$\overline{E}_s$）、基底附加压力按表3.3取值；

n——地基变形计算深度范围内所划分的土层数（图3.5）；

p_0——相应于作用的准永久组合时基础底面处的附加压力（kPa）；

E_{si}——基础底面下第 i 层土的压缩模量（MPa），应取土的自重压力至土的自重压力与附加压力之和的压力段计算；

z_i、z_{i-1}——基础底面至第 i 层土、第 $i-1$ 层土底面的距离（m）；

$\bar{\alpha}_i$、$\bar{\alpha}_{i-1}$——基础底面计算点至第 i 层土、第 $i-1$ 层土底面范围内平均附加应力系数。

沉降计算经验系数 ψ_s **表3.3**

$\overline{E}_s$(MPa) / 基底附加压力	2.5	4.0	7.0	15.0	20.0
$p_0\geqslant f_{ak}$	1.4	1.3	1.0	0.4	0.2
$p_0\leqslant 0.75f_{ak}$	1.1	1.0	0.7	0.4	0.2

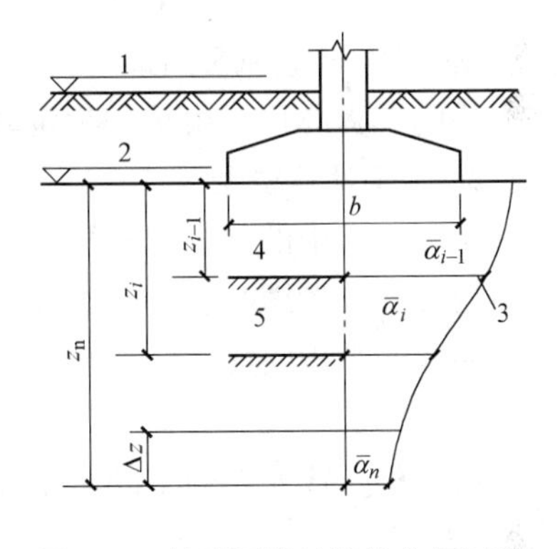

图3.5 基础沉降计算的分层示意

1—天然地面标高；2—基底标高；3—平均附加应力系数 $\bar{\alpha}$ 曲线；4—$i-1$ 层；5—i 层

变形计算深度范围内压缩模量的当量值（$\overline{E}_s$），应按式（3.6）计算：

$$\overline{E}_s=\frac{\sum A_i}{\sum\frac{A_i}{E_{si}}} \tag{3.6}$$

式中 A_i——第 i 层土附加应力系数沿土层厚度的积分值。

分层总和法计算地基沉降是经验方法，地基压缩层计算深度为有限深度，得到的地基沉降值可按地区统计的经验系数修正。该模型的计算结果可得到与地区经验吻合的基础变形、地基反力规律。

分层总和法计算地基沉降量的基本假定：

① 压缩时不考虑地基土的侧向膨胀；

② 根据基础中心点下土的附加应力 σ_z 进行计算；

③ 基础最终沉降量等于基础底面下压缩层范围内各土层压缩量的总和。

分层总和法的优点反映了压缩层内各层土的压缩性，原理简单，计算方便。但在计算中假定了地基土没有侧向变形，这只有当建筑物基础的面积相当大，而可压缩土层的厚度比较薄时，才接近于该方法的基本假设。由于实际工程中筏基尺寸与地基压缩层厚度比相对较大，因此在地基计算模式中考虑以分层总和法为基础的有限压缩层地基模型。计算结果的调整，应采用经地区经验统计的基础沉降计算经验系数 Ψ_s。

有限压缩层地基土中应力用 Boussinesq 解求得，地基土根据其性质划分为不同厚度的土层，每一土层内的土具有相同的压缩模量。地基柔度矩阵［δ］各元素计算公式（3.7）如下：

$$\delta_{ij} = \sum_{k=1}^{N_i} \frac{\sigma_{zijk} H_{ik}}{E_{sik}} \tag{3.7}$$

式中　N_i——按分层总和法分层厚度的要求，在 i 节点下划分的土层数；

σ_{zijk}——在 j 节点处小矩形 F_j 上作用竖向均布荷载时，按弹性理论解，在 i 节点下第 k 土层中点处产生的竖向应力；

H_{ik}——i 节点下第 k 土层的厚度；

E_{sik}——i 节点下第 k 土层的压缩模量。

在地基刚度形成过程中有两个问题必须解决，即沉降计算经验系数与压缩层计算深度的处理。沉降计算经验系数应在最后的沉降计算结果中表达，否则将影响共同作用计算结果；压缩层计算深度应对所有计算单元采用同一数值，即取符合规范要求的最大值。

（4）其他地基模型

工程应用中，某些地区或单位使用过双层弹簧地基模型（考虑地层分层变形刚度的差异）、带黏滞阻尼弹簧的地基模型（考虑地基变形的相邻影响）等进行过此类共同作用分析方法的工程应用。由于积累沉降观测资料工程数量较少的原因，均未大量使用。

2. 结构计算模型

实际工程中的高层建筑塔楼多为框架结构、框剪结构、剪力墙结构，按高层塔楼的具体结构形式并考虑其主要受力体系对上部结构进行离散，梁、柱离散为梁单元，楼板、剪力墙离散为平板壳元。

（1）梁柱单元

通常梁、柱采用的空间梁单元是2个结点，每结点有6个自由度，它们是：

$$a^{e}=\begin{Bmatrix} a_i \\ a_j \end{Bmatrix} \qquad p^{e}=\begin{Bmatrix} p_i \\ p_j \end{Bmatrix}$$

其中：

$$a_i=\begin{Bmatrix} u_i \\ v_i \\ w_i \\ \theta_{xi} \\ \theta_{yi} \\ \theta_{zi} \end{Bmatrix}(i,j) \qquad p_i=\begin{Bmatrix} N_{xi} \\ N_{yi} \\ N_{zi} \\ M_{xi} \\ M_{yi} \\ M_{zi} \end{Bmatrix}(i,\ j)$$

式中　u_i、v_i、w_i——结点在局部坐标系中的三个方向的线位移；

θ_{xi}、θ_{yi}、θ_{zi}——单元结点在 yz、xz 及 xy 平面内的角位移；

N_{xi}——结点的轴向力；

N_{yi}、N_{zi}——结点在 xy 及 xz 平面内的剪力；

M_{xi}——结点的扭矩；

M_{yi}、M_{zi}——单元结点在 xz 及 xy 平面内的弯矩。

以上广义结点位移及广义结点力的正方向参见图3.6。

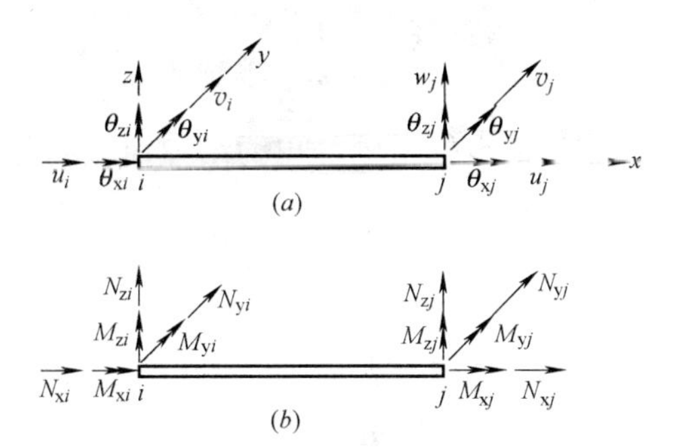

图 3.6　空间梁单元的结点位移与结点力

(a) 结点位移；(b) 结点

梁单元横截面积为 A，在 xz 平面内的截面惯性矩为 I_y，在 xy 平面内的截面惯性矩为 I_z，单元的扭转惯性矩为 J。单元材料的弹性模量为 E，剪切模量为 G，单元长度为 l。

当单元考虑剪切变形的影响时，这时梁单元在局部坐标系中的单元刚度矩阵为：

$$K_e=\left[\begin{array}{cccccc|cccccc}
\frac{EA}{l} & 0 & 0 & 0 & 0 & 0 & \frac{-EA}{l} & 0 & 0 & 0 & 0 & 0 \\
 & \frac{12EI_z}{(1+b_z)l^3} & 0 & 0 & 0 & \frac{6EI_z}{(1+b_z)l^2} & 0 & \frac{-12EI_z}{(1+b_z)l^3} & 0 & 0 & 0 & \frac{6EI_z}{(1+b_z)l^2} \\
 & & \frac{12EI_y}{(1+b_y)l^3} & 0 & \frac{-6EI_y}{(1+b_y)l^2} & 0 & 0 & 0 & \frac{-12EI_y}{(1+b_y)l^3} & 0 & \frac{-6EI_y}{(1+b_y)l^2} & 0 \\
 & & & \frac{GJ}{l} & 0 & 0 & 0 & 0 & 0 & \frac{-GJ}{l} & 0 & 0 \\
 & & & & \frac{(4+b_y)EI_y}{(1+b_z)l} & 0 & 0 & 0 & \frac{6EI_y}{(1+b_y)l^2} & 0 & \frac{(2-b_y)EI_y}{(1+b_y)l} & 0 \\
\hline
 & & & & & \frac{(4+b_z)EI_z}{(1+b_z)l} & 0 & \frac{-6EI_z}{(1+b_z)l^2} & 0 & 0 & 0 & \frac{(2-b_z)EI_z}{(1+b_z)l} \\
 & & & & & & \frac{EA}{l} & 0 & 0 & 0 & 0 & 0 \\
 & & & & & & & \frac{12EI_z}{(1+b_z)l^3} & 0 & 0 & 0 & \frac{-6EI_z}{(1+b_z)l^2} \\
 & & \text{对} & & \text{称} & & & & \frac{12EI_y}{(1+b_y)l^3} & 0 & \frac{6EI_y}{(1+b_y)l^2} & 0 \\
 & & & & & & & & & \frac{GJ}{l} & 0 & 0 \\
 & & & & & & & & & & \frac{(4+b_y)EI_y}{(1+b_y)l} & 0 \\
 & & & & & & & & & & & \frac{(4+b_z)EI_z}{(1+b_z)l}
\end{array}\right]$$

单元刚度矩阵中考虑剪切的影响系数：

$$b_y=\frac{12K_zEI_y}{GAl^2},\quad b_z=\frac{12K_yEI_z}{GAl^2}$$

式中 k_y、k_z 是单元在 y、z 方向沿截面剪应力分布不均匀系数。对于圆形截面，$k_y=k_z=10/9$，对于矩形截面，$k_y=k_z=1.2$。

在组装结构整体刚度矩阵和结点荷载列阵前，将单元在局部坐标系中的有关矩阵和向量进行坐标变换。

$$\tilde{a}^e=\lambda T a^e$$

$$\widetilde{k}^{e}=\lambda T k^{e} \lambda$$

$$\widetilde{p}^{e}=\lambda T p^{e}$$

上式中，$\widetilde{a}^{e}$、$\widetilde{k}^{e}$、$\widetilde{p}^{e}$ 是在整体坐标系中的单元结点荷载列阵、单元刚度矩阵及单元等效结点载荷列阵，λ 为坐标转换矩阵。

在空间杆系情况下：

$$\lambda=\left[\begin{array}{ccc:ccc} l_{x\bar{x}} & l_{x\bar{y}} & l_{x\bar{z}} & & & \\ l_{y\bar{x}} & l_{y\bar{y}} & l_{y\bar{z}} & & 0 & \\ l_{z\bar{x}} & l_{z\bar{y}} & l_{z\bar{z}} & & & \\ \hdashline & & & l_{x\bar{x}} & l_{x\bar{y}} & l_{x\bar{z}} \\ & 0 & & l_{y\bar{x}} & l_{y\bar{y}} & l_{y\bar{z}} \\ & & & l_{z\bar{x}} & l_{z\bar{y}} & l_{z\bar{z}} \end{array}\right]$$

式中 $l_{x\bar{x}}$、$l_{x\bar{y}}$、$l_{x\bar{z}}$ 是局部坐标 x 对整体坐标 $\bar{x}$、$\bar{y}$、$\bar{z}$ 的三个方向余弦。

$$l_{x\bar{x}}=\cos(x,\bar{x})$$

$$l_{x\bar{y}}=\cos(x,\bar{y})$$

$$l_{x\bar{z}}=\cos(x,\bar{z})$$

其他两组方向余弦是局部坐标 y、z 对整体坐标 $\bar{x}$、$\bar{y}$、$\bar{z}$ 的三个方向余弦。

经过坐标转换后，单元刚度矩阵形成结构整体刚度矩阵和载荷列阵，如下式所示：

$$k_{S}\delta_{S}=P_{S}$$

（2）楼板、剪力墙单元

通常楼板、剪力墙采用的平板壳元为平板弯曲单元和平面应力单元的组合，每个单元有4个结点，每结点有6个自由度（图3.7），它们是：

$$a^{e}=\begin{Bmatrix} a_{i} \\ a_{j} \\ a_{m} \\ a_{n} \end{Bmatrix} \qquad p^{e}=\begin{Bmatrix} p_{i} \\ p_{j} \\ p_{m} \\ p_{n} \end{Bmatrix}$$

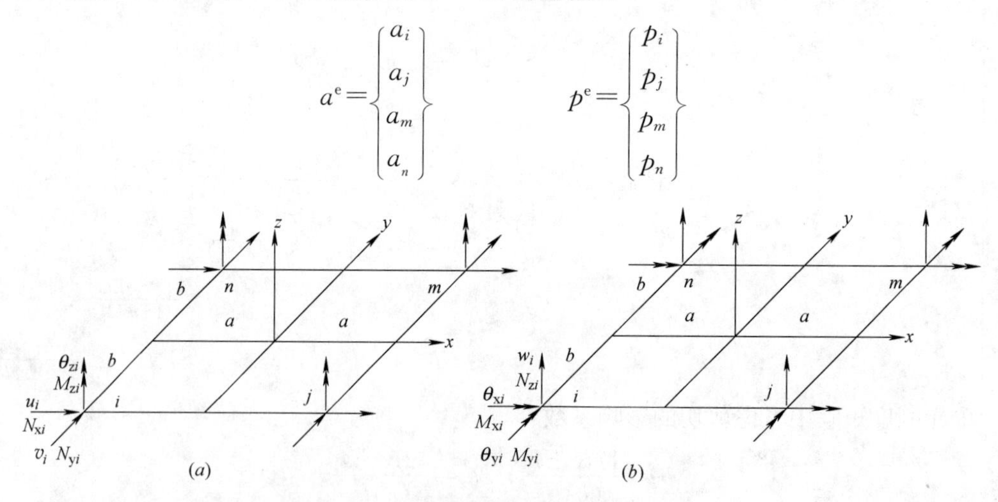

图3.7　平板壳元的结点位移与结点力

平板壳元的单元刚度矩阵由平板弯曲单元和平面应力单元的单元刚度矩阵组合而成，即：

$$k_{ij}^{e}=\begin{bmatrix} k_{ij}^{s} & 0 \\ 0 & k_{ij}^{b} \end{bmatrix}$$

式中 k_{ij}^{e}——平板壳元的单元刚度矩阵；

k_{ij}^{s}——平面应力单元的单元刚度矩阵；

k_{ij}^{b}——平板弯曲单元的单元刚度矩阵。

(3) 基础筏板计算模式

高层建筑基础板厚度较大，应采用考虑板内剪应力效应的厚板单元模拟基础板。四节点矩形厚板单元有限元计算的刚度矩阵、单元应力计算、板内力计算推导如下。

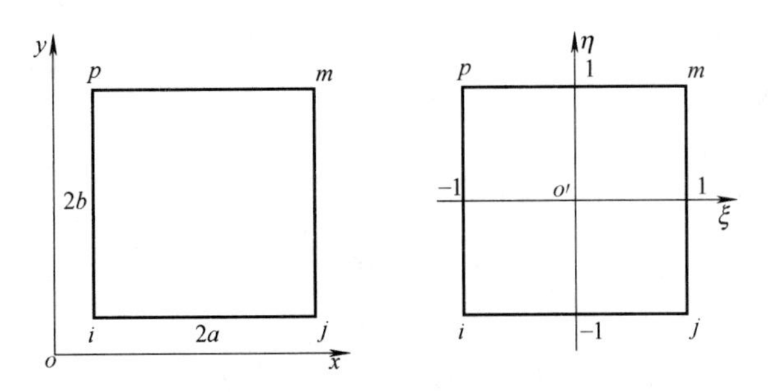

图 3.8 总体坐标到局部坐标的转换

局部坐标 ξ，η 与整体坐标 x，y 的转换关系（图 3.8）是：

$$\xi=\frac{1}{a}(x-x_0),x_0=\frac{1}{2}(x_i+x_j),2a=x_j-x_i$$

$$\eta=\frac{1}{b}(y-y_0),y_0=\frac{1}{2}(y_i+y_p),2b=y_p-y_i \tag{3.8}$$

由式 (3.8)，得到节点 i，j，m，p 的局部坐标分别是 (−1，−1)，(1，−1)，(1，1)，(−1，1)。

对于 4 节点矩形单元，形函数可取为

$$N_i=\frac{1}{4}(1+\xi\xi_i)(1+\eta\eta_i) \qquad (i,\ j,\ m,\ p) \tag{3.9}$$

设板的厚度为 t，单元的中面 z 坐标为 0，$\zeta=+1$ 和 $\zeta=-1$ 分别代表单元的上表面和下表面，则单元内任一点 (ξ，η，ζ) 的坐标 z 为：

$$z=\frac{\zeta t}{2} \tag{3.10}$$

由式 (3.8) 和式 (3.10)，可得

$$\mathrm{d}\xi=\frac{1}{a}\mathrm{d}x,\quad \mathrm{d}\eta=\frac{1}{b}\mathrm{d}y,\quad \mathrm{d}\zeta=\frac{2}{t}\mathrm{d}z \tag{3.11}$$

由式 (3.9) 可得

$$\frac{\partial N_i}{\partial\xi}=\frac{1}{4}\xi_i(1+\eta_i\eta),\frac{\partial N_i}{\partial\eta}=\frac{1}{4}\eta_i(1+\xi_i\xi) \tag{3.12}$$

由式 (3.11)、式 (3.12) 可得

$$\frac{\partial N_i}{\partial x}=\frac{1}{4a}\xi_i(1+\eta_i\eta),\frac{\partial N_i}{\partial y}=\frac{1}{4b}\eta_i(1+\xi_i\xi) \tag{3.13}$$

规定节点 i 的位移为 z 方向的线位移 w_i 和中面法线绕 y 轴的转角 θ_{yi} 及绕 x 轴的转角 θ_{xi}，即

$$\{\delta_i\}^{\mathrm{T}}-[w_i,\theta_{yi},\theta_{xi}] \tag{3.14}$$

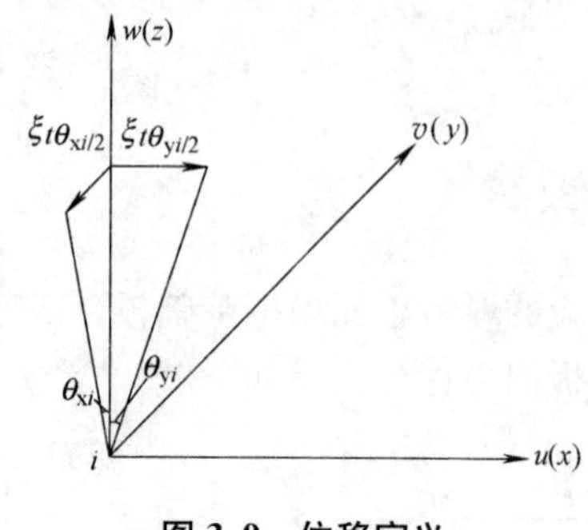

图 3.9　位移定义

如图 3.9，在节点 i，由于 θ_{yi}，在 x 方向离中面距离为 ζ 的线位移为 $\zeta t\theta_{yi}/2$；由于转角 θ_{xi}，ζ 点在 y 方向的线位移为 $-\zeta t\theta_{xi}/2$。因此，单元内任一点（ξ，η，ζ）的 3 个位移分量为

$$\left.\begin{aligned} u &= \sum \frac{N_i\zeta t\theta_{yi}}{2} \\ v &= -\sum \frac{N_i\zeta t\theta_{xi}}{2} \\ w &= \sum N_i w_i \end{aligned}\right\} \tag{3.15}$$

将式（3.15）中的 u，v，w 分别对 x，y，z 求导，得到

$$\left.\begin{aligned} \frac{\partial u}{\partial x} &= \sum \frac{1}{2}\frac{\partial M_i}{\partial x}t\theta_{yi} \\ \frac{\partial u}{\partial y} &= \sum \frac{1}{2}\frac{\partial M_i}{\partial y}t\theta_{yi} \\ \frac{\partial u}{\partial z} &= \sum \frac{1}{2}\frac{\partial M_i}{\partial z}t\theta_{yi} \\ &\cdots\cdots\cdots \end{aligned}\right\} \tag{3.16}$$

其中：$M_i=N_i\zeta$。

由式（3.15），可得到应变为

$$\{\varepsilon\}=\begin{Bmatrix}\varepsilon_x\\ \varepsilon_y\\ \gamma_{xy}\\ \gamma_{yz}\\ \gamma_{zx}\end{Bmatrix}=\begin{Bmatrix}\dfrac{\partial u}{\partial x}\\ \dfrac{\partial v}{\partial y}\\ \dfrac{\partial u}{\partial y}+\dfrac{\partial v}{\partial x}\\ \dfrac{\partial w}{\partial y}+\dfrac{\partial v}{\partial z}\\ \dfrac{\partial w}{\partial x}+\dfrac{\partial u}{\partial z}\end{Bmatrix}=[B_i, B_j, B_m, B_p]\begin{Bmatrix}\delta_i\\ \delta_j\\ \delta_m\\ \delta_p\end{Bmatrix}=[B]\{\delta\} \tag{3.17}$$

其中 $\{\delta_i\}$ 见式（3.14），$[B_i]$ 为 5×3 矩阵，即

$$[B_i]=\begin{bmatrix} 0 & \dfrac{1}{2}\dfrac{\partial M_i}{\partial x}t & 0 \\ 0 & 0 & -\dfrac{1}{2}\dfrac{\partial M_i}{\partial y}t \\ 0 & \dfrac{1}{2}\dfrac{\partial M_i}{\partial y}t & -\dfrac{1}{2}\dfrac{\partial M_i}{\partial x}t \\ \dfrac{\partial N_i}{\partial y} & 0 & -\dfrac{1}{2}\dfrac{\partial M_i}{\partial z}t \\ \dfrac{\partial N_i}{\partial x} & \dfrac{1}{2}\dfrac{\partial M_i}{\partial z}t & 0 \end{bmatrix} (i,j,m,p) \tag{3.18}$$

将式（3.11）、式（3.12）或式（3.13）代入式（3.18），得到

$$[B_i]=\begin{bmatrix} 0 & \frac{1}{8a}\xi_i(1+\eta_i\eta)\zeta t & 0 \\ 0 & 0 & -\frac{1}{8b}\eta_i(1+\xi_i\xi)\zeta t \\ 0 & \frac{1}{8b}\eta_i(1+\xi_i\xi)\zeta t & -\frac{1}{8a}\xi_i(1+\eta_i\eta)\zeta t \\ \frac{1}{4b}\eta_i(1+\xi_i\xi) & 0 & -\frac{1}{4}(1+\xi_i\xi)(1+\eta_i\eta) \\ \frac{1}{4a}\xi_i(1+\eta_i\eta) & \frac{1}{4}(1+\xi_i\xi)(1+\eta_i\eta) & 0 \end{bmatrix}(i,j,m,p) \tag{3.19}$$

弹性矩阵为

$$[D]=\frac{E}{1-\mu^2}\begin{bmatrix} 1 & \mu & 0 & 0 & 0 \\ \mu & 1 & 0 & 0 & 0 \\ 0 & 0 & \frac{1-\mu}{2} & 0 & 0 \\ 0 & 0 & 0 & \frac{1-\mu}{2k} & 0 \\ 0 & 0 & 0 & 0 & \frac{1-\mu}{2k} \end{bmatrix} \tag{3.20}$$

其中 $k=6/5$ 时即为 Mindlin 中厚板。

刚度矩阵为

$$[k]=\iiint[B]^{\mathrm{T}}[D][B]\mathrm{d}x\mathrm{d}y\mathrm{d}z=\begin{bmatrix} k_{ii} & k_{ij} & k_{im} & k_{ip} \\ k_{ji} & k_{jj} & k_{jm} & k_{jp} \\ k_{mi} & k_{mj} & k_{mm} & k_{mp} \\ k_{pi} & k_{pj} & k_{pm} & k_{pp} \end{bmatrix} \tag{3.21}$$

式中 $[k_{\mathrm{rs}}]$(r，$s=i$，j，m，p）是单元刚度矩阵的子阵，计算公式为

$$[k_{\mathrm{rs}}]=\frac{abt}{2}\int_{-1}^{1}\int_{-1}^{1}\int_{-1}^{1}[B_{\mathrm{r}}]^{\mathrm{T}}[D][B_{\mathrm{s}}]\mathrm{d}\xi\mathrm{d}\eta\mathrm{d}\zeta \tag{3.22}$$

积分后，得到 $[k_{\mathrm{rs}}]$ 的显示表达式如下，对于各子块元素，还要乘以系数$\frac{abtE}{2(1-\mu^2)}$

$$k_{\mathrm{rs},11}=\frac{1-\mu}{4k}\left[\left(\frac{1}{3a^2}+\frac{1}{3b^2}\right)\eta_{\mathrm{r}}\xi_{\mathrm{r}}\eta_{\mathrm{s}}\xi_{\mathrm{s}}+\frac{1}{a^2}\xi_{\mathrm{r}}\xi_{\mathrm{s}}+\frac{1}{b^2}\eta_{\mathrm{r}}\eta_{\mathrm{s}}\right]$$

$$k_{\mathrm{rs},12}=\frac{1-\mu}{4ak}\xi_{\mathrm{r}}\left(\frac{1}{3}\eta_{\mathrm{r}}\eta_{\mathrm{s}}+1\right)$$

$$k_{\mathrm{rs},13}=-\frac{1-\mu}{4bk}\eta_{\mathrm{r}}\left(\frac{1}{3}\xi_{\mathrm{r}}\xi_{\mathrm{s}}+1\right)$$

$$k_{\mathrm{rs},21}=\frac{1-\mu}{4ak}\xi_{\mathrm{s}}\left(\frac{1}{3}\eta_{\mathrm{r}}\eta_{\mathrm{s}}+1\right)$$

$$k_{\mathrm{rs},22}=\frac{1}{36}\left(\frac{1-\mu}{k}+\frac{1-\mu}{2}\frac{t^2}{2b^2}+\frac{t^2}{2a^2}\right)\eta_{\mathrm{r}}\xi_{\mathrm{r}}\eta_{\mathrm{s}}\xi_{\mathrm{s}}+\frac{1}{12}\left(\frac{1-\mu}{k}+\frac{t^2}{2a^2}\right)\xi_{\mathrm{r}}\xi_{\mathrm{s}}+\frac{1}{12}\left(\frac{1-\mu}{k}+\frac{1-\mu}{2}\frac{t^2}{2b^2}\right)\eta_{\mathrm{r}}\eta_{\mathrm{s}}+\frac{1-\mu}{4k}$$

$$k_{\mathrm{rs},23}=-\frac{t^2}{24ab}\left(\mu\xi_{\mathrm{r}}\eta_{\mathrm{s}}+\frac{1-\mu}{2}\eta_{\mathrm{r}}\xi_{\mathrm{s}}\right)$$

$$k_{\mathrm{rs},31}=-\frac{1-\mu}{4bk}\eta_{\mathrm{s}}\left(\frac{1}{3}\xi_{\mathrm{r}}\xi_{\mathrm{s}}+1\right)$$

$$k_{\mathrm{rs},32}=-\frac{t^2}{24ab}\left(\mu\xi_{\mathrm{s}}\eta_{\mathrm{r}}+\frac{1-\mu}{2}\xi_{\mathrm{r}}\eta_{\mathrm{s}}\right)$$

$$k_{\mathrm{rs},33}=\frac{1}{36}\left(\frac{1-\mu}{k}+\frac{1-\mu}{2}\frac{t^2}{2a^2}+\frac{t^2}{2b^2}\right)\eta_{\mathrm{r}}\xi_{\mathrm{r}}\eta_{\mathrm{s}}\xi_{\mathrm{s}}+\frac{1-\mu}{12}\left(\frac{1}{k}+\frac{t^2}{4a^2}\right)\xi_{\mathrm{r}}\xi_{\mathrm{s}}+\frac{1}{12}\left(\frac{1-\mu}{k}+\frac{t^2}{2b^2}\right)\eta_{\mathrm{r}}\eta_{\mathrm{s}}+\frac{1-\mu}{4k} \tag{3.23}$$

将各节点局部坐标和 $k=6/5$ 代入式（3.23），可得到刚度阵各子块元素分别如下，仅给出上三角部分，对角线以下各元素通过式（3.24）和式（3.25）得到

$$[k_{\mathrm{rs}}]=[k_{\mathrm{sr}}]^{\mathrm{T}} \tag{3.24}$$

$$[k_{ii}]=\begin{bmatrix}\frac{5}{18}(1-\mu)\left(\frac{1}{a^2}+\frac{1}{b^2}\right) & \frac{5}{18a}(\mu-1) & \frac{5}{18b}(1-\mu)\\ \frac{5}{18a}(\mu-1) & \frac{10}{27}(1-\mu)+\frac{1}{36}\frac{t^2}{b^2}(1-\mu)+\frac{t^2}{18a^2} & -\frac{t^2}{48ab}(1+\mu)\\ \frac{5}{18b}(1-\mu) & -\frac{t^2}{48ab}(1+\mu) & \frac{10}{27}(1-\mu)+\frac{1}{36}\frac{t^2}{a^2}(1-\mu)+\frac{t^2}{18b^2}\end{bmatrix}$$

$$[k_{ij}]=\begin{bmatrix}\frac{5}{18}(1-\mu)\left(\frac{1}{2b^2}-\frac{1}{a^2}\right) & \frac{5}{18a}(\mu-1) & \frac{5}{36b}(1-\mu)\\ \frac{5}{18a}(1-\mu) & \frac{5}{27}(1-\mu)+\frac{1}{72}\frac{t^2}{b^2}(1-\mu)-\frac{t^2}{18a^2} & \frac{t^2}{48ab}(1-3\mu)\\ \frac{5}{36b}(1-\mu) & \frac{t^2}{48ab}(3\mu-1) & \frac{5}{27}(1-\mu)-\frac{1}{36}\frac{t^2}{a^2}(1-\mu)+\frac{t^2}{36b^2}\end{bmatrix}$$

$$[k_{im}]=\begin{bmatrix}\frac{5}{36}(\mu-1)\left(\frac{1}{a^2}+\frac{1}{b^2}\right) & \frac{5}{36a}(\mu-1) & \frac{5}{36b}(1-\mu)\\ \frac{5}{36a}(1-\mu) & \frac{5}{54}(1-\mu)-\frac{1}{72}\frac{t^2}{b^2}(1-\mu)-\frac{t^2}{36a^2} & \frac{t^2}{48ab}(1+\mu)\\ \frac{5}{36b}(\mu-1) & \frac{t^2}{48ab}(1+\mu) & \frac{5}{54}(1-\mu)-\frac{1}{72}\frac{t^2}{a^2}(1-\mu)-\frac{t^2}{36b^2}\end{bmatrix}$$

$$[k_{ip}]=\begin{bmatrix}\frac{5}{18}(1-\mu)\left(\frac{1}{2a^2}-\frac{1}{b^2}\right) & \frac{5}{36a}(\mu-1) & \frac{5}{18b}(1-\mu)\\ \frac{5}{36a}(\mu-1) & \frac{5}{27}(1-\mu)-\frac{1}{36}\frac{t^2}{b^2}(1-\mu)+\frac{t^2}{36a^2} & \frac{t^2}{48ab}(3\mu-1)\\ \frac{5}{18b}(\mu-1) & \frac{t^2}{48ab}(1-3\mu) & \frac{5}{27}(1-\mu)+\frac{1}{72}\frac{t^2}{a^2}(1-\mu)-\frac{t^2}{18b^2}\end{bmatrix}$$

$$[k_{jj}]=\begin{bmatrix}\frac{5}{18}(1-\mu)\left(\frac{1}{a^2}+\frac{1}{b^2}\right) & \frac{5}{18a}(1-\mu) & \frac{5}{18b}(1-\mu)\\ \frac{5}{18a}(1-\mu) & \frac{10}{27}(1-\mu)+\frac{1}{36}\frac{t^2}{b^2}(1-\mu)+\frac{t^2}{18a^2} & \frac{t^2}{48ab}(1+\mu)\\ \frac{5}{18b}(1-\mu) & \frac{t^2}{48ab}(1+\mu) & \frac{10}{27}(1-\mu)+\frac{1}{36}\frac{t^2}{a^2}(1-\mu)+\frac{t^2}{18b^2}\end{bmatrix}$$

$$[k_{jm}]=\begin{bmatrix} \frac{5}{18}(1-\mu)\left(\frac{1}{2a^2}-\frac{1}{b^2}\right) & \frac{5}{36a}(1-\mu) & \frac{5}{18b}(1-\mu) \\ \frac{5}{36a}(1-\mu) & \frac{5}{27}(1-\mu)-\frac{1}{36}\frac{t^2}{b^2}(1-\mu)+\frac{t^2}{36a^2} & \frac{t^2}{48ab}(1-3\mu) \\ \frac{5}{18b}(\mu-1) & \frac{t^2}{48ab}(3\mu-1) & \frac{5}{27}(1-\mu)+\frac{1}{72}\frac{t^2}{a^2}(1-\mu)-\frac{t^2}{18b^2} \end{bmatrix}$$

$$[k_{jp}]=\begin{bmatrix} \frac{5}{36}(\mu-1)\left(\frac{1}{a^2}+\frac{1}{b^2}\right) & \frac{5}{36a}(1-\mu) & \frac{5}{36b}(1-\mu) \\ \frac{5}{36a}(\mu-1) & \frac{5}{54}(1-\mu)-\frac{1}{72}\frac{t^2}{b^2}(1-\mu)-\frac{t^2}{36a^2} & -\frac{t^2}{48ab}(1+\mu) \\ \frac{5}{36b}(\mu-1) & -\frac{t^2}{48ab}(1+\mu) & \frac{5}{54}(1-\mu)-\frac{1}{72}\frac{t^2}{a^2}(1-\mu)-\frac{t^2}{36b^2} \end{bmatrix}$$

$$[k_{mm}]=\begin{bmatrix} \frac{5}{18}(1-\mu)\left(\frac{1}{a^2}+\frac{1}{b^2}\right) & \frac{5}{18a}(1-\mu) & \frac{5}{18b}(\mu-1) \\ \frac{5}{18a}(1-\mu) & \frac{10}{27}(1-\mu)+\frac{1}{36}\frac{t^2}{b^2}(1-\mu)+\frac{t^2}{18a^2} & -\frac{t^2}{48ab}(1+\mu) \\ \frac{5}{18b}(\mu-1) & -\frac{t^2}{48ab}(1+\mu) & \frac{10}{27}(1-\mu)+\frac{1}{36}\frac{t^2}{a^2}(1-\mu)+\frac{t^2}{18b^2} \end{bmatrix}$$

$$[k_{mp}]=\begin{bmatrix} \frac{5}{18}(1-\mu)\left(\frac{1}{2b^2}-\frac{1}{a^2}\right) & \frac{5}{18a}(1-\mu) & \frac{5}{36b}(\mu-1) \\ \frac{5}{18a}(\mu-1) & \frac{5}{27}(1-\mu)+\frac{1}{72}\frac{t^2}{b^2}(1-\mu)-\frac{t^2}{18a^2} & \frac{t^2}{48ab}(1-3\mu) \\ \frac{5}{36b}(\mu-1) & \frac{t^2}{48ab}(3\mu-1) & \frac{5}{27}(1-\mu)-\frac{1}{36}\frac{t^2}{a^2}(1-\mu)+\frac{t^2}{36b^2} \end{bmatrix}$$

$$[k_{pp}]=\begin{bmatrix} \frac{5}{18}(1-\mu)\left(\frac{1}{a^2}+\frac{1}{b^2}\right) & \frac{5}{18a}(\mu-1) & \frac{5}{18b}(\mu-1) \\ \frac{5}{18a}(\mu-1) & \frac{10}{27}(1-\mu)+\frac{1}{36}\frac{t^2}{b^2}(1-\mu)+\frac{t^2}{18a^2} & \frac{t^2}{48ab}(1+\mu) \\ \frac{5}{18b}(\mu-1) & \frac{t^2}{48ab}(1+\mu) & \frac{10}{27}(1-\mu)+\frac{1}{36}\frac{t^2}{a^2}(1-\mu)+\frac{t^2}{18b^2} \end{bmatrix} \tag{3.25}$$

根据单元节点位移，可计算单元应力

$$\{\sigma\}^e=[D][B]\{\delta\}^e=[S]\{\delta\}^e \tag{3.26}$$

其中：$\{\sigma\}=\{\sigma_x \quad \sigma_y \quad \tau_{xy} \quad \tau_{yz} \quad \tau_{zx}\}^T$。

式（3.26）也可表示为

$$\{\sigma\}^e=[D][B_i \quad B_j \quad B_m \quad B_p]\{\delta\}^e=[S_i \quad S_j \quad S_m \quad S_p]\{\delta\}^e \tag{3.27}$$

$$[S_i]=\begin{bmatrix} 0 & \frac{t}{8a}\xi_i(1+\eta_i\eta)\zeta & -\frac{t}{8b}\mu\eta_i(1+\xi_i\xi)\zeta \\ 0 & \frac{t}{8a}\mu\xi_i(1+\eta_i\eta)\zeta & -\frac{t}{8b}\eta_i(1+\xi_i\xi)\zeta \\ 0 & \frac{t}{16b}(1-\mu)\eta_i(1+\xi_i\xi)\zeta & -\frac{t}{16a}(1-\mu)\xi_i(1+\eta_i\eta)\zeta \\ \frac{1}{8bk}(1-\mu)\eta_i(1+\xi_i\xi) & 0 & -\frac{1}{8k}(1-\mu)(1+\xi_i\xi)(1+\eta_i\eta) \\ \frac{1}{8ak}(1-\mu)\xi_i(1+\eta_i\eta) & \frac{1}{8k}(1-\mu)(1+\xi_i\xi)(1+\eta_i\eta) & 0 \end{bmatrix}$$

$$(i,j,m,p) \tag{3.28}$$

将各节点局部坐标代入式（3.28），可得各应力矩阵具体为：

$$[S_i]=\begin{bmatrix} 0 & -\frac{t}{8a}(1-\eta)\zeta & \frac{t}{8b}\mu(1-\xi)\zeta \\ 0 & -\frac{t}{8a}\mu(1-\eta)\zeta & \frac{t}{8b}(1-\xi)\zeta \\ 0 & -\frac{t}{16b}(1-\mu)(1-\xi)\zeta & \frac{t}{16a}(1-\mu)(1-\eta)\zeta \\ -\frac{1}{8bk}(1-\mu)(1-\xi) & 0 & -\frac{1}{8k}(1-\mu)(1-\xi)(1-\eta) \\ -\frac{1}{8ak}(1-\mu)(1-\eta) & \frac{1}{8k}(1-\mu)(1-\xi)(1-\eta) & 0 \end{bmatrix} \tag{3.29a}$$

$$[S_j]=\begin{bmatrix} 0 & \frac{t}{8a}(1-\eta)\zeta & \frac{t}{8b}\mu(1+\xi)\zeta \\ 0 & \frac{t}{8a}\mu(1-\eta)\zeta & \frac{t}{8b}(1+\xi)\zeta \\ 0 & -\frac{t}{16b}(1-\mu)(1+\xi)\zeta & -\frac{t}{16a}(1-\mu)(1-\eta)\zeta \\ -\frac{1}{8bk}(1-\mu)(1+\xi) & 0 & -\frac{1}{8k}(1-\mu)(1+\xi)(1-\eta) \\ \frac{1}{8ak}(1-\mu)(1-\eta) & \frac{1}{8k}(1-\mu)(1+\xi)(1-\eta) & 0 \end{bmatrix} \tag{3.29b}$$

$$[S_m]=\begin{bmatrix} 0 & \frac{t}{8a}(1+\eta)\zeta & -\frac{t}{8b}\mu(1+\xi)\zeta \\ 0 & \frac{t}{8a}\mu(1+\eta)\zeta & -\frac{t}{8b}(1+\xi)\zeta \\ 0 & \frac{t}{16b}(1-\mu)(1+\xi)\zeta & -\frac{t}{16a}(1-\mu)(1+\eta)\zeta \\ \frac{1}{8bk}(1-\mu)(1+\xi) & 0 & -\frac{1}{8k}(1-\mu)(1+\xi)(1+\eta) \\ \frac{1}{8ak}(1-\mu)(1+\eta) & \frac{1}{8k}(1-\mu)(1+\xi)(1+\eta) & 0 \end{bmatrix} \tag{3.29c}$$

$$[S_p]=\begin{bmatrix} 0 & -\frac{t}{8a}(1+\eta)\zeta & -\frac{t}{8b}\mu(1-\xi)\zeta \\ 0 & -\frac{t}{8a}\mu(1+\eta)\zeta & -\frac{t}{8b}(1-\xi)\zeta \\ 0 & \frac{t}{16b}(1-\mu)(1-\xi)\zeta & \frac{t}{16a}(1-\mu)(1+\eta)\zeta \\ \frac{1}{8bk}(1-\mu)(1-\xi) & 0 & -\frac{1}{8k}(1-\mu)(1-\xi)(1+\eta) \\ -\frac{1}{8ak}(1-\mu)(1+\eta) & \frac{1}{8k}(1-\mu)(1-\xi)(1+\eta) & 0 \end{bmatrix} \tag{3.29d}$$

各应力分量具体表达式可根据式（3.27）直接给出。

板中内力为：

$$\begin{Bmatrix} M_x \\ M_y \\ M_{xy} \end{Bmatrix}=\begin{Bmatrix} \int_{-\frac{t}{2}}^{\frac{t}{2}}\sigma_x z\mathrm{d}z \\ \int_{-\frac{t}{2}}^{\frac{t}{2}}\sigma_y z\mathrm{d}z \\ \int_{-\frac{t}{2}}^{\frac{t}{2}}\tau_{xy} z\mathrm{d}z \end{Bmatrix}=\frac{Et^3}{12(1-\mu^2)}\begin{bmatrix} 1 & \mu & 0 \\ \mu & 1 & 0 \\ 0 & 0 & \frac{1-\mu}{2} \end{bmatrix}\begin{Bmatrix} \frac{\partial\theta_y}{\partial x} \\ -\frac{\partial\theta_x}{\partial y} \\ \frac{\partial\theta_y}{\partial y}-\frac{\partial\theta_x}{\partial x} \end{Bmatrix}=\begin{Bmatrix} \sum\frac{\partial N_i}{\partial x}\theta_{yi} \\ -\sum\frac{\partial N_i}{\partial y}\theta_{xi} \\ \sum\frac{\partial N_i}{\partial y}\theta_{yi}-\sum\frac{\partial N_i}{\partial x}\theta_{xi} \end{Bmatrix}$$

$$\begin{Bmatrix} Q_y \\ Q_x \end{Bmatrix}=\begin{Bmatrix} \int_{-\frac{t}{2}}^{\frac{t}{2}}\tau_{yz}\mathrm{d}z \\ \int_{-\frac{t}{2}}^{\frac{t}{2}}\tau_{xz}\mathrm{d}z \end{Bmatrix}=\frac{Et}{(1-\mu^2)}\begin{bmatrix} \frac{1-\mu}{2k} & 0 \\ 0 & \frac{1-\mu}{2k} \end{bmatrix}\begin{Bmatrix} \frac{\partial w}{\partial y}-\theta_x \\ \frac{\partial w}{\partial x}+\theta_y \end{Bmatrix}=\begin{Bmatrix} \sum\frac{\partial N_i}{\partial y}w_i-\sum N_i\theta_{xi} \\ \sum\frac{\partial N_i}{\partial x}w_i+\sum N_i\theta_{yi} \end{Bmatrix} \tag{3.30}$$

各内力分量分别为：

$$\begin{cases} M_x=\frac{Dt^3}{12}\left(\sum\frac{\partial N_i}{\partial x}\theta_{yi}-\mu\sum\frac{\partial N_i}{\partial y}\theta_{xi}\right) \\ M_y=\frac{Dt^3}{12}\left(\mu\sum\frac{\partial N_i}{\partial x}\theta_{yi}-\sum\frac{\partial N_i}{\partial y}\theta_{xi}\right) \\ M_{xy}=\frac{Dt^3}{12}\frac{1-\mu}{2}\left(\sum\frac{\partial N_i}{\partial y}\theta_{yi}-\sum\frac{\partial N_i}{\partial x}\theta_{xi}\right) \end{cases} \tag{3.31a}$$

$$\begin{cases} Q_y=\frac{Et}{2k(1+\mu)}\left(\frac{\partial N_i}{\partial y}w_i-\sum N_i\theta_{xi}\right) \\ Q_x=\frac{Et}{2k(1+\mu)}\left(\frac{\partial N_i}{\partial x}w_i+\sum N_i\theta_{yi}\right) \end{cases} \tag{3.31b}$$

其中：$D=\frac{E}{1-\mu^2}$

将式（3.13）代入式（3.31a），可以得到：

$$\begin{cases} M_x=\frac{Dt^3}{48}\left(\frac{1}{a}\sum\xi_i(1+\eta_i\eta)\theta_{yi}-\mu\frac{1}{b}\sum\eta_i(1+\xi_i\xi)\theta_{xi}\right) \\ M_y=\frac{Dt^3}{48}\left(\frac{1}{a}\mu\sum\xi_i(1+\eta_i\eta)\theta_{yi}-\frac{1}{b}\sum\eta_i(1+\xi_i\xi)\theta_{xi}\right) \\ M_{xy}=\frac{Dt^3}{48}\frac{1-\mu}{2}\left(\frac{1}{a}\sum\eta_i(1+\xi_i\xi)\theta_{yi}-\frac{1}{b}\sum\xi_i(1+\eta_i\eta)\theta_{xi}\right) \end{cases} \tag{3.32a}$$

将式（3.13）和 $k=6/5$ 代入式（3.31b），可得：

$$\begin{cases} Q_y=\dfrac{5Et}{48(1+\mu)}\left(\dfrac{1}{b}\sum\eta_i(1+\xi_i\xi)w_i-\sum(1+\xi_i\xi)(1+\eta_i\eta)\theta_{xi}\right) \\ Q_x=\dfrac{5Et}{48(1+\mu)}\left(\dfrac{1}{a}\sum\xi_i(1+\eta_i\eta)w_i+\sum(1+\xi_i\xi)(1+\eta_i\eta)\theta_{yi}\right) \end{cases} \tag{3.32b}$$

将各节点的局部坐标代入式（3.32），各内力分量可以写为：

$$\begin{cases} M_x=\dfrac{Dt^3}{48}\left\{\dfrac{1}{a}[(\eta-1)\theta_{yi}+(1-\eta)\theta_{yj}+(1+\eta)\theta_{ym}-(1+\eta)\theta_{yp}]\right. \\ \qquad\left.-\dfrac{1}{b}\mu[(\xi-1)\theta_{xi}-(1+\xi)\theta_{xj}+(1+\xi)\theta_{xm}+(1-\xi)\theta_{xp}]\right\} \\ M_y=\dfrac{Dt^3}{48}\left\{\dfrac{1}{a}\mu[(\eta-1)\theta_{yi}+(1-\eta)\theta_{yj}+(1+\eta)\theta_{ym}-(1+\eta)\theta_{yp}]\right. \\ \qquad\left.-\dfrac{1}{b}[(\xi-1)\theta_{xi}-(1+\xi)\theta_{xj}+(1+\xi)\theta_{xm}+(1-\xi)\theta_{xp}]\right\} \\ M_{xy}=\dfrac{Dt^3}{48}\dfrac{1-\mu}{2}\left\{\dfrac{1}{a}[(\xi-1)\theta_{yi}-(1+\xi)\theta_{yj}+(1+\xi)\theta_{ym}+(1-\xi)\theta_{yp}]\right. \\ \qquad\left.-\dfrac{1}{b}[(\eta-1)\theta_{xi}+(1-\eta)\theta_{xj}+(1+\eta)\theta_{xm}-(1+\eta)\theta_{xp}]\right\} \end{cases} \tag{3.33a}$$

$$\begin{cases} Q_y=\dfrac{5Et}{48(1+\mu)}\left\{\dfrac{1}{b}[(\xi-1)w_i-(1+\xi)w_j+(1+\xi)w_m+(1-\xi)w_p]\right. \\ \qquad\left.-[(1-\xi)(1-\eta)\theta_{xi}+(1+\xi)(1-\eta)\theta_{xj}+(1+\xi)(1+\eta)\theta_{xm}+(1-\xi)(1+\eta)\theta_{xp}]\right\} \\ Q_x=\dfrac{5Et}{48(1+\mu)}\left\{\dfrac{1}{a}[(\eta-1)w_i+(1-\eta)w_j+(1+\eta)w_m-(1+\eta)w_p]\right. \\ \qquad\left.+[(1-\xi)(1-\eta)\theta_{yi}+(1+\xi)(1-\eta)\theta_{yj}+(1+\xi)(1+\eta)\theta_{ym}+(1-\xi)(1+\eta)\theta_{yp}]\right\} \end{cases} \tag{3.33b}$$

3. 共同作用计算方程

将上部结构刚度矩阵按相连结点对应叠加到筏板刚度矩阵中，写成表达式如下：

$$[K_b]\{U_b\}=\{S_b\}-\{R\} \tag{3.34}$$

式中　$[K_b]$、$\{S_b\}$——整个结构包括基础对基底接触面边界节点的等效刚度矩阵和等效荷载列向量；

$\{U_b\}$——相应的边界节点位移列向量。

基底反力列向量 $\{R\}$ 与选择的地基模型有关，不论何种地基模型均可写成：

$$\{S\}=[f]\{R\}$$

$$\{R\}=[f]^{-1}\{S\}=[K_s]\{S\} \tag{3.35}$$

式中　$\{S\}$——基底下地基的变形列向量；

$[f]$——地基柔度矩阵；

$[K_s]$——地基刚度矩阵，$[K_s]=[f]^{-1}$。

将式（3.35）代入式（3.34）得：

$$[K_b]\{U_b\}+[K_s]\{S\}=\{S_b\} \tag{3.36}$$

根据地基与基础接触面上的变形协调条件，$\{U_b\}=\{S\}$，则式（3.36）可写为：

$$([K_b]+[K_s])\{U_b\}=\{S_b\} \tag{3.37}$$

求解此方程组，可得到考虑上部结构刚度后的基础子结构的节点位移和节点力。基础底面节点的位移乘以沉降计算经验系数得到真实的基础沉降值，按单元网格计算基底的反力分布，进而可以求得厚筏基础的内力（弯矩、剪力、扭矩等）。

4. 共同作用计算分析方法的工程实测验证[11]

研究成果应用，十几年来已进行工程应用 50 余项。按照上述共同作用分析方法，采用分层地基模型的结果与工程实测结果分析，基础变形形态、地基反力形态的模拟均较好。

对于共同作用分析方法结果的判定，除要求计算分析得到的地基反力及基础变形与实测值吻合外，针对数值计算精度的基本条件是基础底面的总反力与竖向荷载平衡。在原有研究成果的基础上，对计算方法进一步验证，增加了计算的地基反力大小应与计算输入的地基刚度对应的地基反力大小相匹配，其偏差小于 10%的计算精度要求，提高了基础结构内力分析结果的适用性。结合具体工程的计算方法及与实测结果的对比分析，给出了可用于工程设计的共同作用分析的具体算法。

1）北京某工程

工程位于北京建国门外东二环路东侧，地上 16 层（局部 18 层），地下 3 层，建筑面积 10205m^2。上部结构为现浇大模板横墙承重的钢筋混凝土剪力墙结构，预制整间大楼板和挂墙板，按 8 度地震设防，采用天然地基箱形基础。基础底面长 36.46m，宽 13.75m，未设变形缝和施工缝。箱基工作层和半地下室共三层高 9.06m，基础埋深 8.25m。基础底板厚 80cm，人防顶板厚 20cm，半地下室和技术层顶板为 8～10cm，内墙厚 26～30cm，外墙厚 25～30cm，参见图 3.10。

该工程场地上部为杂填土，以下分布有一定的新近代沉积土层，再往下是一般第四纪冲积土层，土层的主要物理力学性质指标见表 3.4。基础的持力层为粉质黏土和粉细砂，地基承载力标准值 f_k=250kPa，经过深宽修正后地基承载力 f=495kPa。

计算采用结构刚度一次形成直接计算，一次迭代计算结果见图 3.11～ 图 3.13，可知对于土质相对较好的地基情况，共同作用分析计算沉降与实测沉降、计算平均反力与实测平均反力均吻合较好，并满足输入的地基刚度对应的地基反力与计算的地基反力结果相匹配，偏差小于 10%的收敛条件。

2）上海某工程

（1）工程简介

该工程系由南楼（13 层）和北楼（12 层）两单元组成的住宅建筑。南北楼上部女儿墙的标高分别为 39.80m 和 37.00m；南北楼的上部结构均采用装配式框架-剪力墙结构（现浇），外墙采用挂板，内墙用空心砖，楼板用预制空心板；两楼的连接体采用能自由沉降的悬挑结构，沉降缝宽度为 10cm。

该工程采用天然地基，2 层地下室，箱形基础。底层室内地坪标高为±0.000m，室外地面标高为-0.800m，基底标高为－6.450m。南楼地下室的外包尺寸为 24.00m×12.50m，底板南西向各挑出 0.20m，东北向挑出分别为 1.50m 和 1.70m，基底总面积为 407m^2；北楼地下室的外包尺寸为 55.80m×12.50m，底板四周均挑出 0.90m，基底总面积为 824m^2。基础结构的平面、剖面如图 3.14 所示。

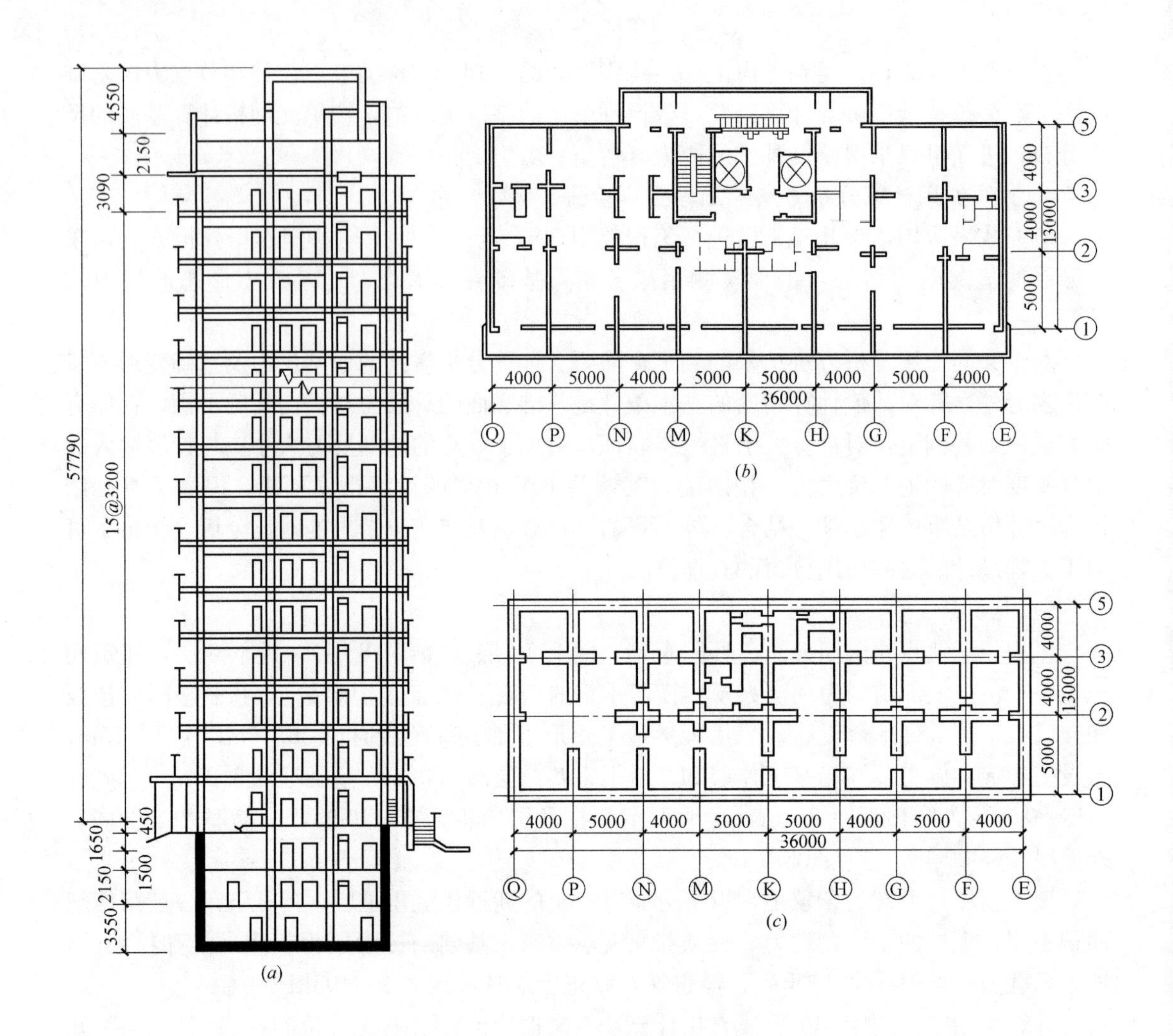

图 3.10　平面、剖面及基础平面图

(*a*) 结构剖面图；(*b*) 结构平面图；(*c*) 基础平面图

土层的主要物理力学性质指标　　**表 3.4**

成因类型	层号	土的类别	w (%)	γ (kN/m³)	e_0	s_r (%)	I_p	I_l	$E_{s0.1\text{-}0.2}$ (MPa)	$E_{s0.15\text{-}0.25}$ (MPa)	$E_{s0.25\text{-}0.3}$ (MPa)	$N_{63.5}$
人工填土	①	粉质黏土										
	①₁	房碴土										
近代土	②	粉质黏土	27.5	19	0.84	90	14.4		6.2	7.4	8.5	
一般第四纪冲积土	③	粉质黏土										
	③₁	黏质粉土	20.8	19.7	0.66	85	8.17	0.05	17.3	20.7	23.4	
	③₂	粉细砂										44
	④	粉质黏土	26.1	19.9	0.73	97	13.2	0.4	10.1	11.2	12.0	
	⑤	卵石										169

续表

成因类型	层号	土的类别	w (%)	γ (kN/m³)	e_0	s_r (%)	I_p	I_l	$E_{s0.1\text{-}0.2}$	$E_{s0.15\text{-}0.25}$	$E_{s0.25\text{-}0.3}$	$N_{63.5}$
									(MPa)			
一般第四纪冲积土	⑤$_1$	粉细砂										110
	⑤$_2$	中粗砂										
	⑥	粉质黏土 黏土	31.2	18.9	0.9	95	20.7	0.4	14.8	15.4	15.8	
	⑥$_1$	黏质粉土	20.3	20.2	0.61	90	8.9	0.4	17	19	20.8	
	⑥$_2$	黏质粉土	20.3	20.2	0.62	89	9.9	0.24	22.5	24.8	25.7	
	⑦	卵石										193
	⑦$_1$	粉细砂										93
	⑦$_2$	中砂										

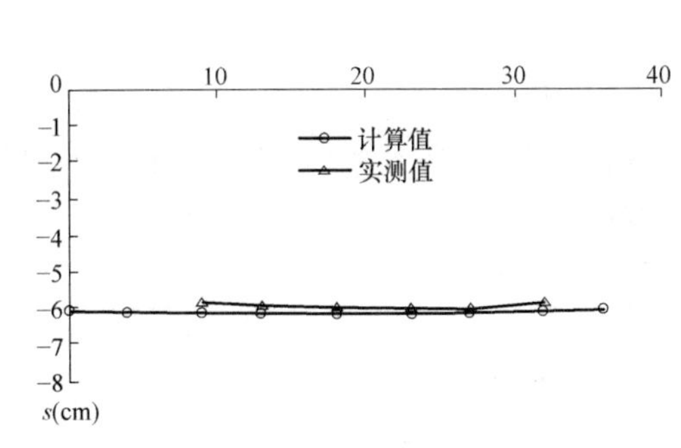

图 3.11　⑤轴计算沉降与实测沉降曲线

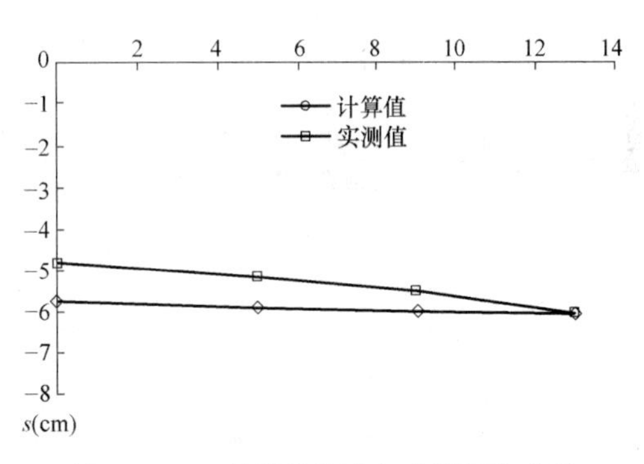

图 3.12　G 轴计算沉降与实测沉降曲线

该工程的建筑场地原为 1～2 层房屋，地势平坦，平均天然地面标高为－0.800m（绝对标高为＋3.400m），钻孔 3 个，试验结果见表 3.5，地下水位离地面平均约为 1.00m。箱基持力层为淤泥质砂质粉土、黏土、粉质黏土，按上海地基规范计算得出的地基承载力（基础埋深为 5.65m）为 260kPa。

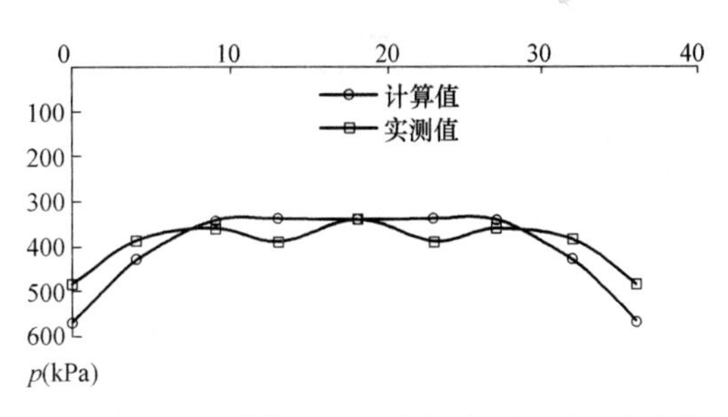

图 3.13　纵向计算平均反力与实测平均反力曲线

(2) 数值计算分析

以南楼（13 层）为例进行计算，按照柱网实际尺寸建模计算，压缩模量采用 $E_{s0.2\text{-}0.3}$，沉降、反力计算值与实测值对比曲线见图 3.15、图 3.16。

由计算结果可知，对于结构、基础刚度较大，地基相对软弱的工程情况，直接计算的平均沉降与实测结果的规律一致，但地基反力的结果与实测结果差距较大。

a. 整体形成刚度一次加荷计算

为满足计算采用的地基刚度与计算得到的地基反力相匹配，按试验得到的 e-p 曲线对地基刚度矩阵主对角线值进行修正，当输入的地基刚度对应的地基反力值与计算的地基反

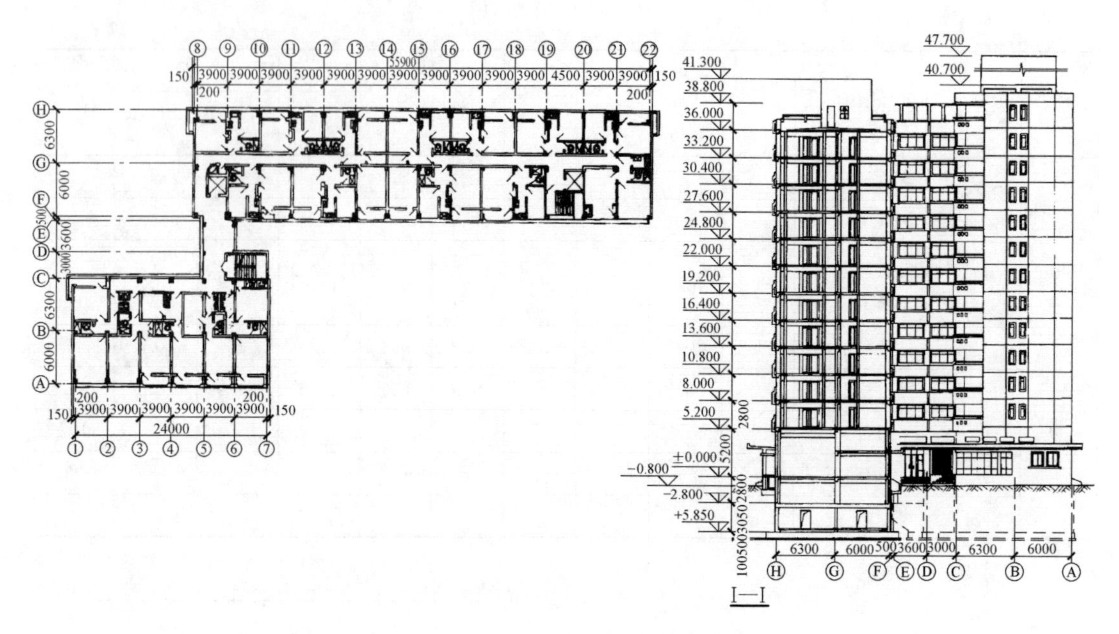

图 3.14 结构剖面及平面图

力值的偏差在 10%以内，计算结束。本工程的结构、基础及地基条件，迭代两次的结果已满足计算精度要求。沉降、反力计算值与实测值对比曲线见图 3.17、图 3.18。

基底以下土层的主要物理力学性质指标 表 3.5

土层及描述	厚度(m)	w (%)	γ (kN/m³)	e_0	$E_{0.1\text{-}0.2}$ (MPa)	$E_{0.15\text{-}0.25}$ (MPa)	$E_{0.2\text{-}0.3}$ (MPa)	φ (°)	c (kPa)
灰黏土层(夹薄层粉砂)土质均匀,很湿-湿	7.2~7.8	42.4	17.8	1.196	2.35	3.23	4.10	11°45′	11
灰粉质黏土层湿,可塑	6.2~7.0	33.9	18.6	0.973	4.02	4.61	5.20	13°00′	17
暗绿色黏土层土质均匀,稍湿,硬塑	2.8~3.2	24.3	20.1	0.702	7.95	8.08	8.20	15°30′	42
草黄黏土层	0.9~1.4	24.3	20.0	0.700	8.35	9.73	11.10	21°00′	32
草黄粉质砂土层,稍湿	未穿透	32.8	18.9	0.954	9.60	11.60	13.60	27°45′	9

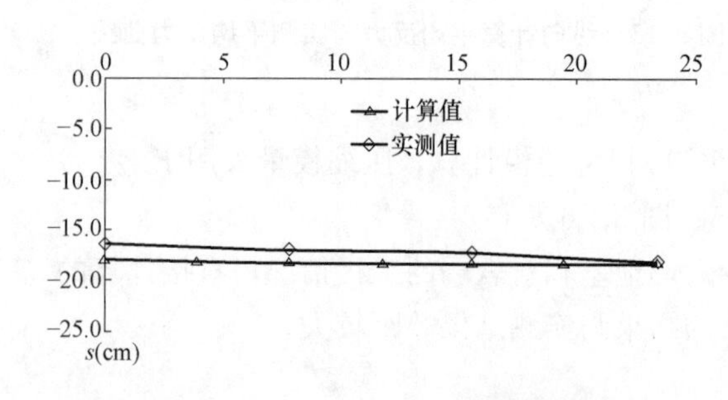

图 3.15 南楼纵向计算平均沉降与实测平均沉降对比曲线

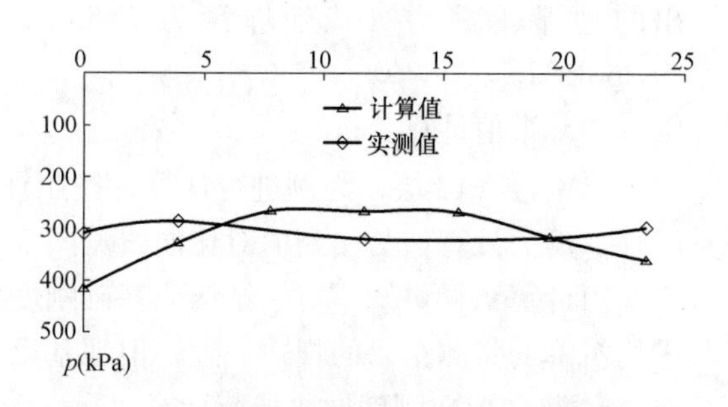

图 3.16 南楼纵向计算（未迭代计算）平均反力与实测平均反力对比曲线

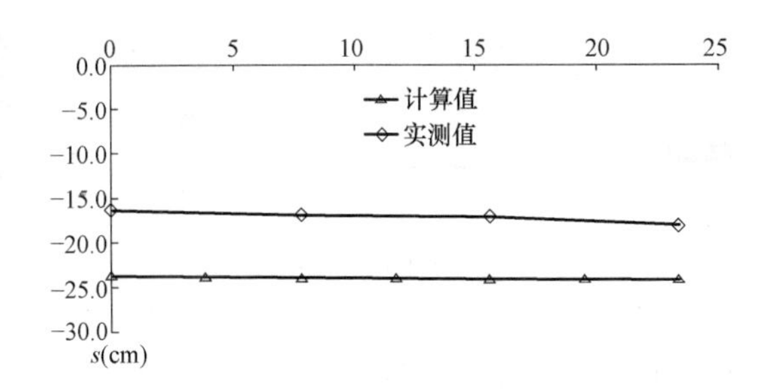

图 3.17 南楼纵向整体迭代计算平均沉降与实测平均沉降对比曲线

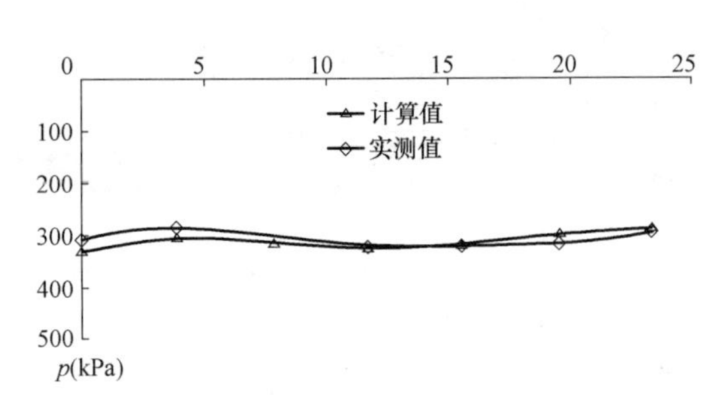

图 3.18 南楼纵向整体迭代计算平均反力与实测平均反力对比曲线

b. 分层形成刚度分层施加荷载计算

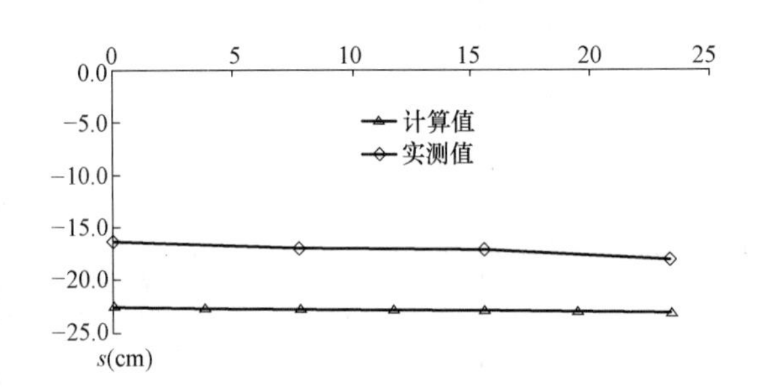

图 3.19 南楼纵向分层迭代计算平均沉降与实测平均沉降对比曲线

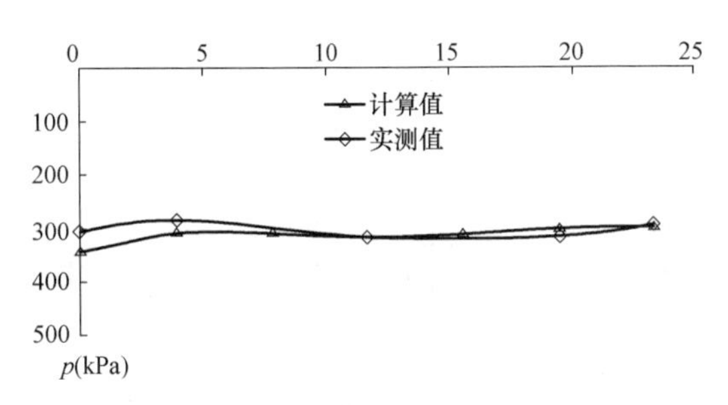

图 3.20 南楼纵向分层迭代计算平均反力与实测平均反力对比曲线

分层形成刚度分层施加荷载计算，应按分层形成的结构刚度、地基刚度（刚度形成应满足采用的地基压缩模量与自重压力和附加压力之和相匹配）计算。本次计算按照－2层、＋3层、＋5层、＋7层、＋9层、＋11层、＋13层模式分层施加荷载，分层形成刚度进行计算，使每次计算的结果满足输入的地基刚度对应的地基反力值与计算的地基反力值之间的偏差在10%以内。5层以下自动满足计算精度的要求，无需迭代计算。7层开始进行地基刚度矩阵修正的迭代计算，按照基底压力值选择不同的压缩模量 E_s，并使输入的地基刚度对应的地基反力值与计算的地基反力值之间的偏差在10%以内。沉降、反力计算值与实测值对比曲线见图3.19、图3.20。

计算结果可知，按照分层形成刚度，分层施加荷载计算，可得到与实测值吻合较好的地基反力、平均沉降的计算结果，并与整体形成刚度的迭代计算结果基本吻合。

3）北京亮马河大厦承台-桩共同作用计算分析

（1）工程简介

亮马河大厦位于北京市东北部、东三环北路东侧，亮马河南约200m左右。场地地形平坦，地面标高为38.11～38.69m。大厦为框筒结构，2～3层地下室。2层裙房，框剪结构。采用混凝土预应力管桩（先张法）桩基础，桩径400mm，桩数1470根。

桩端及以下土层压缩模量取值：砂层以上综合取25MPa（原资料为20MPa，考虑沉桩的挤密效应，提高为25MPa）。

砂持力层：25MPa

卵 石 层：200MPa

⑨　　层：20MPa

⑨层以下：80MPa

(2) 数值计算

以承台5为例进行计算，承台平面图如图3.21所示，试桩 p-s 曲线如图3.22所示。承台中心作用集中荷载10685 kN。按照桩中心进行网格划分计算，将桩视为承台板下的弹性支承，不考虑承台下土的承载作用，桩端平面下的附加应力分布采用Boussinesq解。位移值及桩基反力值（未迭代计算）如表3.6、表3.7所示。

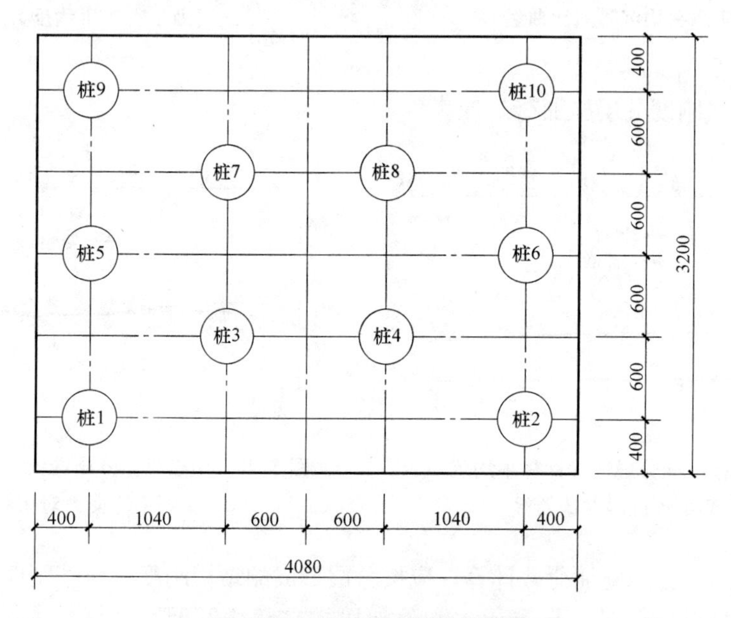

图3.21　承台及桩平面布置图

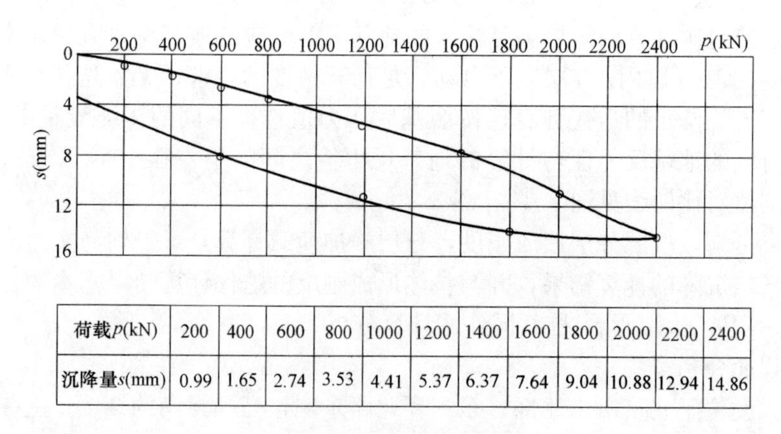

荷载p(kN)	200	400	600	800	1000	1200	1400	1600	1800	2000	2200	2400
沉降量s(mm)	0.99	1.65	2.74	3.53	4.41	5.37	6.37	7.64	9.04	10.88	12.94	14.86

图3.22　试桩 p-s 曲线

由图3.22可得到各级荷载对应的变形值，继而得到桩土变形的割线模量。本工程试桩结果桩土变形的线性较好。通过计算结果分析，确定整体形成桩基础刚度一次加载迭代计算以及分级形成桩基础刚度多次加载迭代计算方法的适用性。

桩基础位移值 **表 3.6**

桩 号	桩 1	桩 2	桩 3	桩 4	桩 5	桩 6	桩 7	桩 8	桩 9	桩 10
位移(mm)	11.88	11.87	12.15	12.14	11.92	11.91	12.15	12.14	11.87	11.87

基桩反力值 **表 3.7**

桩 号	桩 1	桩 2	桩 3	桩 4	桩 5	桩 6	桩 7	桩 8	桩 9	桩 10
反力(kN)	1393.5	1391.5	821.5	821.2	911.2	909.5	821.2	820.9	1392.6	1390.5

表 3.6、表 3.7 为未进行迭代计算的桩基础位移值和基桩反力值结果，边端桩反力值与输入桩土变形刚度对应的桩反力值相差 30.4%，应进行迭代计算。

a. 整体形成桩基础刚度一次加载迭代计算

根据试桩 p-s 曲线对地基柔度矩阵对角线边端部分元素进行修正，位移、反力迭代计算值见表 3.8～表 3.11。

桩基础 1 次迭代位移值 **表 3.8**

桩 号	桩 1	桩 2	桩 3	桩 4	桩 5	桩 6	桩 7	桩 8	桩 9	桩 10
位移(mm)	15.20	15.19	15.46	15.46	15.25	15.24	15.47	15.47	15.22	15.21

桩基础 1 次迭代反力值 **表 3.9**

桩 号	桩 1	桩 2	桩 3	桩 4	桩 5	桩 6	桩 7	桩 8	桩 9	桩 10
反力(kN)	1212.0	1210.8	950.3	950.0	1014.2	1013.0	952.0	951.6	1215.7	1214.1

边端桩反力值与输入桩土变形刚度对应的桩反力值相差 13.6%。

桩基础 2 次迭代位移值 **表 3.10**

桩 号	桩 1	桩 2	桩 3	桩 4	桩 5	桩 6	桩 7	桩 8	桩 9	桩 10
位移(mm)	15.14	15.16	15.41	15.41	15.19	15.20	15.42	15.42	15.16	15.17

桩基础 2 次迭代反力值 **表 3.11**

桩 号	桩 1	桩 2	桩 3	桩 4	桩 5	桩 6	桩 7	桩 8	桩 9	桩 10
反力(kN)	1212.1	1214.3	949.2	949.8	1012.2	1014.2	950.7	951.2	1215.4	1217.5

边端桩反力值与输入桩土变形刚度对应的桩反力值相差 9.7%。

b. 分级形成桩基础刚度多次加载迭代计算

按照分级施加 1～10 级荷载（每级荷载 1068.5 kN）模式进行计算。自 1 级荷载开始根据试桩 p-s 曲线对桩基柔度矩阵进行修正计算。位移、反力迭代计算值见表 3.12～表 3.33。

桩基础第 1 级荷载位移值 **表 3.12**

桩 号	桩 1	桩 2	桩 3	桩 4	桩 5	桩 6	桩 7	桩 8	桩 9	桩 10
位移(mm)	1.59	1.59	1.62	1.62	1.60	1.60	1.62	1.62	1.60	1.60

桩基础第1级荷载反力值 表3.13

桩 号	桩1	桩2	桩3	桩4	桩5	桩6	桩7	桩8	桩9	桩10
反力(kN)	119.6	119.6	96.4	96.3	102.3	102.3	96.7	96.7	120.4	120.3

边端桩反力值与输入桩土变形刚度对应的桩反力值相差9.8%。

桩基础第2级荷载位移值 表3.14

桩 号	桩1	桩2	桩3	桩4	桩5	桩6	桩7	桩8	桩9	桩10
位移(mm)	1.59	1.59	1.62	1.62	1.60	1.60	1.62	1.62	1.60	1.60

桩基础第2级荷载反力值 表3.15

桩 号	桩1	桩2	桩3	桩4	桩5	桩6	桩7	桩8	桩9	桩10
反力(kN)	119.6	119.6	96.4	96.3	102.3	102.3	96.7	96.7	120.4	120.3

边端桩反力值与输入桩土变形刚度对应的桩反力值相差9.8%。

桩基础第3级荷载位移值 表3.16

桩 号	桩1	桩2	桩3	桩4	桩5	桩6	桩7	桩8	桩9	桩10
位移(mm)	1.51	1.51	1.54	1.54	1.51	1.52	1.54	1.54	1.51	1.51

桩基础第3级荷载反力值 表3.17

桩 号	桩1	桩2	桩3	桩4	桩5	桩6	桩7	桩8	桩9	桩10
反力(kN)	121.4	121.8	94.9	95.0	101.2	101.5	95.0	95.1	121.7	122.0

边端桩反力值与输入桩土变形刚度对应的桩反力值相差9.4%。

桩基础第4级荷载位移值 表3.18

桩 号	桩1	桩2	桩3	桩4	桩5	桩6	桩7	桩8	桩9	桩10
位移(mm)	1.47	1.47	1.49	1.49	1.47	1.47	1.49	1.49	1.47	1.46

桩基础第4级荷载反力值 表3.19

桩 号	桩1	桩2	桩3	桩4	桩5	桩6	桩7	桩8	桩9	桩10
反力(kN)	123.0	122.8	94.0	94.0	100.7	100.6	93.9	93.9	122.8	122.7

边端桩反力值与输入桩土变形刚度对应的桩反力值相差9.0%。

桩基础第5级荷载位移值 表3.20

桩 号	桩1	桩2	桩3	桩4	桩5	桩6	桩7	桩8	桩9	桩10
位移(mm)	1.51	1.51	1.53	1.53	1.51	1.51	1.53	1.53	1.50	1.51

桩基础第5级荷载反力值 表3.21

桩 号	桩1	桩2	桩3	桩4	桩5	桩6	桩7	桩8	桩9	桩10
反力(kN)	121.7	121.8	94.8	94.9	101.1	101.2	94.7	94.7	121.4	121.5

边端桩反力值与输入桩土变形刚度对应的桩反力值相差8.9%。

桩基础第 6 级荷载位移值 **表 3.22**

桩 号	桩 1	桩 2	桩 3	桩 4	桩 5	桩 6	桩 7	桩 8	桩 9	桩 10
位移(mm)	1.53	1.53	1.56	1.56	1.54	1.53	1.56	1.56	1.53	1.53

桩基础第 6 级荷载反力值 **表 3.23**

桩 号	桩 1	桩 2	桩 3	桩 4	桩 5	桩 6	桩 7	桩 8	桩 9	桩 10
反力(kN)	121.0	120.8	95.3	95.2	101.4	101.2	95.2	95.1	120.8	120.6

边端桩反力值与输入桩土变形刚度对应的桩反力值相差 9.0%。

桩基础第 7 级荷载位移值 **表 3.24**

桩 号	桩 1	桩 2	桩 3	桩 4	桩 5	桩 6	桩 7	桩 8	桩 9	桩 10
位移(mm)	1.51	1.51	1.53	1.54	1.51	1.51	1.53	1.53	1.51	1.51

桩基础第 7 级荷载反力值 **表 3.25**

桩 号	桩 1	桩 2	桩 3	桩 4	桩 5	桩 6	桩 7	桩 8	桩 9	桩 10
反力(kN)	121.4	121.7	94.8	94.9	101.1	101.3	94.8	94.8	121.4	121.6

边端桩反力值与输入桩土变形刚度对应的桩反力值相差 8.9%。

桩基础第 8 级荷载位移值 **表 3.26**

桩 号	桩 1	桩 2	桩 3	桩 4	桩 5	桩 6	桩 7	桩 8	桩 9	桩 10
位移(mm)	1.51	1.51	1.54	1.54	1.52	1.52	1.54	1.54	1.51	1.51

桩基础第 8 级荷载反力值 **表 3.27**

桩 号	桩 1	桩 2	桩 3	桩 4	桩 5	桩 6	桩 7	桩 8	桩 9	桩 10
反力(kN)	121.2	121.4	94.9	95.0	101.2	101.4	95.1	95.1	121.5	121.7

边端桩反力值与输入桩土变形刚度对应的桩反力值相差 8.9%。

桩基础第 9 级荷载位移值 **表 3.28**

桩 号	桩 1	桩 2	桩 3	桩 4	桩 5	桩 6	桩 7	桩 8	桩 9	桩 10
位移(mm)	1.52	1.52	1.54	1.55	1.52	1.52	1.54	1.55	1.52	1.52

桩基础第 9 级荷载反力值 **表 3.29**

桩 号	桩 1	桩 2	桩 3	桩 4	桩 5	桩 6	桩 7	桩 8	桩 9	桩 10
反力(kN)	121.2	121.5	95.0	95.1	101.2	101.5	95.0	95.1	121.2	121.5

边端桩反力值与输入桩土变形刚度对应的桩反力值相差 8.9%。

桩基础第 10 级荷载位移值 **表 3.30**

桩 号	桩 1	桩 2	桩 3	桩 4	桩 5	桩 6	桩 7	桩 8	桩 9	桩 10
位移(mm)	1.52	1.53	1.55	1.55	1.53	1.53	1.55	1.55	1.52	1.53

桩基础第 10 级荷载反力值 **表 3.31**

桩 号	桩 1	桩 2	桩 3	桩 4	桩 5	桩 6	桩 7	桩 8	桩 9	桩 10
反力(kN)	120.9	121.1	95.1	95.1	101.2	101.4	95.1	95.2	121.0	121.2

边端桩反力值与输入桩土变形刚度对应的桩反力值相差8.9%。

桩基础总位移值　　表3.32

桩　号	桩1	桩2	桩3	桩4	桩5	桩6	桩7	桩8	桩9	桩10
位移(mm)	15.26	15.27	15.52	15.54	15.31	15.31	15.52	15.53	15.27	15.28

桩基础总反力值　　表3.33

桩　号	桩1	桩2	桩3	桩4	桩5	桩6	桩7	桩8	桩9	桩10
反力(kN)	1211.2	1212.0	951.5	951.7	1013.9	1014.6	952.3	952.4	1212.8	1213.5

边端桩反力值与输入桩土变形刚度对应的桩反力值相差9.5%。

从计算结果可知，当分级形成的桩基刚度对应的桩基反力与计算的单桩反力的偏差均满足小于10%的偏差要求，最终叠加的变形和单桩反力值与一次形成桩基刚度整体迭代计算，桩基反力与计算的单桩反力的偏差均满足小于10%的偏差要求的结果基本一致。

4）湖北建设大厦桩基础计算分析

（1）工程地质情况

桩基持力层为粉细砂层，呈灰色，中密状，局部夹有少量长石、石英等粗砂颗粒。基桩下该层厚度7.1～17.2m。

（2）桩基设计

计算参数：预应力混凝土管桩共344根，ϕ550mm，桩长22m，R_a=1200kN，桩端进入砂层，E_s为30MPa。基础板厚度为1500mm，计算荷载p=23100kN×0.8=18480kN。

基础平面长×宽=43.3m×23.55m，桩位布置图见图3.23。

基桩竖向力计算值与实测值对比曲线见图3.24、图3.25。桩基沉降实测值与计算值对比曲线见图3.26。

由上述计算结果可知，桩基竖向力迭代计算结果与实测结果较吻合；位移计算值与实测值分布形态基本一致，但计算值比实测值稍大。

5. 有关基础内力分析的基床系数法适用范围的讨论

目前结构内力传递到基础上的作用力分析方法，一般采用基础作用在刚性地基上，不产生竖向和水平变形，不考虑其基础沉降差对荷载传递的影响。对于基础设计的作用力，直接按上部结构传递的作用力，以及基础下地基的反力作用，按不同的基础形式，进行基础内力分析，而在构件内力验算时采用经验值调整。

对于作用在基础上的地基反力分布形式，目前的设计存在两种主要的方法。

（1）按地基反力线性分布假定的方法

这种方法使用的前提是地基土性质比较均匀，地基主要压缩层内无软弱土层或液化土层。上部结构刚度较好，独立基础台阶的宽高比不大于2.5且偏心距不大于1/6基础宽度，对于条形基础、交叉梁基础或整板基础，柱网和荷载比较均匀，相邻柱荷载及柱间距的变化不超过20%。该方法是以经验为主的简化计算方法，得到的结构内力不能完全满足节点力的平衡条件，对内筒冲剪验算，角柱边柱的刚度、强度、配筋验算，应做作用力的局部调整。目前主要用于采用独立基础、条形基础、交叉梁基础、箱形基础和筏形基础

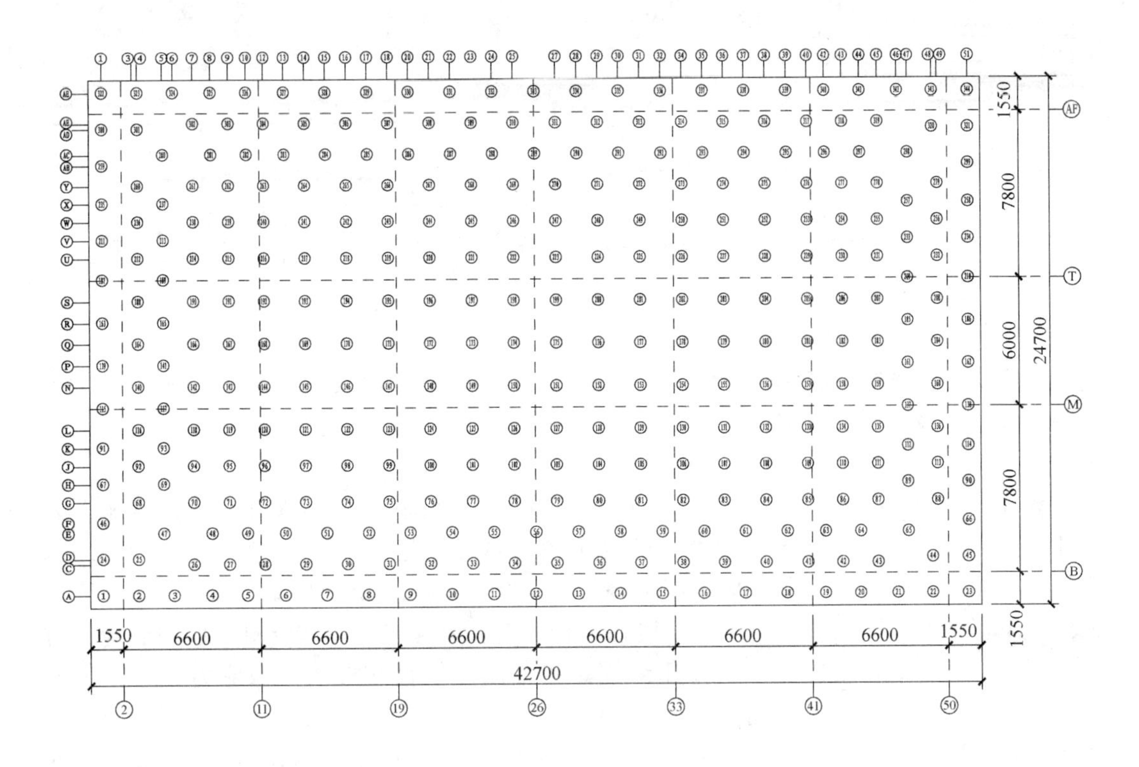

图 3.23 桩平面布置图

的单体建筑工程，各地使用已有一定的工程经验。这种方法基础沉降引起的内力需另法分析。

(2) 弹性地基梁板的基床系数法

这种方法假定基础结构为坐落在互相独立、不产生相互影响的弹簧上，弹簧刚度定义为弹性地基的变形模量，进行基础结构与地基的相互作用分析，或进行上部结构、基础与地基的共同作用分析，得到基础内力的分析结果。该方法计算时考虑了部分地基变形对结构内力分布的作用，对单体建筑的基础结构内力分析的结果结合经验使用，可满足工程使用的安全。由于假定弹簧间不存在相互作用，该分析得到的基础沉降值与实测值相比小很多，地基反力的计算结果与实际分布不符合，对于主裙楼一体结构或大底盘基础结构由于基础沉降产生的内力仍需另法分析。

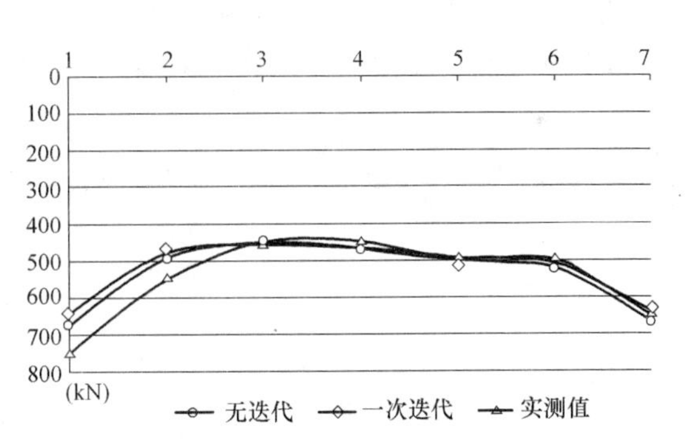

图 3.24 纵向轴线基桩竖向力计算值与实测值对比曲线

Winkler 地基模型是把土体视为在一系列侧面无摩擦的土柱或彼此独立的竖向弹簧，在荷载作用区域下产生与压力成正比例的变形，而在区域外的变形为零。基底反力分布图形与地基表面的竖向位移图形相似。当基础的刚度很大时，受力后不发生挠曲，基底反力呈直线分布。

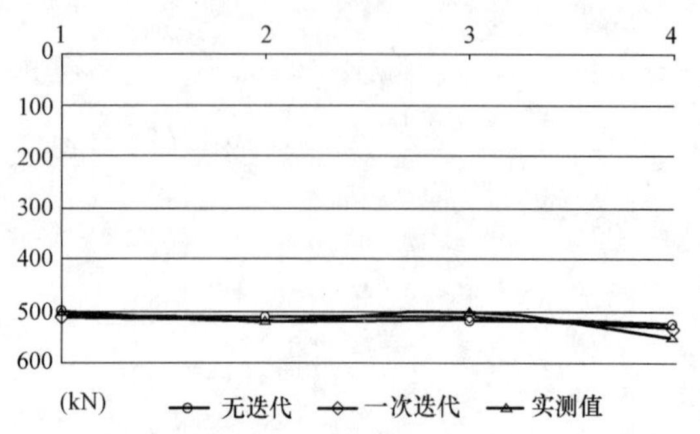

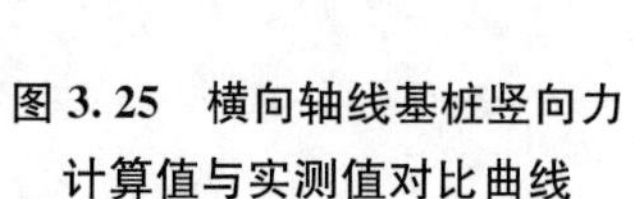

图 3.25　横向轴线基桩竖向力计算值与实测值对比曲线

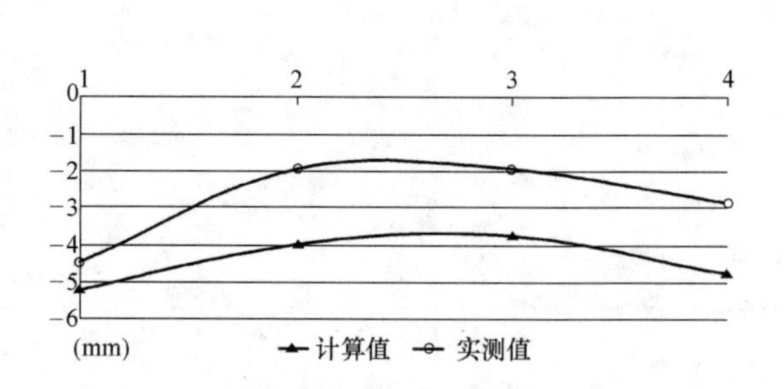

图 3.26　建筑物实测沉降值与计算值对比曲线

Winkler 模型是最早提出来的一种理想化的线弹性地基模型，实质上是阿基米德浮力定律的一个推广。它的一个重要特征是地基仅在荷载作用范围内产生变形，没有反映地基变形连续性。根据工程经验和现场实测资料，力学性质与液体相近的地基，如抗剪强度极低的半流态淤泥土或地基土塑性区开展相对较大时，就比较符合 Winkler 模型假定。另外，厚度不超过基底短边一半的薄压缩层地基，因压力面积较大，剪应力较小，也与 Winkler 模型接近，而当压缩层较厚时就会产生较大误差。特别是对于厚而密实的土层和整体岩石区地基，将会产生较大的误差。Winkler 模型因其简单、参数少，有大量工程使用的经验，使得在基础结构内力分析中仍广泛应用。

Winkler 模型忽略了土介质的连续性，从而无法考虑地基对应力和变形的扩散作用，地基的变形只产生在局部的基础范围内，这显然与实际情况不相符合。

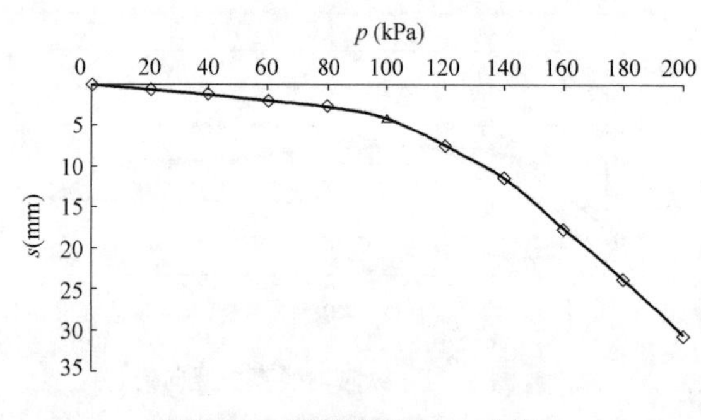

图 3.27　载荷板试验 p-s 曲线

结合大底盘高层建筑基础的大比尺模型试验（见 3.3 节）的实测数据，分别采用分层地基模型（规范的分层总和法确定的地基刚度）和 Winkler 地基模型计算结果对比分析，讨论基床系数法适用范围。

从载荷板试验 p-s 曲线（图 3.27）可以看出，比例界限对应的荷载值为 100kPa（图中△所示），因此地基土承载力特征值取 100kPa，对应位移值为 4.14mm，计算得出基床系数 $k=24.2\mathrm{MN/m^3}$。由式 $k=0.305k_0/b$ 可以得出：$k_0=kb/0.305=24.2\times0.707/0.305=56.0\mathrm{MN/m^3}$。基床系数法计算值、分层总和法计算值与模型试验实测值对比曲线如图 3.28、图 3.29 所示，不同计算模式的挠曲值（$\times10^{-4}$）见表 3.34。

由计算结果可知，有限压缩层地基模型的计算结果对于基础沉降以及地基反力分布形态，与实测均吻合较好，而 Winkler 地基模型的基础沉降与实测相比小很多，地基反力分布形态也有较大区别。因此可知，对于单体建筑，可结合经验使用该计算方法，而对于

"大底盘"基础结构的内力分析就显得不适用。

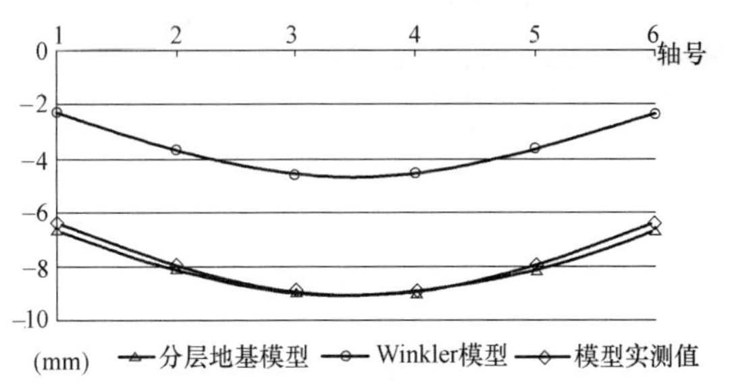

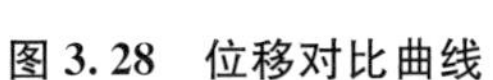
图 3.28 位移对比曲线

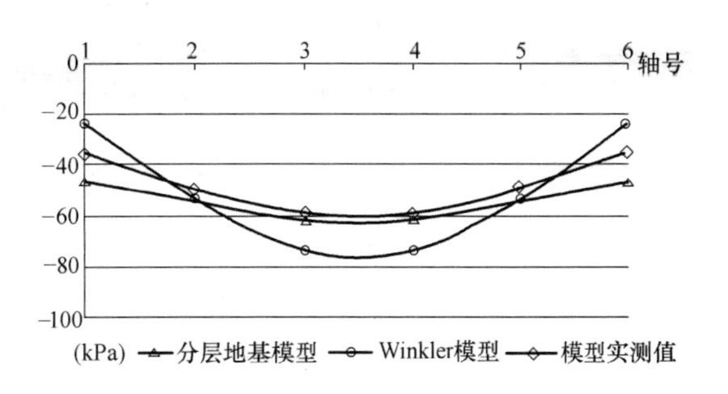

图 3.29 反力对比曲线

不同计算模式的挠曲值（$\times 10^{-4}$） 表 3.34

计算模式	分层地基	Winkler 模型	模型实测值
挠曲值	5.68	8.63	5.38

3.3 结构与地基基础共同作用荷载传递特征的试验研究[15],[16]

为了说明高层建筑结构的荷载传递及基础变形和地基反力分布规律，通过共同作用分析、模型试验和实测工程资料来验证。大比尺（与实际工程的缩尺比率为 1∶6）模型试验在中国建筑科学研究院地基所模型实验室进行。

高层建筑在建造过程中，基础、结构随着结构形成，针对竖向变形的变形刚度也存在逐渐形成的过程。所以高层建筑的基础变形及地基反力分布在这个过程中有着不一样的发展规律。

国内许多研究结果表明，上部结构刚度对基础的贡献并不随层数的增加而简单地增加，而是随着层数的增加逐渐衰减。朱百里、曹名葆、魏道垛分析了每层楼的竖向刚度 K_{vy} 对基础贡献的百分比，其结果见表 3.35。从表中可以看到上部结构刚度的贡献是有限的，结果符合圣维南原理。

楼层竖向刚度 K_{vy} 对减小基础内力的贡献 表 3.35

层数	1	2	3	4～6	7～9	10～12	13～15
K_{vy} 的贡献(%)	17.0	16.0	14.3	9.6	4.6	2.2	1.2

孙家乐、武建勋则利用二次曲线型内力分布函数，考虑了柱子的压缩变形，推导出连分式框架结构等效刚度公式，图 3.30 中①为按 JGJ 6—80 规程的等效刚度公式计算结果；②为连分式框架结构等效刚度公式计算结果。结果也说明了上部结构刚度的贡献是有限的。

在编制《高层建筑箱形基础设计与施工规程》JGJ 6—80 的框架结构等效刚度公式的基础上，规程提出了对层数的限制，规定了框架结构参与工作的层数不多于 8 层，该限制综合了上部框架结构竖向刚度、弯曲刚度以及剪切刚度的影响。

数值计算结果也证明了 8 层结构刚度是上部结构刚度对基础刚度贡献的拐点，因此结合试验室综合条件，本次模型试验采用 8 层上部框架-核心筒结构来最大程度地模拟共同

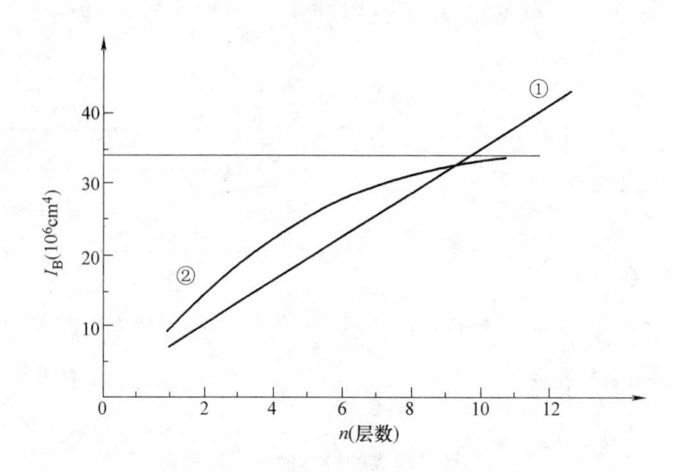

图 3.30　等效刚度计算结果比较

作用效果。

1. 模型试验基本情况

参考实际建筑尺寸并经 PKPM、SATWE 结构分析软件验算后选定原型结构标准尺寸为：柱网尺寸为 8000mm×8000mm，框架柱尺寸为 900mm×900mm，框架梁尺寸为 800mm（h）×400mm（b），层高 3.0m，楼板厚度为 200mm，剪力墙厚度 300mm，筏板厚度为 2000mm。裙房层数为 2 层，其框架柱距、梁板柱尺寸与主楼完全一致。

采用相似理论对上述实际结构尺寸进行模型设计，用量纲分析法推导出相似准数，按模型比 $i=6$ 得出柱、板尺寸，同时按试验室现场制作构件的最小要求兼顾模型试验的安全性，得出试验模型相关参数：柱网尺寸为 1333mm×1333mm，框架柱尺寸为 150mm×150mm，框架梁尺寸为 130mm（h）×70mm（b），层高 0.5m，楼板厚度为 35mm（借鉴相关试验结论和数值分析结果，大底盘结构模型裙房顶板及主楼 2 层顶板厚度增大到 50mm），剪力墙厚度 50mm，加载板 4150mm×4150mm×200mm，筏板厚度为 220mm，筏板边缘距柱外侧表面 240mm。为更加真实地模拟核心筒的刚度，在核心筒内每 2 层设置一道十字交叉梁，尺寸同框架梁尺寸。试验模型示意图见图 3.31。

（1）模型配筋参数

用共同作用分析程序和 PKPM 结构设计程序进行配筋计算，综合分析后得出模型配筋，如图 3.32 所示。

其中筏板配筋为 ϕ10@100，上下双层布置；柱配筋为 8ϕ6，底层和顶层柱箍筋为 ϕ4@50，其他层箍筋为 ϕ4@100，裙房各柱箍筋 ϕ4@50；梁筋为 6ϕ6，梁箍筋为 ϕ4@110；楼板配筋为 ϕ6@100，除大底盘模型 2 层楼板和裙房顶板为双层钢筋网片，其余各层为单层钢筋网片；剪力墙配筋为 ϕ6@100，双层钢筋；加载板配筋为 ϕ10@100，双层钢筋。

筏板混凝土强度等级为 C25，保护层厚度为 20mm，采用商品混凝土一次浇注振捣完成。上部结构各构件混凝土等级均为 C40，保护层厚度为 10mm，采用强制式混凝土搅拌机拌制，人工振捣分层浇注完成。载荷试验采用方形专用试验钢板，尺寸为707mm×707mm。

（2）地基土物理力学参数

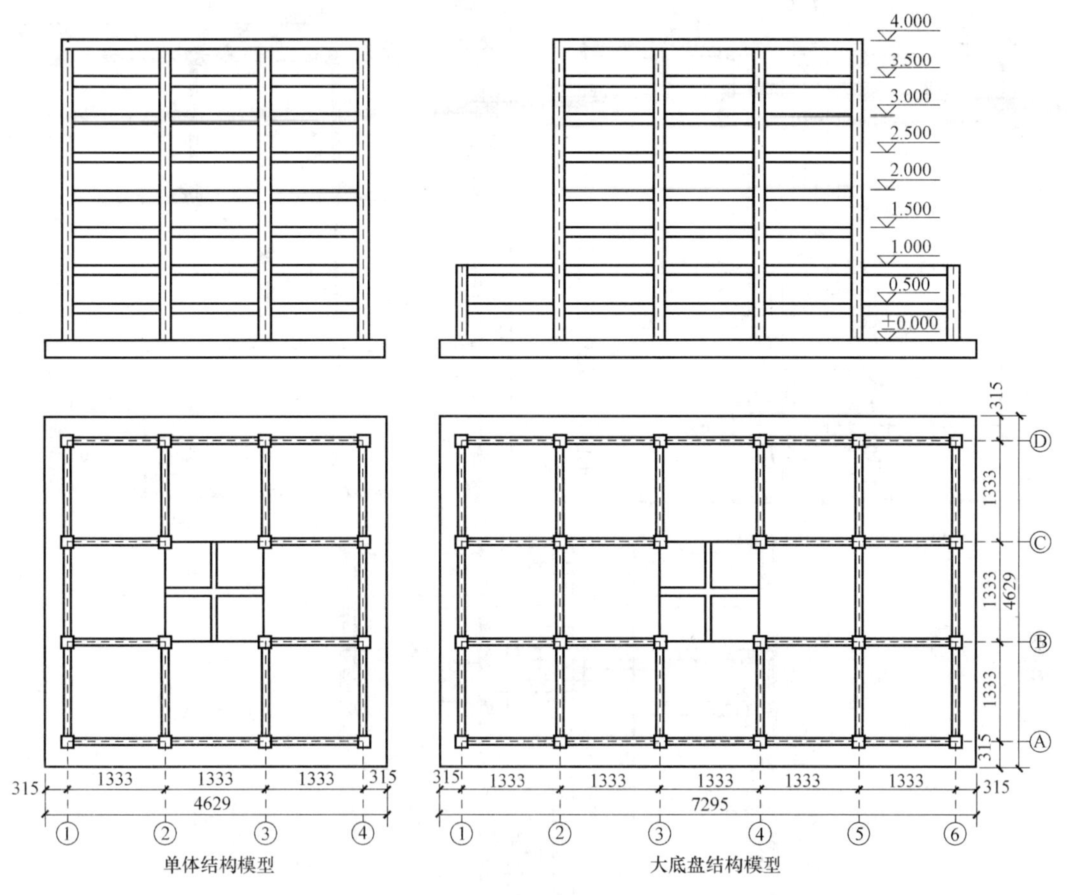

图 3.31 模型尺寸示意图

为确保模型试验获得良好的测试结果，必须保证回填土的均匀性。因此在地基土分层回填夯实过程中，每两层土（约 40cm）取一次土样进行土工试验，用测得的试验指标来指导后续回填土施工过程，以确保回填土质量。

按照《土工试验方法标准》GB/T 50123—1999 进行土工试验，基坑试验用土的主要物理力学指标见表 3.36。

基坑土全部回填完毕后，按《建筑地基基础设计规范》的规定进行轻便触探试验，钎探深度约为 3.3m。从轻便触探试验结果看，基坑回填土质比较均匀，满足模型试验要求。

试验土的主要物理力学指标 **表 3.36**

取土深度 (m)	w (%)	γ (kN/m^3)	γ_d (kN/m^3)	e	w_L (%)	w_P (%)	I_P	a_{1-2} (MPa^{-1})	E_s (MPa)
0.0～0.4	15.5	20.6	17.8	0.52	22.3	17.2	5.1	0.18	12.0
0.4～0.8	13.5	18.6	16.3	0.65	22.3	16.8	5.6	0.27	10.6
0.8～1.2	13.7	18.0	15.8	0.68	22.8	17.4	5.4	0.28	10.8
1.2～1.6	16.3	20.2	17.3	0.60	22.4	17.7	4.7	0.20	11.1
1.6～2.0	14.6	20.1	17.6	0.54	21.8	15.7	6.1	0.20	11.9
2.0～2.4	13.2	19.1	16.9	0.60	20.5	16.7	3.8	0.16	12.5
>2.4	15.5	20.2	17.5	0.55	22.3	16.5	5.8	0.12	12.8

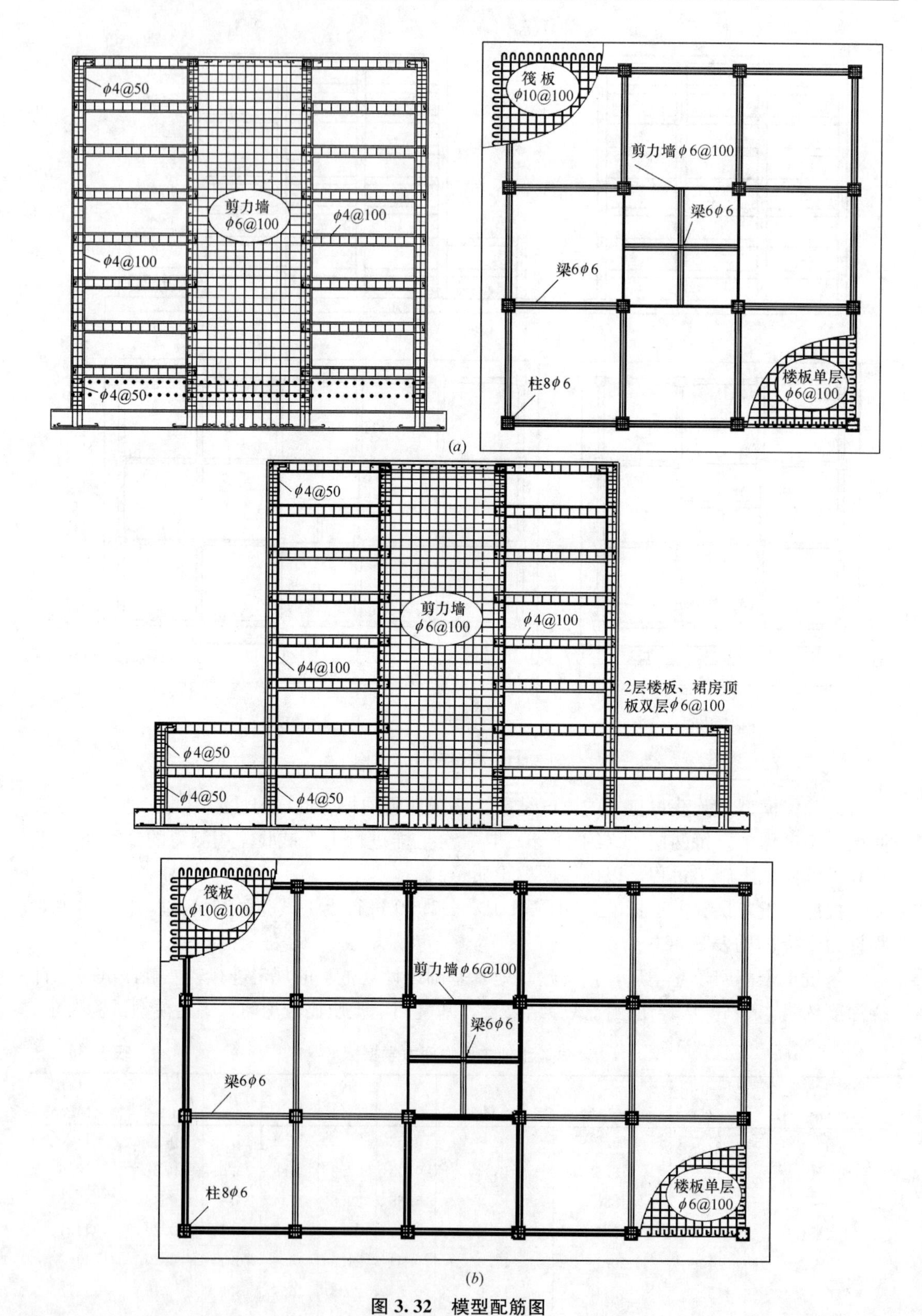

图 3.32　模型配筋图

(*a*) 单体模型配筋图；(*b*) 大底盘模型配筋图

为了得出回填地基土的承载力特征值，进行了载荷板试验。从载荷板试验 p-s 曲线（图 3.33）可以看出，比例界限对应的荷载值为 100kPa（图中▲所示），因此地基土承载力特征值取 100kPa。

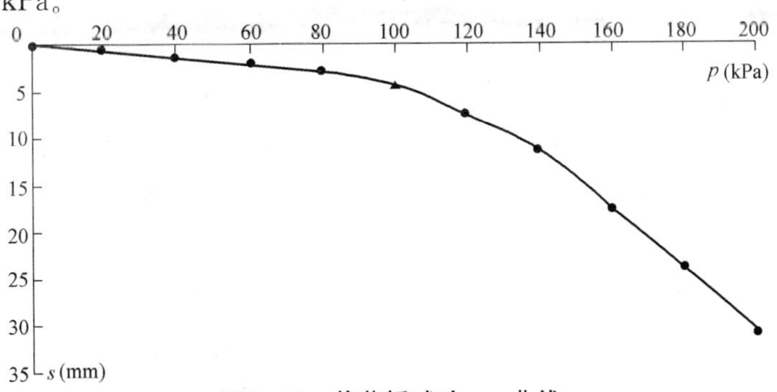

图 3.33 载荷板试验 p-s 曲线

（3）加载方式和加载设备

本次试验采用无线传输型多通道静力载荷测试仪 JCQ-503E，配合高压油泵、千斤顶等设备进行加荷，并按设定荷载值自动补荷以保持稳压。加载装置如图 3.34 所示。

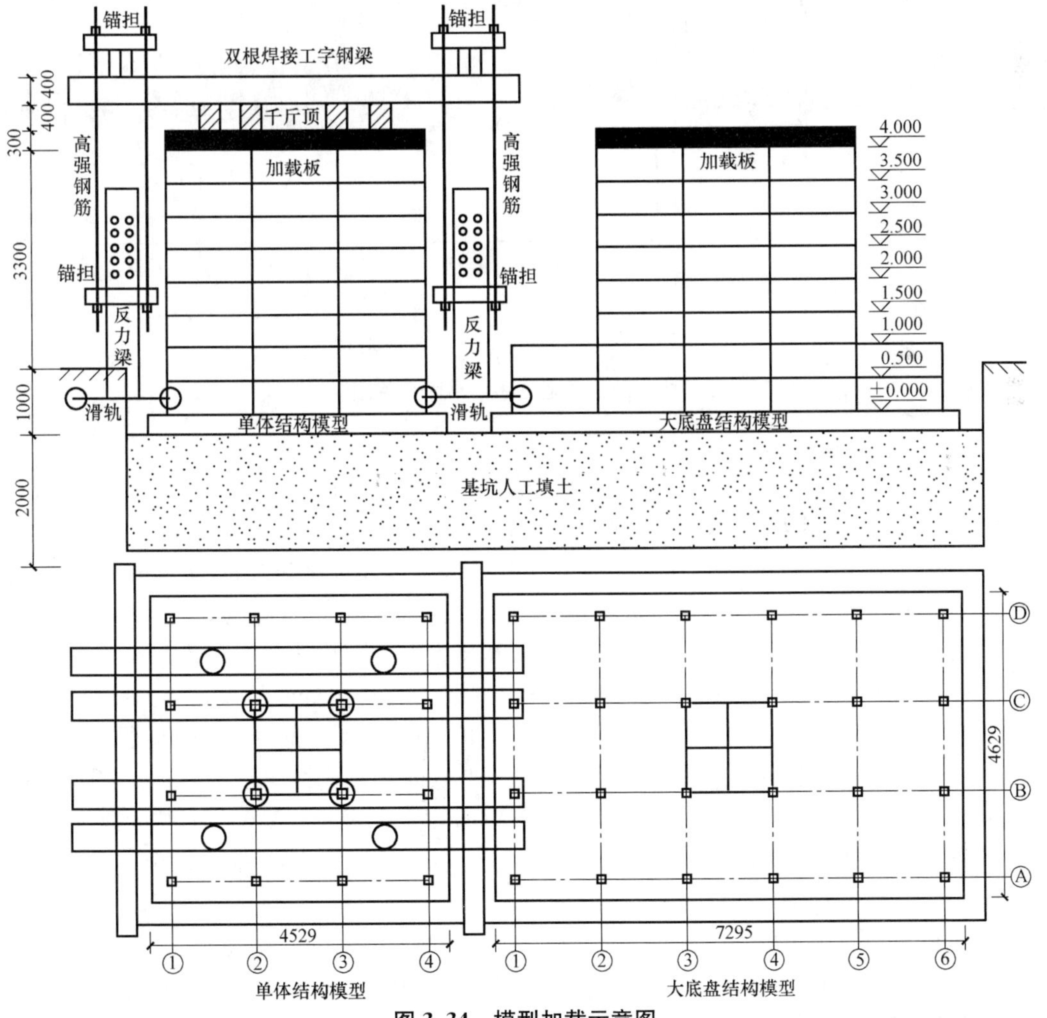

图 3.34 模型加载示意图

8个千斤顶分为2组，每组的4个千斤顶用油管串联在一起，分别接到1#和2#两台高压油泵上。其中1#油泵与4个放置在核心筒柱上的加压千斤顶相连，2#油泵与4个放置在角板中心加压千斤顶相连。

（4）筏板变形的测定

本次试验采用量程为50mm的高精度MS-50容栅式电子数显防水位移传感器（精度为0.1%，分辨率为0.01mm）来测量筏板变形，由JCQ-203型位移测试仪自动采集并记录位移值，大大减少了后期试验数据整理的工作量。位移计平面布置及编号见图3.35。

位移计安装前，先在筏板表面粘贴30mm×30mm的玻璃片，保证位移计指针能自由滑移。安装时要保证位移计的竖直度，并用水准尺来校验，以最大程度地保证测试精确度。

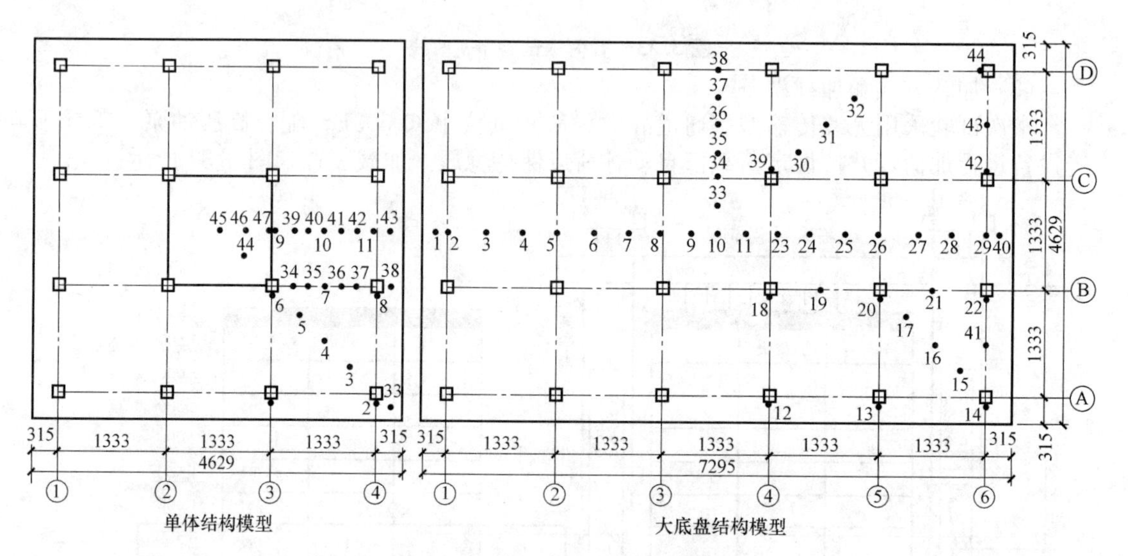

图3.35　模型位移计平面布置图

（5）地基反力的测定

地基土回填至预定标高后，用经纬仪测出基坑中轴线并标出筏板位置。按照筏板平面尺寸挖一个200mm深的基槽，平整土表面后铺20mm厚的细砂，压力盒定位后开始埋设工作，用水准仪和水平尺找平后按压密实，再在压力盒周围浇筑厚度为20mm的低强度等级（M10）水泥砂浆，使之固定并保证压力盒上表面位于同一标高。

为保证压力盒的埋设质量及测试灵敏度，在压力盒表面涂抹黄油并在上表面放置垫纸以消除水平向摩擦力对测试效果的影响，再次校核压力盒位置及检验表面水平度后铺设20mm厚的同强度等级水泥砂浆找平层。垫层养护期间应洒水养护，避免垫层出现皴裂。地基反力采用0.3MPa和0.5MPa两种量程的钢弦式压力盒进行测量。压力盒在埋设前已预先用油压罐进行了标定，压力盒标定及试验数据的采集均采用VW-1振弦读数仪完成。

本次试验共埋设0.5MPa的压力盒58个，0.3MPa的压力盒39个，位置如图3.36所示。

（6）柱轴力及筏板内力的测定

电阻应变式钢筋计是一种利用一定长度的钢筋作为受力变形载体，按照特殊要求设计的敏感栅结构，使得其电阻变化大小与构件上沿敏感方向或应变计轴线方向的应力成正比。在钢筋混凝土弹性变形范围内，钢筋和混凝土的应变量相同，因此只需将测得的钢筋计应变修正值（$\mu\varepsilon$）乘以混凝土的弹性模量值，就可以得到柱内力或筏板内力。

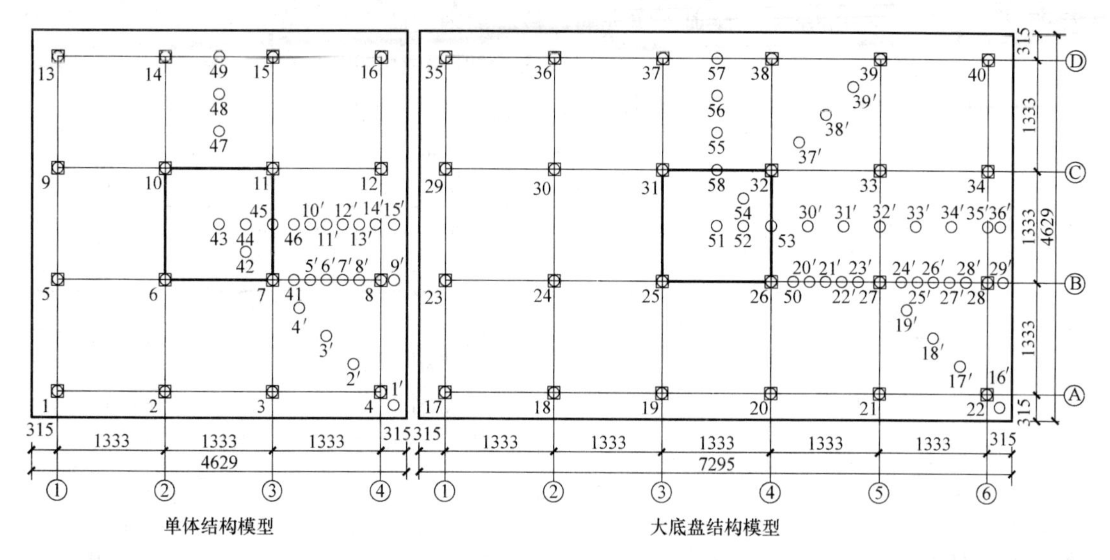

图 3.36 模型压力盒平面布置图

本次模型试验采用应变式钢筋应力计来测量上部结构-基础-地基共同作用下各柱轴力及筏板内力，柱钢筋计按横轴对称布置，焊接在底层柱主筋中间部位；筏板钢筋计按筏板厚度中线和横轴对称布置，焊接在筏板网片上下层纵筋上，钢筋计布置如图 3.37 所示。

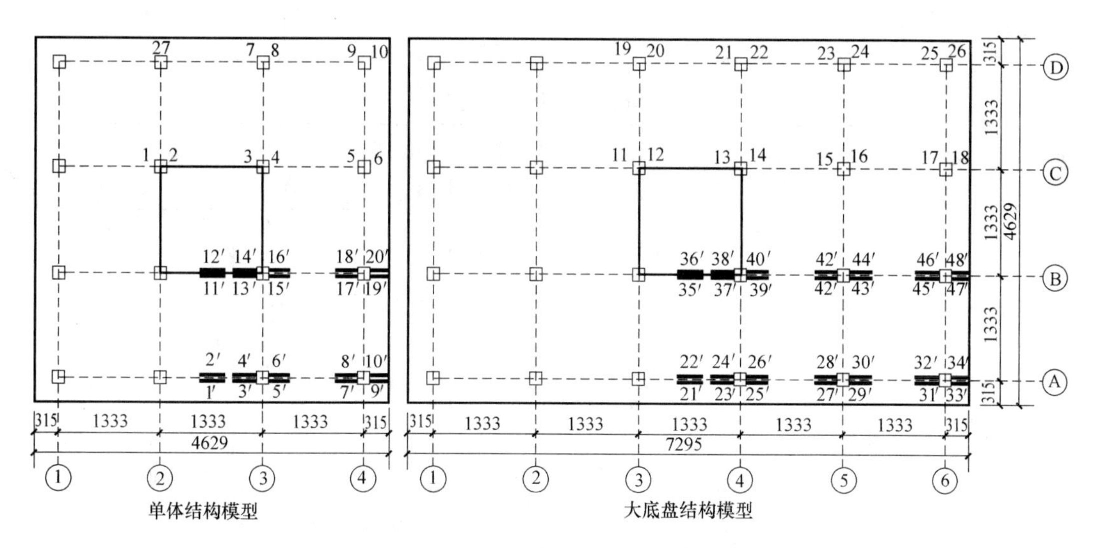

图 3.37 模型钢筋应力计粘贴位置图

（7）上部结构荷载的施加

按照模型尺寸计算得到，主楼层（不含裙房）恒载为 26.3kN，计算得到楼层均布恒载为 1.65kN/m^2。取楼层活载为恒载的 20%，装饰荷载为恒载的 10%，则楼层均布活载为 0.33kN/m^2，装饰荷载为 0.17kN/m^2，则楼层总均布活载为 0.50kN/m^2，楼层总均布荷载为 2.15kN/m^2，故 1～8 层模型每个柱网格施加总活载为 0.88kN，8 层以上每层楼层施加总荷载为34.2 kN。

通过计量铁砖和沙袋施加模型1～8层活载，8层以上楼层的荷载是通过模型顶部加载板上分布的8个1000kN千斤顶来实现的，核心筒内铁砖直接放在十字交叉梁上。单体模型千斤顶加荷分级表见表3.37，大底盘模型千斤顶加荷分级表见表3.38。(8层顶板上部放置的加载板、反力梁、千斤顶及钢垫板总重量约为170kN，相当于5层模型所有荷载之和，表中的模拟层数以13层模型层数为基准逐级施加。)

单体模型加荷分级表　　表3.37

加荷等级	1#加荷量(kN)	2#加荷量(kN)	加荷千斤顶数量	总荷载(kN)	均布荷载(kN/m²)	模拟层数	加荷方式
1	17.1	0	4	68.4	4.0	15	中心加荷
2	51.3	0	4	205.2	11.9	19	中心加荷
3	111.2	0	4	444.6	25.8	26	中心加荷
4	128.3	0	4	513.0	29.8	28	中心加荷
5	145.4	0	4	581.4	33.8	30	中心加荷
6	162.5	0	4	649.8	37.7	32	中心加荷
7	179.6	0	4	718.2	41.7	34	中心加荷
8	188.2	8.6	8	786.6	45.7	36	同步加荷
9	196.7	17.1	8	855.0	49.7	38	同步加荷
10	205.3	25.7	8	923.4	53.6	40	同步加荷
11	213.8	34.2	8	991.8	57.6	42	同步加荷
12	213.8	51.3	8	1060.2	61.6	44	1#持荷2#加荷
13	222.4	59.9	8	1128.6	65.5	46	同步加荷
14	230.9	68.4	8	1197.0	69.5	48	同步加荷
15	239.5	77.0	8	1265.4	73.5	50	同步加荷
16	248.0	85.5	8	1333.8	77.5	52	同步加荷

大底盘模型加荷分级表　　表3.38

加荷等级	1#加荷量(kN)	2#加荷量(kN)	加荷千斤顶数量	总荷载(kN)	均布荷载(kN/m²)	模拟层数	加荷方式
1	68.4	0.0	4	273.6	9.7	21	中心加荷
2	89.8	21.4	8	444.6	15.7	26	同步加荷
3	89.8	38.5	8	513.0	18.1	28	1#持荷2#加荷
4	89.8	55.6	8	581.4	20.5	30	1#持荷2#加荷
5	89.8	72.7	8	649.8	23.0	32	1#持荷2#加荷
6	89.8	89.8	8	718.2	25.4	34	1#持荷2#加荷
7	98.3	98.3	8	786.6	27.8	36	同步加荷
8	106.9	106.9	8	855.0	30.2	38	同步加荷
9	115.4	115.4	8	923.4	32.6	40	同步加荷
10	124.0	124.0	8	991.8	35.0	42	同步加荷
11	132.5	132.5	8	1060.2	37.5	44	同步加荷
12	141.1	141.1	8	1128.6	39.9	46	同步加荷
13	149.6	149.6	8	1197.0	42.3	48	同步加荷
14	158.2	158.2	8	1265.4	44.7	50	同步加荷
15	166.7	166.7	8	1333.8	47.1	52	同步加荷
16	175.3	175.3	8	1402.2	49.5	54	同步加荷
17	183.8	183.8	8	1470.6	52.0	56	同步加荷
18	192.4	192.4	8	1539.0	54.4	58	同步加荷
19	200.9	200.9	8	1607.4	56.8	60	同步加荷
20	209.5	209.5	8	1675.8	59.2	62	同步加荷

为了更好地观测大底盘模型破坏特征和裂缝分布规律，在试验第二阶段，完全卸荷后重新加荷，对大底盘模型进行了破坏试验，千斤顶加荷分级表如表 3.39 所示。

大底盘模型破坏试验加荷分级表　　表 3.39

加荷等级	1# 加荷量（kN）	2# 加荷量（kN）	加荷千斤顶数量	总荷载（kN）	均布荷载（kN/m^2）	模拟层数	加荷方式
1	34.2	34.2	8	273.6	9.7	21	同步加荷
2	68.4	68.4	8	547.2	19.3	29	同步加荷
3	102.6	102.6	8	820.8	29.0	37	同步加荷
4	136.8	136.8	8	1094.4	38.7	45	同步加荷
5	171.0	171.0	8	1368.0	48.3	53	同步加荷
6	205.2	205.2	8	1641.6	58.0	62	同步加荷
7	222.3	222.3	8	1778.4	62.8	66	同步加荷

2. 单体框架-核心筒模型试验数据分析

（1）筏板变形分析

单体框架-核心筒模型位移计平面布置见图 3.38。

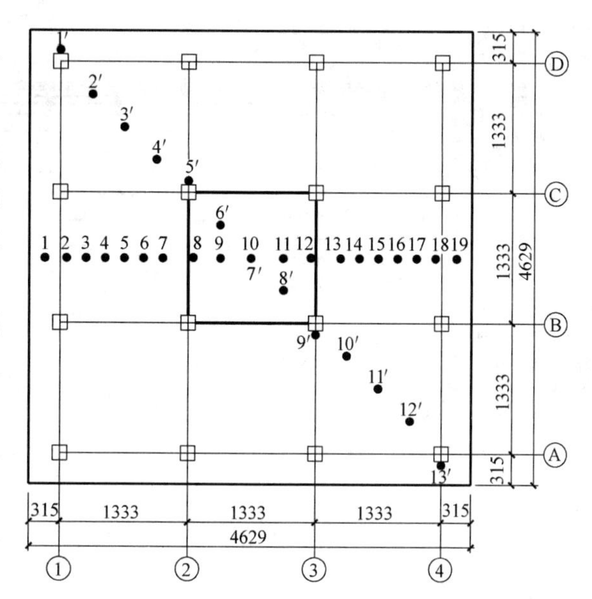

图 3.38　单体模型位移计平面布置图

图 3.39、图 3.40 分别为单体模型纵向中轴线和对角线沉降变形曲线（包含 1～8 层楼层活载以及反力梁设备自重施加后的总沉降量 3mm）。

从图中可以看出，在前几级荷载作用下，筏板均匀下降，变形曲线呈直线分布。随着荷载的增加，筏板的平均沉降量增加，核心筒与外围框架柱的差异沉降逐渐增大，沉降曲线逐渐呈现中间大、两端小的“盆形”沉降，但核心筒部分基本呈均匀沉降。在第 12 级荷载（1060.4kN）作用下，纵向挠曲值为 4.53×10^{-4}，对角线挠曲为 4.69×10^{-4}；在第 13 级荷载（1128.8kN）作用下，纵向挠曲值为 5.62×10^{-4}，对角线挠曲为 5.65×10^{-4}；在第 14 级荷载（1197.0kN）作用下，纵向挠曲值为 6.76×10^{-4}，对角线挠曲为 6.62×10^{-4}。

图 3.41 为单体模型纵向中轴线和对角线挠曲变形曲线，从图中可以看出，在前几级荷载作用下，筏板沉降均匀，挠曲变形值很小。随着荷载的增加，筏板挠曲值逐渐增大。前几级荷载作用下，对角线方向的挠曲值比中轴线挠曲值大，这说明对角线方向的角柱区域筏板或楼板部分是单体模型的薄弱环节。在第 13 级荷载（1128.8kN）作用时，两条曲线交汇于一点，之后纵向挠曲值大于对角线挠曲值。

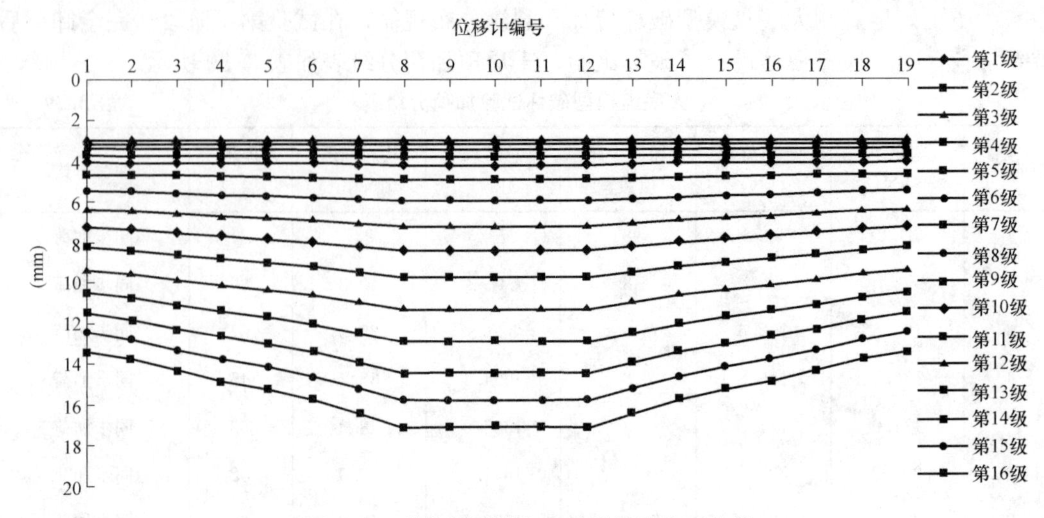

图 3.39 单体模型纵向中轴线沉降变形曲线

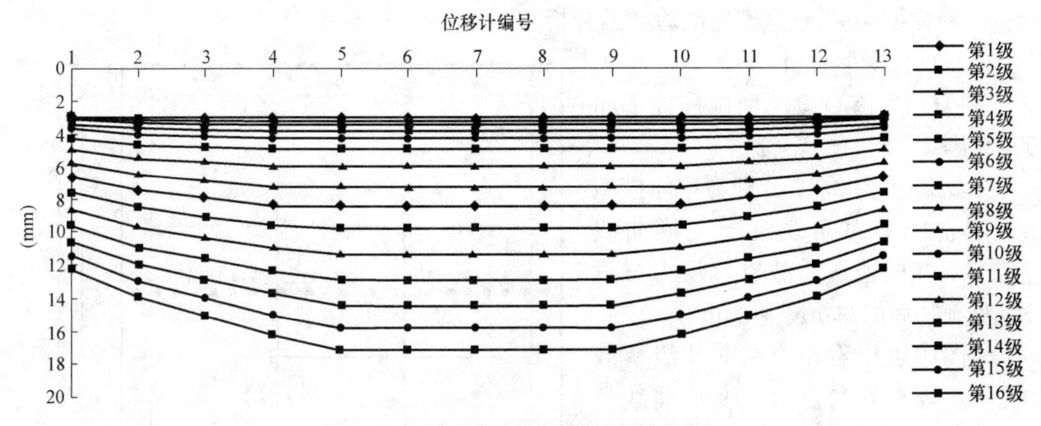

图 3.40 单体模型对角线沉降变形曲线

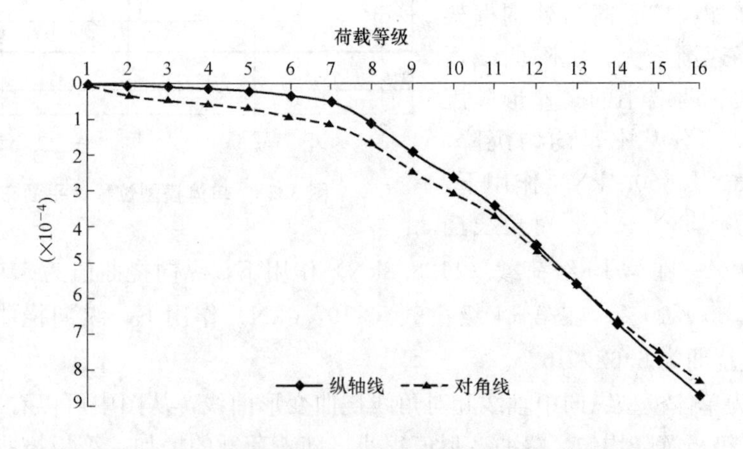

图 3.41 单体模型纵向中轴线和对角线挠曲变形曲线

(2) 地基反力分析

单体模型压力盒分布见图 3.42。各级荷载作用下核心筒柱、边柱和角柱地基反力值见表3.40，地基反力值增量见表3.41。

从表3.40中可以看到，随着荷载的增加，各柱下地基反力值随之增加，在前4级荷载作用下，核心筒下地基反力大于边柱和角柱下地基反力。在第5级荷载（581.6kN）作用时，角柱下地基反力大于核心筒下地基反力值；在第6级荷载（650.0kN）作用时，边柱下地基反力与核心筒下地基反力值相等，这说明单体模型在上部结构作用下，地基反力快速向边柱和角柱传递。第14级荷载（1197.0kN）作用时，各柱下地基反力比为：核心筒柱∶边柱∶角柱＝1∶1.24∶1.65。

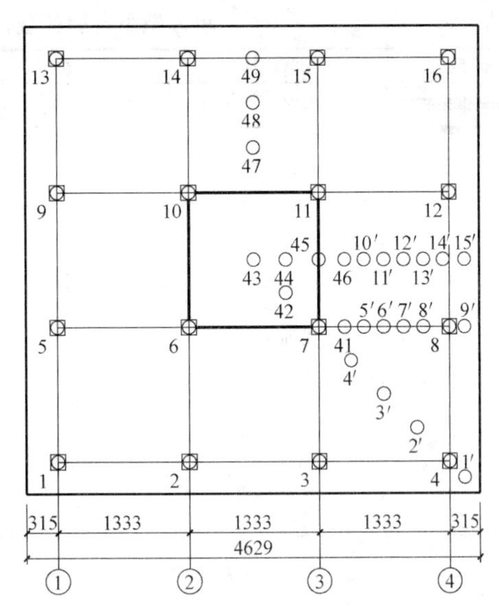

图3.42　单体模型压力盒分布图

从表3.41可以看到，除最初两级荷载外，其余每级荷载作用下，边柱、角柱下地基反力增量大于核心筒下地基反力增量，这也表明从第4级荷载（513.0kN）开始，地基反力向边柱、角柱传递。

图3.43为单体模型各柱下地基反力变化曲线，从中可以看出，在前几级荷载作用下，核心筒柱下地基反力值大于角柱和边柱下地基反力，随着荷载的增加，边柱和角柱下地基反力迅速增加，逐渐大于核心筒柱下地基反力，其中角柱下地基反力增长最快，这表明地基反力由中部逐渐向边柱和角柱传递。

单体模型各级荷载作用下地基反力值（MPa）　　表3.40

荷载级别	核心筒柱	边　柱	角　柱	边柱/核心筒柱	角柱/核心筒柱
1	0.0003	0.0001	0.0001	0.23	0.23
2	0.0190	0.0143	0.0150	0.75	0.79
3	0.0269	0.0223	0.0225	0.83	0.84
4	0.0296	0.0266	0.0285	0.90	0.96
5	0.0320	0.0307	0.0384	0.96	1.20
6	0.0348	0.0348	0.0448	1.00	1.29
7	0.0380	0.0398	0.0536	1.05	1.41
8	0.0403	0.0441	0.0617	1.09	1.53
9	0.0444	0.0504	0.0703	1.13	1.58
10	0.0484	0.0560	0.0787	1.16	1.62
11	0.0527	0.0619	0.0868	1.18	1.65
12	0.0579	0.0700	0.0952	1.21	1.64
13	0.0609	0.0746	0.1002	1.22	1.64
14	0.0648	0.0804	0.1069	1.24	1.65
15	0.0676	0.0839	0.1102	1.24	1.63
16	0.0710	0.0878	0.1156	1.24	1.63

单体模型各级荷载作用下地基反力值增量（MPa）　　表 3.41

荷载级别	核心筒柱	边　柱	角　柱	边柱/核心筒柱	角柱/核心筒柱
2	0.0187	0.0142	0.0150	0.76	0.80
3	0.0079	0.0080	0.0075	1.02	0.95
4	0.0027	0.0044	0.0060	1.60	2.21
5	0.0024	0.0040	0.0099	1.67	4.10
6	0.0028	0.0041	0.0064	1.46	2.27
7	0.0032	0.0050	0.0089	1.59	2.79
8	0.0023	0.0043	0.0081	1.84	3.50
9	0.0041	0.0063	0.0086	1.53	2.07
10	0.0040	0.0056	0.0084	1.39	2.09
11	0.0043	0.0060	0.0081	1.40	1.90
12	0.0052	0.0081	0.0085	1.56	1.63
13	0.0030	0.0046	0.0050	1.49	1.64
14	0.0039	0.0058	0.0067	1.49	1.72
15	0.0027	0.0034	0.0032	1.27	1.20
16	0.0035	0.0039	0.0054	1.13	1.56

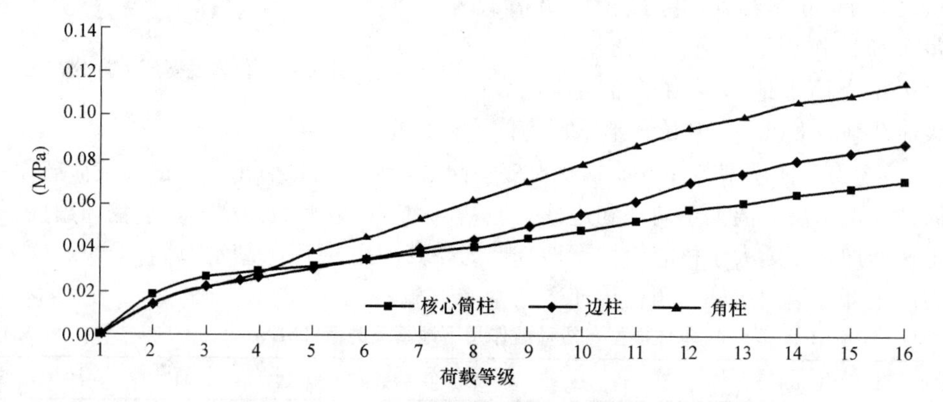

图 3.43　单体模型各柱下地基反力变化曲线

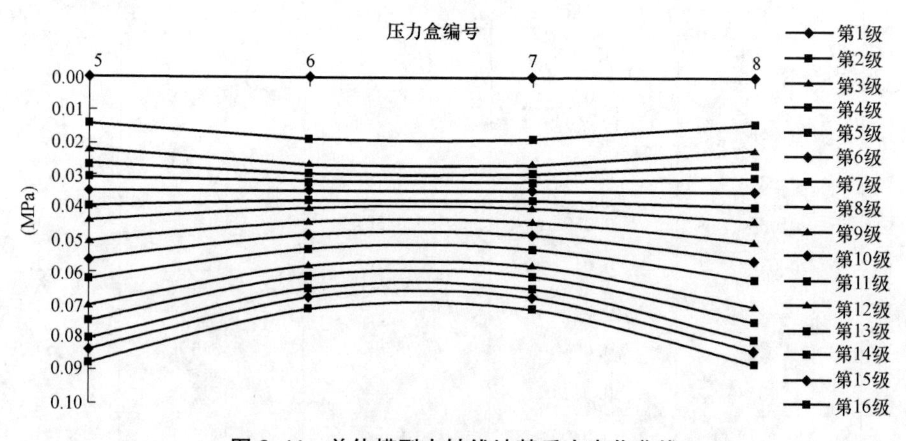

图 3.44　单体模型中轴线地基反力变化曲线

图 3.44 为单体模型中轴线地基反力变化曲线，从图中可以看出，开始几级荷载，端部地基反力值小于中部地基反力值，随着荷载的增加，边端地基反力逐渐增大，使得初始呈现平缓“抛物线”形状的曲线逐渐转变为“鞍形”分布，这种变化过程表明地基反力由中部向边部传递。

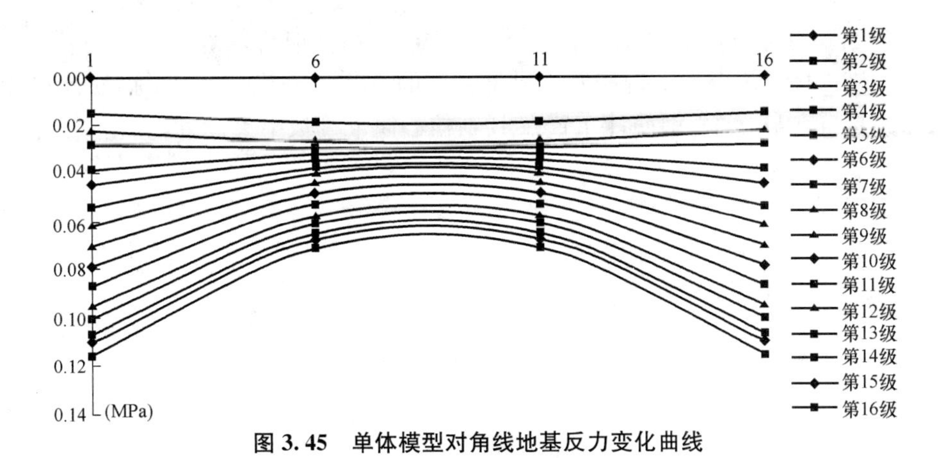

图 3.45 单体模型对角线地基反力变化曲线

图 3.45 为单体模型对角线地基反力变化曲线，从图中可以看到，角柱下地基反力增大速率远大于核心筒部分的增长速率，表明随着荷载的增加，地基反力逐渐由中部向角柱传递，曲线清晰地显示了地基反力由“抛物线”形分布向“马鞍形”分布的变化过程，这与图 3.44 中轴线地基反力曲线分布规律基本一致，但角柱下的地基反力值比边柱下的地基反力值大得多，说明荷载向角柱传递程度更大。

单体模型地基反力分析表明：筏板发生挠曲变形时，地基反力由中部核心筒逐渐向周围边柱和角柱传递，角柱下的地基反力增长最快。

(3) 结构内力分析

图 3.46 为单体模型钢筋计布置图，其中 1～10 为柱钢筋计，分别焊接在对应底层柱

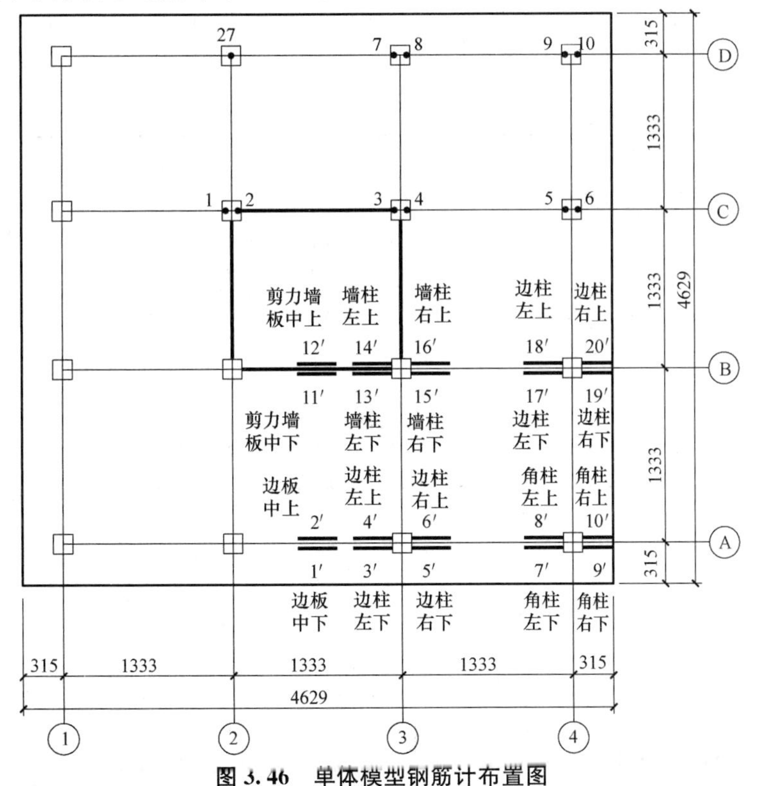

图 3.46 单体模型钢筋计布置图

主筋上，沿纵轴对称布置，27为柱钢筋计，焊接在D2柱钢筋骨架中央。1′～20′为筏板钢筋计，分别焊接在筏板上下钢筋网片纵轴方向的主筋上，其中1′、2′钢筋计布置在A轴筏板中央位置，11′、12′钢筋计布置在B轴核心筒下筏板中央位置，1′、2′、11′、12′钢筋计关于筏板横向中轴线对称布置。

① 柱内力分析

根据各级荷载下测得的柱子钢筋计应变值（$\mu\varepsilon$）计算得到单体模型各柱内力值，见表3.42，各柱轴力比值见表3.43，各柱轴力增量见表3.44。

单体模型柱内力测试值　　表3.42

荷载级别	核心筒柱		边　柱		角　柱		边柱角柱轴力和	与核心筒柱轴力比	施加总荷载(kN)	挠曲度(×10⁻⁴)
	轴力(kN)	弯矩(kN·m)	轴力(kN)	弯矩(kN·m)	轴力(kN)	弯矩(kN·m)				
1	−9.3	−0.072	−2.6	−0.048	−2.7	−0.168	−7.8	0.84	68.4	0.05
2	−39.1	−0.135	−4.7	−0.043	−2.9	−0.257	−12.2	0.31	205.2	0.09
3	−79.3	−0.254	−11.6	−0.178	−8.8	−0.338	−31.9	0.40	444.6	0.12
4	−91.7	−0.271	−13.0	−0.203	−10.7	−0.220	−36.6	0.40	513.0	0.16
5	−103.5	−0.264	−14.7	−0.249	−12.5	−0.091	−41.9	0.41	581.4	0.23
6	−117.2	−0.284	−15.8	−0.298	−13.7	−0.071	−45.3	0.39	649.8	0.35
7	−132.0	−0.305	−16.5	−0.345	−14.7	0.027	−47.6	0.36	718.2	0.52
8	−143.4	−0.383	−18.4	−0.442	−16.5	0.013	−53.3	0.37	786.6	1.10
9	−154.7	−0.465	−20.3	−0.521	−18.4	0.025	−59.1	0.38	855.0	1.94
10	−164.7	−0.527	−22.8	−0.637	−20.7	−0.037	−66.2	0.40	923.4	2.66
11	−170.8	−0.615	−26.4	−0.758	−24.4	−0.115	−77.2	0.45	991.8	3.44
12	−176.0	−0.719	−30.9	−0.840	−27.3	0.020	−89.1	0.51	1060.2	4.53
13	−186.1	−0.811	−33.1	−0.964	−29.9	0.030	−96.1	0.52	1128.6	5.62
14	−195.8	−0.902	−35.6	−1.150	−32.2	0.038	−103.5	0.53	1197.0	6.76
15	−207.9	−0.998	−37.5	−1.233	−33.5	0.056	−108.5	0.52	1265.4	7.74
16	−218.1	−1.071	−39.8	−1.353	−35.7	0.018	−115.4	0.53	1333.8	8.70

注：1. 受拉轴力值为“+”，受压轴力值为“−”。
　　2. 顺时针弯矩值为“+”，逆时针弯矩为“−”。

从表3.42可以看出，随着荷载不断增加，边柱、角柱轴力之和与核心筒柱轴力的比值由0.31逐渐增大到0.53，最后稳定在0.53左右，这表明结构在共同作用下产生内力重分布，上部荷载不断传递到边柱和角柱上。正常工作状态下核心筒部分承担了约2/3的上部结构荷载。

单体模型柱轴力比值表　　表3.43

荷载级别	核心筒柱	边柱	角柱	比值之和	均布荷载(kN/m²)
1	1.0	0.28	0.29	0.84	4.0
2	1.0	0.12	0.07	0.31	11.9
3	1.0	0.15	0.11	0.40	25.8
4	1.0	0.14	0.12	0.40	29.8
5	1.0	0.14	0.12	0.41	33.8
6	1.0	0.13	0.12	0.39	37.7
7	1.0	0.12	0.11	0.36	41.7
8	1.0	0.13	0.12	0.37	45.7

续表

荷载级别	核心筒柱	边柱	角柱	比值之和	均布荷载(kN/m^2)
9	1.0	0.13	0.12	0.38	49.7
10	1.0	0.14	0.13	0.40	53.6
11	1.0	0.15	0.14	0.45	57.6
12	1.0	0.18	0.15	0.51	61.6
13	1.0	0.18	0.16	0.52	65.5
14	1.0	0.18	0.16	0.53	69.5
15	1.0	0.18	0.16	0.52	73.5
16	1.0	0.18	0.16	0.53	77.5

从表 3.43 可以看出，随着荷载的增加，比值随之增加，第 14 级荷载作用时，比值渐趋稳定，各柱轴力比为：核心筒柱：边柱：角柱＝1：0.18：0.16，此时上部荷载作用在结构上的均布荷载为 69.5kN/m^2。

单体模型柱轴力增量表 **表 3.44**

荷载级别	核心筒柱(kN)	边柱(kN)	角柱(kN)
2	−29.9	−2.1	−0.1
3	−40.1	−6.9	−5.9
4	−12.4	−1.4	−1.9
5	−11.8	−1.8	−1.8
6	−13.7	−1.1	−1.3
7	−14.8	−0.6	−1.0
8	−11.5	−1.9	−1.8
9	−11.3	−2.0	−1.9
10	−10.0	−2.5	−2.2
11	−6.1	−3.6	−3.7
12	−5.2	−4.5	−2.9
13	−10.1	−2.2	−2.6
14	−9.7	−2.5	−2.3
15	−12.1	−1.8	−1.3
16	−10.2	−2.4	−2.2

从表 3.44 可以看到，各级荷载作用下，核心筒柱轴力增量比边柱、角柱增量大得多，这表明荷载更多地向刚度较大的核心筒传递。

图 3.47 为单体模型各柱轴力变化曲线，从图中可以看到，核心筒柱的轴力远远大于边柱、角柱轴力，随着荷载的增加，核心筒柱轴力增速逐渐放缓，到第 12 级荷载（1060.4kN）时，核心筒轴力增量呈直线上升。边柱和角柱轴力曲线几乎重合，边柱轴力略大于角柱轴力。

② 筏板内力分析

表 3.45 为单体模型各级荷载下实测钢筋计应变值（$\mu\varepsilon$），从表中可以看到，筏板底部钢筋计应变值基本为正值，上部钢筋计应变值基本为负值，表明筏板下部受拉，上部受

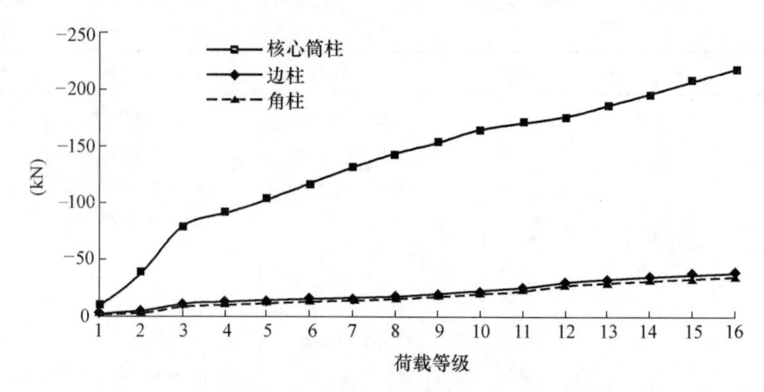

图3.47 单体模型各柱轴力变化曲线

压，与筏板挠曲线的特征是吻合的。但边柱B4柱的17～20号应变片值却呈现相反的特征，即筏板底部受压，上部受拉，这种现象表明筏板发生挠曲时，在共同作用下，上部荷载不断地向边柱传递，边柱为抑制筏板挠曲的发展，而使得边柱下筏板发生局部弯曲现象，导致筏板上部产生拉应力，而下部产生压应力。A3柱和B4柱为单体模型的对称边柱，测试结果差异较大是因为相对于核心筒位置，两柱钢筋计放置方向不同所致。

同时从表中可以看出，核心筒柱下筏板钢筋计应变值远大于其他部位钢筋计应变值，表明核心筒柱下筏板两侧应变值最大，是筏板的薄弱部位。当应变值增大到混凝土的极限拉应变值时，核心筒柱下筏板两侧最先破坏。

单体模型筏板钢筋计应变值（$\mu\varepsilon$） 表3.45

荷载级别	1号 A轴筏板中下	2号 A轴筏板中上	3号 A3柱左下	4号 A3柱左上	5号 A3柱右下	6号 A3柱右上	7号 A4柱左下	8号 A4柱左上	9号 A4柱右下	10号 A4柱右上
1	6	−8	7	−8	8	−10	−2	1	−3	0
2	17	−25	25	−25	23	−28	−4	−1	−1	1
3	26	−34	35	−34	32	−37	−4	−4	0	−1
4	36	−43	44	−43	40	−46	−3	−8	1	−7
5	46	−54	54	−53	49	−56	−1	−14	1	−12
6	56	−65	64	−60	58	−62	0	−17	2	−15
7	70	−76	79	−69	71	−70	1	−21	3	−18
8	80	−86	90	−76	81	−76	1	−23	3	−21
9	96	−93	106	−84	95	−84	1	−25	3	−23
10	113	−101	126	−92	112	−92	1	−20	3	−25
11	130	−109	151	−105	134	−105	2	−24	4	−30
12	146	−118	187	−133	168	−129	3	−28	6	−43
13	155	−123	224	−146	185	−141	1	−29	7	−47
14	161	−129	277	−165	218	−155	1	−23	7	−55
15	162	−128	491	−163	248	−154	−2	−24	7	−58
16	165	−135	694	−163	303	−161	−4	−26	7	−65

续表

荷载级别	11号 B轴核心筒板中下	12号 B轴核心筒板中上	13号 B3柱左下	14号 B3柱左上	15号 B3柱右下	16号 B3柱右上	17号 B4柱左下	18号 B4柱左上	19号 B4柱右下	20号 B4柱右上
1	4	0	9	−11	7	−15	−4	5	−2	−1
2	22	−1	42	−47	30	−68	−14	22	−4	3
3	33	−1	65	−66	43	−98	−18	28	−6	4
4	40	0	81	−81	52	−123	−21	30	−5	2
5	48	−1	95	−100	61	−154	−23	31	−6	0
6	54	−1	108	−116	77	−180	−25	34	−7	−1
7	65	−2	140	−136	112	−214	−29	38	−8	1
8	78	−4	170	−151	144	−241	−32	41	−9	2
9	83	−3	223	−165	202	−270	−36	45	−10	3
10	75	−2	320	−173	315	−288	−40	48	−10	4
11	69	−4	402	−180	406	−302	−40	47	−10	2
12	68	−3	513	−188	533	−328	−34	43	−10	−7
13	67	−4	586	−190	607	−338	−27	43	−2	−9
14	64	−8	672	−188	713	−344	−21	44	15	−11
15	61	−6	761	−183	821	−339	−23	44	17	−12
16	59	−5	834	−181	912	−338	−17	40	25	−14

注：钢筋计受拉为“+”，受压为“−”。

单体模型③轴两侧筏板钢筋计应变值增量（$\mu\varepsilon$） **表 3.46**

荷载级别	3号 A3柱左下	4号 A3柱左上	5号 A3柱右下	6号 A3柱右上	13号 B3柱左下	14号 B3柱左上	15号 B3柱右下	16号 B3柱右上
2	18	−17	15	−18	33	−36	23	−53
3	10	−9	9	−9	23	−19	13	−30
4	9	−9	8	−9	16	−15	9	−25
5	10	−10	9	−10	14	−19	9	−31
6	10	−7	9	−6	13	−16	16	−26
7	15	−9	13	−8	32	−20	35	−34
8	11	−7	10	−6	30	−15	32	−27
9	16	−8	14	−8	53	−14	58	−29
10	20	−8	17	−8	97	−8	113	−18
11	25	−13	22	−13	82	−7	91	−14
12	36	−28	34	−24	111	−8	127	−26
13	37	−13	17	−12	73	−2	74	−10
14	53	−19	33	−14	86	2	106	−6
15	214	2	30	1	89	5	108	5
16	203	0	55	−7	73	2	91	1

表 3.46 为单体模型③轴两侧筏板钢筋计应变值增量，从表中可以看出，第 15 级荷载（1265.6kN）作用下，3 号应变片增量值由前一级荷载的 53$\mu\varepsilon$ 跳跃到 214$\mu\varepsilon$，在所有增量中是最显著的。结合试验完成后观察单体模型裂缝分布位置，综合分析认为第 15 级荷载时，筏板出现裂缝，因此第 14 级荷载（1197.0kN）为单体模型正常使用极限状态，此时纵向挠曲值为 6.76×10^{-4}。

单体模型筏板钢筋应力值（MPa）　　**表 3.47**

荷载级别	1号 A轴筏板中下	2号 A轴筏板中上	3号 A3柱左下	4号 A3柱左上	5号 A3柱右下	6号 A3柱右上	7号 A4柱左下	8号 A4柱左上	9号 A4柱右下	10号 A4柱右上
1	0.55	−0.73	0.64	−0.73	0.73	−0.92	−0.18	0.09	−0.28	0.00
2	0.93	−1.36	1.36	−1.36	1.26	−1.53	−0.22	−0.05	−0.05	0.05
3	1.87	−2.44	2.52	−2.44	2.30	−2.66	−0.29	−0.29	0.00	−0.07
4	2.33	−2.78	2.85	−2.78	2.59	−2.98	−0.19	−0.52	0.06	−0.45
5	2.66	−3.12	3.12	−3.06	2.83	−3.23	−0.06	−0.81	0.06	−0.69
6	3.05	−3.53	3.48	−3.26	3.15	−3.37	0.00	−0.92	0.11	−0.82
7	3.56	−3.86	4.02	−3.51	3.61	−3.56	0.05	−1.07	0.15	−0.91
8	3.98	−4.28	4.48	−3.78	4.03	−3.78	0.05	−1.14	0.15	−1.04
9	4.62	−4.47	5.10	−4.04	4.57	−4.04	0.05	−1.20	0.14	−1.11
10	5.30	−4.74	5.91	−4.31	5.25	−4.31	0.05	−0.94	0.14	−1.17
11	5.72	−4.80	6.64	−4.62	5.89	−4.62	0.09	−1.06	0.18	−1.32
12	5.66	−4.57	7.25	−5.15	6.51	−5.00	0.12	−1.09	0.23	−1.67
13	5.87	−4.66	8.48	−5.53	7.00	−5.34	0.04	−1.10	0.27	−1.78
14	5.88	−4.71	10.12	−6.03	7.96	−5.66	0.04	−0.84	0.26	−2.01
15	5.84	−4.61	17.70	−5.88	8.94	−5.55	−0.07	−0.87	0.25	−2.09
16	5.74	−4.69	24.13	−5.67	10.53	−5.60	−0.14	−0.90	0.24	−2.26
荷载级别	11号 B轴核心筒板中下	12号 B轴核心筒板中上	13号 B3柱左下	14号 B3柱左上	15号 B3柱右下	16号 B3柱右上	17号 B4柱左下	18号 B4柱左上	19号 B4柱右下	20号 B4柱右上
1	0.37	0.00	0.83	−1.01	0.64	−1.38	−0.37	0.46	−0.18	−0.09
2	1.20	−0.05	2.29	−2.57	1.64	−3.71	−0.76	1.20	−0.22	0.16
3	2.37	−0.07	4.67	−4.75	3.09	−7.05	−1.29	2.01	−0.43	0.29
4	2.59	0.00	5.25	−5.25	3.37	−7.97	−1.36	1.94	−0.32	0.13
5	2.77	−0.06	5.49	−5.78	3.52	−8.90	−1.33	1.79	−0.35	0.00
6	2.94	−0.05	5.87	−6.31	4.19	−9.79	−1.36	1.85	−0.38	−0.05
7	3.30	−0.10	7.12	−6.91	5.69	−10.88	−1.47	1.93	−0.41	0.05
8	3.88	−0.20	8.45	−7.51	7.16	−11.99	−1.59	2.04	−0.45	0.10
9	3.99	−0.14	10.73	−7.94	9.72	−12.99	−1.73	2.17	−0.48	0.14
10	3.52	−0.09	15.00	−8.11	14.77	−13.50	−1.88	2.25	−0.47	0.19
11	3.04	−0.18	17.68	−7.92	17.86	−13.29	−1.76	2.07	−0.44	0.09
12	2.64	−0.12	19.88	−7.29	20.65	−12.71	−1.32	1.67	−0.39	−0.27
13	2.54	−0.15	22.19	−7.19	22.98	−12.80	−1.02	1.63	−0.08	−0.34
14	2.34	−0.29	24.55	−6.87	26.04	−12.57	−0.77	1.61	0.55	−0.40
15	2.20	−0.22	27.43	−6.60	29.60	−12.22	−0.83	1.59	0.61	−0.43
16	2.05	−0.17	29.00	−6.29	31.71	−11.75	−0.59	1.39	0.87	−0.49

表3.47为单体模型筏板钢筋应力值。从表中可以看出，核心筒柱下筏板的钢筋应力值依然是所有钢筋计应力值中最大的，但其最大值也只有31.71MPa，第14级荷载（1197.0kN）作用下，筏板底部钢筋应力最大值只有26.04MPa。

单体模型筏板截面弯矩值（kN·m /m）　　表 3.48

荷载级别	A轴板中	A3柱左	A3柱右	A4柱左	A4柱右	B轴板中	B3柱左	B3柱右	B4柱左	B4柱右
1	0.54	0.57	−0.69	−0.11	0.11	0.15	0.77	−0.84	−0.34	0.04
2	0.96	1.14	−1.16	−0.07	0.05	0.52	2.03	−2.23	−0.82	0.16
3	1.80	2.07	−2.07	0.00	−0.03	1.02	3.94	−4.24	−1.38	0.30
4	2.14	2.35	−2.33	0.14	−0.22	1.08	4.38	−4.74	−1.38	0.19
5	2.41	2.58	−2.53	0.31	−0.31	1.18	4.71	−5.19	−1.30	0.14
6	2.75	2.82	−2.73	0.39	−0.39	1.25	5.09	−5.84	−1.34	0.14
7	3.10	3.14	−2.99	0.47	−0.45	1.42	5.86	−6.92	−1.42	0.19
8	3.45	3.45	−3.26	0.50	−0.50	1.70	6.67	−8.00	−1.52	0.23
9	3.80	3.82	−3.60	0.52	−0.52	1.73	7.80	−9.49	−1.63	0.26
10	4.19	4.27	−4.00	0.41	−0.55	1.51	9.66	−11.81	−1.72	0.27
11	4.39	4.71	−4.39	0.48	−0.62	1.34	10.70	−13.01	−1.60	0.22
12	4.27	5.18	−4.81	0.50	−0.79	1.15	11.35	−13.94	−1.25	0.05
13	4.40	5.85	−5.16	0.47	−0.85	1.12	12.28	−14.95	−1.11	−0.11
14	4.43	6.75	−5.69	0.37	−0.95	1.10	13.13	−16.13	−0.99	−0.40
15	4.37	9.85	−6.06	0.33	−0.98	1.01	14.22	−17.47	−1.01	−0.44
16	4.36	12.45	−6.74	0.32	−1.05	0.93	14.75	−18.16	−0.83	−0.57

注：弯矩顺时针为“+”，逆时针为“−”。

表 3.48 为单体模型筏板截面弯矩值，从表中可以看到，核心筒柱下筏板截面的弯矩值最大，③轴边柱下筏板截面的弯矩值次之，这表明筏板发生挠曲时，刚度差异大的部位通常弯矩值也较大。同时可以看到核心筒下中部筏板截面弯矩值很小，表明核心筒部分由于刚度大，在上部荷载作用下基本呈整体均匀下降，这与位移沉降曲线中核心筒部分呈现直线分布状态的分析结果是一致的。

单体模型内力分析表明：核心筒柱的轴力最大，承担了约 2/3 的上部结构荷载。第 14 级荷载（1197.0kN）作用时，各柱轴力比为：核心筒柱∶边柱∶角柱＝1∶0.18∶0.16。筏板发生挠曲时，荷载逐渐向外围框架柱传递。核心筒柱下筏板部分的弯矩值最大，此处为单体模型的薄弱环节。

单体模型核心筒分担的上部荷载大，而筒下的地基反力较小，因此在工程设计中，核心筒下筏板为重点控制部位。

（4）模型破坏特征

单体模型各层板、梁、柱破坏裂缝如图 3.48 所示。

从图中可以看到，基础筏板上表面没有出现裂缝，1～4 层楼板裂缝多出现在角柱内侧和边柱里侧，其中角柱附近楼板裂缝多呈现弧形分布，2 层楼板 C1～D1 柱之间裂缝连通，3 层 B1～D1 柱之间裂缝连通；1～4 层梁裂缝都出现在②轴左侧和③轴右侧，其余梁保持完好，无裂缝出现，表明筏板发生挠曲时，核心筒柱外侧相邻部位为薄弱环节，最易首先发生破坏，这与位移分析结果和钢筋计分析结果相一致。

5～8 层楼板裂缝与 1～4 层楼板裂缝分布基本一致，在 7 层 C1～D1 柱之间出现连通裂缝；而 5～8 层与核心筒相接的外围所有纵横梁上基本都有裂缝分布，裂缝不但出现与核心筒柱交接相邻部位，还分布在梁中部及其他部位。

相对于大底盘模型裂缝，单体模型由于加荷等级少、荷载小，故裂缝不如大底盘模型裂缝明显，尤其是1～4层梁底裂缝非常微小。5～8层裂缝比较明显，这是因为上部荷载直接施加在8层顶板，造成梁板直接承受上部荷载而产生应力集中现象，超过了混凝土材料强度而导致破坏。

3. 大底盘框架-核心筒模型试验数据分析

① 筏板变形分析

大底盘框架-核心筒模型位移计平面布置图见图3.49。

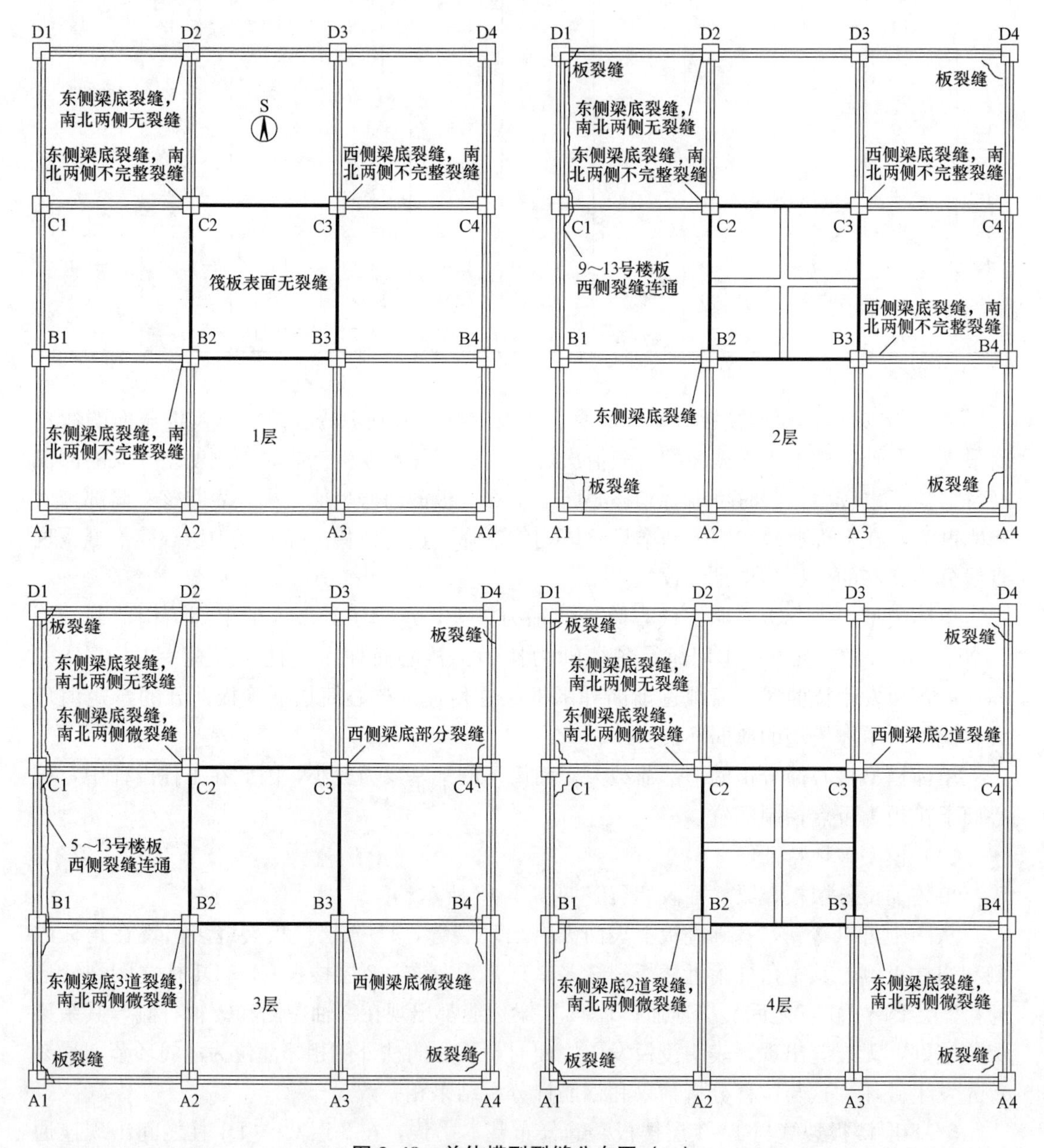

图3.48 单体模型裂缝分布图（一）

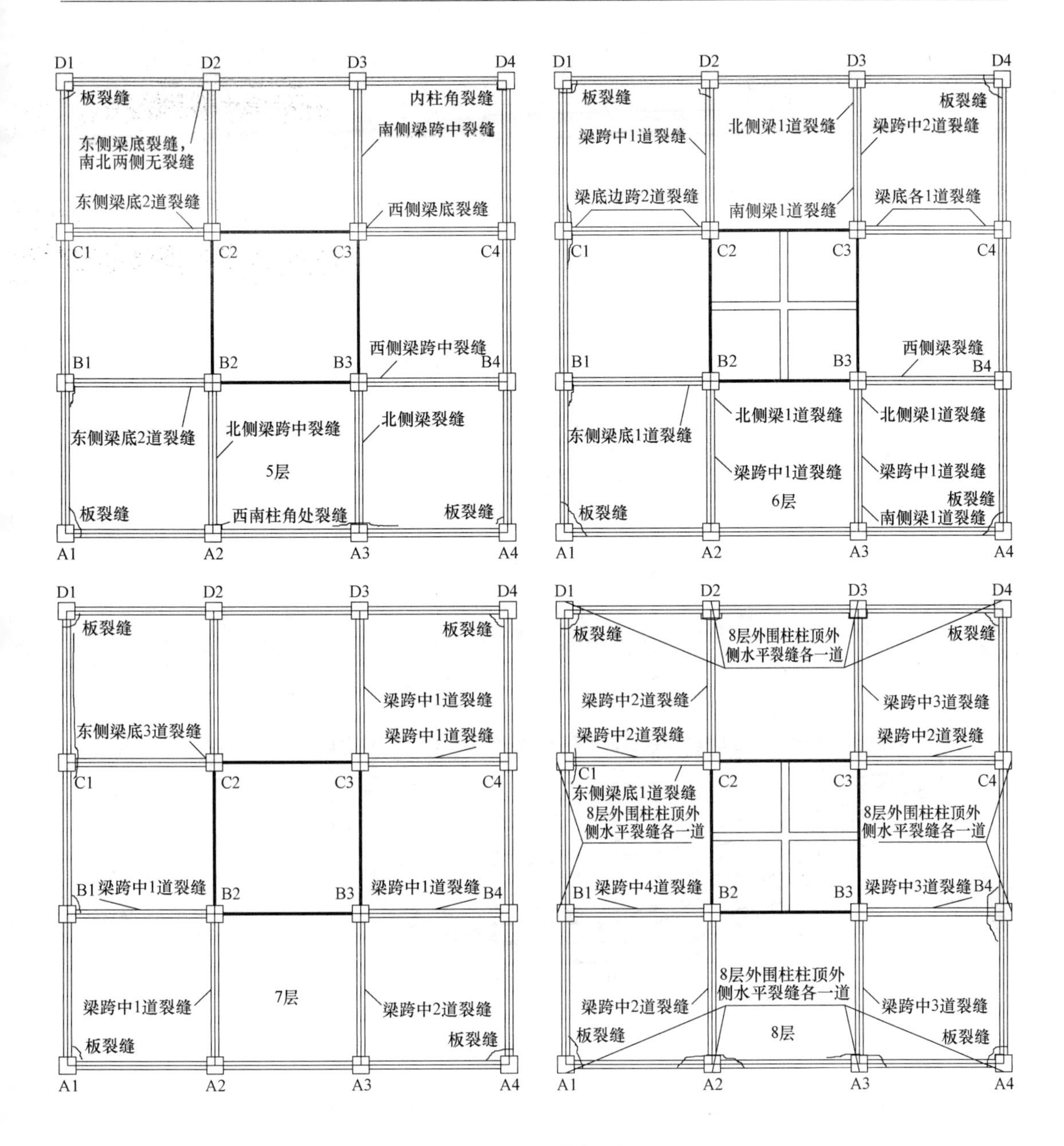

图 3.48 单体模型裂缝分布图（二）

图 3.50 为大底盘模型纵向中轴线沉降变形曲线（包含 1～8 层楼层活载以及反力梁设备自重施加后的总沉降量 3mm）。从图中可以看出，相对于单体模型，在前几级荷载作用下，筏板已呈现不均匀下降，“盆形”变形特征逐渐显现。随着荷载的增加，筏板的平均沉降量增加，核心筒与外围框架柱、裙房柱的差异沉降越来越大，“盆形”沉降特征越来越显著，核心筒部分仍呈均匀沉降。在第 20 级荷载（1675.8kN）作用下，核心筒最大沉降达到 17.01mm。在第 13 荷载（1197.0kN）作用下，主楼纵向挠曲值为 7.36×10^{-4}，在第 14 荷载（1265.4kN）作用下，纵向挠曲值为 8.37×10^{-4}。

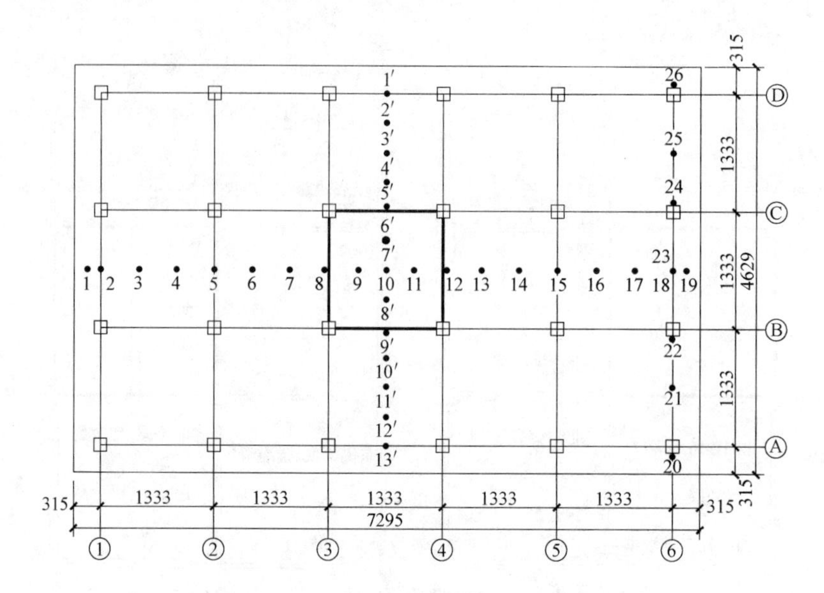

图 3.49　大底盘模型位移计平面布置图

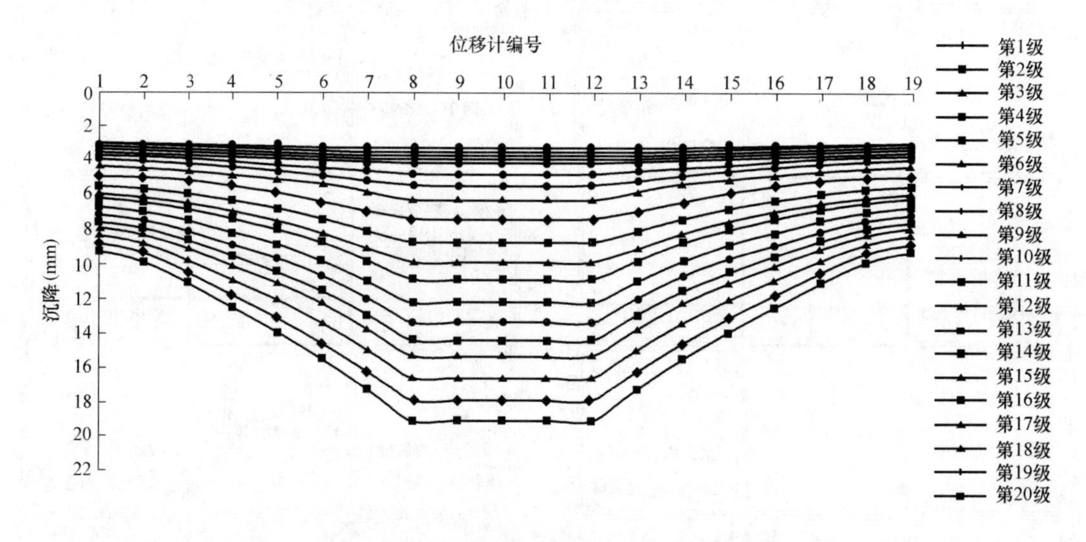

图 3.50　大底盘模型纵向中轴线沉降变形曲线

图 3.51 为大底盘模型横向中轴线沉降变形曲线，从图中可以看出，曲线开始呈直线分布，随着荷载增加，曲线的曲率逐渐增大，但与纵向中轴线相比，曲率变化明显平缓，表明大底盘模型由于外扩 1 跨裙房，使得筏板纵向刚度大大降低，横向刚度远大于纵向刚度，但核心筒位移仍呈直线分布，保持均匀下降状态。

图 3.52 为大底盘模型⑥轴沉降变形曲线，从图中可以看出，在最初几级荷载作用下，曲线呈直线分布，随着荷载增加，曲线的曲率缓慢增大，不均匀沉降特征逐渐显现，表明裙房角柱部分是模型的薄弱环节。

图 3.53 为大底盘模型主楼纵向中轴线、横向中轴线、裙房⑥轴挠曲变形曲线，从图中可以看出，在前几级荷载作用下，纵向中轴线的挠曲变形值就大于后两者的挠曲变形

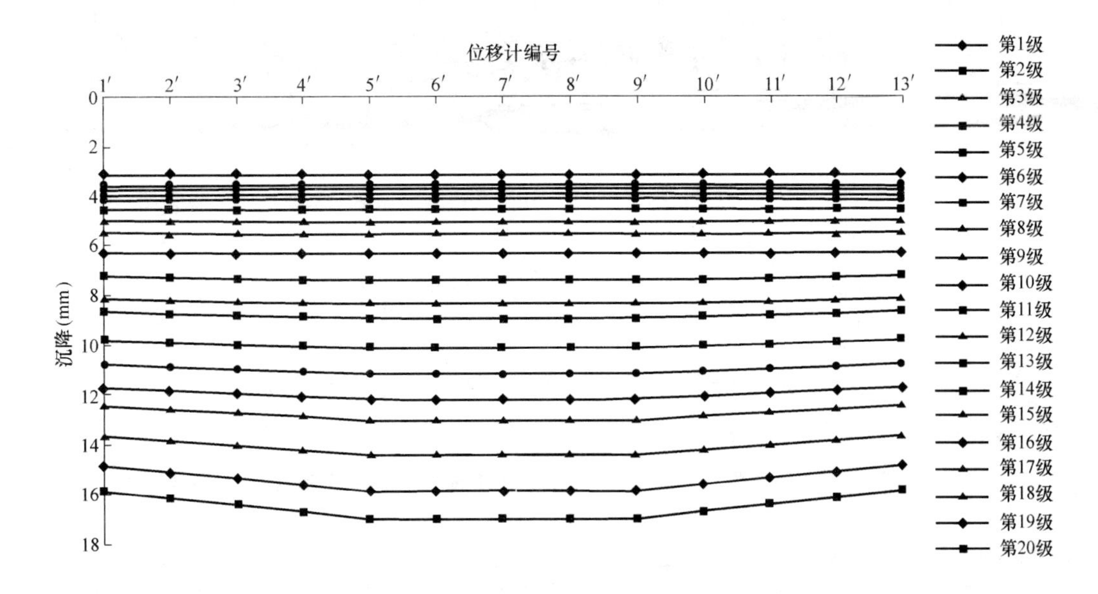

图 3.51　大底盘模型横向中轴线沉降变形曲线

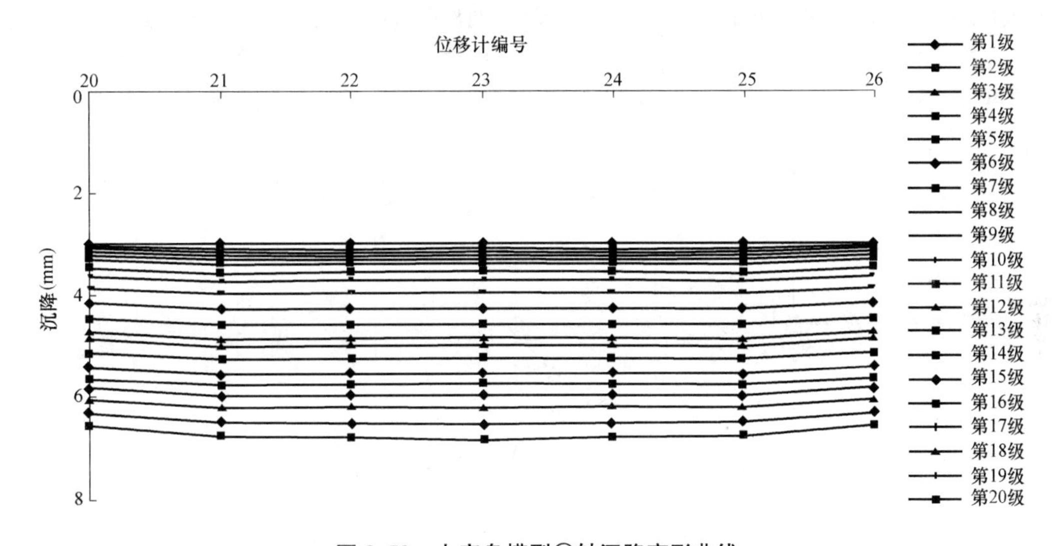

图 3.52　大底盘模型⑥轴沉降变形曲线

值，这说明大底盘模型纵向刚度小，最容易首先发生挠曲变形，核心筒外侧相邻梁、板是容易较早破坏的部位。横向柱轴线挠曲变形值大于⑥轴挠曲变形值，⑥轴挠曲线几乎呈直线分布，这说明大底盘模型在上部荷载作用下，横向挠度很小。挠曲值由中部向端部逐渐减小，边端挠曲值几乎为零。

② 地基反力分析

大底盘模型压力盒分布见图 3.54。大底盘模型各级荷载作用下核心筒柱、边柱和角柱地基反力值见表 3.49，地基反力值增量见表 3.50。

从表中 3.49 可以看到，随着荷载的增加，各柱下地基反力值随之增加，在前 3 级荷载作用下，核心筒下地基反力大于边柱和角柱下地基反力。在第 4 级荷载（581.4kN）作

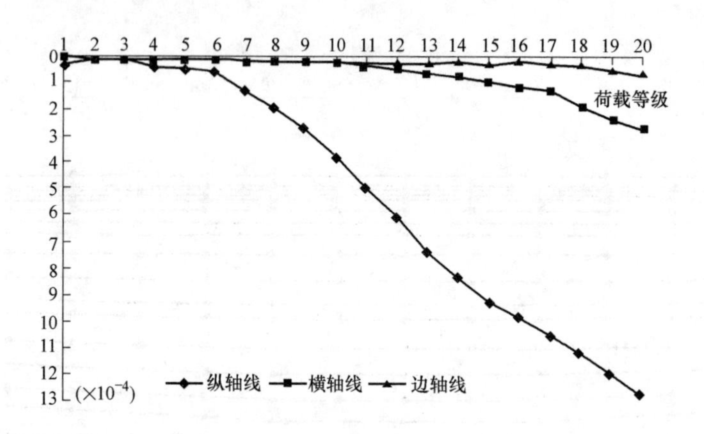

图 3.53　大底盘模型主楼纵向中轴线、横向中轴线、裙房⑥轴挠曲变形曲线

用时，横向边柱下地基反力大于核心筒下地基反力值，其他柱下地基反力仍旧很小，这说明大底盘模型在上部结构作用下，地基反力主要向横向边柱传递。各柱下地基反力与核心筒柱的比值随着荷载的增加而缓慢增加，在最后几级荷载作用下，比值基本保持稳定。第13级荷载（1197.0kN）作用时，各柱下地基反力比值为：核心筒柱∶横向边柱∶纵向边柱∶主楼角柱∶裙房边柱∶裙房角柱＝1∶1.19∶0.59∶0.57∶0.32∶0.37。由上述比例关系可以计算出，各级荷载作用下裙房平均地基反力约为核心筒下地基反力的1/2。

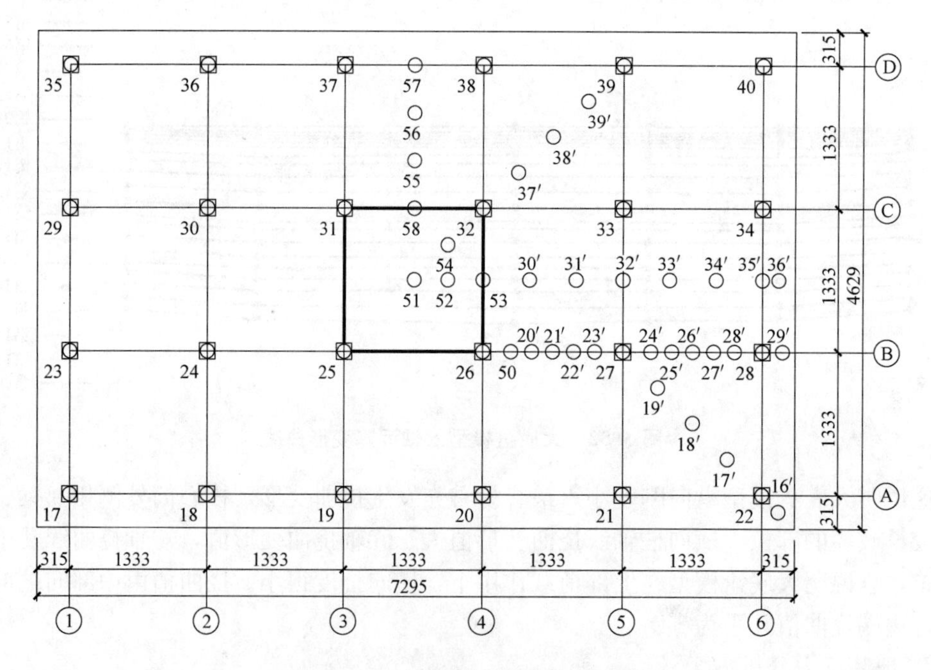

图 3.54　大底盘模型压力盒分布图

从表3.50可以看到，从加荷开始，共同作用已经显现，地基反力向核心筒外边柱和角柱扩散，横向边柱下地基反力值增量最显著。这表明大底盘模型发生纵向挠曲变形时，地基反力由中部核心筒部分向裙房传递的同时，也向周围边柱、角柱传递。

大底盘模型各级荷载作用下地基反力值（MPa） 表 3.49

荷载级别	核心筒柱	横向边柱	横向边柱/核心筒柱	纵向边柱	纵向边柱/核心筒柱	主楼角柱	主楼角柱/核心筒柱	裙房边柱	裙房边柱/核心筒柱	裙房角柱	裙房角柱/核心筒柱
1	0.0175	0.0161	0.92	0.0050	0.28	0.0043	0.25	0.0006	0.03	0.0001	0.01
2	0.0322	0.0300	0.93	0.0125	0.39	0.0102	0.32	0.0017	0.05	0.0004	0.01
3	0.0352	0.0344	0.98	0.0148	0.42	0.0125	0.36	0.0022	0.06	0.0005	0.01
4	0.0376	0.0377	1.00	0.0168	0.45	0.0146	0.39	0.0027	0.07	0.0006	0.02
5	0.0402	0.0409	1.02	0.0188	0.47	0.0168	0.42	0.0034	0.08	0.0006	0.01
6	0.0438	0.0448	1.02	0.0216	0.49	0.0187	0.43	0.0048	0.11	0.0023	0.05
7	0.0473	0.0485	1.03	0.0243	0.51	0.0211	0.45	0.0063	0.13	0.0047	0.10
8	0.0499	0.0524	1.05	0.0266	0.53	0.0233	0.47	0.0083	0.17	0.0082	0.16
9	0.0525	0.0573	1.09	0.0294	0.56	0.0264	0.50	0.0111	0.21	0.0126	0.24
10	0.0550	0.0615	1.12	0.0316	0.58	0.0294	0.53	0.0144	0.26	0.0179	0.33
11	0.0588	0.0676	1.15	0.0346	0.59	0.0327	0.56	0.0175	0.30	0.0216	0.37
12	0.0622	0.0732	1.18	0.0368	0.59	0.0355	0.57	0.0197	0.32	0.0235	0.38
13	0.0654	0.0775	1.19	0.0387	0.59	0.0371	0.57	0.0208	0.32	0.0242	0.37
14	0.0683	0.0834	1.22	0.0414	0.61	0.0395	0.58	0.0226	0.33	0.0262	0.38
15	0.0718	0.0890	1.24	0.0440	0.61	0.0422	0.59	0.0245	0.34	0.0287	0.40
16	0.0744	0.0931	1.25	0.0465	0.63	0.0442	0.59	0.0258	0.35	0.0295	0.40
17	0.0761	0.0956	1.26	0.0479	0.63	0.0451	0.59	0.0260	0.34	0.0300	0.39
18	0.0799	0.1020	1.28	0.0512	0.64	0.0479	0.60	0.0271	0.34	0.0305	0.38
19	0.0825	0.1067	1.29	0.0531	0.64	0.0496	0.60	0.0285	0.35	0.0308	0.37
20	0.0846	0.1096	1.30	0.0553	0.65	0.0513	0.61	0.0297	0.35	0.0316	0.37

大底盘模型各级荷载作用下地基反力值增量（MPa） 表 3.50

荷载级别	核心筒柱	横向边柱	横向边柱/核心筒柱	纵向边柱	纵向边柱/核心筒柱	主楼角柱	主楼角柱/核心筒柱	裙房边柱	裙房边柱/核心筒柱	裙房角柱	裙房角柱/核心筒柱
2	0.0147	0.0139	0.95	0.0075	0.51	0.0059	0.40	0.0011	0.07	0.0003	0.02
3	0.0030	0.0044	1.46	0.0023	0.77	0.0023	0.77	0.0005	0.18	0.0001	0.03
4	0.0024	0.0033	1.36	0.0020	0.82	0.0021	0.85	0.0005	0.22	0.0001	0.04
5	0.0025	0.0032	1.26	0.0020	0.80	0.0022	0.87	0.0006	0.25	0.0000	0.00
6	0.0037	0.0039	1.06	0.0028	0.77	0.0019	0.51	0.0014	0.38	0.0017	0.47
7	0.0035	0.0038	1.08	0.0027	0.77	0.0025	0.70	0.0015	0.44	0.0024	0.69
8	0.0026	0.0038	1.45	0.0023	0.87	0.0022	0.83	0.0020	0.75	0.0035	1.33
9	0.0026	0.0049	1.91	0.0028	1.11	0.0031	1.20	0.0028	1.11	0.0044	1.72
10	0.0025	0.0043	1.70	0.0022	0.88	0.0030	1.19	0.0033	1.30	0.0053	2.11
11	0.0038	0.0060	1.60	0.0030	0.78	0.0033	0.88	0.0031	0.82	0.0037	0.98
12	0.0035	0.0056	1.62	0.0022	0.64	0.0028	0.80	0.0022	0.64	0.0019	0.55
13	0.0031	0.0044	1.39	0.0019	0.60	0.0016	0.52	0.0011	0.35	0.0007	0.22
14	0.0029	0.0059	2.02	0.0027	0.93	0.0024	0.81	0.0019	0.64	0.0020	0.68
15	0.0035	0.0055	1.59	0.0026	0.75	0.0027	0.76	0.0018	0.53	0.0025	0.72
16	0.0026	0.0041	1.61	0.0025	0.98	0.0020	0.78	0.0013	0.51	0.0008	0.31
17	0.0017	0.0026	1.49	0.0013	0.77	0.0010	0.56	0.0003	0.15	0.0005	0.29
18	0.0038	0.0064	1.66	0.0034	0.88	0.0028	0.72	0.0010	0.27	0.0005	0.13
19	0.0026	0.0047	1.85	0.0018	0.72	0.0017	0.65	0.0014	0.55	0.0003	0.12
20	0.0021	0.0029	1.37	0.0022	1.06	0.0018	0.84	0.0013	0.60	0.0008	0.38

大底盘模型裙房各柱地基反力比值　　表 3.51

荷载级别	纵向边柱	裙房边柱	裙房边柱/纵向边柱	主楼角柱	裙房角柱	裙房角柱/主楼角柱
1	0.0050	0.0006	0.11	0.0043	0.0001	0.02
2	0.0125	0.0017	0.13	0.0102	0.0004	0.04
3	0.0148	0.0022	0.15	0.0125	0.0005	0.04
4	0.0168	0.0027	0.16	0.0146	0.0006	0.04
5	0.0188	0.0034	0.18	0.0168	0.0006	0.04
6	0.0216	0.0048	0.22	0.0187	0.0023	0.12
7	0.0243	0.0063	0.26	0.0211	0.0047	0.22
8	0.0266	0.0083	0.31	0.0233	0.0082	0.35
9	0.0294	0.0111	0.38	0.0264	0.0126	0.48
10	0.0316	0.0144	0.45	0.0294	0.0179	0.61
11	0.0346	0.0175	0.50	0.0327	0.0216	0.66
12	0.0368	0.0197	0.53	0.0355	0.0235	0.66
13	0.0387	0.0208	0.54	0.0371	0.0242	0.65
14	0.0414	0.0226	0.55	0.0395	0.0262	0.66
15	0.0440	0.0245	0.56	0.0422	0.0287	0.68
16	0.0465	0.0258	0.55	0.0442	0.0295	0.67
17	0.0479	0.0260	0.54	0.0451	0.0300	0.66
18	0.0512	0.0271	0.53	0.0479	0.0305	0.64
19	0.0531	0.0285	0.54	0.0496	0.0308	0.62
20	0.0553	0.0297	0.54	0.0513	0.0316	0.62

表 3.51 为大底盘模型裙房各柱地基反力比值，从表中可以看到，随着荷载的增加，裙房边柱与主楼纵向边柱、裙房角柱与主楼角柱的地基反力比值随之增加并趋于稳定，两者分别稳定在 0.55 和 0.66 左右。

图 3.55 为大底盘模型各柱下地基反力变化曲线，从中可以看出，地基反力曲线大致分为 3 组：①核心筒柱和横向边柱；②纵向边柱和主楼角柱；③裙房边柱和裙房角柱。地基反力由大到小的排列顺序为：横向边柱＞核心筒柱＞主楼纵向边柱＞主楼角柱＞裙房角柱＞裙房边柱。

图 3.56 为大底盘模型纵向中轴线地基反力变化曲线，从图中可以看出，在荷载作用下，纵向中轴线的地基反力分布大体呈抛物线形，地基反力由中部核心筒向外围逐渐减小。

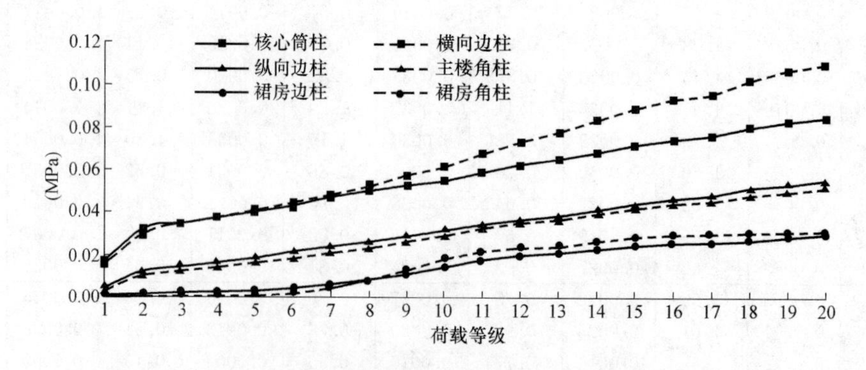

图 3.55　大底盘模型各柱下地基反力变化曲线

图 3.57 为大底盘模型④轴地基反力变化曲线，从图中可以看到，随着荷载增加，曲

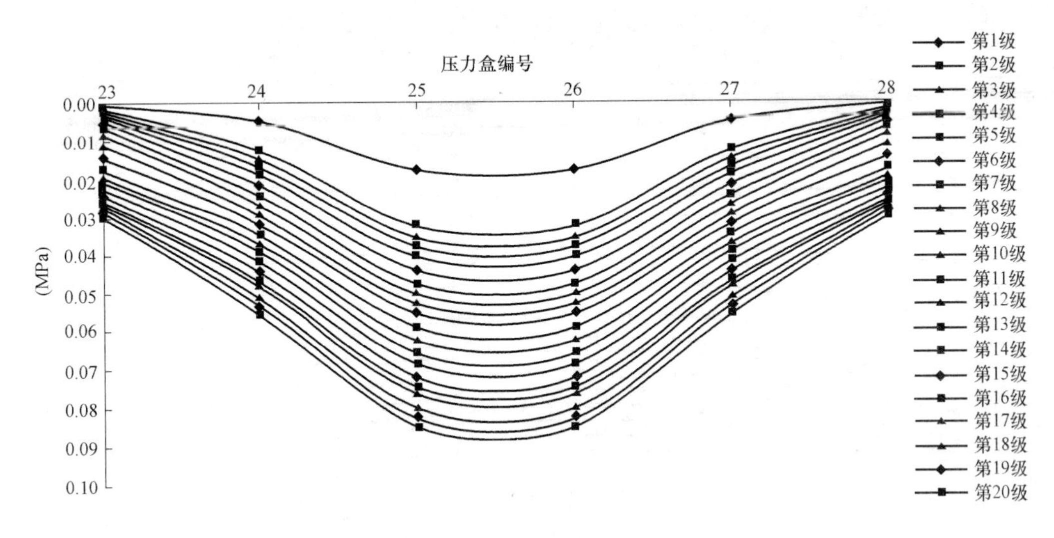

图 3.56 大底盘模型纵向中轴线地基反力变化曲线

线由最初的“直线形”逐渐转变为“鞍形”，表明筏板横向刚度比纵向刚度大得多，产生纵向挠曲时，地基反力更多地向横轴方向传递。同时也证明了主楼纵向外扩 1 跨裙房时，筏板刚度减小，柔性特征显现。这与图 3.7 单体模型中轴线地基反力变化曲线分布规律基本相同，这也表明大底盘横向刚度几乎不受纵向外扩 1 跨裙房的影响，与单体模型中轴线刚度基本一致。

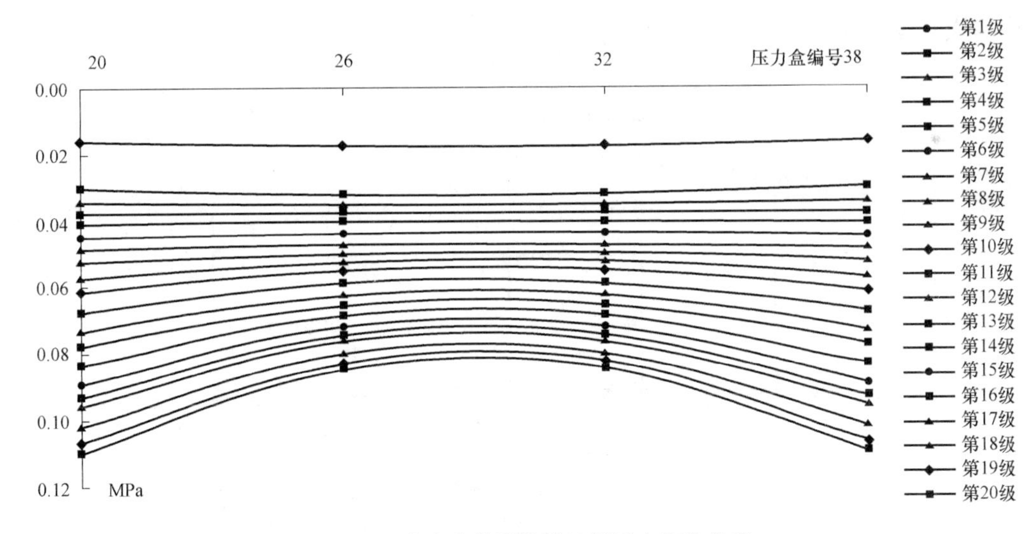

图 3.57 大底盘模型④轴地基反力变化曲线

图 3.58 为大底盘模型⑥轴地基反力变化曲线，从图中可以看到，随着荷载增加，⑥轴地基反力曲线由初始的“抛物线”形逐渐向“鞍形”分布转化，这表明地基反力由裙房边柱逐渐向裙房角柱传递。

大底盘模型地基反力分析表明：筏板发生纵向挠曲变形时，地基反力由中部核心筒逐渐向周围柱传递，主楼横轴方向刚度大，接近于单体模型横轴方向刚度，横轴方向柱下地基反力增长速率最大。由于主楼纵向外扩 1 跨裙房，使得纵向刚度减小，呈现柔性板特

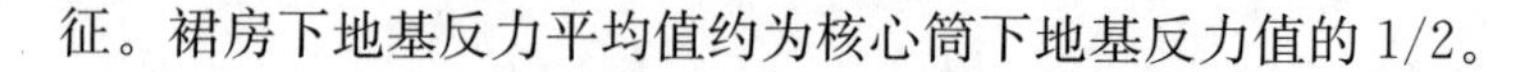

征。裙房下地基反力平均值约为核心筒下地基反力值的 1/2。

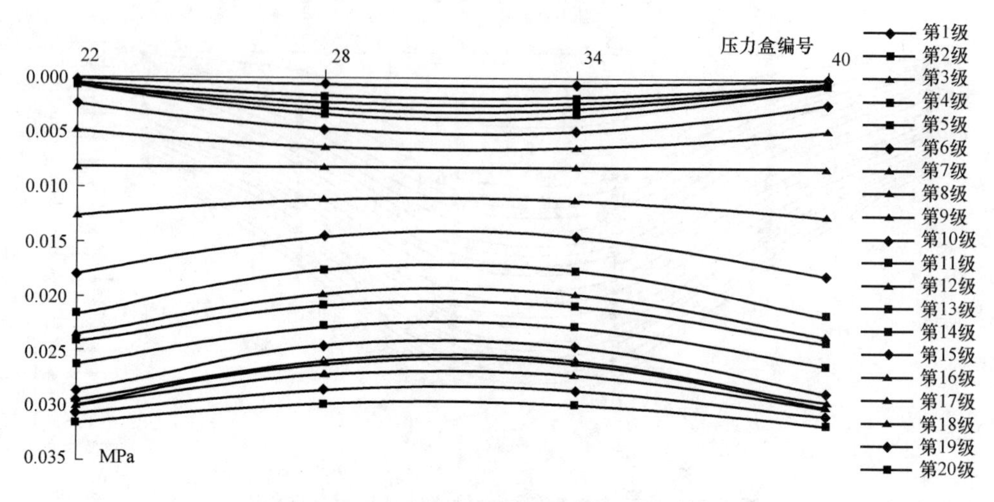

图 3.58　大底盘模型⑥轴地基反力变化曲线

③ 结构内力分析

图 3.59 为大底盘模型钢筋计布置图，其中 11～26 号为柱钢筋计，分别焊接在对应底层柱主筋上，沿纵轴对称布置。21′～48′号为筏板钢筋计，分别焊接在筏板上下钢筋网片纵轴方向的主筋上，其中 21′号、22′号钢筋计布置在 A 轴筏板中央位置，35′号、36′号钢筋计布置在 B 轴核心筒下筏板中央位置，21′号、22′号、35′号、36′号钢筋计关于筏板横向中轴线对称布置。

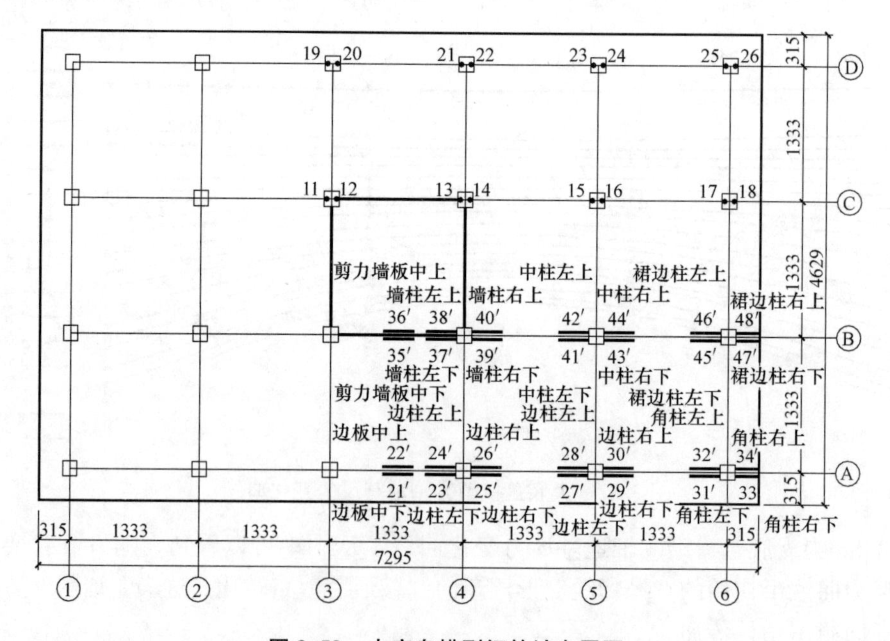

图 3.59　大底盘模型钢筋计布置图

(1) 柱内力分析

根据各级荷载下测得的筏板钢筋计应变值（$\mu\varepsilon$）计算得到大底盘模型各柱内力值（表

3.52)，各柱轴力比值（表 3.53)，各柱轴力增量（表 3.54)。

从表 3.52 中可以看出，随着荷载不断增加，边柱、角柱轴力之和与核心筒柱轴力的比值由第 1 级荷载（273.6kN）作用时的 0.50 逐渐增大到第 18 级荷载（1675.8kN）作用时的 0.93。这表明上部荷载逐渐向核心筒外围边柱和角柱传递，在共同作用下产生内力重分布。同时可以看出，各柱的弯矩值很小，其中 C5 柱的弯矩值最大。

大底盘模型柱内力计算值　　　　**表 3.52**

荷载级别	核心筒、C4 柱		C5 柱		C6 柱		D4 柱		D5 柱		D6 柱		边柱角柱轴力和 (kN)	边角柱轴力和/核心筒柱轴力	施加总荷载 (kN)	挠曲度(×10⁻⁴)
	轴力 (kN)	弯矩 (kN·m)	轴力 (kN)	弯矩 (kN·m)	轴力 (kN)	弯矩 (kN·m)	轴力 (kN)	弯矩 (kN·m)	轴力 (kN)	弯矩 (kN·m)	轴力 (kN)	弯矩 (kN·m)				
1	−45.6	0.86	−1.9	0.63	−1.5	0.25	−7.8	0.34	−1.4	0.25	−10.1	0.08	−22.8	0.50	273.6	0.31
2	−73.2	0.91	−4.1	0.91	−1.2	0.34	−14.2	0.32	−4.5	0.41	−14.0	0.15	−38.0	0.52	444.6	0.12
3	−78.9	0.91	−5.9	1.06	−1.6	0.41	−18.5	0.28	−5.8	0.43	−17.6	0.21	−49.4	0.63	513.0	0.19
4	−81.5	0.93	−7.5	1.13	−2.2	0.48	−24.3	0.26	−7.6	0.54	−22.1	0.29	−63.8	0.78	581.4	0.38
5	−90.4	1.06	−8.6	1.32	−2.6	0.60	−27.3	0.33	−8.8	0.60	−24.8	0.29	−72.1	0.80	649.8	0.47
6	−96.6	1.08	−10.2	1.47	−2.4	0.68	−32.3	0.22	−10.8	0.61	−27.3	0.36	−83.0	0.86	718.2	0.64
7	−107.2	0.93	−11.3	1.61	−3.2	0.79	−34.1	0.21	−12.2	0.61	−28.6	0.44	−89.4	0.83	786.6	1.32
8	−116.4	0.91	−12.3	1.79	−3.5	0.88	−37.3	0.17	−13.7	0.66	−30.5	0.52	−97.3	0.84	855.0	1.99
9	−126.9	0.93	−13.2	2.04	−4.0	0.98	−39.9	−0.03	−14.8	0.61	−32.1	0.61	−104.0	0.82	923.4	2.81
10	−136.0	0.82	−13.6	2.36	−5.0	1.13	−42.9	−0.17	−16.4	0.60	−34.0	0.72	−111.9	0.82	991.8	3.83
11	−144.1	0.89	−14.2	2.71	−5.7	1.21	−46.4	−0.32	−18.7	0.61	−36.0	0.85	−120.9	0.84	1060.2	4.96
12	−151.7	0.81	−15.0	3.05	−6.9	1.30	−50.6	−0.30	−21.3	0.58	−36.5	1.04	−130.4	0.86	1128.6	6.03
13	−160.5	0.62	−16.3	3.29	−7.4	1.25	−53.8	−0.31	−23.2	0.54	−38.1	1.15	−138.7	0.86	1197.0	7.36
14	−168.7	0.47	−16.8	3.77	−9.3	1.44	−56.1	−0.34	−26.4	0.44	−39.1	1.26	−147.7	0.88	1265.4	8.37
15	−176.6	0.14	−17.4	4.04	−12.0	1.61	−58.0	−0.38	−28.9	0.42	−40.6	1.29	−156.9	0.89	1333.8	9.25
16	−183.9	−0.17	−18.2	4.35	−14.9	1.74	−59.6	−0.33	−32.1	0.31	−41.8	1.34	−166.6	0.91	1402.2	9.85
17	−191.4	−0.68	−19.8	4.02	−17.0	1.71	−61.4	−0.34	−34.5	0.19	−43.4	1.41	−176.3	0.92	1470.6	10.50
18	−199.7	−1.19	−20.8	3.97	−20.4	1.02	−62.2	−0.29	−36.7	−0.02	−44.9	1.50	−185.0	0.93	1539.0	11.18
19	−210.4	−1.55	−22.0	3.98	−23.3	−0.84	−62.2	−0.27	−38.4	−0.19	−45.5	1.57	−191.4	0.91	1607.4	11.93
20	−217.9	−1.71	−22.5	4.26	−27.9	−2.18	−63.9	−0.20	−40.2	−0.23	−46.7	1.59	−201.1	0.92	1675.8	12.80

注：1. 受拉轴力值为“＋”，受压轴力值为“－”。

2. 顺时针弯矩值为“＋”，逆时针弯矩为“－”。

大底盘模型柱轴力比值表　　　　**表 3.53**

荷载级别	核心筒 C4 柱	C5 柱	C6 柱	D4 柱	D5 柱	D6 柱	比值之和	均布荷载(kN/m²)
1	1.0	0.04	0.03	0.17	0.03	0.22	0.50	9.7
2	1.0	0.06	0.02	0.19	0.06	0.19	0.52	15.7
3	1.0	0.07	0.02	0.23	0.07	0.22	0.63	18.1
4	1.0	0.09	0.03	0.30	0.09	0.27	0.78	20.5
5	1.0	0.10	0.03	0.30	0.10	0.27	0.80	23.0
6	1.0	0.11	0.02	0.33	0.11	0.28	0.86	25.4
7	1.0	0.11	0.03	0.32	0.11	0.27	0.83	27.8
8	1.0	0.11	0.03	0.32	0.12	0.26	0.84	30.2
9	1.0	0.10	0.03	0.31	0.12	0.25	0.82	32.6
10	1.0	0.10	0.04	0.32	0.12	0.25	0.82	35.0
11	1.0	0.10	0.04	0.32	0.13	0.25	0.84	37.5
12	1.0	0.10	0.05	0.33	0.14	0.24	0.86	39.9
13	1.0	0.10	0.05	0.33	0.14	0.24	0.86	42.3
14	1.0	0.10	0.06	0.33	0.16	0.23	0.88	44.7
15	1.0	0.10	0.07	0.33	0.16	0.23	0.89	47.1
16	1.0	0.10	0.08	0.32	0.17	0.23	0.91	49.5
17	1.0	0.10	0.09	0.32	0.18	0.23	0.92	52.0
18	1.0	0.10	0.10	0.31	0.18	0.22	0.93	54.4
19	1.0	0.10	0.11	0.30	0.18	0.22	0.91	56.8
20	1.0	0.10	0.13	0.29	0.18	0.21	0.92	59.2

从表3.53中可以看出，随着荷载的增加，各柱轴力与核心筒柱比值逐渐增大。在第13级荷载（1197.0kN）作用下，各柱轴力比值为：C4∶C5∶C6∶D4∶D5∶D6＝1∶0.10∶0.05∶0.33∶0.14∶0.24，这表明共同作用下，上部荷载分配到底层各柱的荷载基本保持稳定。

大底盘模型柱轴力增量表 **表3.54**

荷载级别	核心筒C4柱	C5柱	C6柱	D4柱	D5柱	D6柱
2	−27.5	−2.2	0.3	−6.3	−3.1	−3.9
3	−5.7	−1.7	−0.4	−4.3	−1.3	−3.7
4	−2.6	−1.7	−0.6	−5.8	−1.8	−4.5
5	−8.9	−1.1	−0.4	−2.9	−1.2	−2.6
6	−6.2	−1.6	0.2	−5.1	−2.0	−2.5
7	−10.7	−1.1	−0.8	−1.7	−1.4	−1.3
8	−9.2	−1.0	−0.3	−3.2	−1.5	−1.9
9	−10.5	−0.9	−0.4	−2.6	−1.1	−1.6
10	−9.2	−0.4	−1.0	−3.0	−1.6	−1.9
11	−8.1	−0.5	−0.7	−3.5	−2.3	−2.0
12	−7.6	−0.8	−1.2	−4.2	−2.6	−0.6
13	−8.8	−1.3	−0.4	−3.1	−1.9	−1.5
14	−8.1	−0.5	−2.0	−2.3	−3.2	−1.0
15	−7.9	−0.5	−2.7	−1.9	−2.5	−1.5
16	−7.4	−0.8	−2.8	−1.6	−3.2	−1.2
17	−7.4	−1.7	−2.1	−1.8	−2.4	−1.7
18	−8.4	−0.9	−3.4	−0.8	−2.2	−1.4
19	−10.7	−1.3	−2.9	0.0	−1.7	−0.6
20	−7.4	−0.4	−4.5	−1.7	−1.8	−1.2

从表3.54可以看到，各级荷载作用下，核心筒柱轴力增量比其他各柱增量大得多，这表明荷载更多地向刚度较大的核心筒传递，与单体模型核心筒柱轴力增量最大的分析结果基本一致。在其他各柱中，D4柱的轴力增量最大，表明荷载向核心筒以外各柱传递过程中，D4柱轴力增长最显著。

图3.60为大底盘模型各柱轴力变化曲线，从图中可以看到，各柱轴力大小顺序为：C4>D4>D6>D5>C5>C6，核心筒柱C4的轴力远远大于外围边柱和角柱，横向边柱D4柱轴力值在外围柱中轴力是最大的，裙房边柱C6柱轴力值最小，表明核心筒柱承担了上部结构的大部分荷载，随着荷载的增加，荷载逐渐向外围柱传递，横向边柱所占比例最大。

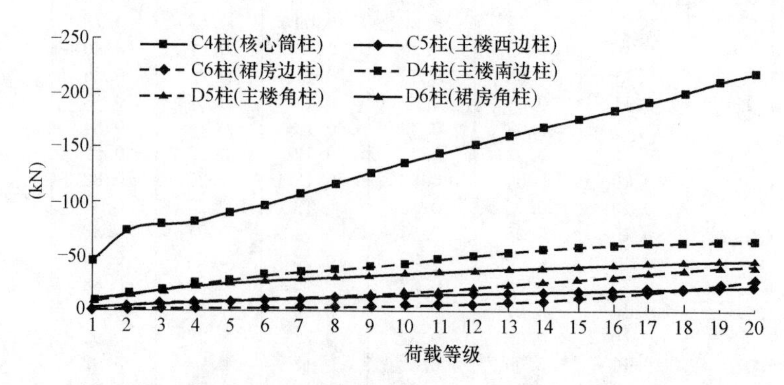

图3.60 大底盘模型各柱轴力变化曲线

(2) 筏板内力分析

表 3.55 为大底盘模型筏板钢筋计应变值。从表中可以看到，筏板底部钢筋计应变值基本为正值，上部钢筋计应变值基本为负值，表明筏板下部受拉，上部受压，与筏板纵向挠曲线的特征是吻合的。但裙房角柱 A6 柱下的 31～34 号和裙房边柱 B6 柱下的 45～48 号应变片值却呈现相反的特征，即筏板底部受压，上部受拉。

大底盘模型筏板钢筋计应变值（με） **表 3.55**

荷载级别	21 号 A 轴筏板中下	22 号 A 轴筏板中上	23 号 A4 左下	24 号 A4 左上	25 号 A4 右下	26 号 A4 右上	27 号 A5 左下	28 号 A5 左上	29 号 A5 右下	30 号 A5 右上	31 号 A6 左下	32 号 A6 左上	33 号 A6 右下	34 号 A6 右上
1	13	−20	19	−31	22	−23	3	7	−3	3	−6	2	−1	1
2	24	−39	35	−56	43	−44	0	9	−2	3	−5	3	0	2
3	26	−44	42	−69	52	−51	0	10	−2	1	−9	4	−1	1
4	29	−48	54	−87	67	−67	1	9	−1	1	−12	5	−1	3
5	32	−54	56	−92	71	−70	1	8	0	0	−14	6	−2	2
6	37	−62	68	−111	87	−85	1	9	1	−1	−14	7	−2	2
7	43	−72	80	−129	103	−98	0	7	2	−3	−20	9	−3	3
8	54	−85	94	−149	120	−113	1	5	6	−5	−21	10	−1	3
9	67	−103	112	−170	142	−129	1	3	10	−7	−25	12	−4	5
10	85	−126	137	−200	176	−152	1	1	14	−12	−29	16	−5	6
11	109	−149	172	−232	221	−175	0	0	19	−14	−35	22	−6	11
12	124	−163	250	−261	294	−193	1	1	23	−16	−39	24	−7	10
13	119	−156	432	−269	456	−193	1	5	23	−15	−43	27	−6	12
14	114	−152	747	−279	796	−148	4	11	24	−15	−51	31	−9	14
15	115	−155	962	−291	1055	−104	0	16	24	−16	−54	37	−10	16
16	117	−159	1154	−297	1256	−55	0	21	26	−18	−57	34	−11	15
17	121	−169	1291	−317	1395	−36	−1	17	27	−22	−61	35	−9	15
18	127	−180	1523	−336	1622	10	0	20	26	−27	−64	33	−8	11
19	135	−196	1721	−355	1818	48	0	19	28	−32	−64	28	−5	5
20	143	−209	1916	−373	2021	81	0	24	30	−34	−68	30	−5	2

荷载级别	35 号 B 轴核心筒板中下	36 号 B 轴核心筒板中上	37 号 B4 左下	38 号 B4 左上	39 号 B4 右下	40 号 B4 右上	41 号 B5 左下	42 号 B5 左上	43 号 B5 右下	44 号 B5 右上	45 号 B6 左下	46 号 B6 左上	47 号 B6 右下	48 号 B6 右上
1	13	−14	30	−36	31	−41	−12	14	−7	4	−5	3	−1	1
2	24	−27	58	−69	63	−81	−16	22	−7	6	−10	8	−2	3
3	30	−30	64	−75	72	−89	−14	18	−5	3	−13	10	−2	5
4	38	−34	71	−83	77	−99	−11	13	0	−1	−14	13	−3	4
5	35	−35	77	−87	83	−104	−9	8	2	−4	−16	12	−3	5
6	38	−39	83	−96	95	−116	−5	7	5	−7	−19	13	−5	5
7	47	−47	98	−112	112	−135	−6	4	9	−10	−18	16	−5	5
8	53	−53	112	−128	132	−154	−4	3	13	−14	−24	16	−6	6
9	61	−63	134	−147	166	−177	−1	−2	17	−18	−27	21	−6	8
10	67	−76	166	−171	223	−207	2	−8	22	−24	−32	26	−8	11
11	68	−90	246	−200	338	−237	3	−12	29	−31	−36	31	−10	11
12	64	−99	423	−222	519	−241	1	−17	31	−36	−42	34	−13	12
13	57	−102	557	−238	659	−236	−2	−15	31	−38	−45	36	−12	13
14	50	−104	796	−261	899	−207	−5	−15	33	−43	−50	38	−13	14
15	42	−110	951	−281	1097	−178	−7	−14	37	−46	−54	42	−14	16
16	35	−113	995	−292	1296	−138	−11	−15	38	−50	−59	43	−15	17
17	26	−121	1013	−314	1443	−122	−10	−18	40	−55	−58	41	−14	14
18	16	−129	1010	−342	1666	−81	−14	−16	40	−61	−62	43	−12	10
19	2	−148	1020	−371	1857	−35	−13	−18	42	−70	−67	55	−11	6
20	−5	−160	1032	−394	2040	12	−18	−17	42	−76	−65	60	−11	5

注：钢筋计受拉为“＋”，受压为“－”。

这种现象表明筏板发生纵向挠曲时，在共同作用下，裙房角柱和边柱抑制筏板挠曲的发展，使得筏板发生局部弯曲现象，导致柱下筏板上部产生拉应力，而筏板下部产生压应力。这与单体模型分析结果基本一致。同时从表中可以看出，核心筒柱下筏板钢筋计应变值远大于其他部位钢筋计应变值，表明核心筒柱下筏板两侧应变值最大，是筏板的薄弱部位。当应变值增大到混凝土的极限拉应变值时，核心筒柱下筏板两侧最先破坏。

表3.56为大底盘模型④轴两侧筏板钢筋计应变值增量，从表中可以看出，第14级荷载（1265.6kN）作用下，23号、25号、37号、39号应变片增量值分由前一级荷载的182με、162με、134με、140με跳跃到315με、340με、239με、240με，在所有增量中是最显著的，结合试验完成后观察大底盘模型裂缝分布位置，综合分析认为在第14级荷载（1265.4kN）作用时，筏板出现裂缝，因此第13级荷载（1197.0kN）为大底盘模型正常使用极限状态，此时纵向挠曲值为7.36×10^{-4}。

大底盘模型④轴两侧筏板钢筋计应变值增量（με）　　表3.56

荷载级别	23号 A4柱 左下	24号 A4柱 左上	25号 A4柱 右下	26号 A4柱 右上	37号 B4柱 左下	38号 B4柱 左上	39号 B4柱 右下	40号 B4柱 右上
2	16	−25	21	−21	28	−33	32	−40
3	7	−13	9	−7	6	−6	9	−8
4	12	−18	15	−16	7	−8	5	−10
5	2	−5	4	−3	6	−4	6	−5
6	12	−19	16	−15	6	−9	12	−12
7	12	−18	16	−13	15	−16	17	−19
8	14	−20	17	−15	14	−16	20	−19
9	18	−21	22	−16	22	−19	34	−23
10	25	−30	34	−23	32	−24	57	−30
11	35	−32	45	−23	80	−29	115	−30
12	78	−29	73	−18	177	−22	181	−4
13	182	−8	162	0	134	−16	140	5
14	315	−10	340	45	239	−23	240	29
15	215	−12	259	44	155	−20	198	29
16	192	−6	201	49	44	−11	199	40
17	137	−20	139	19	18	−22	147	16
18	232	−19	227	46	−3	−28	223	41
19	198	−19	196	38	10	−29	191	46
20	195	−18	203	33	12	−23	183	47

表3.57为大底盘模型筏板钢筋应力值，从表中可以看出，核心筒柱下筏板钢筋计应力值远大于其他钢筋计应力值，表明核心筒柱下筏板两侧应力值最大，此处为筏板的薄弱部位。当应变值增大到混凝土的极限拉应变值时，核心筒柱下筏板两侧最先破坏。同时可以看出，在第20级荷载（1675.8kN）作用下，核心筒柱下筏板的钢筋应力值依然是所有钢筋计应力值中最大的，其最大值为79.07MPa；在第13级荷载（1197.0kN）作用下，筏板底部钢筋应力最大值只有30.31MPa。

大底盘模型筏板钢筋计应力值（MPa） **表 3.57**

荷载级别	21号 A轴筏板中下	22号 A轴筏板中上	23号 A4左下	24号 A4左上	25号 A4右下	26号 A4右上	27号 A5左下	28号 A5左上	29号 A5右下	30号 A5右上	31号 A6左下	32号 A6左上	33号 A6右下	34号 A6右上
1	0.96	-1.48	1.41	-2.30	1.63	-1.70	0.22	0.52	-0.22	0.22	-0.44	0.15	-0.07	0.07
2	1.36	-2.21	1.98	-3.17	2.43	-2.49	0.00	0.51	-0.11	0.17	-0.28	0.17	0.00	0.11
3	1.47	-2.48	2.37	-3.89	2.93	-2.88	0.00	0.56	-0.11	0.06	-0.51	0.23	-0.06	0.06
4	1.54	-2.55	2.87	-4.63	3.56	-3.56	0.05	0.48	-0.05	0.05	-0.64	0.27	-0.05	0.16
5	1.86	-3.13	3.25	-5.34	4.12	-4.06	0.06	0.46	0.00	0.00	-0.81	0.35	-0.12	0.12
6	2.10	-3.53	3.87	-6.31	4.95	-4.83	0.06	0.51	0.06	-0.06	-0.80	0.40	-0.11	0.11
7	2.35	-3.93	4.36	-7.04	5.62	-5.35	0.00	0.38	0.11	-0.16	-1.09	0.49	-0.16	0.16
8	2.91	-4.58	5.06	-8.03	6.46	-6.09	0.05	0.27	0.32	-0.27	-1.13	0.54	-0.05	0.16
9	3.48	-5.35	5.82	-8.83	7.37	-6.70	0.05	0.16	0.52	-0.36	-1.30	0.62	-0.21	0.26
10	4.26	-6.31	6.86	-10.01	8.81	-7.61	0.05	0.05	0.70	-0.60	-1.45	0.80	-0.25	0.30
11	5.16	-7.05	8.14	-10.98	10.46	-8.28	0.00	0.00	0.90	-0.66	-1.66	1.04	-0.28	0.52
12	5.71	-7.51	11.52	-12.03	13.55	-8.89	0.05	0.05	1.06	-0.74	-1.80	1.11	-0.32	0.46
13	5.47	-7.18	19.87	-12.37	20.98	-8.88	0.05	0.23	1.06	-0.69	-1.98	1.24	-0.28	0.55
14	5.07	-6.75	33.19	-12.40	35.37	-6.58	0.18	0.49	1.07	-0.67	-2.27	1.38	-0.40	0.62
15	4.93	-6.65	41.27	-12.48	45.26	-4.46	0.00	0.69	1.03	-0.69	-2.32	1.59	-0.43	0.69
16	4.98	-6.77	49.11	-12.64	53.45	-2.34	0.00	0.89	1.11	-0.77	-2.43	1.45	-0.47	0.64
17	4.97	-6.94	52.98	-13.01	57.25	-1.48	-0.04	0.70	1.11	-0.90	-2.50	1.44	-0.37	0.62
18	4.95	-7.01	59.31	-13.08	63.17	0.39	0.00	0.78	1.01	-1.05	-2.49	1.29	-0.31	0.43
19	5.17	-7.50	65.87	-13.59	69.59	1.84	0.00	0.73	1.07	-1.22	-2.45	1.07	-0.19	0.19
20	5.54	-8.10	74.26	-14.46	78.33	3.14	0.00	0.93	1.16	-1.32	-2.64	1.16	-0.19	0.08

荷载级别	35号 B轴核心筒板中下	36号 B轴核心筒板中上	37号 B4左下	38号 B4左上	39号 B4右下	40号 B4右上	41号 B5左下	42号 B5左上	43号 B5右下	44号 B5右上	45号 B6左下	46号 B6左上	47号 B6右下	48号 B6右上
1	0.96	-1.04	2.22	-2.67	2.30	-3.04	-0.89	1.04	-0.52	0.30	-0.37	0.22	-0.07	0.07
2	1.36	-1.53	3.28	-3.90	3.56	-4.58	-0.90	1.24	-0.40	0.34	-0.57	0.45	-0.11	0.17
3	1.69	-1.69	3.61	-4.23	4.06	-5.02	-0.79	1.02	-0.28	0.17	-0.73	0.56	-0.11	0.28
4	2.02	-1.81	3.78	-4.42	4.10	-5.27	-0.59	0.69	0.00	-0.05	-0.74	0.69	-0.16	0.21
5	2.03	-2.03	4.47	-5.05	4.81	-6.03	-0.52	0.46	0.12	-0.23	-0.93	0.70	-0.17	0.29
6	2.16	-2.22	4.72	-5.46	5.40	-6.60	-0.28	0.40	0.28	-0.40	-1.08	0.74	-0.28	0.28
7	2.56	-2.56	5.35	-6.11	6.11	-7.36	-0.33	0.22	0.49	-0.55	-0.98	0.87	-0.27	0.27
8	2.85	-2.85	6.03	-6.89	7.11	-8.29	-0.22	0.16	0.70	-0.75	-1.29	0.86	-0.32	0.32
9	3.17	-3.27	6.96	-7.63	8.62	-9.19	-0.05	-0.10	0.88	-0.93	-1.40	1.09	-0.31	0.42
10	3.35	-3.80	8.31	-8.56	11.16	-10.36	0.10	-0.40	1.10	-1.20	-1.60	1.30	-0.40	0.55
11	3.22	-4.26	11.65	-9.47	16.00	-11.22	0.14	-0.57	1.37	-1.47	-1.70	1.47	-0.47	0.52
12	2.95	-4.56	19.49	-10.23	23.91	-11.10	0.05	-0.78	1.43	-1.66	-1.94	1.57	-0.60	0.55
13	2.62	-4.69	25.62	-10.95	30.31	-10.86	-0.09	-0.69	1.43	-1.75	-2.07	1.66	-0.55	0.60
14	2.22	-4.62	35.37	-11.60	39.94	-9.20	-0.22	-0.67	1.47	-1.91	-2.22	1.69	-0.58	0.62
15	1.80	-4.72	40.80	-12.06	47.06	-7.64	-0.30	-0.60	1.59	-1.97	-2.32	1.80	-0.60	0.69
16	1.49	-4.81	42.34	-12.43	55.15	-5.87	-0.47	-0.64	1.62	-2.13	-2.51	1.83	-0.64	0.72
17	1.07	-4.97	41.57	-12.89	59.22	-5.01	-0.41	-0.74	1.64	-2.26	-2.38	1.68	-0.57	0.57
18	0.62	-5.02	39.33	-13.32	64.88	-3.15	-0.55	-0.62	1.56	-2.38	-2.41	1.67	-0.47	0.39
19	0.08	-5.66	39.04	-14.20	71.08	-1.34	-0.50	-0.69	1.61	-2.68	-2.56	2.11	-0.42	0.23
20	-0.19	-6.20	40.00	-15.27	79.07	0.47	-0.70	-0.66	1.63	-2.95	-2.52	2.33	-0.43	0.19

注：钢筋计受拉为"+"，受压为"—"。

大底盘模型筏板截面弯矩值（kN·m/m）　　**表 3.58**

荷载级别	A轴板中	A4柱左	A4柱右	A5柱左	A5柱右	A6柱左	A6柱右	B轴板中	B4柱左	B4柱右	B5柱左	B5柱右	B6柱左	B6柱右
1	1.02	1.55	−1.39	−0.12	0.19	−0.25	0.06	0.84	2.04	−2.23	−0.81	0.34	−0.25	0.06
2	1.49	2.15	−2.06	−0.21	0.12	−0.19	0.05	1.21	3.00	−3.40	−0.90	0.31	−0.43	0.12
3	1.65	2.62	−2.43	−0.24	0.07	−0.31	0.05	1.41	3.28	−3.80	−0.75	0.19	−0.54	0.17
4	1.71	3.13	−2.98	−0.18	0.04	−0.38	0.09	1.60	3.42	−3.91	−0.53	−0.02	−0.60	0.16
5	2.08	3.59	−3.42	−0.17	0.00	−0.48	0.10	1.70	3.97	−4.53	−0.41	−0.15	−0.68	0.19
6	2.35	4.25	−4.09	−0.19	−0.05	−0.50	0.10	1.83	4.25	−5.01	−0.29	−0.29	−0.76	0.24
7	2.62	4.76	−4.58	−0.16	−0.11	−0.66	0.14	2.14	4.79	−5.63	−0.23	−0.43	−0.77	0.23
8	3.13	5.47	−5.24	−0.09	−0.25	−0.70	0.09	2.39	5.40	−6.44	−0.16	−0.61	−0.90	0.27
9	3.69	6.12	−5.88	−0.04	−0.37	−0.80	0.20	2.69	6.10	−7.44	0.02	−0.76	−1.04	0.30
10	4.41	7.05	−6.86	0.00	−0.54	−0.94	0.23	2.99	7.05	−8.99	0.21	−0.96	−1.21	0.40
11	5.10	7.99	−7.83	0.00	−0.65	−1.13	0.34	3.13	8.82	−11.37	0.30	−1.19	−1.33	0.42
12	5.53	9.84	−9.38	0.00	−0.75	−1.21	0.33	3.14	12.42	−14.63	0.35	−1.29	−1.46	0.48
13	5.29	13.47	−12.47	−0.08	−0.73	−1.35	0.35	3.06	15.28	−17.20	0.25	−1.33	−1.56	0.48
14	4.94	19.05	−17.53	−0.13	−0.72	−1.52	0.43	2.86	19.62	−20.53	0.19	−1.41	−1.63	0.50
15	4.84	22.46	−20.78	−0.29	−0.72	−1.63	0.47	2.72	22.09	−22.86	0.13	−1.49	−1.72	0.54
16	4.91	25.80	−23.31	−0.37	−0.78	−1.62	0.46	2.63	22.89	−25.50	0.07	−1.56	−1.81	0.57
17	4.97	27.58	−24.54	−0.31	−0.84	−1.65	0.41	2.52	22.76	−26.84	0.14	−1.63	−1.70	0.48
18	5.00	30.25	−26.23	−0.33	−0.86	−1.58	0.31	2.36	22.00	−28.43	0.03	−1.64	−1.71	0.36
19	5.29	33.20	−28.31	−0.30	−0.96	−1.47	0.16	2.40	22.25	−30.26	0.08	−1.79	−1.95	0.27
20	5.70	37.07	−31.42	−0.39	−1.04	−1.59	0.11	2.51	23.10	−32.85	−0.02	−1.91	−2.02	0.26

注：1. 受拉轴力值为"+"，受压轴力值为"−"。
　　2. 顺时针弯矩值为"+"，逆时针弯矩为"−"。

表3.58为大底盘模型筏板截面弯矩值，从表中可以看到④轴截面为弯矩最大截面，这表明筏板发生纵向挠曲时，刚度差异大的部位通常弯矩值也较大。同样可以看到核心筒下中部筏板截面弯矩值很小，表明核心筒部分由于刚度大，在上部荷载作用下基本呈直线均匀下降，这与纵向轴线的位移沉降曲线中核心筒部分呈现直线分布状态是一致的，也和单体模型筏板截面弯矩分析结果是一致的。

（3）模型破坏特征

大底盘模型各层板、梁、柱破坏裂缝概况如图3.61所示。

从1层筏板裂缝分布图可以看到，大底盘模型②～③轴与B～C轴重合区域筏板上表面出现多道弯曲裂缝，第1道裂缝距离③轴核心筒外表面约为1.5h_0（筏板有效高度），第2道裂缝距离第1道裂缝约1.0h_0，第3道裂缝距离第2道裂缝约1.0h_0，表明此区域筏板发生局部负挠曲。同时可以看到①轴和②轴右侧、⑤轴和⑥轴左侧的柱根或柱身上出现裂缝，表明筏板发生纵向挠曲变形时，上述柱子在共同作用下抑制筏板的变形，阻止挠曲变形的进一步发展而使得柱子靠近核心筒一侧（内侧）处于受拉状态，当达到混凝土的抗拉极限状态时，柱身内侧出现裂缝。

从1层梁及顶板裂缝分布图可以看到，梁裂缝几乎全部出现在②轴、③轴柱左侧和④轴、⑤轴柱右侧纵梁梁根部位。②轴左侧A2～C2柱之间顶板裂缝连通，B2、B6、C1和C6柱靠近核心筒方向的内侧顶板出现裂缝。裂缝的分布位置与筏板发生纵向挠曲变形特征是一致的。

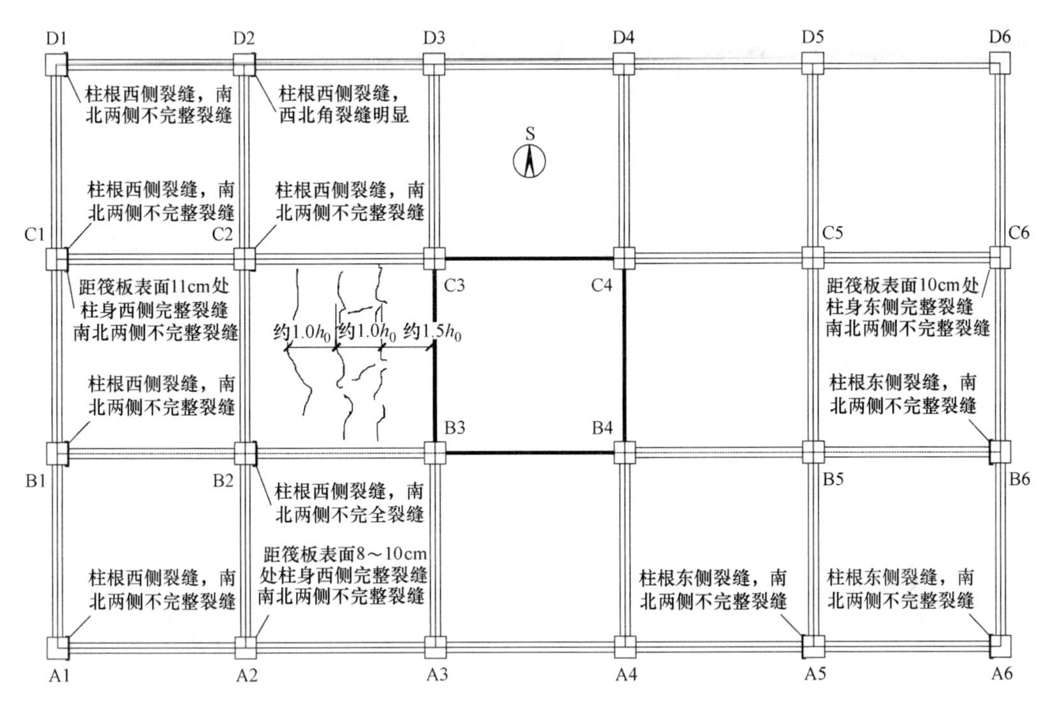

大底盘模型1层筏板裂缝概况

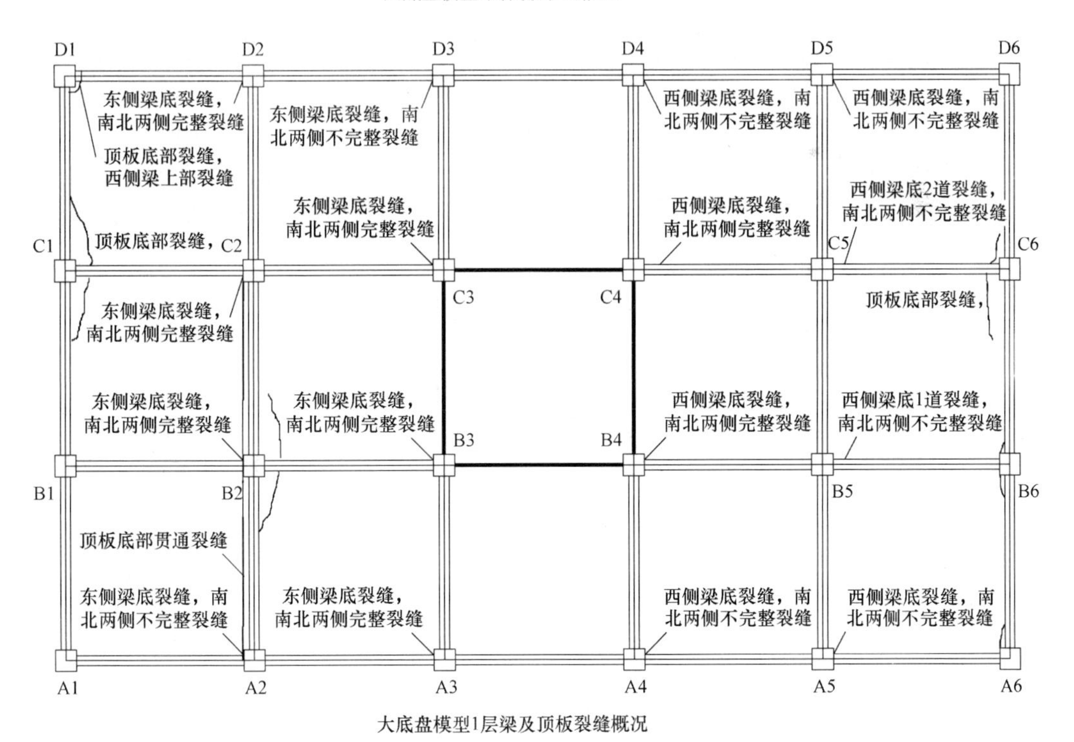

大底盘模型1层梁及顶板裂缝概况

图 3.61 大底盘模型裂缝分布图（一）

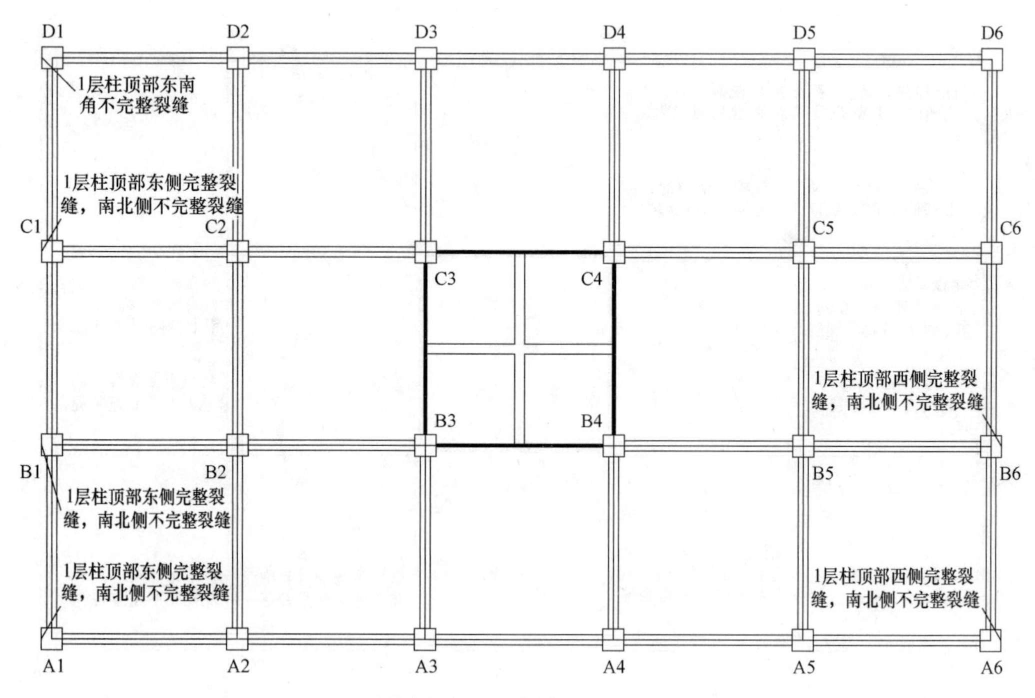

大底盘模型1层柱裂缝概况

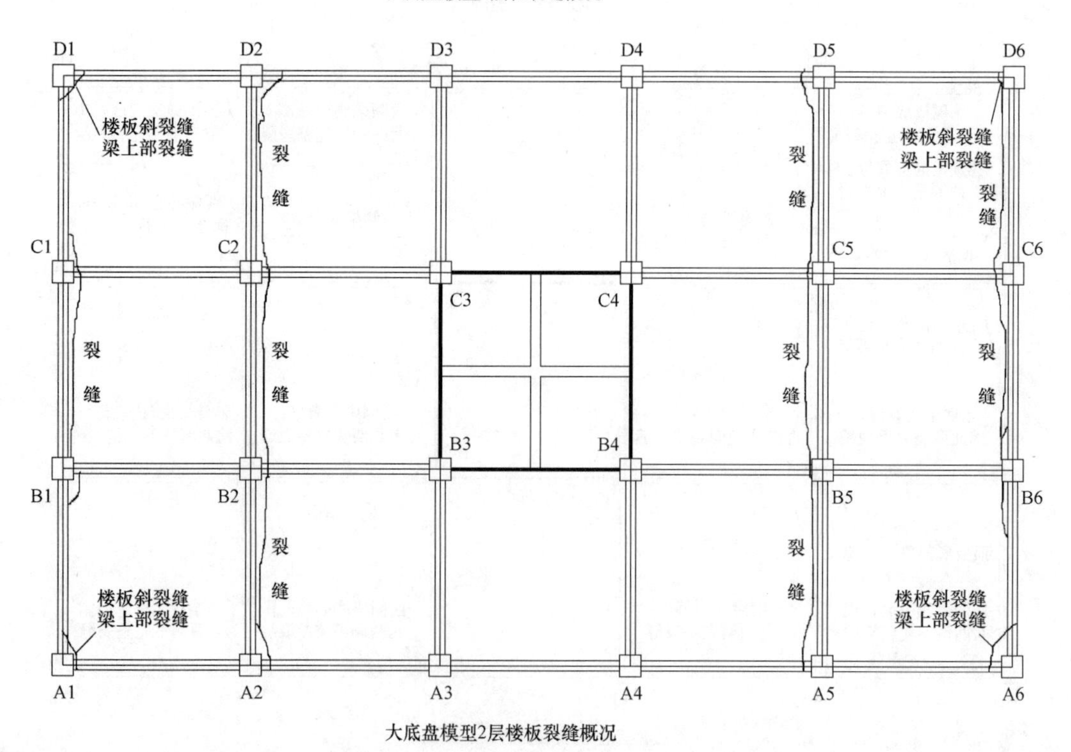

大底盘模型2层楼板裂缝概况

图3.61 大底盘模型裂缝分布图（二）

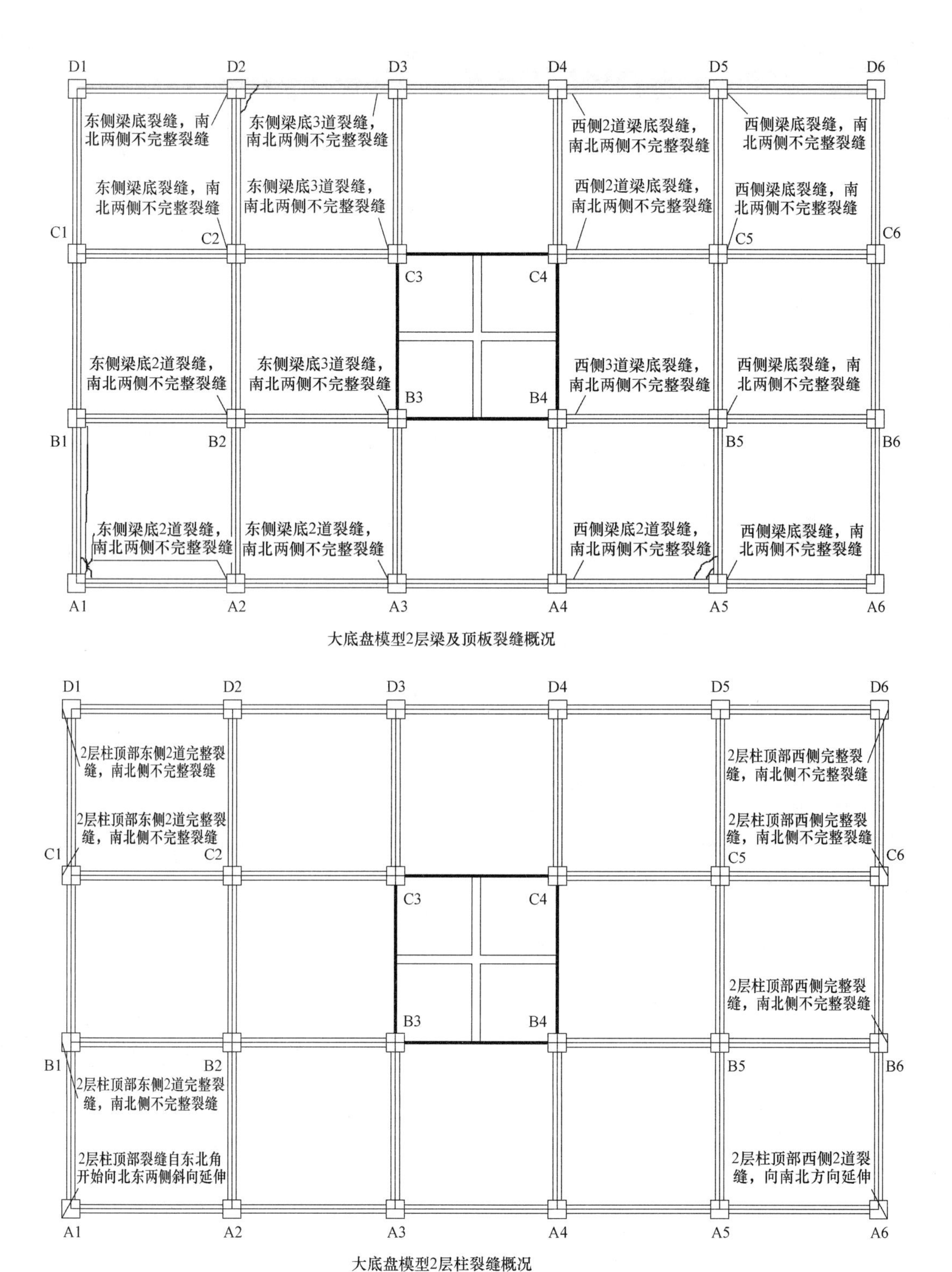

大底盘模型2层梁及顶板裂缝概况

大底盘模型2层柱裂缝概况

图 3.61 大底盘模型裂缝分布图（三）

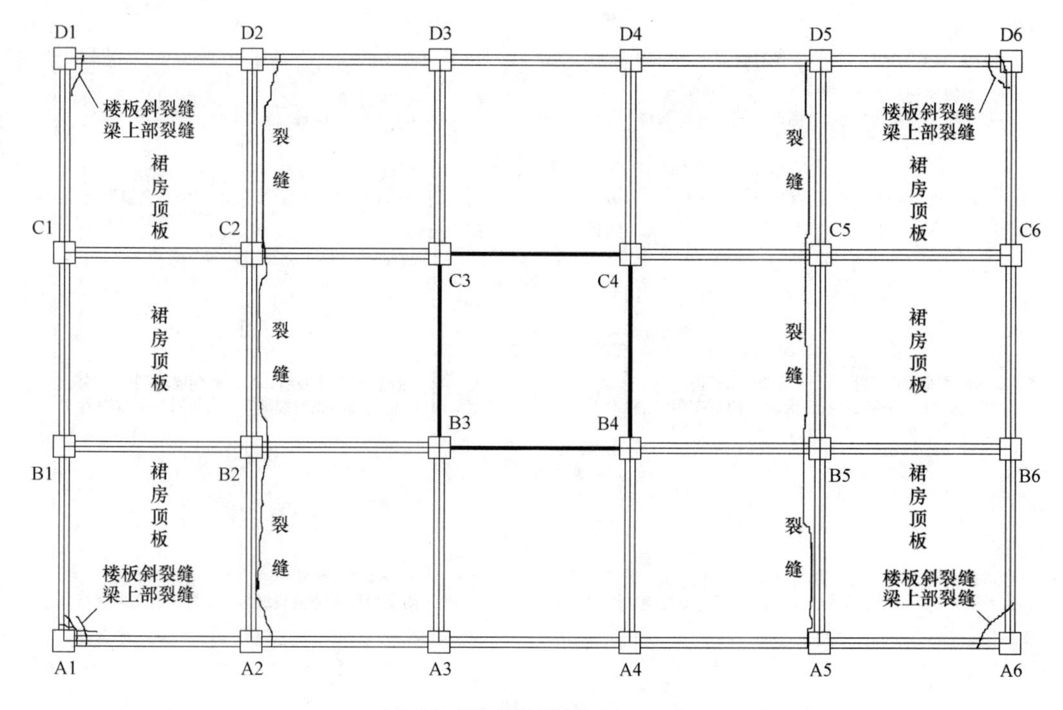

大底盘模型3层楼板裂缝概况

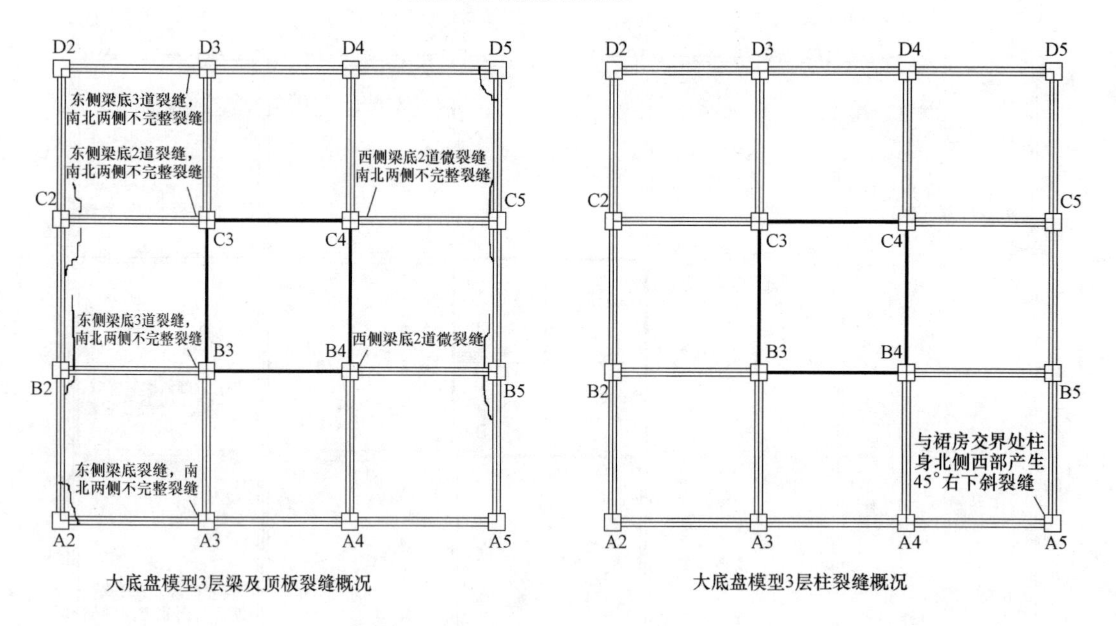

大底盘模型3层梁及顶板裂缝概况　　大底盘模型3层柱裂缝概况

图3.61　大底盘模型裂缝分布图（四）

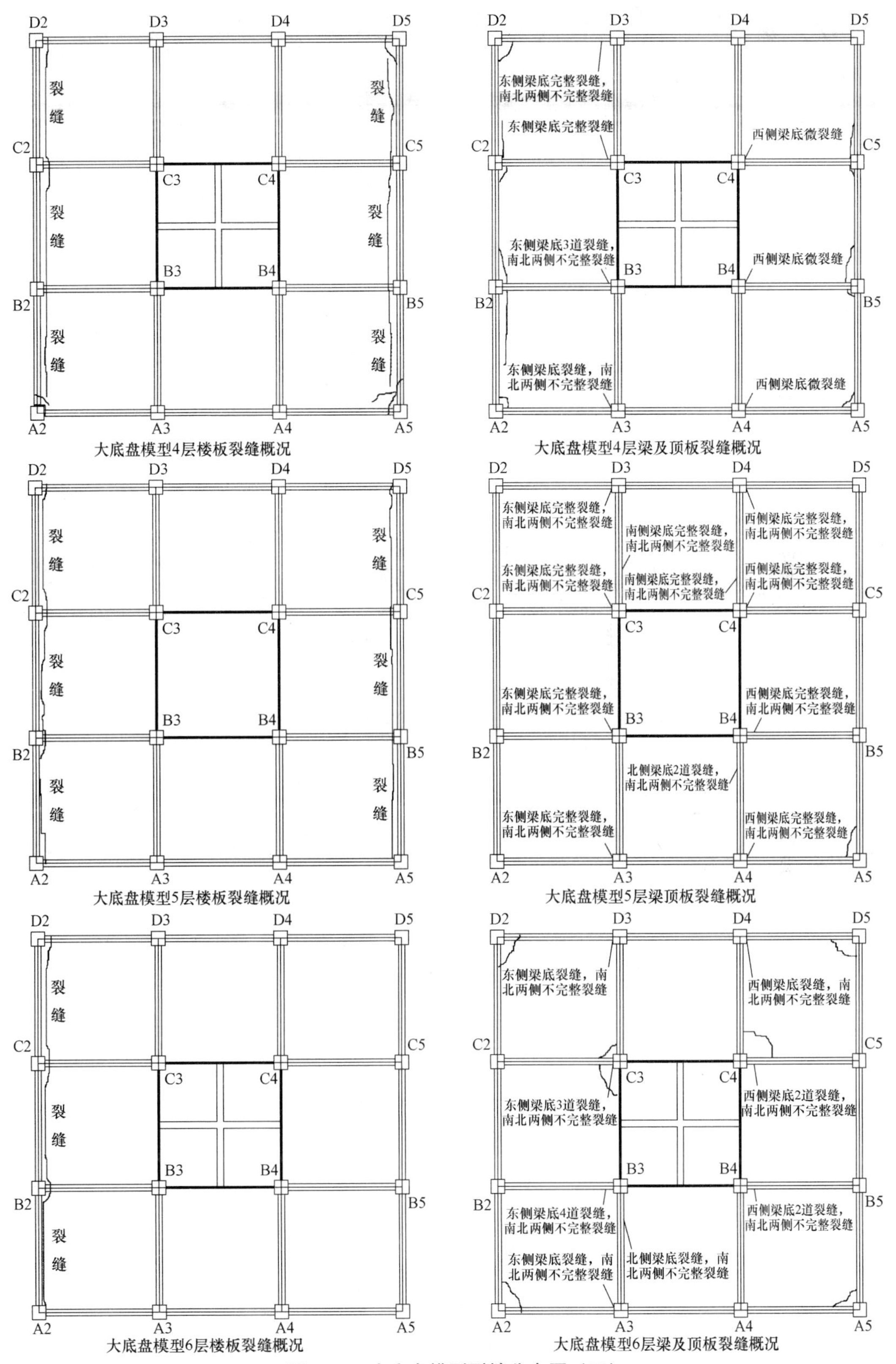

大底盘模型4层楼板裂缝概况

大底盘模型4层梁及顶板裂缝概况

大底盘模型5层楼板裂缝概况

大底盘模型5层梁顶板裂缝概况

大底盘模型6层楼板裂缝概况

大底盘模型6层梁及顶板裂缝概况

图 3.61 大底盘模型裂缝分布图（五）

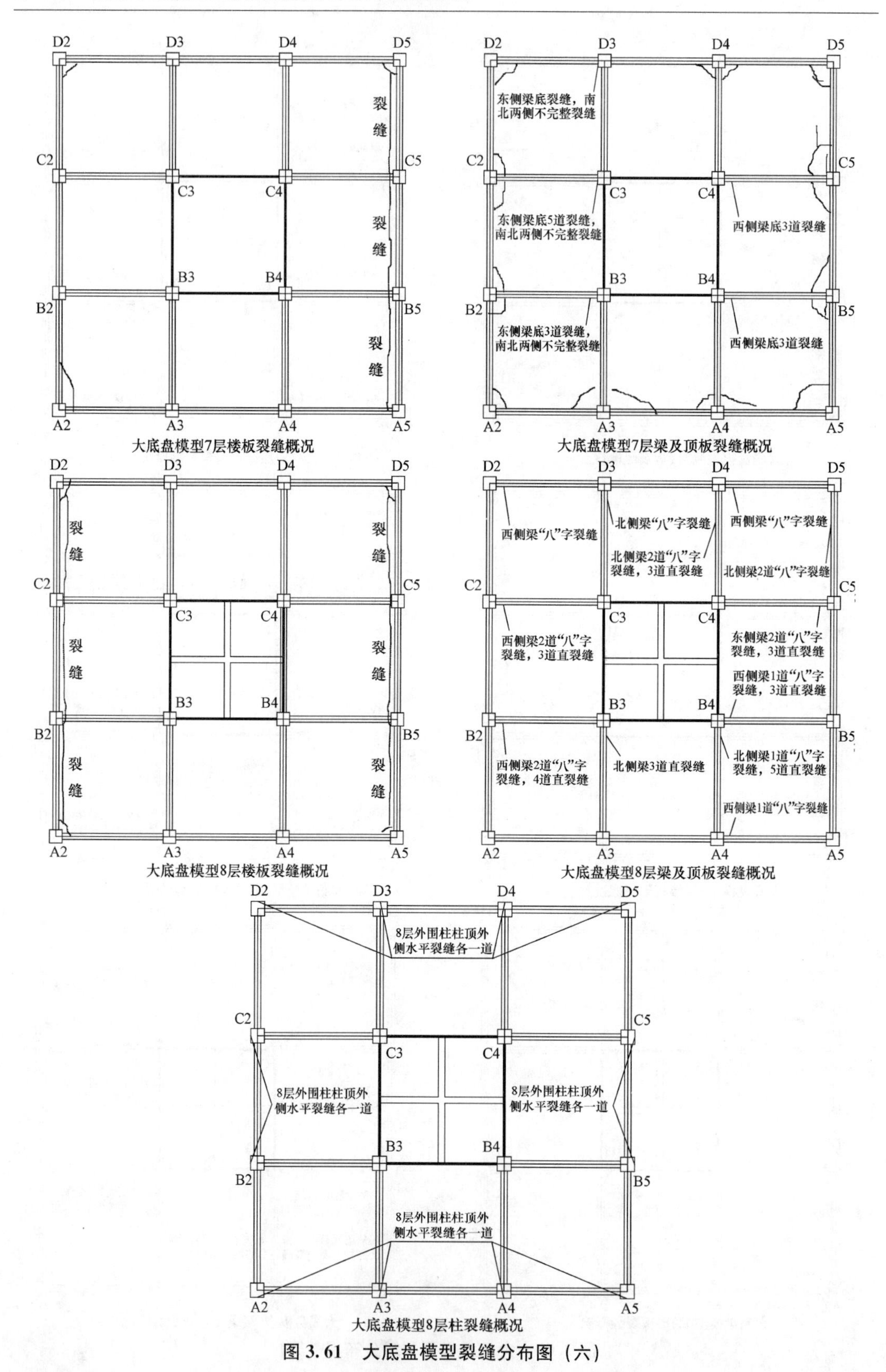

图 3.61　大底盘模型裂缝分布图（六）

从1层柱裂缝分布图可以看到，1层柱裂缝都出现在裙房角柱和边柱的外侧柱顶部位，结合1层柱根裂缝位置分析，表明1层裙房角柱、边柱处于极其复杂的受力状态。

从2层楼板裂缝分布图可以看出，②轴、⑤轴和⑥轴柱内侧的裂缝基本连通，①轴B1～C1柱内侧裂缝连通，A1、A6、D1、D6四个角柱内侧楼板均出现弧形裂缝。

2层梁及顶板裂缝分布情况与1层基本相同。

2层柱裂缝全部出现在裙房角柱、边柱外侧柱顶区域，但柱根及内侧未见裂缝出现，表明2层裙房柱处于偏心受压状态。

从3层楼板裂缝分布图可以看出，②轴、⑤轴柱内侧的裂缝基本连通，A1、A6、D1、D6四个角柱内侧楼板均出现弧形裂缝。

从3层梁及顶板裂缝分布图可以看出，梁裂缝主要分布在③轴柱左侧和④轴柱右侧与核心筒交界处梁根部。A2、D5两个主楼角柱内侧出现弧形裂缝，B2、C2、B5和D5四个主楼边柱内侧出现弧形裂缝。

4层楼板裂缝分布与3层主楼部分裂缝基本相同，裂缝主要集中在②、⑤轴柱内侧，以及四个角柱内侧位置。

4层梁及顶板裂缝分布与3层基本相同。

5～8层的楼板裂缝分布与3、4层楼板裂缝分布基本相同，裂缝主要表现为主楼横轴线边线柱内侧的连通裂缝和四个角柱内侧的弧形裂缝。5～8层梁裂缝开始出现在与核心筒外侧相接的所有纵横梁上，楼板变形呈现双向板的变形特征，这与单体模型5～8层裂缝分布基本一致。

从模型裂缝分布位置可以看出，筏板发生纵向挠曲变形时，与核心筒相接点的纵向梁底部和角柱内侧楼板为容易发生裂缝的部位。

与单体模型柱身无裂缝相比，对于外扩1跨裙房的大底盘框架一核心筒结构，与裙房交接位置的楼板和裙房边柱、角柱为结构的薄弱环节。裙房部分角柱、边柱及其底板、顶层楼板共同抵抗挠曲产生的弯矩，角柱、边柱及其上部联结楼板也是控制部位。

4. 单体、大底盘框架一核心筒模型试验结果对比分析

为分析对比单体模型和大底盘模型的位移、地基反力及底层柱内力等相关特征，只有选取两个模型上部施加荷载量相等，这样结果才具有可比性和参考价值。故本文选取两个模型正常使用极限状态（1197.0kN）作为上部荷载量标准，在单体模型中对应加荷等级为第14级，在大底盘模型中对应加荷等级为第13级。

① 筏板变形对比分析

图3.62为模型筏板纵向中轴线位移对比曲线，从图中可以看到，两条曲线均呈“盆形”分布，核心筒沉降呈直线分布。同样荷载量作用条件下，大底盘模型的沉降量小于单体模型的沉降量，这是由于外扩1跨裙房，使得筏板面积增大，单位面积上的荷载量减小，因而位移量减小。

图3.63为相同荷载条件下单体模型、大底盘模型主楼挠曲对比曲线，从图中可以看到，两条曲线分布规律基本相同。同等荷载作用条件下，大底盘模型主楼挠曲值大于单体模型的挠曲值，这是由于大底盘模型外扩1跨裙房，使得结构整体刚度降低，呈现柔性特征。

② 地基反力对比分析

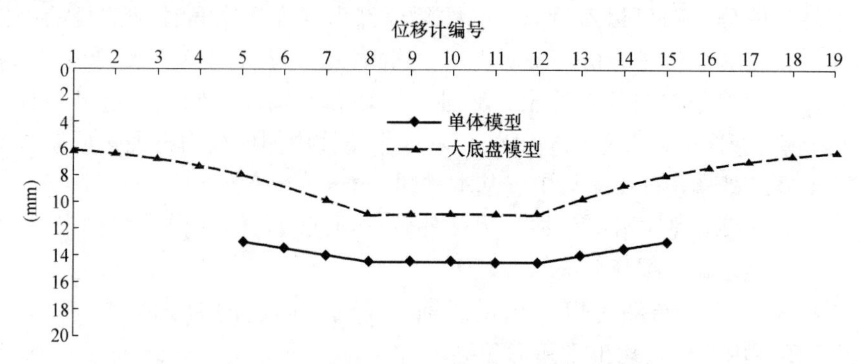

图 3.62　模型筏板纵向中轴线位移对比曲线

图 3.64 为模型筏板纵向中轴线地基反力对比曲线，从图中可以看到，大底盘模型地基反力曲线呈“盆形”分布，单体模型地基反力则呈“鞍形”分布，两条曲线呈现相反的分布状态。相同上部荷载作用条件下，大底盘模型主楼中部地基反力值基本等于单体模型中部地基反力值，表明大底盘主楼中部地基反力分布几乎不受外扩裙房的影响。因此可以得出，单体模型核心筒外围结构的地基反力值之和与大底盘模型核心筒外围结构的地基反力之和大致相等。

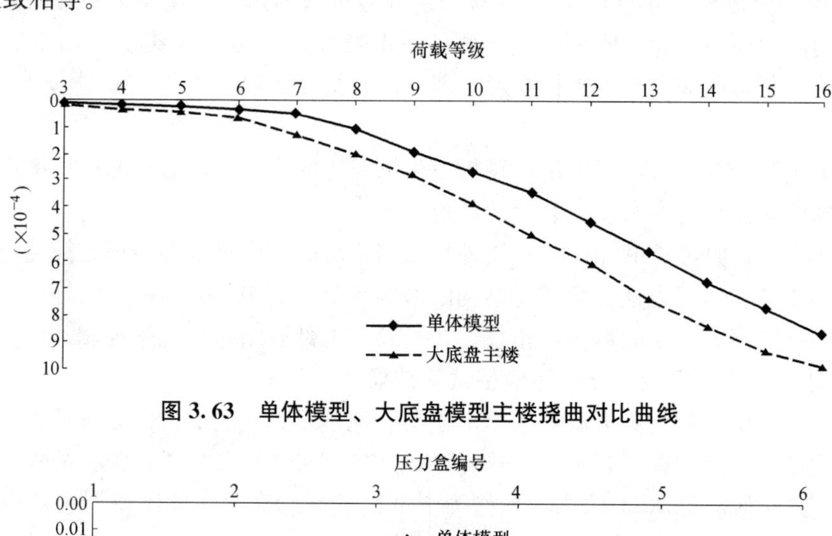

图 3.63　单体模型、大底盘模型主楼挠曲对比曲线

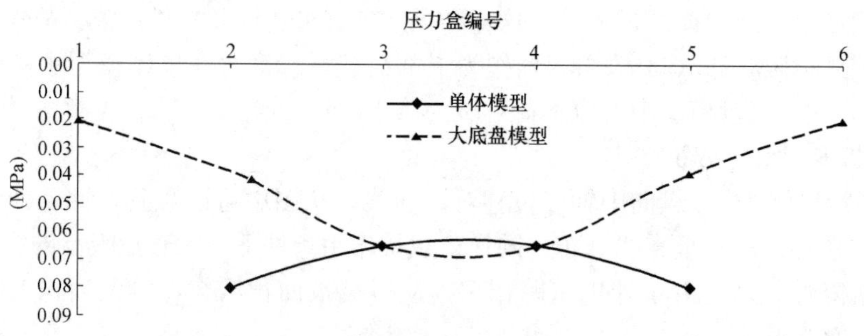

图 3.64　模型筏板纵向中轴线地基反力对比曲线

③ 柱、筏板内力对比分析

表 3.59 和表 3.60 分别为 1197.0kN 作用下的单体模型和大底盘模型柱内力计算值。从表中可以看到，大底盘模型的核心筒柱、纵向边柱 C5 和主楼角柱 D5 的轴力分别小于单体模型的核心筒柱，边柱和角柱的轴力，而大底盘模型横向边柱 D4 轴力却大

于单体模型边柱轴力，同时大底盘模型主楼边柱、角柱轴力之和大于单体模型边柱、角柱轴力之和，这表明大底盘模型中核心筒部分的荷载通过上部结构有效地传递到裙房边柱和角柱上。

单体模型柱内力计算值 **表 3.59**

荷载级别	核心筒柱		边柱		角柱		边柱角柱轴力和	与核心筒柱轴力比	施加总荷载(kN)	挠曲度($\times10^{-4}$)
	轴力(kN)	弯矩(kN·m)	轴力(kN)	弯矩(kN·m)	轴力(kN)	弯矩(kN·m)				
14	−195.8	−0.902	−35.6	−1.150	−32.2	0.038	−103.5	0.53	1197.0	6.76

大底盘模型柱内力计算值 **表 3.60**

荷载级别	核心筒 C4 柱		纵向边柱 C5		横向边柱 D4		主楼角柱 D5		边柱角柱轴力和	与核心筒柱轴力比	施加总荷载(kN)	挠曲度($\times10^{-4}$)
	轴力(kN)	弯矩(kN·m)	轴力(kN)	弯矩(kN·m)	轴力(kN)	弯矩(kN·m)	轴力(kN)	弯矩(kN·m)				
13	−160.5	0.62	−16.3	3.29	−53.8	−0.31	−23.2	0.54	−138.7	0.86	1197.0	7.36

图 3.65 为单体、大底盘模型各柱轴力对比曲线（3～14 级同等荷载作用条件下）。从图中可以看到，各级荷载作用下，两个模型核心筒柱轴力远大于其他边柱、角柱轴力值；大底盘核心筒柱轴力值小于单体核心筒柱轴力值；单体边柱轴力值大于大底盘主楼纵向边柱轴力值，却小于大底盘主楼横向边柱轴力值；单体角柱轴力值大于大底盘模型主楼角柱轴力值。这表明，核心筒柱承担了大部分的上部结构荷载，大底盘结构通过外扩 1 跨裙房可以有效地将上部结构荷载传递到裙房边柱和角柱上。

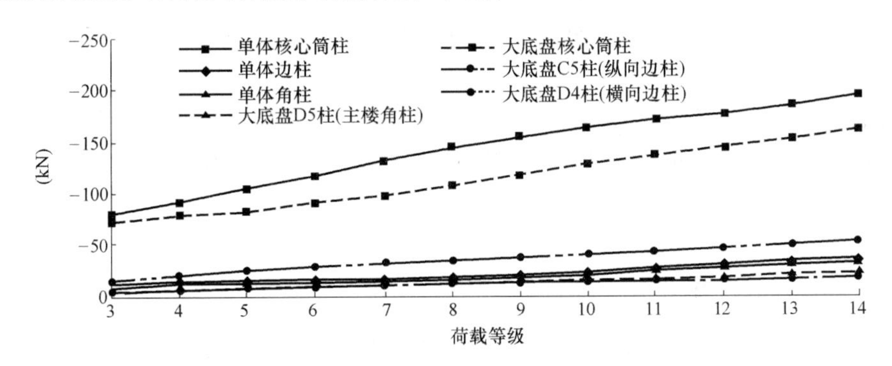

图 3.65 单体、大底盘模型各柱轴力对比曲线

5. 试验总结

（1）单体模型

筏板发生挠曲时，位移呈“盆形”分布，核心筒部分沉降均匀，基本呈直线分布。地基反力呈现“马鞍形”分布，地基反力由中部核心筒逐渐向周围边柱和角柱传递，其中角柱下的地基反力增长最快。第 14 级荷载（1197.0kN）作用下，单体模型各柱下地基反力比为：核心筒柱∶边柱∶角柱＝1∶1.24∶1.65。

核心筒柱的轴力最大，正常工作状态下核心筒部分承担了约 2/3 的上部结构荷载。在共同作用下结构产生内力重分布，上部荷载不断传递到边柱和角柱上，其中边柱增长速率最快。第14级荷载（1197.0kN）作用时，各柱轴力比为：核心筒柱∶边柱∶角柱=1∶0.18∶0.16。当筏板产生挠曲时，在上部结构共同作用下，边柱抑制筏板的挠曲作用最显著。边柱下筏板存在局部负弯矩现象。核心筒柱两侧筏板的弯矩值最大。

与核心筒柱相接的纵向梁底部、核心筒柱下筏板和各层角柱内侧区域楼板为单体结构中的薄弱环节，最易首先发生破坏。

（2）大底盘模型

筏板发生纵向挠曲时，纵向位移呈“盆形”分布，核心筒部分沉降均匀，基本呈直线分布。

纵向中轴线地基反力变形曲线与位移曲线基本相似，呈“盆形”分布。从加荷开始，共同作用已经显现，地基反力向核心筒周围柱传递，横向边柱下地基反力值增量最显著。大底盘模型发生纵向挠曲变形时，地基反力由中部向周围边柱、角柱传递，其中由于横向刚度大，变形小，故主楼横向边柱下地基反力值最大。

第13级荷载（1197.0kN）作用下，各柱下地基反力比值为：核心筒柱∶横向边柱：纵向边柱∶主楼角柱∶裙房边柱∶裙房角柱=1∶1.19∶0.59∶0.57∶0.32∶0.37，裙房下地基反力平均值约为核心筒下地基反力值的1/2。由于主楼纵向外扩1跨裙房，使得纵向刚度减小，呈现柔性板特征。主楼横轴方向刚度接近于单体模型中轴线方向刚度，

核心筒柱的轴力最大，正常工作状态下核心筒部分承担了约1/2的上部结构荷载。在共同作用下，结构产生内力重分布，上部荷载不断传递到主楼和裙楼的边柱、角柱上，其中主楼横向边柱增长速率最快。在第13级荷载（1197.0kN）作用下，各柱轴力比值为：核心筒柱∶纵向边柱∶裙房边柱∶横向边柱∶主楼角柱∶裙房角柱=1∶0.10∶0.05∶0.33∶0.14∶0.24。筏板产生纵向挠曲时，在上部结构共同作用下，裙房角柱和边柱抑制筏板的纵向挠曲发展，柱下筏板存在局部负弯矩现象。

与核心筒柱相接的纵向梁底部、核心筒柱下筏板、各层角柱内侧区域楼板、主裙楼交界处以及裙房角柱、边柱区域为大底盘结构的薄弱环节，最易首先发生破坏。

（3）单体、大底盘模型对比分析

两个模型的位移曲线均呈“盆形”分布，核心筒沉降呈直线分布。同样荷载量作用条件下，大底盘模型的沉降量小于单体模型的沉降量，这是由于外扩1跨裙房，使得筏板面积增大，单位面积上的荷载量减小，因而位移量减小。

两个模型的挠曲线分布规律基本相同。同等荷载作用条件下，大底盘模型主楼挠曲值大于单体模型的挠曲值，这是由于大底盘模型外扩1跨裙房，使得结构整体刚度降低，呈现柔性特征。

两个模型地基反力曲线呈现相反的分布状态：大底盘模型地基反力曲线呈“盆形”分布，与其位移曲线分布规律基本一致，单体模型地基反力则呈“鞍形”分布，与其位移曲线分布规律完全相反。相同上部荷载作用条件下，大底盘模型主楼中部地基反力值基本与单体模型中部地基反力值相等，表明大底盘主楼中部地基反力分布几乎不受外扩裙房的影响。因此可以得出，单体模型核心筒外围结构的地基反力值之和与大底盘模型核心筒外围结构的地基反力之和大致相等。

各级荷载作用下，两个模型核心筒柱轴力远大于其他边柱、角柱轴力值，承担了大部

分的上部结构荷载。大底盘核心筒柱轴力值小于单体核心筒柱轴力值；单体边柱轴力值大于大底盘主楼纵向边柱轴力值，却小于大底盘主楼横向边柱轴力值；单体角柱轴力值大于大底盘模型主楼角柱轴力值。核心筒柱承担了大部分的上部结构荷载，大底盘结构通过外扩1跨裙房可以有效地将上部结构荷载传递到裙房边柱和角柱上。

（4）单体、大底盘基础结构设计控制重点

单体框架一核心筒结构的核心筒分担的上部荷载大，而筒下的地基反力较小，在工程设计中，核心筒下筏板应作为重点控制部位。

大底盘框架一核心筒结构由于纵向外扩1跨裙房，结构纵向刚度降低，筏板呈现柔性板特征，与核心筒柱相接的纵向梁底部、核心筒柱下筏板、角柱内侧区域楼板、主裙楼交界处以及裙房角柱、裙房边柱区域为大底盘结构的薄弱环节，设计时应重点控制。

第 4 章 基于建造过程地基土工程特性的基础结构分析

4.1 单体高层建筑基础变形和地基反力分布[17]

4.1.1 单体高层建筑结构的基础变形和地基反力分布

基础结构分析

为了确定单体高层建筑结构的基础变形和地基反力分布，在我国 20 世纪 70 年代末～80 年代初国家建委组织有关单位进行了在建高层建筑的实测，并结合实测数据对当时全国采用的地基变形和地基反力共同作用分析方法的适用性进行了研讨。这些实测工程包括上海康乐路十二层住宅（1976 年）、上海华盛路高层住宅（1977 年）、上海四平路住宅（1981 年）、上海胸科医院外科大楼（1978 年）、上海妇幼保育院（1979 年）、保定冷库（1977 年）、北京建国门外 16 号公寓（1978 年）、北京中医医院病房楼（1978 年）、北京前三门 604 号工程（1978 年）等。系列研究工作及其讨论，对于国内外采用的共同作用方法的适用性进行了与实际工程测试结果的比对，对我国开始大规模开展的高层建筑箱筏基础设计理论及基础结构内力分析提出了简化适用的方法。主要结论包括高层建筑箱筏基础基底反力分布系数、箱筏基础内力简化分析方法以及基础板的弯、剪、冲验算的简化表达式等。这些成果已写入《高层建筑箱形基础技术规范》JGJ 6—80，使得我国箱形基础设计水平达到了国际先进水平。该标准的附录二给出了箱形基础（与以后修订的 99 版附录 C、2012 版附录 E 中内容一致）地基反力系数。从该表的数值可看出，具有一定基础和结构竖向变形刚度的箱筏基础地基反力分布为“鞍形”，即基础两端反力较大，大于平均反力，而刚度较大的内筒部位，反力为平均反力的 70%～80%。采用该反力分布形态，采用简化分析方法（既不采用共同作用分析方法）即可得到考虑整体弯曲作用的基础结构内力结果。该计算结果，与采用共同作用分析方法的分析结果的差异，在于上部结构的作用力未考虑基础变形引起的荷载调整，在基础结构构件抗力计算分析时，采用调整作用力大小的方法，保证基础结构构件设计安全。此方法大大简化了计算分析工作，推动了我国高层建筑技术的推广应用。

为了进一步说明单体高层建筑结构的荷载传递及基础变形、地基反力分布特征，按上述共同作用计算分析方法，进行模拟工程实际情况的计算分析。

计算模型采用如图 4.1 所示 3×5 跨单体框架-核心筒结构，柱距为 8m，筏板基础，筏板厚为 1.5m，筏板沿结构周边挑出 1 倍板厚。地下结构为 2～4 层，地上结构为 20 层，层高 3m。地下室 2 层埋深－7.0m，3 层埋深－10.0m，4 层埋深－13.0m。

框架柱截面尺寸为 800mm×800mm，框架梁截面尺寸为 600mm×300mm，楼板厚度为 200mm，剪力墙厚度为 200mm。地基压缩模量 $E_{s0.1-0.2}$ 取 10MPa，$E_{s0.2-0.3}$ 取 15MPa，考虑回弹再压缩变形，地基回弹再压缩模量 E_c 取 25MPa。楼层荷载取 15kPa。

为保证计算的地基反力与输入的地基刚度对应的基础底面反力相匹配，满足偏差小于 10%的精度要求，进行一次迭代结果即可满足要求。

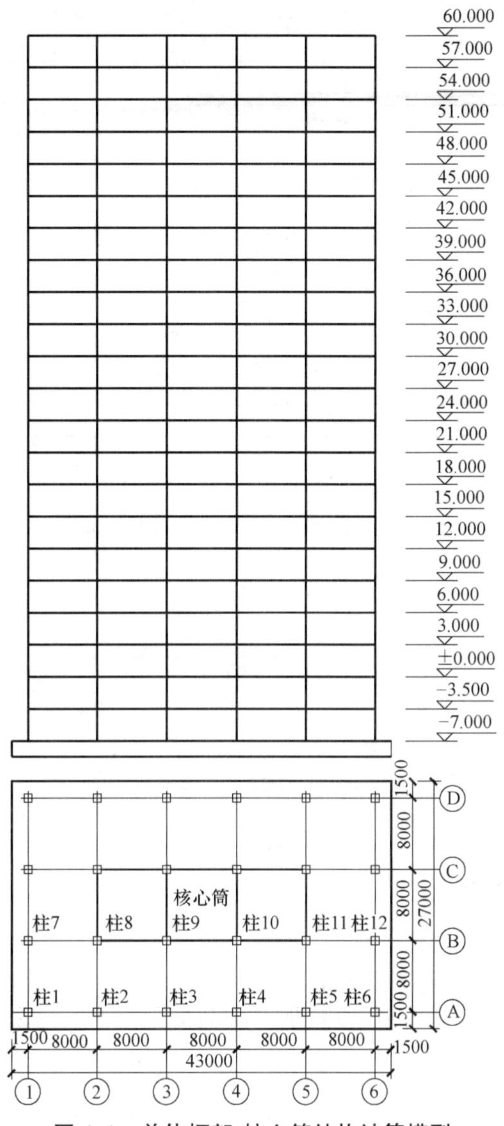

图 4.1 单体框架-核心筒结构计算模型

2～4 层地下室数值计算结果如下：

（1）基础沉降

2～4 层地下室 B 轴、②轴沉降计算值，见表 4.1、表 4.2；B 轴、②轴沉降曲线见图 4.2、图 4.3。计算结果可知，单体结构基础沉降呈“盆形”，中间大，边端小；随基础埋深增加，基础沉降减少，但基础沉降分布规律一致，纵向挠度最大值为 1.6×10^{-4}～1.7×10^{-4}，横向挠度最大值为 2.6×10^{-4}～2.7×10^{-4}。

2～4 层地下室 B 轴沉降计算值（m） **表 4.1**

B 轴	1	2	3	4	5	6	挠曲值（$\times10^{-4}$）
cj-2	−0.0447	−0.0499	−0.0510	−0.0510	−0.0499	−0.0447	1.56
cj-3	−0.0433	−0.0486	−0.0497	−0.0497	−0.0486	−0.0433	1.60
cj-4	−0.0419	−0.0473	−0.0484	−0.0484	−0.0473	−0.0410	1.63

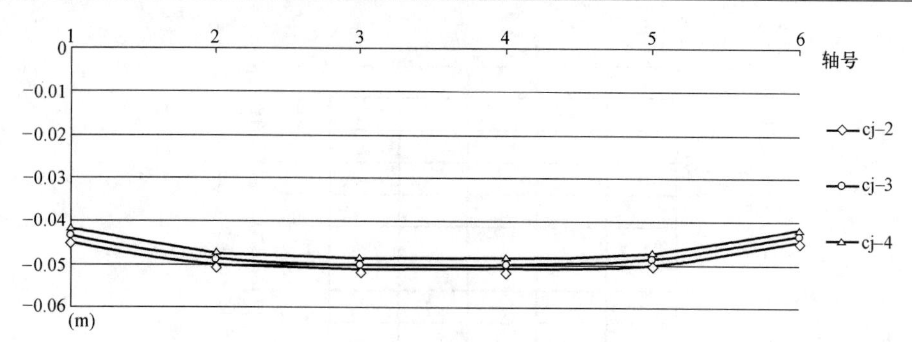

图 4.2　B 轴沉降曲线

2～4 层地下室②轴沉降计算值（m）　　表 4.2

②轴	1	2	3	4	挠曲值（$\times 10^{-4}$）
cj-2	−0.0437	−0.0499	−0.0499	−0.0437	2.62
cj-3	−0.0422	−0.0486	−0.0486	−0.0422	2.68
cj-4	−0.0407	−0.0473	−0.0473	−0.0407	2.75

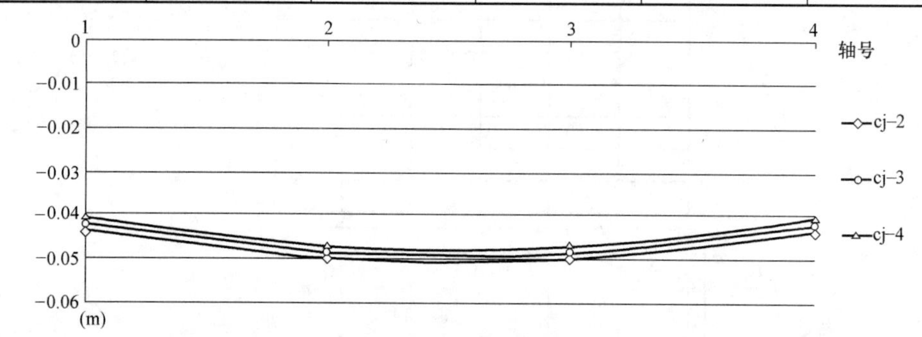

图 4.3　②轴沉降曲线

（2）地基反力

2 层、3 层、4 层地下室地基反力值见表 4.3～表 4.5；2～4 层地下室 B 轴地基反力值见表 4.6；②轴地基反力值见表 4.7；B 轴、②轴地基反力曲线见图 4.4、图 4.5。由计算结果可知，单体结构基底反力呈“鞍形”，中间小，边端大；随基础埋深增加，基底反力增大，但基底反力分布规律一致，内筒部分为平均值的 75.8%，边端部分横向最大反力为平均值的 148.5%，纵向最大反力为平均值的 114.8%。

2 层地下室地基反力值（kPa）　　表 4.3

	①轴	②轴	③轴	④轴	⑤轴	⑥轴
A 轴	−549.54	−434.25	−424.76	−424.76	−434.25	−549.54
B 轴	−404.87	−280.40	−278.69	−278.69	−280.40	−404.87
C 轴	−404.87	−280.40	−278.69	−278.69	−280.40	−404.87
D 轴	−549.54	−434.25	−424.76	−424.76	−434.25	−549.54

3 层地下室地基反力值（kPa）　　表 4.4

	①轴	②轴	③轴	④轴	⑤轴	⑥轴
A 轴	−568.12	−450.07	−441.01	−441.01	−450.07	−568.12
B 轴	−420.06	−292.11	−290.76	−290.76	−292.11	−420.06
C 轴	−420.06	−292.11	−290.76	−290.76	−292.11	−420.06
D 轴	−568.12	−450.07	−441.01	−441.01	−450.07	−568.12

4 层地下室地基反力值（kPa） **表 4.5**

	①轴	②轴	③轴	④轴	⑤轴	⑥轴
A 轴	−586.75	−465.87	−457.18	−457.18	−465.87	−586.75
B 轴	−435.24	−303.85	−302.86	−302.86	−303.85	−435.24
C 轴	−435.24	−303.85	−302.86	−302.86	−303.85	−435.24
D 轴	−586.75	−465.87	−457.18	−457.18	−465.87	−586.75

2～4 层地下室 B 轴地基反力值（kPa） **表 4.6**

B 轴	①轴	②轴	③轴	④轴	⑤轴	⑥轴
fl-2	−404.87	−280.40	−278.69	−278.69	−280.40	−404.87
fl-3	−420.06	−292.11	−290.76	−290.76	−292.11	−420.06
fl-4	−435.24	−303.85	−302.86	−302.86	−303.85	−435.24

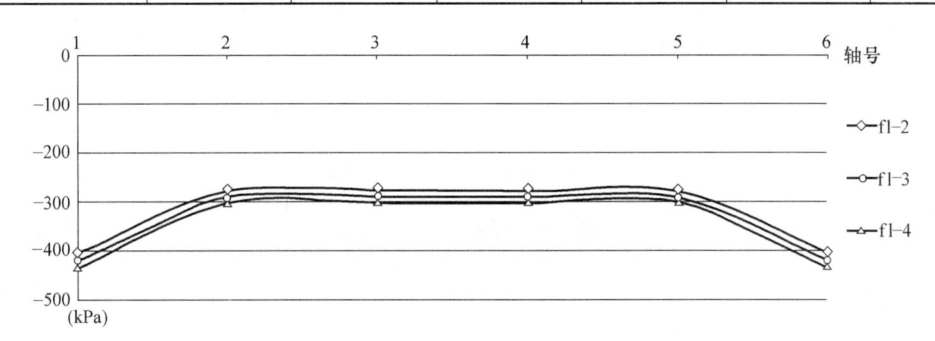

图 4.4 B 轴反力曲线

②轴地基反力值（kPa） **表 4.7**

②轴	A 轴	B 轴	C 轴	D 轴
fl-2	−434.25	−280.40	−280.40	−434.25
fl-3	−450.07	−292.11	−292.11	−450.07
fl-4	−465.87	−303.85	−303.85	−465.87

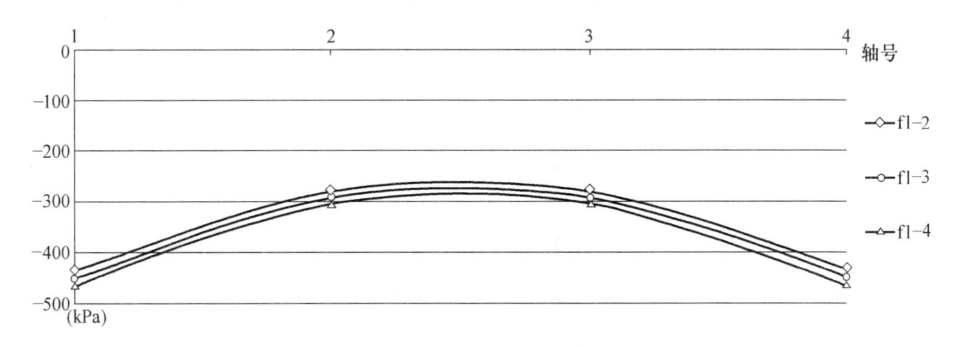

图 4.5 ②轴反力曲线

（3）基础柱端内力

3×5 跨单体框架-核心筒结构底层柱编号见图 4.6。2 层、3 层、4 层地下室柱端内力计算值见表 4.8～表 4.10；2～4 层地下室柱轴力计算值见表 4.11。由计算结果可知，角柱边柱柱轴力小于内柱，内筒承担的荷载为竖向总荷载值的 48%。随基础埋深增加，柱端内力增加，但分布规律一致。

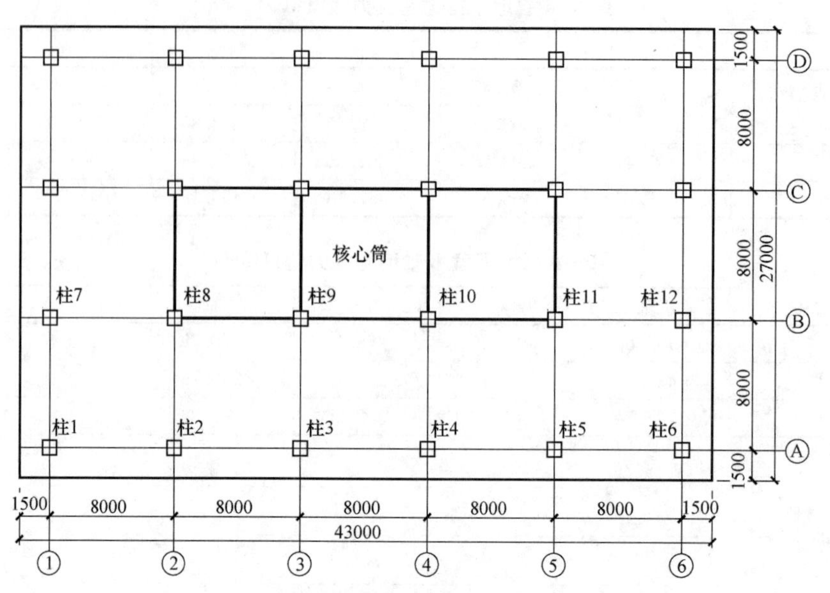

图 4.6　3×5 跨单体框架-核心筒结构底层柱编号图

2 层地下室柱端内力计算值　　　　**表 4.8**

柱端内力	N(kN)	Q_x(kN)	Q_y(kN)	M_x(kN·m)	M_y(kN·m)
柱 1	−9212.0	−805.4	646.1	489.0	614.4
柱 2	−10980.0	−656.7	652.9	571.4	536.2
柱 3	−11040.0	−616.6	458.9	388.4	500.6
柱 7	−9984.0	−460.9	647.6	520.1	411.1
柱 8	−18321.0	−267.6	590.8	576.2	257.7
柱 9	−19663.0	−315.3	296.8	282.8	280.6

3 层地下室柱端内力计算值　　　　**表 4.9**

柱端内力	N(kN)	Q_x(kN)	Q_y(kN)	M_x(kN·m)	M_y(kN·m)
柱 1	−9724.0	−830.3	664.9	503.2	633.2
柱 2	−11460.0	−684.2	674.1	589.7	558.7
柱 3	−11520.0	−644.4	478.1	404.4	523.3
柱 7	−10400.0	−475.3	673.1	540.7	423.8
柱 8	−19131.4	−277.9	613.9	598.6	267.6
柱 9	−20564.6	−328.7	310.0	295.3	292.6

4 层地下室柱端内力计算值　　　　**表 4.10**

柱端内力	N(kN)	Q_x(kN)	Q_y(kN)	M_x(kN·m)	M_y(kN·m)
柱 1	−10240.0	−855.0	683.4	517.2	651.9
柱 2	−11940.0	−712.0	695.2	607.9	581.5
柱 3	−12000.0	−672.7	497.4	420.6	546.3
柱 7	−10820.0	−489.6	698.7	561.3	436.5
柱 8	−19939.2	−288.4	637.0	621.1	277.7
柱 9	−21460.8	−342.3	323.4	307.9	304.7

2～4层地下室柱轴力计算值（kN） 表4.11

柱端轴力	柱1	柱2	柱3	柱7	柱8	柱9
2层地下室	−9212	−10980	−11040	−9984	−18321	−19663
3层地下室	−9724	−11460	−11520	−10400	−19131	−20565
4层地下室	−10240	−11940	−12000	−10820	−19939	−21461

由于基础挠曲变形的作用，柱端内力的剪力值、弯矩值与不考虑地基变形影响的计算结果相比，均有较大变化，设计时应予以考虑。

（4）筏板弯矩

筏板弯矩图见图4.7。图中结果可知，算例的结构形式，纵向弯矩较大，横向弯矩较小，显现出纵向挠曲的变形特征。

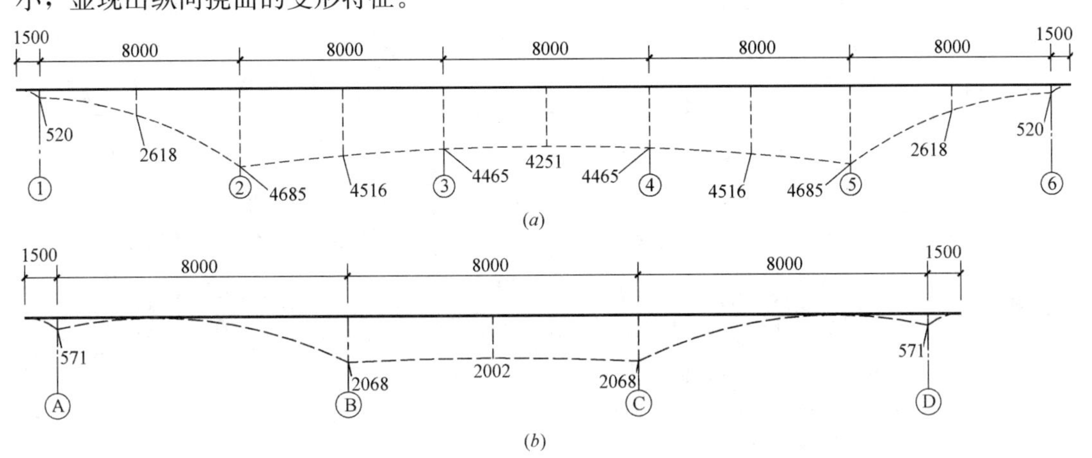

图4.7 3×5跨单体框架-核心筒筏板弯矩图

（*a*）B轴；（*b*）②轴

4.1.2 假定地基不变形的内力分析结果

在上述结构计算参数不变，不考虑地基变形（地基刚度无限大）工况下，2层、3层、4层地下室柱端内力计算值见表4.12～表4.14；2～4层地下室柱轴力计算值见表4.15。计算结果可知，刚度较大的内筒承担了近56%的竖向荷载。

2层地下室柱端内力计算值 表4.12

柱端内力	N(kN)	Q_x(kN)	Q_y(kN)	M_x(kN·m)	M_y(kN·m)
柱1	−6124.0	−8.6	15.0	20.9	12.9
柱2	−9357.0	−3.0	13.0	17.6	0.1
柱3	−9587.0	−2.7	6.7	6.4	−0.5
柱7	−9335.0	−3.7	12.9	−0.2	12.7
柱8	−19131.0	−0.8	21.3	−0.3	25.3
柱9	−25666.0	−2.3	9.3	−0.1	10.0

3层地下室柱端内力计算值 表4.13

柱端内力	N(kN)	Q_x(kN)	Q_y(kN)	M_x(kN·m)	M_y(kN·m)
柱1	−6440.0	−9.0	15.7	21.8	13.4
柱2	−9714.0	−3.2	13.7	18.4	0.4
柱3	−9957.0	−2.9	7.1	6.9	−0.3
柱7	−9689.0	−3.8	13.7	−0.2	13.6
柱8	−20065.8	−0.9	22.5	−0.3	26.8
柱9	−26934.2	−2.5	9.9	−0.1	10.7

4层地下室柱端内力计算值 **表 4.14**

柱端内力	N(kN)	Q_x(kN)	Q_y(kN)	M_x(kN·m)	M_y(kN·m)
柱1	−6757.0	−9.3	16.4	22.7	13.9
柱2	−10070.0	−3.4	14.3	19.3	0.6
柱3	−10320.0	−3.1	7.5	7.3	−0.2
柱7	−10040.0	−3.9	14.5	−0.2	14.5
柱8	−21005.0	−0.9	23.8	−0.3	28.3
柱9	−28208.0	−2.6	10.5	−0.1	11.3

2～4层地下室柱轴力计算值（kN） **表 4.15**

柱轴力	柱1	柱2	柱3	柱7	柱8	柱9
2层地下室	−6124	−9357	−9587	−9335	−19131	−25666
3层地下室	−6440	−9714	−9957	−9689	−20066	−26934
4层地下室	−6757	−10070	−10320	−10040	−21005	−28208

4.1.3 风荷载（或水平地震荷载）作用的柱下轴力

在结构分析过程中，风荷载的作用（包括水平地震作用）被认为是在地基变形稳定后施加的荷载作用，可按地基不变形的情况计算，然后与其他工况的计算结果叠加。

根据工程实践的经验总结，对于高度60～80m的内筒外框结构，风荷载作用的柱下轴力值与仅竖向荷载作用的柱下轴力值相比，增大幅度约为1.2%～2.0%。对于七度地震设防地区，地震水平力作用增大幅度为5%～8%。

在结构计算参数不变的情况下，施加x轴方向风荷载，风荷载总值为1086kN；施加y轴方向风荷载，风荷载总值为1810kN。

按照下列3种工况分别进行计算：

① 单独施加竖向荷载；

② 单独施加水平荷载；

③ 施加水平、竖向荷载组合。

x向水平荷载作用下底层柱轴力见表4.16；竖向荷载、x向水平荷载作用下底层柱轴力见表4.17；y向水平荷载作用下底层柱轴力见表4.18；竖向荷载、y向水平荷载作用下底层柱轴力见表4.19。由计算结果可知，工况①和工况②分别计算的结果进行叠加，叠加结果与工况③的计算结果相同；水平风荷载作用，地基不变形工况结构内力分析结果，与基础底板相接的柱端剪力、弯矩值均较小，柱端内力的变化主要为柱端轴力。

x向水平荷载作用下底层柱轴力（kN） **表 4.16**

柱轴力	柱1	柱2	柱3	柱7	柱8	柱9
2层地下室	−21	−19	−7	−39	−179	−41
3层地下室	−25	−22	−8	−45	−191	−45
4层地下室	−28	−25	−9	−50	−204	−49

竖向荷载、x向水平荷载作用下底层柱轴力（kN） **表 4.17**

柱轴力	柱1	柱2	柱3	柱7	柱8	柱9
2层地下室	−6145	−9376	−9594	−9374	−19310	−25707
3层地下室	−6465	−9736	−9965	−9734	−20257	−26979
4层地下室	−6785	−10095	−10329	−10090	−21209	−28257

x 方向水平荷载作用下柱轴力最大增加 1.34%。

y 向水平荷载作用下底层柱轴力（kN） **表 4.18**

柱轴力	柱 1	柱 2	柱 3	柱 7	柱 8	柱 9
2 层地下室	−90	−141	−148	−35	−412	−375
3 层地下室	−102	−159	−167	−40	−438	−400
4 层地下室	−116	−178	−187	−45	−463	−425

竖向荷载、y 向水平荷载作用下底层柱轴力（kN） **表 4.19**

柱轴力	柱 1	柱 2	柱 3	柱 7	柱 8	柱 9
2 层地下室	−6214	−9498	−9735	−9370	−19543	−26041
3 层地下室	−6542	−9873	−10124	−9729	−20504	−27334
4 层地下室	−6873	−10248	−10507	−10085	−21468	−28633

y 方向水平荷载作用下柱轴力最大增加 1.98%。

由计算结果可知，假定地基不变形的基础结构内力分析，与基础底板连接的柱端弯矩、剪力值均较小。而考虑地基变形时该值较大，这与基础板的整体挠曲变形相关。

比较不考虑地基变形影响与考虑地基变形影响两种计算工况的计算结果，可知：

（1）在竖向荷载作用下考虑地基变形影响时，不同埋深的高层建筑柱轴力随地下室层数增加，轴力随之增加；对于相同地下室埋深，柱轴力内筒部分大于边柱、角柱。相对于不考虑地基变形的工况，角柱边柱轴力增大较大，按本算例的结果角柱增大 50%，边柱增大 7%（纵向）～17%（横向）。

（2）对于总竖向荷载的分担比例，不考虑地基变形时，内筒分担 56.6%；考虑地基变形影响内筒分担总荷载的 48%，向外框柱转移了 8.6%。同时可知，考虑基础沉降变形的基础结构内力与不考虑地基变形的分析结果有一定差异，冲剪控制的底板厚度应增加，外框柱的内力有所增加，在设计中应予以调整。

4.1.4 规范对考虑基础沉降变形影响的单体高层建筑结构内力分析结果的调整

考虑到结构内力分析时不考虑基础沉降变形的假定与实际结构存在沉降变形影响的差异，《建筑地基基础设计规范》GB 50007—2011 在基础底板设计计算中进行若干调整，以保证基础设计的安全。

（1）基础底面积设计中，控制地基的最大地基反力不大于 1.2 倍地基承载力特征值，满足长期荷载作用下地基土不出现过大塑性变形的使用要求。

（2）基础底板刚度设计时，对内筒冲剪计算时增加内筒冲切临界截面周长影响系数。

（3）对基础边柱、角柱冲剪验算时，其冲切力分别乘以 1.1 和 1.2 的增大系数。

4.2 大底盘高层建筑基础变形和地基反力分布[17],[26]

4.2.1 “大底盘”基础结构内力分析模型

图 4.8 为 3×5 跨大底盘框架－核心筒结构，柱距为 8m，筏板基础，筏板厚为 1.5m，筏板沿结构周边挑出 1 倍板厚。地下结构为 2～4 层，地上结构为 20 层，层高 3m。地下室 2 层埋深－7.0m，3 层埋深－10.0m，4 层埋深－13.0m。

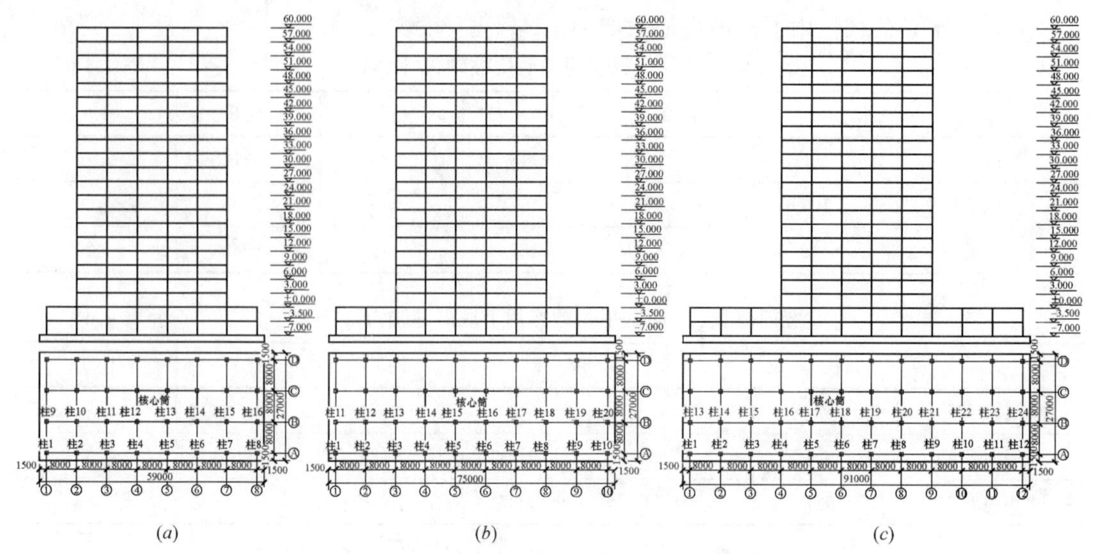

图 4.8　大底盘框架-核心筒结构计算模型

(*a*) 外挑 1 跨；(*b*) 外挑 2 跨；(*c*) 外挑 3 跨

框架柱截面尺寸为 800mm×800mm，框架梁截面尺寸为 600mm×300mm，楼板厚度为 200mm，剪力墙厚度为 200mm。地基压缩模量 $E_{s0.1\text{-}0.2}$ 取 10MPa，$E_{s0.2\text{-}0.3}$ 取 15MPa，考虑回弹再压缩变形，地基回弹再压缩模量 E_c 取 25MPa。

为保证计算的地基反力与输入的地基刚度对应的基础底面反力相匹配，满足偏差小于 10%的精度要求，进行迭代计算，一次迭代结果即可满足要求。

4.2.2　大底盘基础结构考虑地基变形的基础沉降和地基反力分布

(1) 2 层地下室基础沉降

表 4.20～表 4.22 分别为 2 层地下室裙房结构分别外挑 1 跨、2 跨、3 跨时的基础沉降计算值；表 4.23 为 2 层地下室裙房结构分别外挑 1 跨、2 跨、3 跨 B 轴基础沉降计算值；表 4.24 为 2 层地下室裙房结构外挑 1～3 跨内筒横向边缘基础沉降计算值；图 4.9 为 2 层地下室裙房结构分别外挑 1 跨、2 跨、3 跨时 B 轴基础沉降曲线；图 4.10 为 2 层地下室裙房结构分别外挑 1 跨、2 跨、3 跨时内筒横向边缘基础沉降曲线。

2 层地下室外挑 1 跨基础沉降计算值 (m)　　**表 4.20**

	①轴	②轴	③轴	④轴	⑤轴	⑥轴	⑦轴	⑧轴
A 轴	-0.0170	−0.0338	−0.0427	−0.0446	−0.0446	−0.0427	−0.0338	−0.0170
B 轴	−0.0267	−0.0377	−0.0481	−0.0495	−0.0495	−0.0481	−0.0377	−0.0267
C 轴	−0.0267	−0.0377	−0.0481	−0.0495	−0.0495	−0.0481	−0.0377	−0.0267
D 轴	−0.0170	−0.0338	−0.0427	−0.0446	−0.0446	−0.0427	−0.0338	−0.0170

2 层地下室外挑 2 跨基础沉降计算值 (m)　　**表 4.21**

	①轴	②轴	③轴	④轴	⑤轴	⑥轴	⑦轴	⑧轴	⑨轴	⑩轴
A 轴	−0.0054	−0.0192	−0.0342	−0.0427	−0.0444	−0.0444	−0.0425	−0.0340	−0.0192	−0.0053
B 轴	−0.0146	−0.0253	−0.0380	−0.0480	−0.0493	−0.0493	−0.0479	−0.0379	−0.0252	−0.0146
C 轴	−0.0146	−0.0253	−0.0380	−0.0480	−0.0493	−0.0492	−0.0478	−0.0378	−0.0253	−0.0147
D 轴	−0.0053	−0.0192	−0.0341	−0.0426	−0.0444	−0.0443	−0.0424	−0.0340	−0.0193	−0.0057

2 层地下室外挑 3 跨基础沉降计算值（m） 表 4.22

	①轴	②轴	③轴	④轴	⑤轴	⑥轴	⑦轴	⑧轴	⑨轴	⑩轴	⑪轴	⑫轴
A 轴	−0.0018	−0.0093	−0.0201	−0.0340	−0.0423	−0.0442	−0.0442	−0.0423	−0.0340	−0.0201	−0.0093	−0.0018
B 轴	−0.0033	−0.0116	−0.0234	−0.0379	−0.0477	−0.0490	−0.0490	−0.0477	−0.0379	−0.0234	−0.0116	−0.0033
C 轴	−0.0033	−0.0116	−0.0234	−0.0379	−0.0477	−0.0490	−0.0490	−0.0477	−0.0379	−0.0234	−0.0116	−0.0033
D 轴	−0.0018	−0.0093	−0.0201	−0.0340	−0.0423	−0.0442	−0.0442	−0.0423	−0.0340	−0.0201	−0.0093	−0.0018

2 层地下室外挑 1～3 跨 B 轴基础沉降计算值（m） 表 4.23

B 轴	1	2	3	4	5	6
cj-2-1			−0.0267	−0.0377	−0.0481	−0.0495
cj-2-2		−0.0146	−0.0253	−0.0380	−0.0480	−0.0493
cj-2-3	−0.0033	−0.0116	−0.0234	−0.0379	−0.0477	−0.0490

B 轴	7	8	9	10	11	12	挠曲值
cj-2-1	−0.0495	−0.0481	−0.0377	−0.0267			2.94
cj-2-2	−0.0493	−0.0480	−0.0380	−0.0253	−0.0146		2.83
cj-2-3	−0.0490	−0.0477	−0.0379	−0.0234	−0.0116	−0.0033	2.79

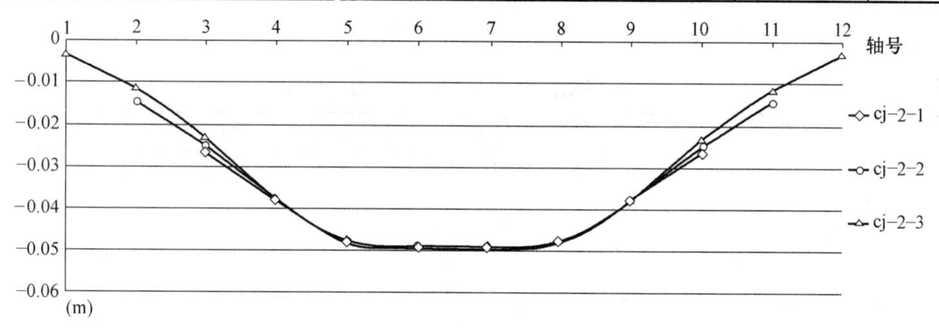

图 4.9 2 层地下室外挑 1～3 跨 B 轴基础沉降曲线

2 层地下室外挑 1～3 跨内筒横向边缘基础沉降计算值（m） 表 4.24

内筒横向边缘	1	2	3	4	挠曲值（$\times10^{-4}$）
cj-2-1	−0.0338	−0.0377	−0.0377	−0.0338	1.65
cj-2-2	−0.0342	−0.0380	−0.0380	−0.0341	1.64
cj-2-3	−0.0340	−0.0379	−0.0379	−0.0340	1.63

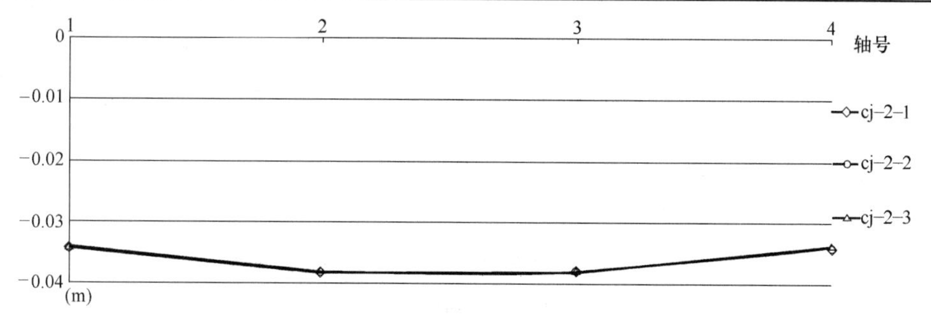

图 4.10 2 层地下室外挑 1～3 跨内筒横向边缘沉降曲线

（2）2 层地下室地基反力

表 4.25～表 4.27 分别为 2 层地下室裙房结构分别外挑 1 跨、2 跨、3 跨时的地反力计算值；表 4.28 为 2 层地下室裙房结构分别外挑 1 跨、2 跨、3 跨 B 轴地基反力计算值；

表4.29为2层地下室裙房结构外挑1～3跨内筒横向边缘地基反力计算值；图4.11为2层地下室裙房结构分别外挑1跨、2跨、3跨时B轴地基反力分布曲线；图4.12为2层地下室裙房结构分别外挑1跨、2跨、3跨时内筒横向边缘地基反力分布曲线。

2层地下室外挑1跨地基反力计算值（kPa）　　表4.25

	①轴	②轴	③轴	④轴	⑤轴	⑥轴	⑦轴	⑧轴
A轴	−196.79	−303.99	−396.78	−421.92	−421.90	−396.75	−303.99	−196.79
B轴	−171.89	−199.79	−263.96	−274.13	−274.12	−263.92	−199.77	−171.89
C轴	−171.89	−199.79	−263.96	−274.13	−274.12	−263.92	−199.77	−171.89
D轴	−196.79	−303.99	−396.78	−421.92	−421.90	−396.75	−303.99	−196.79

2层地下室外挑2跨反力计算值（kPa）　　表4.26

	①轴	②轴	③轴	④轴	⑤轴	⑥轴	⑦轴	⑧轴	⑨轴	⑩轴
A轴	−128.18	−187.17	−299.24	−396.99	−421.25	−420.85	−395.99	−298.27	−186.54	−127.83
B轴	−88.79	−131.22	−198.16	−263.79	−273.82	−273.56	−263.13	−197.61	−131.00	−88.95
C轴	−88.79	−131.22	−198.16	−263.79	−273.82	−273.56	−263.13	−197.61	−131.00	−88.95
D轴	−128.18	−187.17	−299.24	−396.99	−421.25	−420.85	−395.99	−298.27	−186.54	−127.83

2层地下室外挑3跨反力计算值（kPa）　　表4.27

	①轴	②轴	③轴	④轴	⑤轴	⑥轴	⑦轴	⑧轴	⑨轴	⑩轴	⑪轴	⑫轴
A轴	−81.00	−115.40	−194.56	−298.28	−394.10	−419.05	−419.05	−394.10	−298.28	−194.56	−115.40	−81.00
B轴	−64.95	−89.13	−135.36	−197.72	−262.22	−272.63	−272.63	−262.22	−197.72	−135.36	−89.13	−64.95
C轴	−64.95	−89.13	−135.36	−197.72	−262.22	−272.63	−272.63	−262.22	−197.72	−135.36	−89.13	−64.95
D轴	−81.00	−115.40	−194.56	−298.28	−394.10	−419.05	−419.05	−394.10	−298.28	−194.56	−115.40	−81.00

2层地下室外挑1～3跨B轴反力计算值（kPa）　　表4.28

B轴	1	2	3	4	5	6	7	8	9	10	11	12
fl-2-1			−171.89	−199.79	−263.96	−274.13	−274.13	−263.96	−199.79	−171.89		
fl-2-2		−93.79	−141.22	−198.16	−263.79	−273.82	−273.82	−263.79	−198.16	−141.22	−93.79	
fl-2-3	−64.95	−89.13	−135.36	−197.72	−262.22	−272.63	−272.63	−262.22	−197.72	−135.36	−89.13	−64.95

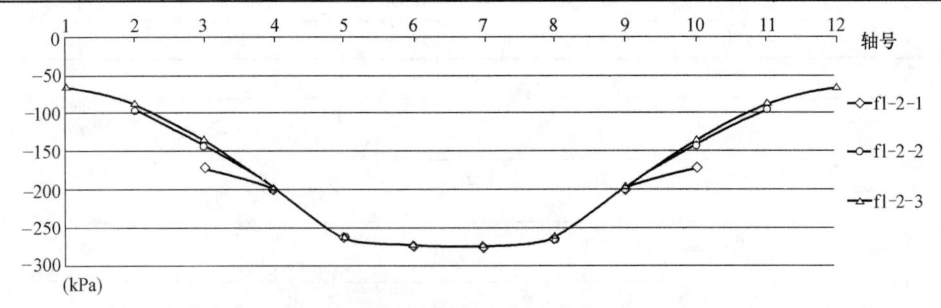

图4.11　2层地下室外挑1～3跨B轴反力曲线

2层地下室外挑1～3跨内筒横向边缘反力计算值（kPa）　　表4.29

内筒横向边缘	1	2	3	4
fl-2-1	−303.99	−199.79	−199.79	−303.99
fl-2-2	−299.24	−198.16	−198.16	−299.24
fl-2-3	−298.28	−197.72	−197.72	−298.28

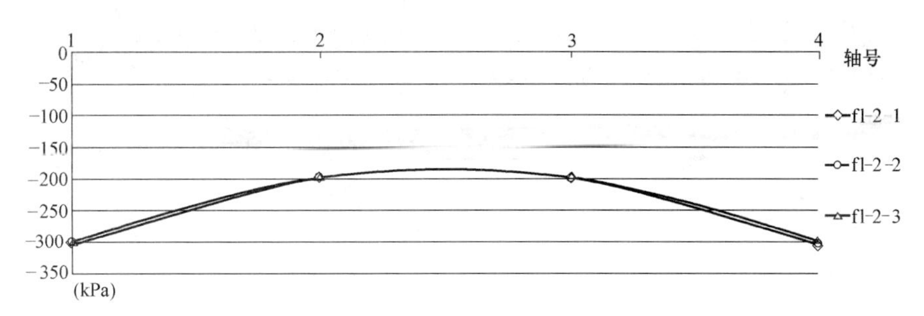

图 4.12 2 层地下室外挑 1～3 跨内筒横向边缘反力曲线

（3）3 层地下室基础沉降

表 4.30～表 4.32 为 3 层地下室裙房结构分别外挑 1 跨、2 跨、3 跨时的基础沉降计算值；表 4.33 为 3 层地下室裙房结构分别外挑 1 跨、2 跨、3 跨 B 轴基础沉降计算值；表 4.34 为 3 层地下室裙房结构外挑 1～3 跨内筒横向边缘基础沉降计算值；图 4.13 为 3 层地下室裙房结构分别外挑 1 跨、2 跨、3 跨时 B 轴基础沉降曲线；图 4.14 为 3 层地下室裙房结构分别外挑 1 跨、2 跨、3 跨时内筒横向边缘基础沉降曲线。

3 层地下室外挑 1 跨基础沉降计算值（m）　　表 4.30

	①轴	②轴	③轴	④轴	⑤轴	⑥轴	⑦轴	⑧轴
A 轴	−0.0171	−0.0331	−0.0416	−0.0433	−0.0433	−0.0416	−0.0331	−0.0171
B 轴	−0.0270	−0.0372	−0.0472	−0.0485	−0.0485	−0.0472	−0.0371	−0.0270
C 轴	−0.0270	−0.0372	−0.0472	−0.0485	−0.0485	−0.0472	−0.0371	−0.0270
D 轴	−0.0171	−0.0331	−0.0416	−0.0433	−0.0433	−0.0416	−0.0331	−0.0172

3 层地下室外挑 2 跨基础沉降计算值（m）　　表 4.31

	①轴	②轴	③轴	④轴	⑤轴	⑥轴	⑦轴	⑧轴	⑨轴	⑩轴
A 轴	−0.0066	−0.0196	−0.0337	−0.0417	−0.0433	−0.0432	−0.0414	−0.0334	−0.0194	−0.0065
B 轴	−0.0160	−0.0258	−0.0377	−0.0472	−0.0484	−0.0483	−0.0469	−0.0374	−0.0257	−0.0160
C 轴	−0.0160	−0.0258	−0.0376	−0.0472	−0.0484	−0.0483	−0.0469	−0.0374	−0.0258	−0.0163
D 轴	−0.0065	−0.0195	−0.0336	−0.0415	−0.0431	−0.0430	−0.0412	−0.0333	−0.0197	−0.0072

3 层地下室外挑 3 跨基础沉降计算值（m）　　表 4.32

	①轴	②轴	③轴	④轴	⑤轴	⑥轴	⑦轴	⑧轴	⑨轴	⑩轴	⑪轴	⑫轴
A 轴	−0.0033	−0.0104	−0.0206	−0.0335	−0.0413	−0.0430	−0.0430	−0.0413	−0.0335	−0.0206	−0.0104	−0.0033
B 轴	−0.0050	−0.0129	−0.0240	−0.0376	−0.0469	−0.0482	−0.0482	−0.0469	−0.0376	−0.0240	−0.0129	−0.0050
C 轴	−0.0050	−0.0129	−0.0240	−0.0376	−0.0469	−0.0482	−0.0482	−0.0469	−0.0376	−0.0240	−0.0129	−0.0050
D 轴	−0.0033	−0.0104	−0.0206	−0.0335	−0.0413	−0.0430	−0.0430	−0.0413	−0.0335	−0.0206	−0.0104	−0.0033

3 层地下室外挑 1～3 跨 B 轴基础沉降计算值（m）　　表 4.33

B 轴	1	2	3	4	5	6	7	8	9	10	11	12	挠曲值
cj-3-1			−0.0270	−0.0372	−0.0472	−0.0485	−0.0485	−0.0472	−0.0372	−0.0270			2.84
cj-3-2		−0.0160	−0.0258	−0.0377	−0.0472	−0.0484	−0.0484	−0.0472	−0.0377	−0.0258	−0.0160		2.70
cj-3-3	−0.0050	−0.0129	−0.0240	−0.0376	−0.0469	−0.0482	−0.0482	−0.0469	−0.0376	−0.0240	−0.0129	−0.0050	2.66

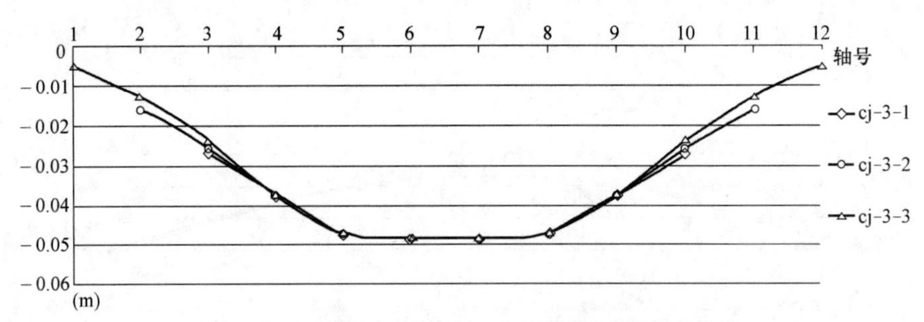

图 4.13　3 层地下室外挑 1～3 跨 B 轴基础沉降曲线

3 层地下室外挑 1～3 跨内筒横向边缘基础沉降计算值（m）　　表 4.34

内筒横向边缘	1	2	3	4	挠曲值（$\times10^{-4}$）
cj-3-1	−0.0331	−0.0372	−0.0372	−0.0331	1.71
cj-3-2	−0.0337	−0.0377	−0.0376	−0.0336	1.70
cj-3-3	−0.0335	−0.0376	−0.0376	−0.0335	1.70

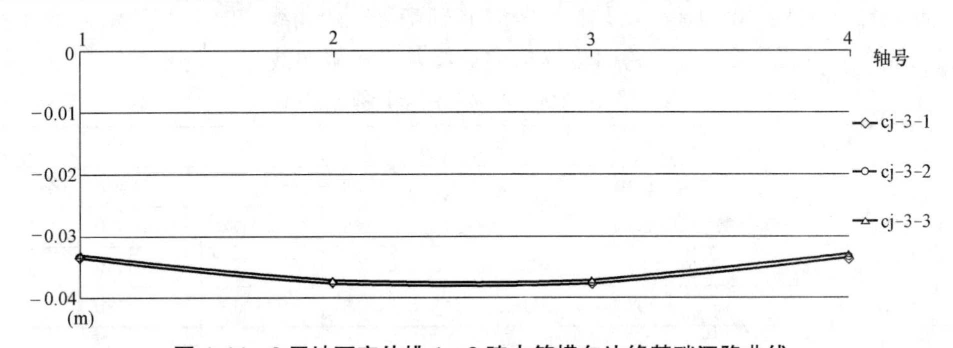

图 4.14　3 层地下室外挑 1～3 跨内筒横向边缘基础沉降曲线

（4）3 层地下室地基反力

表 4.35～表 4.37 为 3 层地下室裙房结构分别外挑 1 跨、2 跨、3 跨时的地反力计算值；表 4.38 为 3 层地下室裙房结构分别外挑 1 跨、2 跨、3 跨 B 轴地基反力计算值；表 4.39 为 3 层地下室裙房结构外挑 1～3 跨内筒横向边缘地基反力计算值；图 4.15 为 3 层地下室裙房结构分别外挑 1 跨、2 跨、3 跨时 B 轴地基反力分布曲线；图 4.16 为 3 层地下室裙房结构分别外挑 1 跨、2 跨、3 跨时内筒横向边缘地基反力分布曲线。

3 层地下室外挑 1 跨反力计算值（kPa）　　表 4.35

	①轴	②轴	③轴	④轴	⑤轴	⑥轴	⑦轴	⑧轴
A 轴	−294.14	−319.04	−414.22	−440.12	−440.10	−414.19	−319.04	−294.17
B 轴	−183.75	−209.87	−276.69	−287.50	−287.48	−276.64	−209.85	−183.75
C 轴	−183.75	−209.87	−276.69	−287.50	−287.48	−276.64	−209.85	−183.75
D 轴	−294.14	−319.04	−414.22	−440.12	−440.10	−414.19	−319.04	−294.17

3 层地下室外挑 2 跨反力计算值（kPa）　　表 4.36

	①轴	②轴	③轴	④轴	⑤轴	⑥轴	⑦轴	⑧轴	⑨轴	⑩轴
A 轴	−150.49	−202.72	−315.24	−415.68	−440.21	−439.35	−413.53	−313.15	−201.28	−149.50
B 轴	−102.65	−141.06	−208.93	−277.23	−287.62	−287.05	−275.78	−207.70	−140.53	−102.90
C 轴	−102.65	−141.06	−208.93	−277.23	−287.62	−287.05	−275.78	−207.70	−140.53	−102.90
D 轴	−150.49	−202.72	−315.24	−415.68	−440.21	−439.35	−413.53	−313.15	−201.28	−149.50

3 层地下室外挑 3 跨反力计算值（kPa）　　表 4.37

	①轴	②轴	③轴	④轴	⑤轴	⑥轴	⑦轴	⑧轴	⑨轴	⑩轴	⑪轴	⑫轴
A 轴	−104.17	−131.62	−209.90	−314.54	−412.62	−438.09	−438.10	−412.63	−314.56	−209.90	−131.62	−104.17
B 轴	−79.21	−99.26	−145.40	−208.67	−275.61	−286.61	−286.61	−275.62	−208.68	−145.41	−99.26	−79.21
C 轴	−79.21	−99.26	−145.40	−208.67	−275.61	−286.61	−286.61	−275.62	−208.68	−145.41	−99.26	−79.21
D 轴	−104.17	−131.62	−209.90	−314.54	−412.62	−438.09	−438.10	−412.63	−314.56	−209.90	−131.62	−104.17

3 层地下室外挑 1～3 跨 B 轴反力计算值（kPa）　　表 4.38

B 轴	1	2	3	4	5	6	7	8	9	10	11	124
fl-3-1			−183.75	−209.87	−276.69	−287.50	−287.50	−276.69	−209.87	−183.75		
fl-3-2		−107.65	−151.06	−208.93	−277.23	−287.62	−287.62	−277.23	−208.93	−151.06	−107.65	
fl-3-3	−79.21	−99.26	−145.40	−208.67	−275.61	−286.61	−286.61	−275.61	−208.67	−145.40	−99.26	−79.21

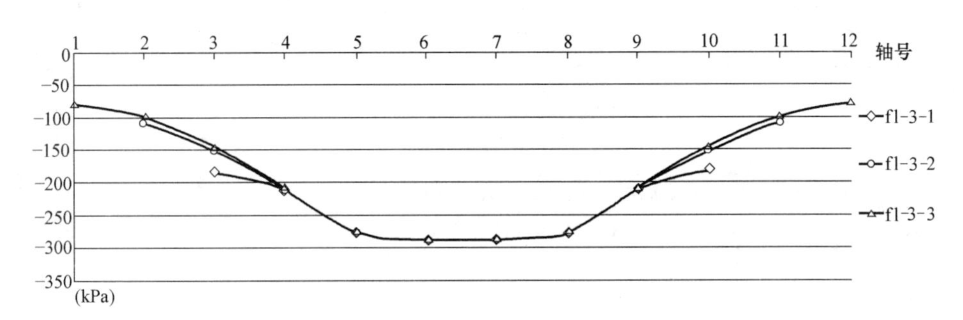

图 4.15　3 层地下室外挑 1～3 跨 B 轴反力曲线

3 层地下室外挑 1～3 跨内筒横向边缘反力计算值（kPa）　　表 4.39

内筒横向边缘	1	2	3	4
fl-3-1	−319.04	−209.87	−209.87	−319.04
fl-3-2	−315.24	−208.93	−208.93	−315.24
fl-3-3	−314.54	−208.67	−208.67	−314.54

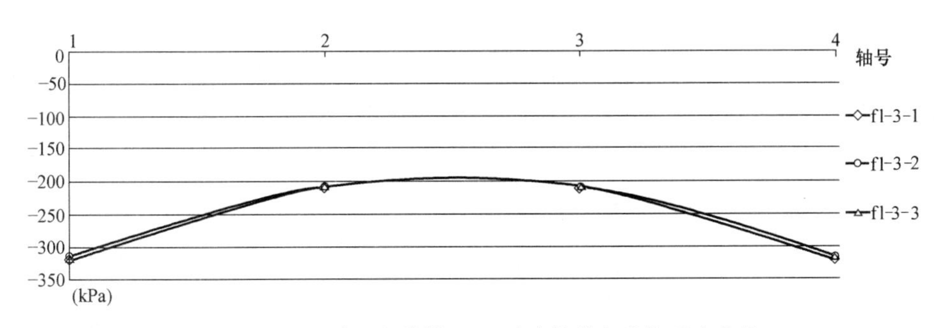

图 4.16　3 层地下室外挑 1～3 跨内筒横向边缘反力曲线

（5）4 层地下室基础沉降

表 4.40～表 4.42 为 4 层地下室裙房结构分别外挑 1 跨、2 跨、3 跨时的基础沉降计算值；表 4.43 为 4 层地下室裙房结构分别外挑 1 跨、2 跨、3 跨 B 轴基础沉降计算值；表 4.44 为 4 层地下室裙房结构外挑 1～3 跨内筒横向边缘基础沉降计算值；图 4.17 为 4 层地下室裙房结构分别外挑 1 跨、2 跨、3 跨时 B 轴基础沉降曲线；图 4.18 为 4 层地下室裙

房结构分别外挑1跨、2跨、3跨时内筒横向边缘基础沉降曲线。

4层地下室外挑1跨基础沉降计算值（m）　　表4.40

	①轴	②轴	③轴	④轴	⑤轴	⑥轴	⑦轴	⑧轴
A轴	−0.0172	−0.0324	−0.0405	−0.0421	−0.0421	−0.0405	−0.0324	−0.0172
B轴	−0.0271	−0.0366	−0.0463	−0.0476	−0.0476	−0.0463	−0.0366	−0.0271
C轴	−0.0271	−0.0366	−0.0463	−0.0476	−0.0476	−0.0463	−0.0366	−0.0271
D轴	−0.0172	−0.0324	−0.0405	−0.0421	−0.0421	−0.0405	−0.0324	−0.0172

4层地下室外挑2跨基础沉降计算值（m）　　表4.41

	①轴	②轴	③轴	④轴	⑤轴	⑥轴	⑦轴	⑧轴	⑨轴	⑩轴
A轴	−0.0077	−0.0200	−0.0332	−0.0407	−0.0422	−0.0420	−0.0403	−0.0328	−0.0197	−0.0075
B轴	−0.0173	−0.0263	−0.0373	−0.0464	−0.0476	−0.0474	−0.0460	−0.0369	−0.0261	−0.0173
C轴	−0.0173	−0.0263	−0.0373	−0.0464	−0.0475	−0.0474	−0.0460	−0.0369	−0.0263	−0.0177
D轴	−0.0076	−0.0198	−0.0331	−0.0405	−0.0419	−0.0417	−0.0400	−0.0326	−0.0201	−0.0086

4层地下室外挑3跨基础沉降计算值（m）　　表4.42

	①轴	②轴	③轴	④轴	⑤轴	⑥轴	⑦轴	⑧轴	⑨轴	⑩轴	⑪轴	⑫轴
A轴	−0.0047	−0.0115	−0.0210	−0.0331	−0.0403	−0.0420	−0.0420	−0.0403	−0.0331	−0.0210	−0.0115	−0.0047
B轴	−0.0067	−0.0142	−0.0246	−0.0373	−0.0462	−0.0475	−0.0475	−0.0462	−0.0373	−0.0246	−0.0142	−0.0067
C轴	−0.0067	−0.0142	−0.0246	−0.0373	−0.0462	−0.0475	−0.0475	−0.0462	−0.0373	−0.0246	−0.0142	−0.0067
D轴	−0.0047	−0.0115	−0.0210	−0.0331	−0.0403	−0.0420	−0.0420	−0.0403	−0.0331	−0.0210	−0.0115	−0.0047

4层地下室外挑1～3跨B轴基础沉降计算值（m）　　表4.43

B轴	1	2	3	4	5	6	7	8	9	10	11	12	挠曲值
cj-4-1			−0.0271	−0.0366	−0.0463	−0.0476	−0.0476	−0.0463	−0.0366	−0.0271			2.75
cj-4-2		−0.0173	−0.0263	−0.0373	−0.0464	−0.0476	−0.0476	−0.0464	−0.0373	−0.0263	−0.0173		2.57
cj-4-3	−0.0067	−0.0142	−0.0246	−0.0373	−0.0462	−0.0475	−0.0475	−0.0462	−0.0373	−0.0246	−0.0142	−0.0067	2.53

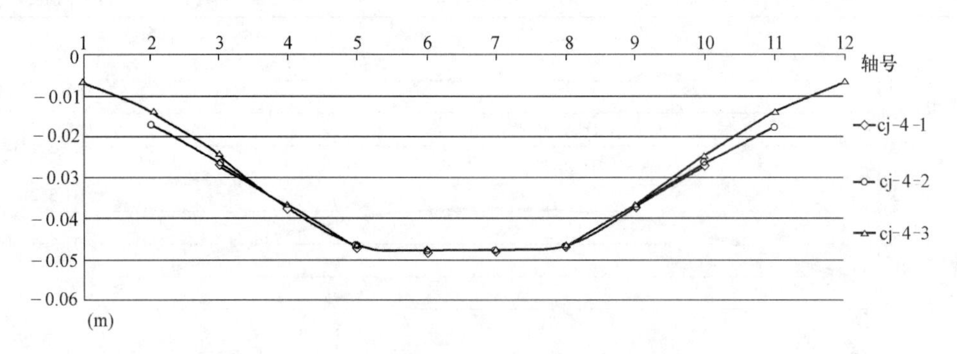

图4.17　4层地下室外挑1～3跨B轴基础沉降曲线

4层地下室外挑1～3跨内筒横向边缘基础沉降计算值（m）　　表4.44

内筒横向边缘	1	2	3	4	挠曲值（$\times10^{-4}$）
cj-4-1	−0.0324	−0.0366	−0.0366	−0.0324	1.77
cj-4-2	−0.0332	−0.0373	−0.0373	−0.0331	1.72
cj-4-3	−0.0331	−0.0373	−0.0373	−0.0331	1.71

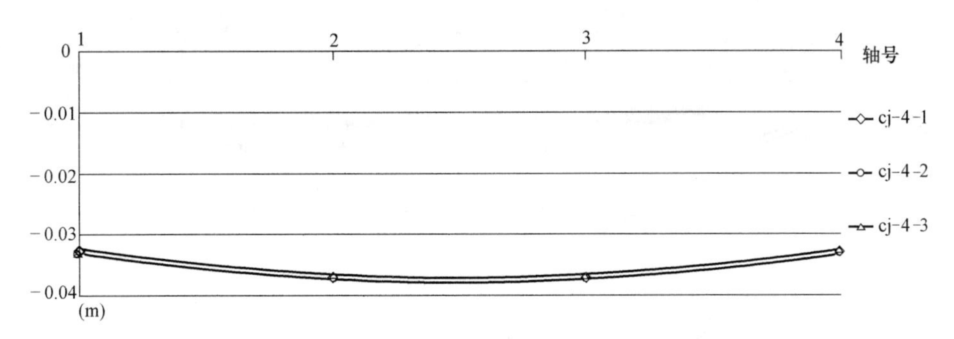

图 4.18 4 层地下室外挑 1～3 跨内筒横向边缘基础沉降曲线

（6）4 层地下室地基反力

表 4.45～表 4.47 为 4 层地下室裙房结构分别外挑 1 跨、2 跨、3 跨时的地反力计算值；表 4.48 为 4 层地下室裙房结构分别外挑 1 跨、2 跨、3 跨 B 轴地基反力计算值；表 4.49 为 4 层地下室裙房结构外挑 1～3 跨内筒横向边缘地基反力计算值；图 4.19 为 4 层地下室裙房结构分别外挑 1 跨、2 跨、3 跨时 B 轴地基反力分布曲线；图 4.20 为 4 层地下室裙房结构分别外挑 1 跨、2 跨、3 跨时内筒横向边缘地基反力分布曲线。

4 层地下室外挑 1 跨反力计算值（kPa） **表 4.45**

	①轴	②轴	③轴	④轴	⑤轴	⑥轴	⑦轴	⑧轴
A 轴	−312.89	−334.08	−431.63	−458.31	−458.29	−431.60	−334.09	−312.92
B 轴	−195.57	−219.91	−289.43	−300.92	−300.90	−289.39	−219.89	−195.57
C 轴	−195.57	−219.91	−289.43	−300.92	−300.90	−289.39	−219.89	−195.57
D 轴	−312.89	−334.08	−431.63	−458.31	−458.29	−431.60	−334.09	−312.92

4 层地下室外挑 2 跨反力计算值（kPa） **表 4.46**

	①轴	②轴	③轴	④轴	⑤轴	⑥轴	⑦轴	⑧轴	⑨轴	⑩轴
A 轴	−172.65	−218.21	−331.20	−434.35	−459.20	−457.93	−431.20	−328.15	−216.08	−171.11
B 轴	−116.33	−150.80	−219.64	−290.70	−301.51	−300.66	−288.53	−217.82	−150.01	−116.66
C 轴	−116.33	−150.80	−219.64	−290.70	−301.51	−300.66	−288.53	−217.82	−150.01	−116.66
D 轴	−172.65	−218.21	−331.20	−434.35	−459.20	−457.93	−431.20	−328.15	−216.08	−171.11

4 层地下室外挑 3 跨反力计算值（kPa） **表 4.47**

	①轴	②轴	③轴	④轴	⑤轴	⑥轴	⑦轴	⑧轴	⑨轴	⑩轴	⑪轴	⑫轴
A 轴	−127.25	−147.78	−225.27	−330.91	−431.29	−457.29	−457.29	−431.29	−330.92	−225.27	−147.78	−127.26
B 轴	−93.33	−109.28	−155.39	−219.63	−289.10	−300.72	−300.72	−289.10	−219.63	−155.39	−109.28	−93.33
C 轴	−93.33	−109.28	−155.39	−219.63	−289.10	−300.72	−300.72	−289.10	−219.63	−155.39	−109.28	−93.33
D 轴	−127.25	−147.78	−225.27	−330.91	−431.29	−457.29	−457.29	−431.29	−330.92	−225.27	−147.78	−127.26

4 层地下室外挑 1～3 跨 B 轴反力计算值（kPa） **表 4.48**

B 轴	1	2	3	4	5	6	7	8	9	10	11	12
fl-4-1			−195.57	−219.91	−289.43	−300.92	−300.92	−289.43	−219.91	−195.57		
fl-4-2		−121.33	−160.80	−219.64	−290.70	−301.51	−301.51	−290.70	−219.64	−160.80	−121.33	
fl-4-3	−93.33	−109.28	−155.39	−219.63	−289.10	−300.72	−300.72	−289.10	−219.63	−155.39	−109.28	−93.33

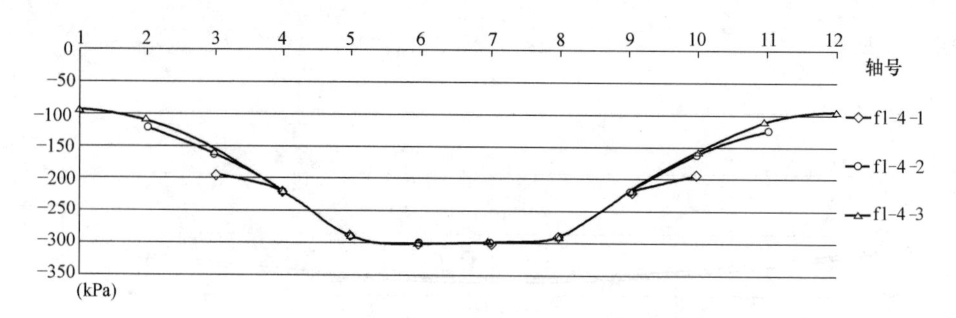

图 4.19　4 层地下室外挑 1～3 跨 B 轴反力曲线

4 层地下室外挑 1～3 跨内筒横向边缘反力计算值（kPa）　　表 4.49

内筒横向边缘	1	2	3	4
fl-4-1	−334.08	−219.91	−219.91	−334.08
fl-4-2	−331.20	−219.64	−219.64	−331.20
fl-4-3	−330.91	−219.63	−219.63	−330.91

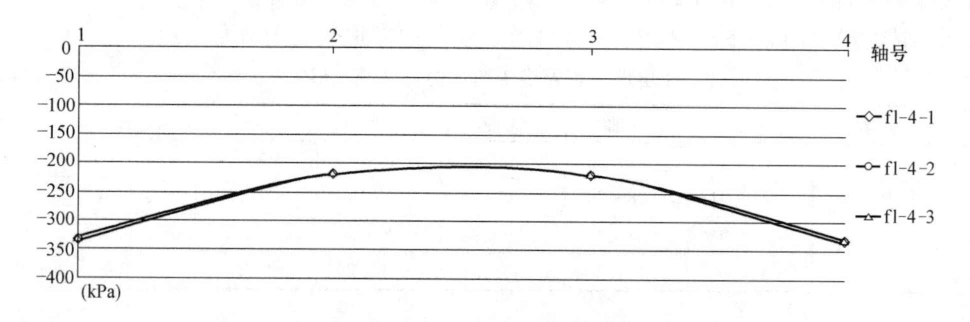

图 4.20　4 层地下室外挑 1～3 跨内筒横向边缘反力曲线

由上述大底盘基础结构的共同作用分析结果可知，随基础埋深增加，地基变形减少，地基反力增加；对于相同地下埋深，随主体结构外伸扩大结构的尺寸增大，基础结构的变形形态、地基反力的分布形态接近，基础结构变形呈“盆形”，地基反力分布亦呈“盆形”；相同埋深条件下主体结构基础的挠度值接近，随埋深增加挠度值略有减少；随外挑结构增加，在外挑一跨、二跨、三跨情况下地基反力向外扩散的范围增大，内筒范围的反力大小接近；随外挑结构增加，内筒范围的基础变形大小接近。

由地基反力的分析结果可得，内筒部分地基反力为平均反力的 73%，主体结构边端部分纵向最大反力为平均值的 53.6%，横向最大反力为平均值的 113.2%。可知，内筒冲剪要求的板厚与单体结构相近，而主体结构边端角柱、边柱内力有所增加，地基反力大幅减少，冲剪要求的板厚可能成为板厚设计的控制因素。

与单体结构相比，大底盘结构基础的沉降量减少；相同基础埋深条件下，主体结构基础的挠度值在外挑方向增加，而在无外挑方向减少；相同基础埋深条件下，内筒部分的反力值接近，扩大部分的反力实际上是分担了原单体结构边端部分的反力；基础埋深增大，基础结构的整体挠度略有减少。

4.2.3　大底盘基础结构考虑地基变形的基础结构内力

（1）2～4 层地下室外挑 1 跨裙房柱内力计算结果

2～4层地下室外挑1跨裙房底层柱编号见图4.21，柱内力计算值见表4.50～表4.52，2层地下室外挑1跨裙房筏板弯矩图见图4.22。

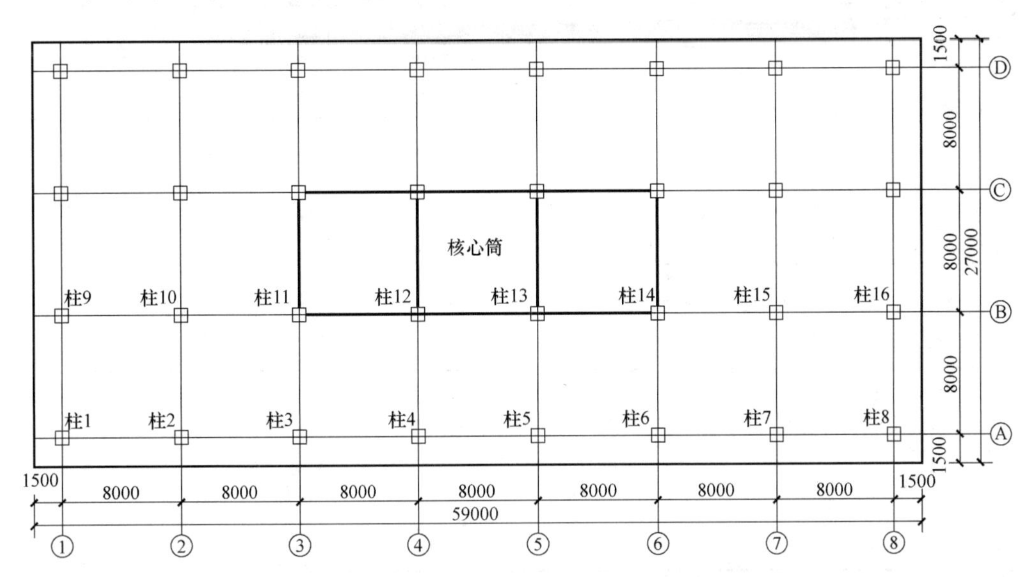

图4.21　2～4层地下室外挑1跨底层柱编号图

2层地下室外挑1跨柱内力计算值　　**表4.50**

柱内力	N(kN)	Q_x(kN)	Q_y(kN)	M_x(kN·m)	M_y(kN·m)
柱1	−1179.0	−552.9	1860.0	1228.0	467.2
柱2	−9907.0	38.1	1721.0	1491.0	−33.2
柱3	−9756.0	−290.1	794.6	671.9	250.9
柱4	−10540.0	−491.8	447.7	367.6	409.3
柱9	−1654.0	−294.9	1978.0	1492.0	267.2
柱10	−12600.0	541.7	1889.0	1873.0	−533.9
柱11	−18370.4	135.6	761.2	743.0	−134.3
柱12	−18071.1	−264.7	270.2	255.3	227.9

3层地下室外挑1跨柱内力计算值　　**表4.51**

柱内力	N(kN)	Q_x(kN)	Q_y(kN)	M_x(kN·m)	M_y(kN·m)
柱1	−1773.0	−593.2	1862.0	1255.0	517.5
柱2	−10400.0	−3.8	1707.0	1448.0	18.7
柱3	−10250.0	−330.5	806.8	667.3	301.2
柱4	−11030.0	−522.3	473.3	385.3	439.4
柱9	−2463.0	−318.2	1988.0	1554.0	298.6
柱10	−13030.0	512.5	1874.0	1831.0	−488.6
柱11	−19149.6	119.3	775.4	749.4	−109.4
柱12	−19022.4	−275.6	288.6	272.0	238.4

(2) 2～4层地下室外挑2跨裙房柱内力计算结果

2～4层地下室外挑1跨裙房底层柱编号见图4.23，柱内力计算值见表4.53～表4.55。

4层地下室外挑1跨柱内力计算值　　　　**表4.52**

柱内力	N(kN)	Q_x(kN)	Q_y(kN)	M_x(kN·m)	M_y(kN·m)
柱1	−2382.0	−622.3	1854.0	1253.0	537.6
柱2	−10880.0	−31.8	1717.0	1464.0	37.2
柱3	−10750.0	−358.7	829.2	688.4	321.0
柱4	−11510.0	−549.7	501.6	409.3	461.1
柱9	−3273.0	−334.9	1970.0	1536.0	312.9
柱10	−13450.0	498.3	1883.0	1847.0	−478.3
柱11	−19936.2	109.5	794.7	768.7	−100.7
柱12	−19977.8	−286.8	307.2	289.1	249.1

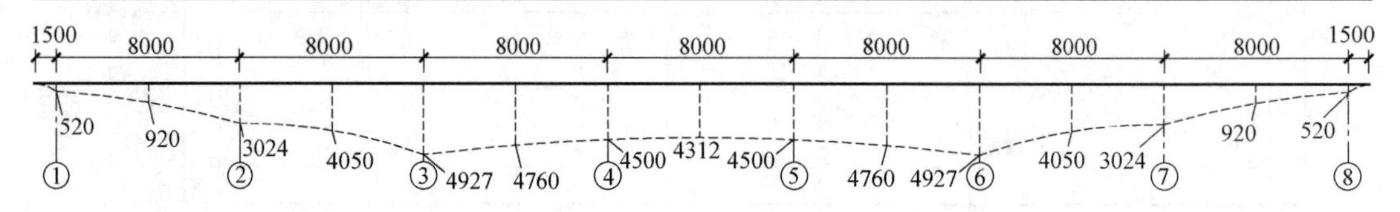

(a)

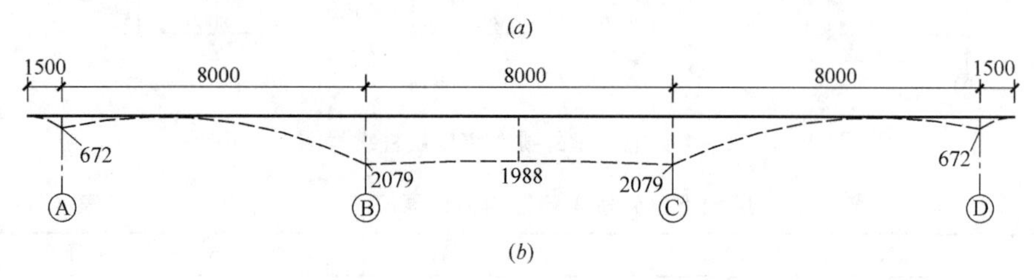

(b)

图4.22　2层地下室外挑1跨裙房筏板弯矩图

(a) B轴；(b) ②轴

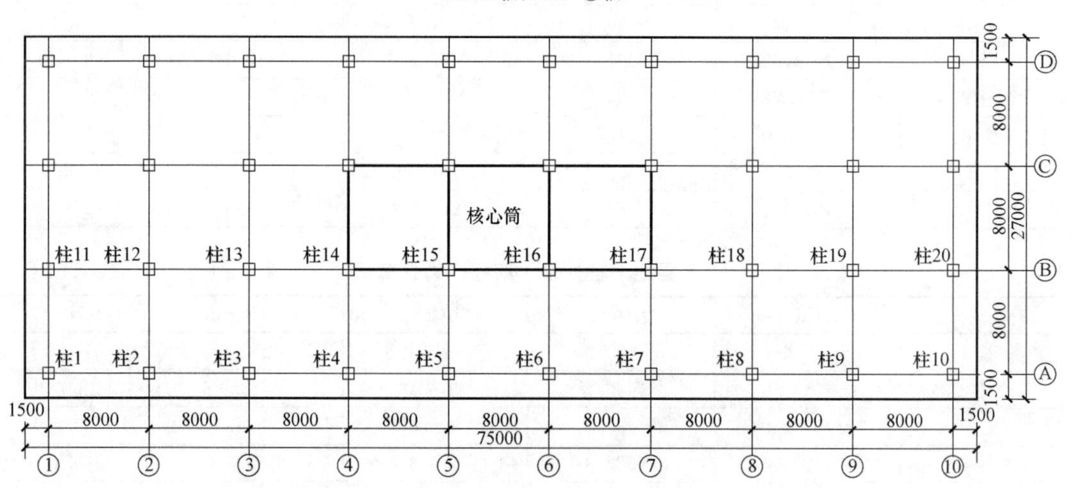

图4.23　2～4层地下室外挑2跨底层柱编号图

2层地下室外挑2跨柱内力计算值　　　　**表4.53**

柱内力	N(kN)	Q_x(kN)	Q_y(kN)	M_x(kN·m)	M_y(kN·m)
柱1	−1017.0	−376.9	1315.0	810.5	318.3
柱2	−1148.0	106.5	1801.0	1453.0	−83.4
柱3	−9833.0	415.6	1533.0	1313.0	−350.3
柱4	−9832.0	−158.7	815.0	685.9	144.2

续表

柱内力	N(kN)	Q_x(kN)	Q_y(kN)	M_x(kN·m)	M_y(kN·m)
柱 5	−10560.0	−432.1	511.3	418.4	362.4
柱 11	−1538.0	−192.8	1507.0	1092.0	172.5
柱 12	−1852.0	663.6	1898.0	1771.0	−608.0
柱 13	−12600.0	1031.0	1527.0	1495.0	−998.5
柱 14	−18463.2	260.5	706.1	685.4	−250.5
柱 15	−18182.8	−231.0	301.1	280.0	198.4

3 层地下室外挑 2 跨柱内力计算值 **表 4.54**

柱内力	N(kN)	Q_x(kN)	Q_y(kN)	M_x(kN·m)	M_y(kN·m)
柱 1	−1538.0	−421.0	1296.0	730.5	355.0
柱 2	−1755.0	67.3	1833.0	1503.0	−38.1
柱 3	−10360.0	357.5	1524.0	1260.0	−256.0
柱 4	−10340.0	−206.7	833.7	682.9	214.2
柱 5	−11070.0	−464.3	540.8	437.6	397.4
柱 11	−2287.0	−220.9	1483.0	1023.0	198.4
柱 12	−2773.0	649.6	1939.0	1857.0	−604.6
柱 13	−13070.0	986.8	1517.0	1447.0	−911.7
柱 14	−19279.4	243.4	724.5	694.5	−219.3
柱 15	−19152.6	−241.5	321.1	297.0	209.4

4 层地下室外挑 2 跨柱内力计算值 **表 4.55**

柱内力	N(kN)	Q_x(kN)	Q_y(kN)	M_x(kN·m)	M_y(kN·m)
柱 1	−2081.0	−461.3	1316.0	759.9	384.4
柱 2	−2374.0	38.3	1844.0	1511.0	−17.1
柱 3	−10870.0	331.3	1542.0	1281.0	−242.8
柱 4	−10850.0	−235.9	861.2	706.0	235.5
柱 5	−11570.0	−491.9	573.5	464.4	420.6
柱 11	−3038.0	−244.7	1492.0	1043.0	218.0
柱 12	−3683.0	629.2	1943.0	1854.0	−583.8
柱 13	−13510.0	976.3	1534.0	1470.0	−908.9
柱 14	−20107.8	234.2	745.8	714.5	−210.1
柱 15	−20122.7	−253.2	341.2	315.0	221.6

(3) 2～4 层地下室外挑 3 跨裙房柱内力计算结果

2～4 层地下室外挑 3 跨裙房底层柱编号见图 4.24，柱内力计算值见表 4.56～表 4.58。

(4) 柱轴力汇总

2 层、3 层、4 层地下室外挑 1～3 跨 A 轴柱轴力、B 轴柱轴力计算值汇总分别见表 4.59～表 4.64，2～4 层地下室外挑 1 跨、2 跨、3 跨时 A 轴柱轴力、B 轴柱轴力计算值汇总分别见表 4.65～表 4.70。

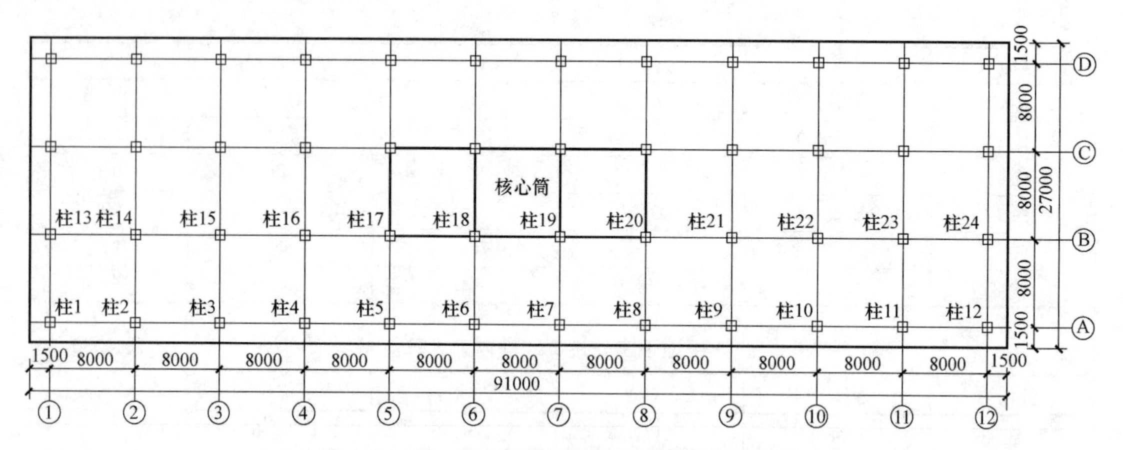

图 4.24 2～4 层地下室外挑 3 跨底层柱编号图

2 层地下室外挑 3 跨柱内力计算值 **表 4.56**

柱内力	N(kN)	Q_x(kN)	Q_y(kN)	M_x(kN·m)	M_y(kN·m)
柱 1	−789.3	−245.1	608.1	295.7	200.7
柱 2	−1154.0	−51.3	1035.0	804.2	55.6
柱 3	−1228.0	424.6	1532.0	1240.0	−339.6
柱 4	−9819.0	656.2	1389.0	1202.0	−569.4
柱 5	−9899.0	−30.3	835.4	710.9	24.2
柱 6	−10560.0	−363.0	558.7	461.9	300.5
柱 13	−1287.0	−123.4	740.3	465.0	111.9
柱 14	−1923.0	357.5	1134.0	1042.0	−314.0
柱 15	−1956.0	1045.0	1404.0	1313.0	−958.6
柱 16	−12520.0	1243.0	1248.0	1233.0	−1217.0
柱 17	−18478.1	344.2	663.8	647.5	−336.9
柱 18	−18226.6	−198.2	321.8	299.7	167.0

3 层地下室外挑 3 跨柱内力计算值 **表 4.57**

柱内力	N(kN)	Q_x(kN)	Q_y(kN)	M_x(kN·m)	M_y(kN·m)
柱 1	−1207.0	−286.6	607.9	209.3	234.9
柱 2	−1743.0	−85.9	1054.0	785.0	109.0
柱 3	−1857.0	387.9	1554.0	1278.0	−291.5
柱 4	−10320.0	589.4	1380.0	1159.0	−458.9
柱 5	−10420.0	−76.5	856.3	715.1	95.1
柱 6	−11070.0	−389.9	593.7	486.9	331.6
柱 13	−1925.0	−147.8	732.3	382.4	136.0
柱 14	−2857.0	339.7	1158.0	1050.0	−278.4
柱 15	−2913.0	1035.0	1431.0	1373.0	−960.4
柱 16	−12960.0	1188.0	1237.0	1195.0	−1113.0
柱 17	−19240.8	326.7	680.4	658.0	−304.9
柱 18	−19242.2	−204.0	344.8	320.4	173.0

4 层地下室外挑 3 跨柱内力计算值　　表 4.58

柱内力	N(kN)	Q_x(kN)	Q_y(kN)	M_x(kN·m)	M_y(kN·m)
柱 1	−1652.0	−328.7	643.8	240.5	269.8
柱 2	−2334.0	−109.8	1085.0	812.8	128.9
柱 3	−2495.0	356.2	1556.0	1273.0	−262.3
柱 4	−10820.0	553.1	1388.0	1166.0	−431.9
柱 5	−10940.0	−107.6	882.5	735.5	121.3
柱 6	−11580.0	−413.7	630.8	517.3	352.1
柱 13	−2574.0	−171.4	760.6	411.3	157.9
柱 14	−3765.0	329.6	1183.0	1074.0	−268.3
柱 15	−3859.0	1007.0	1429.0	1363.0	−927.5
柱 16	−13400.0	1164.0	1243.0	1204.0	−1094.0
柱 17	−20017.0	314.8	698.8	675.1	−291.5
柱 18	−20244.0	−211.9	367.4	340.9	181.7

2 层地下室外挑 1～3 跨 A 轴柱轴力（kN）　　表 4.59

		2 层+1 跨	柱 1	柱 2	柱 3	柱 4
		柱轴力	−1179	−9907	−9756	−10540
	2 层+2 跨	柱 1	柱 2	柱 3	柱 4	柱 5
	柱轴力	−1017	−1148	−9833	−9832	−10560
2 层+3 跨	柱 1	柱 2	柱 3	柱 4	柱 5	柱 6
柱轴力	−789.3	−1154	−1228	−9819	−9899	−10560

2 层地下室外挑 1～3 跨 B 轴柱轴力（kN）　　表 4.60

		2 层+1 跨	柱 9	柱 10	柱 11	柱 12
		柱轴力	−1654	−12600	−18370	−18071
	2 层+2 跨	柱 11	柱 12	柱 13	柱 14	柱 15
	柱轴力	−1538	−1852	−12600	−18463	−18183
2 层+3 跨	柱 13	柱 14	柱 15	柱 16	柱 17	柱 18
柱轴力	−1287	−1923	−1956	−12520	−18478	−18227

3 层地下室外挑 1～3 跨 A 轴柱轴力（kN）　　表 4.61

		3 层+1 跨	柱 1	柱 2	柱 3	柱 4
		柱轴力	−1773	−10400	−10250	−11030
	3 层+2 跨	柱 1	柱 2	柱 3	柱 4	柱 5
	柱轴力	−1538	−1755	−10360	−10340	−11070
3 层+3 跨	柱 1	柱 2	柱 3	柱 4	柱 5	柱 6
柱轴力	−1207	−1743	−1857	−10320	−10420	−11070

3 层地下室外挑 1～3 跨 B 轴柱轴力（kN）　　表 4.62

		3 层+1 跨	柱 9	柱 10	柱 11	柱 12
		柱轴力	−2463	−13030	−19150	−19022
	3 层+2 跨	柱 11	柱 12	柱 13	柱 14	柱 15
	柱轴力	−2287	−2773	−13070	−19279	−19153
3 层+3 跨	柱 13	柱 14	柱 15	柱 16	柱 17	柱 18
柱轴力	−1025	−2857	−2913	−12960	−19241	−19242

4层地下室外挑1～3跨A轴柱轴力（kN） **表4.63**

		4层+1跨	柱1	柱2	柱3	柱4
		柱轴力	−2382	−10880	−10750	−11510
	4层+2跨	柱1	柱2	柱3	柱4	柱5
	柱轴力	−2081	−2374	−10870	−10850	−11570
4层+3跨	柱1	柱2	柱3	柱4	柱5	柱6
柱轴力	−1652	−2334	−2495	−10820	−10940	−11580

4层地下室外挑1～3跨B轴柱轴力（kN） **表4.64**

		4层+1跨	柱9	柱10	柱11	柱12
		柱轴力	−3273	−13450	−19936	−19978
	4层+2跨	柱11	柱12	柱13	柱14	柱15
	柱轴力	−3038	−3683	−13510	−20108	−20123
4层+3跨	柱13	柱14	柱15	柱16	柱17	柱18
柱轴力	−2574	−3765	−3859	−13400	−20017	−20244

2～4层地下室外挑1跨A轴柱轴力（kN） **表4.65**

柱轴力	柱1	柱2	柱3	柱4
2层+1跨	−1179	−9907	−9756	−10540
3层+1跨	−1773	−10400	−10250	−11030
4层+1跨	−2382	−10880	−10750	−11510

2～4层地下室外挑1跨B轴柱轴力（kN） **表4.66**

柱轴力	柱9	柱10	柱11	柱12
2层+1跨	−1654	−12600	−18370	−18071
3层+1跨	−2463	−13030	−19150	−19022
4层+1跨	−3273	−13450	−19936	−19978

2～4层地下室外挑2跨A轴柱轴力（kN） **表4.67**

柱轴力	柱1	柱2	柱3	柱4	柱5
2层+2跨	−1017	−1148	−9833	−9832	−10560
3层+2跨	−1538	−1755	−10360	−10340	−11070
4层+2跨	−2081	−2374	−10870	−10850	−11570

2～4层地下室外挑2跨B轴柱轴力（kN） **表4.68**

柱轴力	柱11	柱12	柱13	柱14	柱15
2层+2跨	−1538	−1852	−12600	−18463	−18183
3层+2跨	−2287	−2773	−13070	−19279	−19153
4层+2跨	−3038	−3683	−13510	−20108	−20123

2～4层地下室外挑3跨A轴柱轴力（kN） **表4.69**

柱轴力	柱1	柱2	柱3	柱4	柱5	柱6
2层+3跨	−789	−1154	−1228	−9819	−9899	−10560
3层+3跨	−1207	−1743	−1857	−10320	−10420	−11070
4层+3跨	−1652	−2334	−2495	−10820	−10940	−11580

2～4 层地下室外挑 3 跨 B 轴柱轴力（kN） **表 4.70**

柱轴力	柱 13	柱 14	柱 15	柱 16	柱 17	柱 18
2 层+3 跨	−1287	−1923	−1956	−12520	−18478	−18227
3 层+3 跨	−1925	−2857	−2913	−12960	−19241	−19242
4 层+3 跨	−2574	−3765	−3859	−13400	−20017	−20244

计算结果可知，在竖向荷载作用下，考虑地基变形影响的大底盘基础结构内力分析结果，由于基础底板外挑，基础刚度发生了变化，使得结构荷载在柱下端部的内力值也发生了变化，基础整体挠度由原纵向 1.6‰、横向 2.7‰变为纵向 2.8‰、横向 1.6‰；同单体结构的结果相比，主体结构的角柱内力增大 7.5%，纵向边柱内力增大 26.2%，横向边柱内力减少 11.1%；柱端剪力、弯矩在纵向均有增加；柱传递的竖向荷载与主体结构总竖向荷载基本一致。不同埋深的高层建筑柱轴力随地下室层数增加，轴力增加，边柱、角柱的增量小于内柱的增量；对于相同地下埋藏深度，柱轴力主体结构部分柱轴力随外挑机构尺寸大小变化不大；基础结构内筒分担的竖向荷载为总荷载的 46%，与考虑基础变形影响的单体结构分担 48% 结果，有所降低。

4.2.4 大底盘基础结构考虑双向外挑地下结构的计算结果

以主体结构外挑 1 跨 2 层地下室结构为例。

图 4.25 为 3×5 跨大底盘框架-核心筒结构，柱距为 8m，筏板基础，筏板厚为 1.5m，筏板沿结构周边挑出 1 倍板厚。地下结构为 2 层，地上结构为 20 层，层高 3m。地下室 2 层埋深−7.0m。

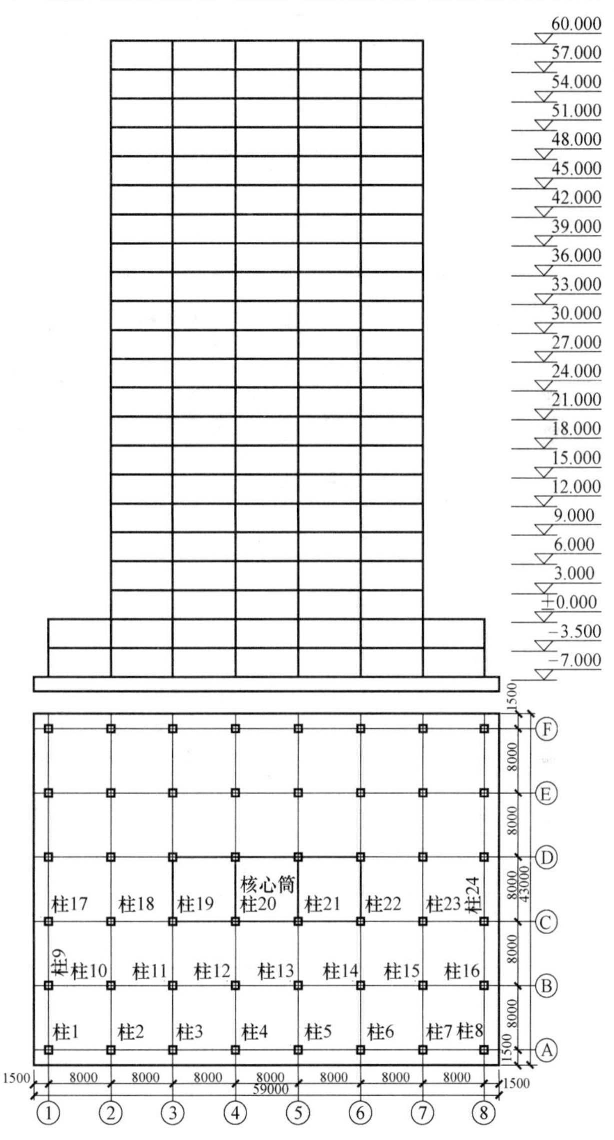

图 4.25 外挑 1 跨 2 层双向地下室 3×5 大底盘框架-核心筒结构

框架柱截面尺寸为 800mm×800mm，框架梁截面尺寸为 600mm×300mm，楼板厚度为 200mm，剪力墙厚度为 200mm。地基压缩模量 $E_{s0.1-0.2}$ 取 10MPa，$E_{s0.2-0.3}$ 取 15MPa，考虑回弹再压缩变形，地基回弹再压缩模量 E_c 取 25MPa。进行 1 次迭代计算，地基刚度矩阵修正系数为0.9。

2层双向地下室外挑1跨基础沉降计算值见表4.71，2层双向地下室外挑1跨C轴基础沉降计算值见表4.72，2层双向地下室外挑1跨C轴基础沉降曲线见图4.26，2层双向地下室外挑1跨③轴基础沉降计算值见表4.73，2层双向地下室外挑1跨③轴基础沉降曲线见图4.27。

2层双向地下室外挑1跨基础沉降计算值（m）　　表4.71

	①轴	②轴	③轴	④轴	⑤轴	⑥轴	⑦轴	⑧轴
A轴	−0.0074	−0.0155	−0.0201	−0.0214	−0.0214	−0.0201	−0.0155	−0.0074
B轴	−0.0168	−0.0283	−0.0354	−0.0373	−0.0373	−0.0354	−0.0283	−0.0168
C轴	−0.0225	−0.0364	−0.0454	−0.0468	−0.0468	−0.0454	−0.0364	−0.0225
D轴	−0.0225	−0.0364	−0.0454	−0.0468	−0.0468	−0.0454	−0.0364	−0.0225
E轴	−0.0168	−0.0283	−0.0354	−0.0373	−0.0373	−0.0354	−0.0283	−0.0168
F轴	−0.0074	−0.0155	−0.0201	−0.0214	−0.0214	−0.0201	−0.0155	−0.0074

2层双向地下室外挑1跨C轴基础沉降计算值（m）　　表4.72

C轴	1	2	3	4	5	6	7	8	挠曲值（$\times10^{-4}$）
cj-2-1	−0.0225	−0.0364	−0.0454	−0.0468	−0.0468	−0.0454	−0.0364	−0.0225	2.60

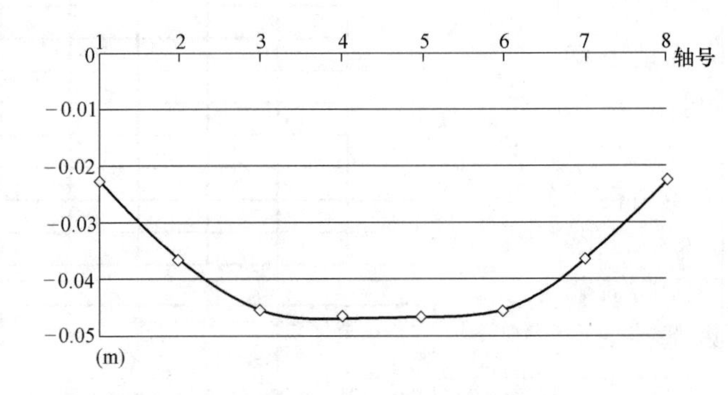

图4.26　2层双向地下室外挑1跨C轴基础沉降曲线

2层双向地下室外挑1跨③轴基础沉降计算值（m）　　表4.73

③轴	1	2	3	4	5	6	挠曲值（$\times10^{-4}$）
cj-2-1	−0.0201	−0.0354	−0.0454	−0.0454	−0.0354	−0.0201	2.52

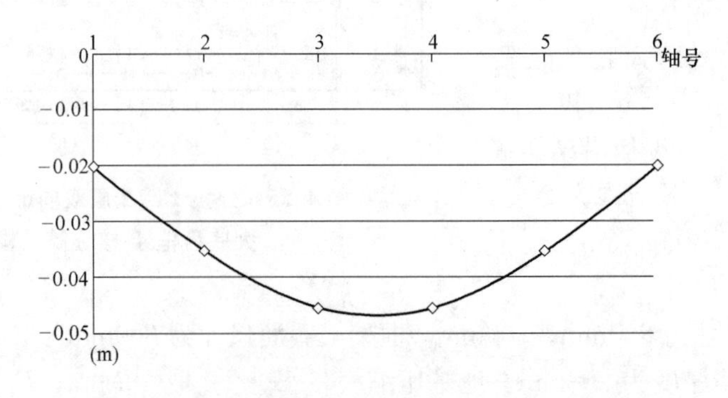

图4.27　2层双向地下室外挑1跨③轴基础沉降曲线

2 层双向地下室外挑 1 跨地基反力计算值见表 4.74，2 层双向地下室外挑 1 跨 C 轴地基反力计算值见表 4.75，2 层双向地下室外挑 1 跨③轴地基反力计算值见表 4.76，2 层双向地下室外挑 1 跨③轴反力曲线见图 4.28，2 层双向地下室外挑 1 跨③轴反力分布曲线见图 4.29。

2 层双向地下室外挑 1 跨地基反力计算值（kPa） **表 4.74**

	①轴	②轴	③轴	④轴	⑤轴	⑥轴	⑦轴	⑧轴
A 轴	−114.31	−139.05	−179.53	−191.87	−191.86	−179.48	−139.00	−114.27
B 轴	−110.93	−158.77	−203.59	−214.47	−214.47	−203.59	−158.77	−110.94
C 轴	−141.00	−196.39	−253.28	−263.28	−263.28	−253.30	−196.42	−141.03
D 轴	−141.00	−196.39	−253.28	−263.28	−263.28	−253.30	−196.42	−141.03
E 轴	−110.93	−158.77	−203.59	−214.47	−214.47	−203.59	−158.77	−110.94
F 轴	−114.31	−139.05	−179.53	−191.87	−191.86	−179.48	−139.00	−114.27

2 层双向地下室外挑 1 跨 C 轴地基反力计算值（kPa） **表 4.75**

C 轴	1	2	3	4	5	6	7	8
fl-2-1	−141.00	−196.39	−253.28	−263.28	−263.28	−253.30	−196.42	−141.03

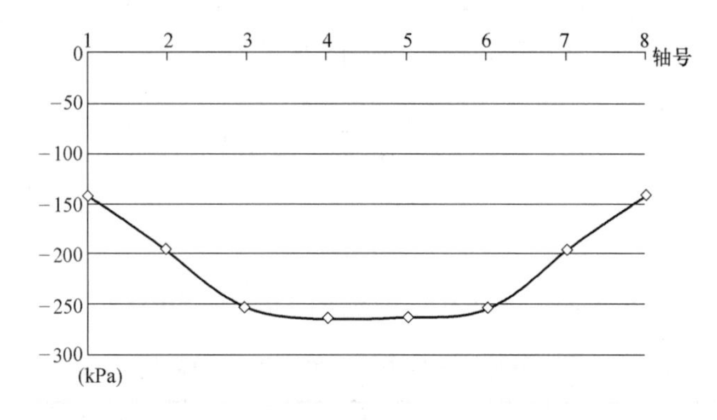

图 4.28 2 层双向地下室外挑 1 跨 C 轴地基反力分布曲线

2 层双向地下室外挑 1 跨③轴地基反力计算值（m） **表 4.76**

③轴	1	2	3	4	5	6
fl-2-1	−179.53	−203.59	−253.28	−253.28	−203.59	−179.53

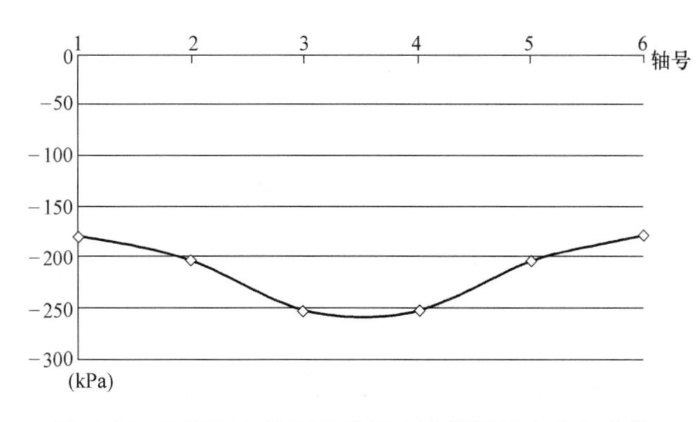

图 4.29 2 层双向地下室外挑 1 跨③轴反力分布曲线

2层双向地下室外挑1跨基础内力分析结果（节点编号见图4.30)，柱端内力见表4.77。

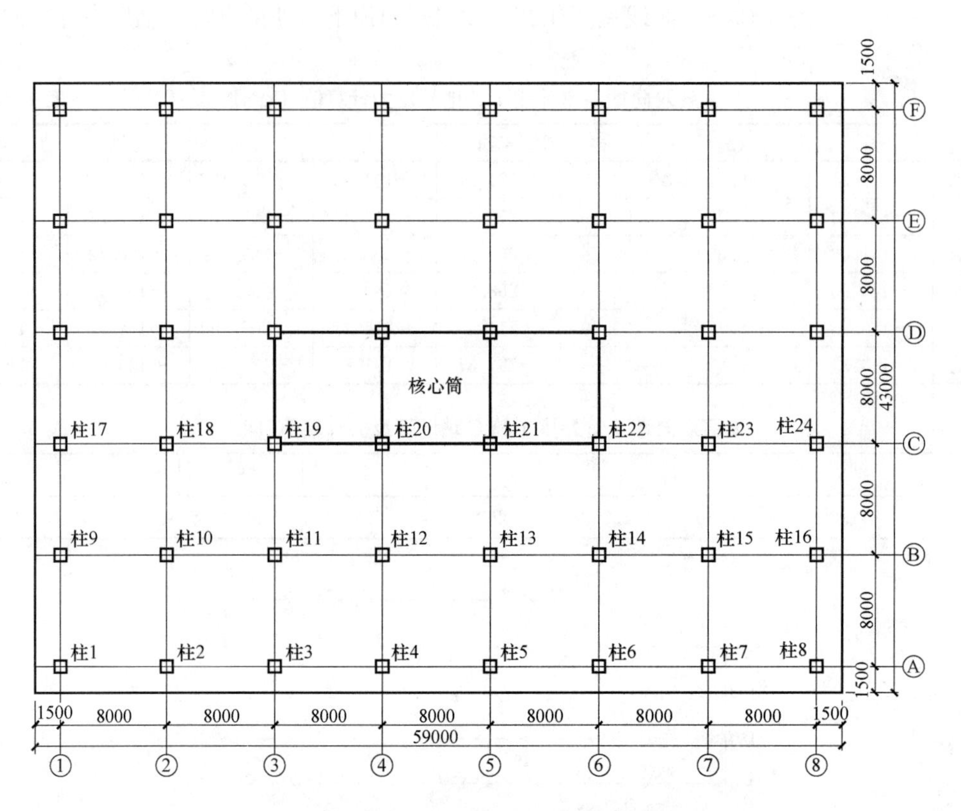

图4.30 2层双向地下室外挑1跨底层柱编号图

2层双向地下室外挑1跨内力计算结果（考虑地基变形） 表4.77

柱内力	N(kN)	Q_x(kN)	Q_y(kN)	M_x(kN·m)	M_y(kN·m)
柱1	−1079	−1136	971.7	671.4	809.2
柱2	−1450	−1350	1111	911.5	1053
柱3	−1573	−1594	974.1	778.8	1261
柱4	−1661	−1648	1038	820.2	1309
柱9	−1381	−1034	1353	1037	892.8
柱10	−11110	−1186	1666	1672	1207
柱11	−12170	−1418	1305	1323	1449
柱12	−12530	−1430	1137	1166	1455
柱17	−1425	−380.9	1608	1254	331.3
柱18	−11110	−41.16	1756	1762	40.84
柱19	−16943.4	−268.2	893	880.2	260
柱20	−16368.1	−470.7	409	396.4	428.2

由双向外挑1跨2层双向地下室结构计算结果可知，内筒荷载进一步降低，约为主体结构总竖向荷载的41.5%；内筒处地基反力为平均值的71.1%，主楼边跨处地基反力为

平均值的 53.1%（纵向）～59.3%（横向）；与单体结构考虑地基变形影响的结果相比，角柱荷载增加 20.6%，纵向边柱荷载增加 11.3%，横向边柱荷载增加 10.8%～13.5%。

4.2.5 不考虑地基变形的内力分析结果

在相同结构设计参数及不考虑地基变形（地基刚度无限大）工况下，基础柱荷载计算结果（纵向外挑裙房）见表 4.78～表 4.89。

由表中结果可知，考虑地基变形情况下的基础柱荷载与该工况的结果对比，相同埋深条件下荷载向边端转移，主体部分中柱荷载减少，角柱、边柱荷载增加，其中中柱减少 18.7%，边轴线角柱增加 50%，中轴线边柱增加 23.5%，边轴线边柱增加 4.1%～9.9%；不同埋深条件下分布规律基本相同；外挑结构在相同埋深条件下纵向边跨边柱在外挑 1 跨、2 跨、3 跨时分别增大 135%、17.1%、25%，纵向第二跨边柱在外挑 2 跨、3 跨时分别增大 110.9%、20%，纵向第三跨边柱在外挑 3 跨时分别增大 63.4%；不同埋深条件下分布规律基本相同；而在中轴线纵向跨边柱在外挑 1 跨时增大 65.7%，纵向第二跨边柱在外挑 2 跨时分别增大 60%，纵向第三跨边柱在外挑 3 跨时分别增大 33.5%；不同埋深条件下分布规律基本相同。

由上述分析可得，在考虑地基变形条件下，主体结构角柱、边柱的柱轴力增加，与单体结构的情况类似，而外挑结构的柱荷载增加是与单体结构不同。外挑结构最边跨的柱荷载增加幅度较大，主要是由于地基反力向外挑结构转移，引起的整体弯矩作用，设计时应重点控制。

2 层地下室、纵向外挑 1～3 跨 A 轴柱轴力（kN）　　　表 4.78

		2 层+1 跨	柱 1	柱 2	柱 3	柱 4
		柱轴力	−501	−6582	−9366	−9585
	2 层+2 跨	柱 1	柱 2	柱 3	柱 4	柱 5
	柱轴力	−482	−980	−6583	−9367	−9585
2 层+3 跨	柱 1	柱 2	柱 3	柱 4	柱 5	柱 6
柱轴力	−483	−961	−982	−6583	−9366	−9584

2 层地下室、纵向外挑 1～3 跨 B 轴柱轴力（kN）　　　表 4.79

		2 层+1 跨	柱 1	柱 2	柱 3	柱 4
		柱轴力	−998	−10200	−19143	−25706
	2 层+2 跨	柱 1	柱 2	柱 3	柱 4	柱 5
	柱轴力	−961	−1951	−10210	−19142	−25702
2 层+3 跨	柱 1	柱 2	柱 3	柱 4	柱 5	柱 6
柱轴力	−964	−1911	−1955	−10200	−19144	−25707

3 层地下室、纵向外挑 1～3 跨 A 轴柱轴力（kN）　　　表 4.80

		3 层+1 跨	柱 1	柱 2	柱 3	柱 4
		柱轴力	−763	−7117	−9734	−9956
	3 层+2 跨	柱 1	柱 2	柱 3	柱 4	柱 5
	柱轴力	−726	−1482	−7121	−9735	−9956
3 层+3 跨	柱 1	柱 2	柱 3	柱 4	柱 5	柱 6
柱轴力	−727	−1444	−1486	−7123	−9737	−9960

3层地下室、纵向外挑1～3跨B轴柱轴力（kN） 表4.81

		3层+1跨	柱1	柱2	柱3	柱4
		柱轴力	−1513	−10960	−20089	−26989
	3层+2跨	柱1	柱2	柱3	柱4	柱5
	柱轴力	−1443	−2933	−10960	−20097	−26994
3层+3跨	柱1	柱2	柱3	柱4	柱5	柱6
柱轴力	−1447	−2858	−2943	−10960	−20090	−26987

4层地下室、纵向外挑1～3跨A轴柱轴力（kN） 表4.82

		4层+1跨	柱1	柱2	柱3	柱4
		柱轴力	−1034	−7646	−10100	−10320
	4层+2跨	柱1	柱2	柱3	柱4	柱5
	柱轴力	−973	−1991	−7655	−10100	−10320
4层+3跨	柱1	柱2	柱3	柱4	柱5	柱6
柱轴力	−975	−1929	−2000	−7654	−10100	−10320

4层地下室、纵向外挑1～3跨B轴柱轴力（kN） 表4.83

		4层+1跨	柱1	柱2	柱3	柱4
		柱轴力	−2040	−11680	−21050	−28291
	4层+2跨	柱1	柱2	柱3	柱4	柱5
	柱轴力	−1928	−3913	−11700	−21059	−28294
4层+3跨	柱1	柱2	柱3	柱4	柱5	柱6
柱轴力	−1932	−3796	−3935	−11690	−21054	−28295

2～4层地下室、纵向外挑1跨A轴柱轴力（kN） 表4.84

柱轴力	柱1	柱2	柱3	柱4
2层+1跨	−501	−6582	−9366	−9585
3层+1跨	−763	−7117	−9734	−9956
4层+1跨	−1034	−7646	−10100	−10320

2～4层地下室、纵向外挑1跨B轴柱轴力（kN） 表4.85

柱轴力	柱9	柱10	柱11	柱12
2层+1跨	−998	−10200	−19143	−25706
3层+1跨	−1513	−10960	−20089	−26989
4层+1跨	−2040	−11680	−21050	−28291

2～4层地下室、纵向外挑2跨A轴柱轴力（kN） 表4.86

柱轴力	柱1	柱2	柱3	柱4	柱5
2层+2跨	−482	−980	−6583	−9367	−9585
3层+2跨	−726	−1482	−7121	−9735	−9956
4层+2跨	−973	−1991	−7655	−10100	−10320

2～4层地下室、纵向外挑2跨B轴柱轴力（kN） 表4.87

柱轴力	柱11	柱12	柱13	柱14	柱15
2层+2跨	−961	−1951	−10210	−19142	−25702
3层+2跨	−1443	−2933	−10960	−20097	−26994
4层+2跨	−1928	−3913	−11700	−21059	−28294

2～4 层地下室、纵向外挑 3 跨 A 轴柱轴力（kN）　　表 4.88

柱轴力	柱 1	柱 2	柱 3	柱 4	柱 5	柱 6
2 层+3 跨	−483	−961	−982	−6583	−9366	−9584
3 层+3 跨	−727	−1444	−1486	−7123	−9737	−9960
4 层+3 跨	−975	−1929	−2000	−7654	−10100	−10320

2～4 层地下室、纵向外挑 3 跨 B 轴柱轴力（kN）　　表 4.89

柱轴力	柱 13	柱 14	柱 15	柱 16	柱 17	柱 18
2 层+3 跨	−964	−1911	−1955	−10200	−19144	−25707
3 层+3 跨	−1447	−2858	−2943	−10960	−20090	−26987
4 层+3 跨	−1932	−3796	−3935	−11690	−21054	−28295

4.2.6 风荷载（或水平地震荷载）作用的基础结构内力

对计算模型施加 x 轴向风荷载，风荷载为 1086kN 或 y 轴向风荷载，风荷载为 1810kN。

（1）x 方向水平载荷作用下底层柱轴力

计算结果见表 4.90～表 4.101。

2 层地下室、纵向外挑 1～3 跨 A 轴柱轴力（kN）　　表 4.90

		2 层+1 跨	柱 1	柱 2	柱 3	柱 4
		柱轴力	−1.3	−20.0	−18.7	−6.9
	2 层+2 跨	柱 1	柱 2	柱 3	柱 4	柱 5
	柱轴力	−1.1	−0.1	−19.9	−18.6	−6.9
2 层+3 跨	柱 1	柱 2	柱 3	柱 4	柱 5	柱 6
柱轴力	−1.1	−0.1	−0.1	−20.0	−18.6	−6.9

2 层地下室、纵向外挑 1～3 跨 B 轴柱轴力（kN）　　表 4.91

		2 层+1 跨	柱 1	柱 2	柱 3	柱 4
		柱轴力	−1.8	−37.4	−177.8	−41.2
	2 层+2 跨	柱 1	柱 2	柱 3	柱 4	柱 5
	柱轴力	−1.5	−0.1	−37.4	−176.9	−41.1
2 层+3 跨	柱 1	柱 2	柱 3	柱 4	柱 5	柱 6
柱轴力	−1.5	−0.1	−0.2	−37.6	−176.7	−41.1

3 层地下室、纵向外挑 1～3 跨 A 轴柱轴力（kN）　　表 4.92

		3 层+1 跨	柱 1	柱 2	柱 3	柱 4
		柱轴力	−2.2	−22.5	−21.4	−7.9
	3 层+2 跨	柱 1	柱 2	柱 3	柱 4	柱 5
	柱轴力	−1.8	−0.1	−22.3	−21.3	−7.8
3 层+3 跨	柱 1	柱 2	柱 3	柱 4	柱 5	柱 6
柱轴力	−1.4	−0.1	−0.1	−22.1	−21.2	−7.7

3 层地下室、纵向外挑 1～3 跨 B 轴柱轴力（kN）　　表 4.93

		3 层+1 跨	柱 1	柱 2	柱 3	柱 4
		柱轴力	−3.0	−41.5	−190.2	−45.0
	3 层+2 跨	柱 1	柱 2	柱 3	柱 4	柱 5
	柱轴力	−2.5	−0.3	−41.6	−188.7	−44.8
3 层+3 跨	柱 1	柱 2	柱 3	柱 4	柱 5	柱 6
柱轴力	−2.2	−0.1	−0.2	−41.7	−187.2	−44.6

4层地下室、纵向外挑1～3跨A轴柱轴力(kN) **表4.94**

		4层+1跨	柱1	柱2	柱3	柱4
		柱轴力	−3.4	−25.1	−24.3	−8.9
	4层+2跨	柱1	柱2	柱3	柱4	柱5
	柱轴力	−2.6	−0.1	−24.8	−24.2	−8.9
4层+3跨	柱1	柱2	柱3	柱4	柱5	柱6
柱轴力	−1.8	−0.1	−0.1	−24.5	−24.1	−8.8

4层地下室、纵向外挑1～3跨B轴柱轴力(kN) **表4.95**

		4层+1跨	柱1	柱2	柱3	柱4
		柱轴力	−4.4	−45.8	−202.2	−48.8
	4层+2跨	柱1	柱2	柱3	柱4	柱5
	柱轴力	−3.6	−0.5	−45.8	−199.9	−48.4
4层+3跨	柱1	柱2	柱3	柱4	柱5	柱6
柱轴力	−2.8	−0.4	−0.2	−45.8	−197.6	−48.0

2～4层地下室、纵向外挑1跨A轴柱轴力(kN) **表4.96**

柱轴力	柱1	柱2	柱3	柱4
2层+1跨	−1.3	−20.0	−18.7	−6.9
3层+1跨	−2.2	−22.5	−21.4	−7.9
4层+1跨	−3.4	−25.1	−24.3	−8.9

2～4层地下室、纵向外挑1跨B轴柱轴力(kN) **表4.97**

柱轴力	柱9	柱10	柱11	柱12
2层+1跨	−1.8	−37.4	−177.8	−41.2
3层+1跨	−3.0	−41.5	−190.2	−45.0
4层+1跨	−4.4	−45.8	−202.2	−48.8

2～4层地下室、纵向外挑2跨A轴柱轴力(kN) **表4.98**

柱轴力	柱1	柱2	柱3	柱4	柱5
2层+2跨	−1.1	−0.1	−19.9	−18.6	−6.9
3层+2跨	−1.8	−0.1	−22.3	−21.3	−7.8
4层+2跨	−2.6	−0.1	−24.8	−24.2	−8.9

2～4层地下室、纵向外挑2跨B轴柱轴力(kN) **表4.99**

柱轴力	柱11	柱12	柱13	柱14	柱15
2层+2跨	−1.5	−0.1	−37.4	−176.9	−41.1
3层+2跨	−2.5	−0.3	−41.6	−188.7	−44.8
4层+2跨	−3.6	−0.5	−45.8	−199.9	−48.4

2～4层地下室、纵向外挑3跨A轴柱轴力(kN) **表4.100**

柱轴力	柱1	柱2	柱3	柱4	柱5	柱6
2层+3跨	−1.1	−0.1	−0.1	−20.0	−18.6	−6.9
3层+3跨	−1.4	−0.1	−0.1	−22.1	−21.2	−7.7
4层+3跨	−1.8	−0.1	−0.1	−24.5	−24.1	−8.8

2～4 层地下室、纵向外挑 3 跨 B 轴柱轴力（kN） 表 4.101

柱轴力	柱 13	柱 14	柱 15	柱 16	柱 17	柱 18
2 层+3 跨	−1.5	−0.1	−0.2	−37.6	−176.7	−41.1
3 层+3 跨	−2.2	0.1	−0.2	−41.7	−187.2	−44.6
4 层+3 跨	−2.8	−0.4	−0.2	−45.8	−197.6	−48.0

（2）y 方向水平荷载作用下底层柱轴力

2～4 层地下室、纵向外挑 1 跨 A 轴柱轴力见表 4.102；2～4 层地下室、纵向外挑 1 跨 B 轴柱轴力见表 4.103。

2～4 层地下室、纵向外挑 1 跨 A 轴柱轴力（kN） 表 4.102

柱轴力	柱 1	柱 2	柱 3	柱 4
2 层+1 跨	−4.0	−90.7	−140.0	−146.8
3 层+1 跨	−7.6	−104.0	−157.8	−165.7
4 层+1 跨	−12.2	−118.1	−176.5	−185.4

2～4 层地下室、纵向外挑 1 跨 B 轴柱轴力（kN） 表 4.103

柱轴力	柱 9	柱 10	柱 11	柱 12
2 层+1 跨	−0.0	−34.5	−408.7	−374.0
3 层+1 跨	−0.0	−39.1	−433.0	−398.0
4 层+1 跨	−0.2	−43.9	−455.8	−420.7

按照地基基础工程的实际经验及设计理论，风荷载设计值（或地震荷载）为 50 年一遇的基准值统计分析得到，所以在此荷载下引起的基础结构内力，应是在房屋基础沉降基本完成后的作用结果，可以直接采用地基不变形条件的分析结果。由上述计算结果可知，当地基不变形时，上部结构仅受水平荷载作用，基础结构的柱端轴力在外挑结构上增加数值较小，当仅按照主体结构的底面积分担偏心荷载作用引起的地基反力计算，偏于安全（假定裙楼基础不分担风荷载或地震荷载引起的荷载作用）。

4.2.7 大底盘基础结构的主体结构整体挠度以及荷载传递变化特征

通过上述计算分析，可得到大底盘基础结构的主体结构整体挠度（表 4.104）以及荷载传递变化特征结果（表 4.105）。

单体结构、大底盘主体结构纵向、横向挠曲值（$\times 10^{-4}$）对比 表 4.104

2 层地下室	单体结构	大底盘结构	
		纵向裙房	双向裙房
纵向(B 轴)	1.6	2.9	2.6
横向(内筒横向边缘)	2.6	1.6	2.5

由计算结果可知，大底盘基础结构的主体结构整体挠度在不同外挑结构形式时变化不同，总的变形特征是在具有外挑结构的方向上主体结构整体挠度增加。

2 层地下室地下结构单体结构、大底盘结构核心筒竖向荷载分担比 表 4.105

2 层地下室	单体结构	大底盘结构	
		纵向裙房	双向裙房
主楼荷载	316800	316978	320926
核心筒荷载	151936	145766	133246
荷载比(%)	48.0	46.0	41.5

由计算结果可知，大底盘基础结构的主体结构荷载传递，保持主体结构总荷载不变；与考虑地基变形的单体结构相比，内筒承担的竖向荷载减少，向外框柱转移；具有外挑地下结构的一侧主体结构外框柱荷载增大。与考虑地基变形的单体结构相比，仅纵向裙房时，角柱增加 7.5%，纵向边柱增加 26.2%，横向边柱减少 11.2%～5.5%；双向裙房时，角柱增加 20.6%，纵向边柱增加 11.3%，横向边柱增加 10.8%～13.5%。相比不考虑地基变形的分析结果，考虑地基变形工况下与基础板连接的柱端剪力、弯矩均有增加，设计时应充分考虑其对基础结构构件验算结果的影响。

4.3　基于建造过程地基土工程特性的基础结构分析方法[4]~[6]、[18]、[19]、[20]、[26]

《建筑地基基础设计规范》GB 50007—2011 对地基变形和基础内力分析采用的荷载组合条件的规定：按地基承载力确定基础底面积及埋深或按单桩承载力确定桩数时，传至基础或承台底面上的作用效应应按正常使用极限状态下作用的标准组合；计算地基变形时，传至基础底面上的作用效应应按正常使用极限状态下作用的准永久组合，不应计入风荷载和地震作用；在确定基础或桩基承台高度、支挡结构截面、计算基础或支挡结构内力、确定配筋和验算材料强度时，上部结构传来的作用效应和相应的基底反力、挡土墙土压力以及滑坡推力，应按承载能力极限状态下作用的基本组合，采用相应的分项系数。

目前我国对地基变形计算的荷载采用准永久组合，不计入风荷载和地震作用，是由工程的实际工况决定的（风荷载或地震荷载是按 50 年一遇或 475 年一遇的数值统计分析确定）。计算基础结构内力应采用基本组合，采用相应的分项系数，其中应包括风荷载和地震作用，是由相应材料或结构规范的分项安全系数设计法决定的。这就是说，要想在基础结构分析中既包括地基变形的影响，又包括不同荷载作用，在内力分析中应采用不同荷载分别作用，满足不同工程实际结果的计算要求后，按叠加的方法得到最终的内力分析结果。在基础结构内力变形分析中，应区分随着建造过程，基坑开挖至基底，地基土变形处于回弹变形阶段；建造基础后随着荷载施加，地基土变形处于回弹再压缩变形阶段；当建造结构荷载大于开挖卸荷土体自重荷载后，地基土变形处于固结变形阶段；按不同阶段地基土的荷载变形性质分别计算。在地基变形的不同阶段，基础结构内力应根据地基与结构相互作用协调变形分别计算分析得到。

基于建造过程地基土工程特性的基础结构分析，可分为 4 个大的阶段：

① 按荷载作用的准永久组合，不计入风荷载和地震作用，采用有限压缩层地基模型，进行上部结构、基础、地基的共同作用分析，得到考虑基础沉降影响的结构内力，同时可得到基础沉降计算结果。计算时，必须满足输入地基模量对应的地基反力值与计算得到的地基反力值的偏差不大于 10%，一般应进行至少一次迭代计算。沉降计算修正系数应在最终结果中反映，否则将影响内力分析结果。按工程实际的施工工况，分别计算地基土回弹再压缩变形阶段和固结变形阶段的变形和内力后进行叠加，形成考虑地基变形影响的地基变形、地基反力分布和基础结构内力。

② 由①计算分析得到的地基反力分布形态按荷载组合的标准组合作用值，计算最不利荷载组合的基础结构内力。这与传统的已知地基反力和结构作用力，进行结构分析的方法一致。

③ ①和②计算的基础结构内力按荷载类型（永久荷载或可变荷载）分别判定最不利

工况下各构件截面的控制内力值，乘以相应的分项系数，进行基础结构刚度、强度、配筋设计。此时，①计算的工况为考虑基础沉降及整体挠曲的内力，②计算的工况应与基础结构内力分析的最不利荷载组合计算结果相匹配。

④ 将①计算的地基反力折算为标准组合值的结果，叠加②计算的仅作用风荷载或地震荷载作用的地基反力，进行地基承载力计算复核。

通过理论分析及工程计算实测对比分析，可得到如下认知：

① 采用有限压缩层地基模型计算形成地基刚度的共同作用计算，可得到与实测吻合较好的地基变形结果和地基反力的分布值，并可同时得到基础差异沉降和整体挠曲工况控制的基础内力。

②“大底盘”基础结构，必须控制基础差异沉降和整体挠曲引起的内力，该部分内力应通过共同作用分析得到。

③ 按弹性地基梁板的基床系数法进行“大底盘”基础结构内力分析，由于其计算的基础沉降结果与实际差距较大，不能用于考虑基础差异沉降的内力分析。

复杂体型“大底盘”基础结构，应采用共同作用分析计算内力，考虑地基变形影响。在地区积累经验的基础上，简化设计方法应符合下列原则：

① 按照主体结构外挑一跨结构进行共同作用分析，确定地基反力及地基变形分布，验算预先初步确定的基础板、柱、楼面板等尺寸下的主体结构整体挠度值是否满足 0.5‰ 的控制要求。

② 按照荷载的基本组合值（可按准永久组合的共同作用分析的地基反力和地基变形形态调整），进行内筒冲剪、角柱（边柱）冲剪验算，复核基础刚度设计是否满足要求。

③ 按照荷载的标准组合值（可按准永久组合的共同作用分析的地基反力和地基变形形态调整）验算地基承载力是否满足要求，此时平均荷载下的验算可取内筒处最大地基反力值。

④ 按照地基变形计算值、地基反力计算值、荷载的标准组合值（应为考虑地基变形共同作用的柱端内力），进行基础板考虑地基变形的内力分析。

⑤ 按照传统分析方法的内力分析，并确定与第④条的结果确定的结构断面最不利工况的内力设计值。

⑥ 按照基本组合的最不利工况的内力设计值，进行结构配筋计算。

⑦ 对于外挑地下结构的边跨柱内力分析，应考虑基础整体挠曲和变形的影响，对结构构造和配筋构造加强，防止应力集中引起的结构裂缝。

大底盘基础结构，与相应高度单体结构内力分析结果相比，可得到下列认识：

① 内筒冲剪验算的内筒竖向力及地基反力与单体高层建筑的验算结果相近。

② 主体结构角柱、边柱柱端内力与传统的计算方法有一定增大，此部位的地基反力减少，基础冲剪要求的板厚有所增加，设计时应予以重视。

③ 具有外挑结构的主体结构由于基础沉降影响，竖向荷载进一步向外框柱转移，外框柱竖向力大于单体高层建筑的外框柱竖向力，角柱增大约 10%，边柱增大约 25%；同时该处地基反力比平均地基反力减少 20%。而无外挑结构的主体结构外框柱竖向力小于单体高层建筑的外框柱竖向力，减少约 10%。该处地基反力与单体高层建筑接近，大于平均值地基反力（算例为 115%）。

④ 外挑地下结构的内力受基础底板整体挠度的影响有较大增加，同不考虑基础变形影响的结果对比，其影响主要在外挑的最边跨，外挑一跨时的柱轴力在两层地下室的角柱增大135%，边柱轴力增大66%；三层地下室角柱轴力增大132%，边柱轴力增大63%；四层地下室角柱增大131%，边柱增大61%；外挑两跨、三跨结构仅在最外侧角柱轴力增大17%，边柱未增加。因此，对于外挑结构的设计应注意位于边界构件的构造，防止由于整体弯矩影响的构件开裂降低截面刚度。

⑤ 基础底板结构配筋布置及构造，可按原设计经验进行，对应整体弯矩的配筋量不得降低。外挑地下结构的基础设计应考虑地基反力向外扩散，以及整体变形对结构内力的影响。

4.4 L形"大底盘"基础结构设计计算实例[21]

4.4.1 工程概况

北京中国石油大厦项目位于北京市东直门桥西北部，总建筑面积约20万m^2，其中地下部分5万m^2。立面图见图4.31。

图4.31 中国石油大厦立面图

该建筑由4栋22层办公楼组合而成，地下3～4层，为大底盘多塔联体结构，层高分别为：地下4层至地下2层3.3m，地下1层4.5m，地上1层6m，地上2层及以上4m。办公楼柱间距8.1m×8.1m，主中庭40.5m×43.2m，其他中庭跨度16.2m，上部联桥跨度40.5m。结构形式采用现浇钢筋混凝土框架剪力墙结构，柱采用型钢混凝土柱，梁采用钢梁，上部联桥部、主中庭、报告厅及其他中庭等采用钢架结构。

本工程基础形式为筏板基础，平面形状为矩形，长294.3m，宽57.7m，柱尺寸900mm×900mm，板混凝土强度等级C35，基础埋深约18m。

4.4.2 地质条件

建筑物地基持力层为粉质黏土，其下为第四纪粉质黏土与砂、卵石交互层，中低压缩性，地质剖面如图 4.32 所示。各土层物理力学性质指标如表 4.106 所示。

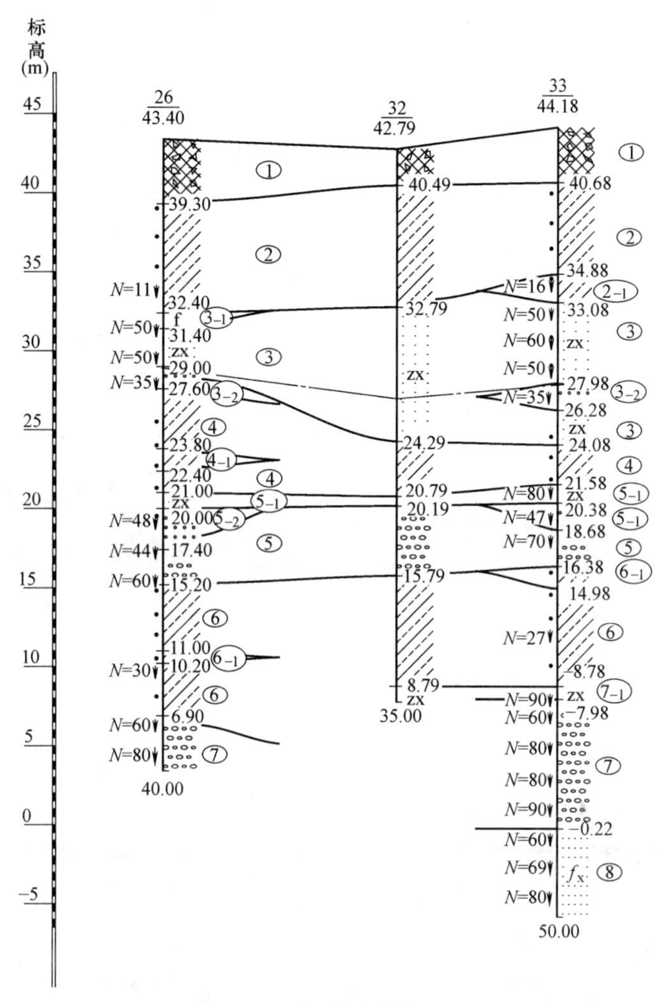

图 4.32 场地地质剖面

土层物理力学性质指标　　表 4.106

地层单元	平均厚度(m)	承载力特征值(kPa)	压缩模量(MPa)	回弹再压缩模量(MPa)
④层粉质黏土	3	230	20	35
⑤层砂卵石	5.2	280～350	35	60
⑥层粉质黏土	7.6	260	17	—
⑦层卵石	8.9	450	45	—
⑧层粉细砂	未揭穿	350	30	—

注：由于勘察报告未提供回弹再压缩模量值，因此回弹再压缩模量的取值根据经验确定。

4.4.3 共同作用计算结果

(1) 位移、反力计算曲线

根据优化后基础方案，采用本文的计算方法取建筑物 C、D 楼部分进行了数值计算，结果如下：主楼下基础最大沉降 40mm，中庭平均沉降 19mm，地下车库平均沉降 16mm，主裙楼差异沉降均满足要求，C轴、E轴、G轴位移及反力计算结果见图 4.33。位移等值线及反力等值线见图 4.34，与实测值吻合较好。

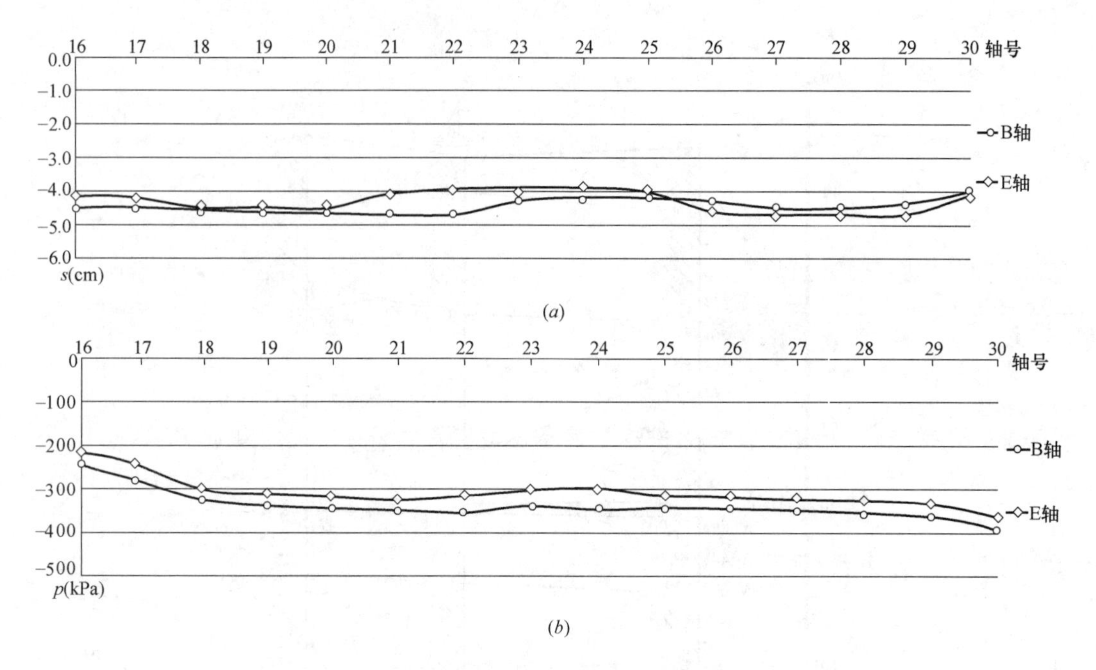

图 4.33　数值分析计算结果

（a）位移曲线；（b）反力曲线

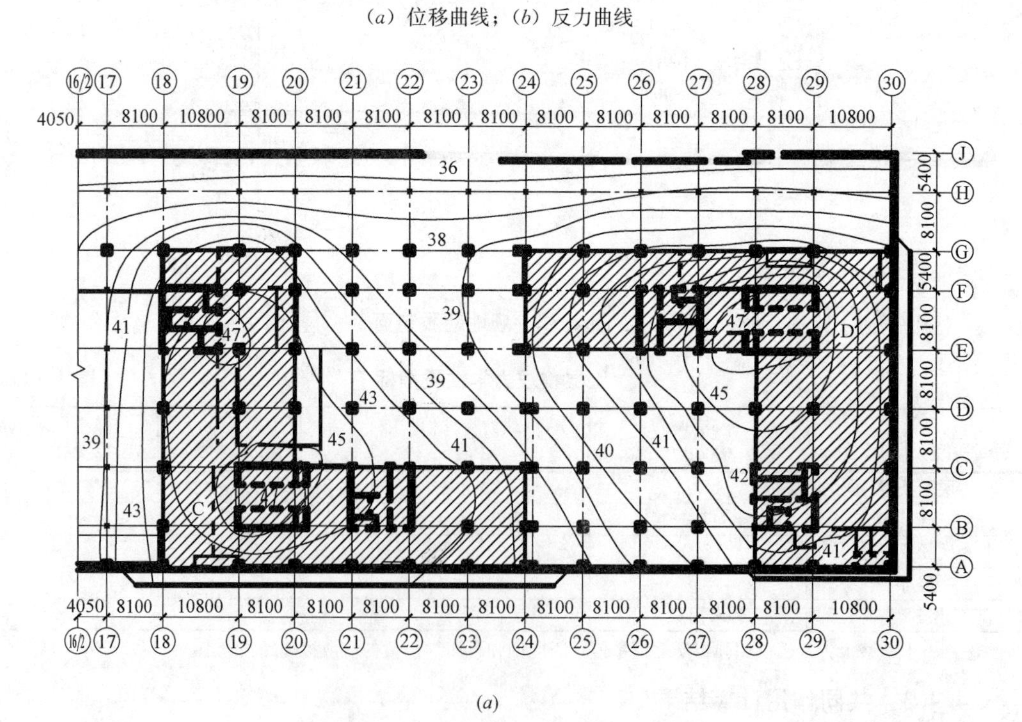

图 4.34　位移反力等值线（一）

（a）位移等值线

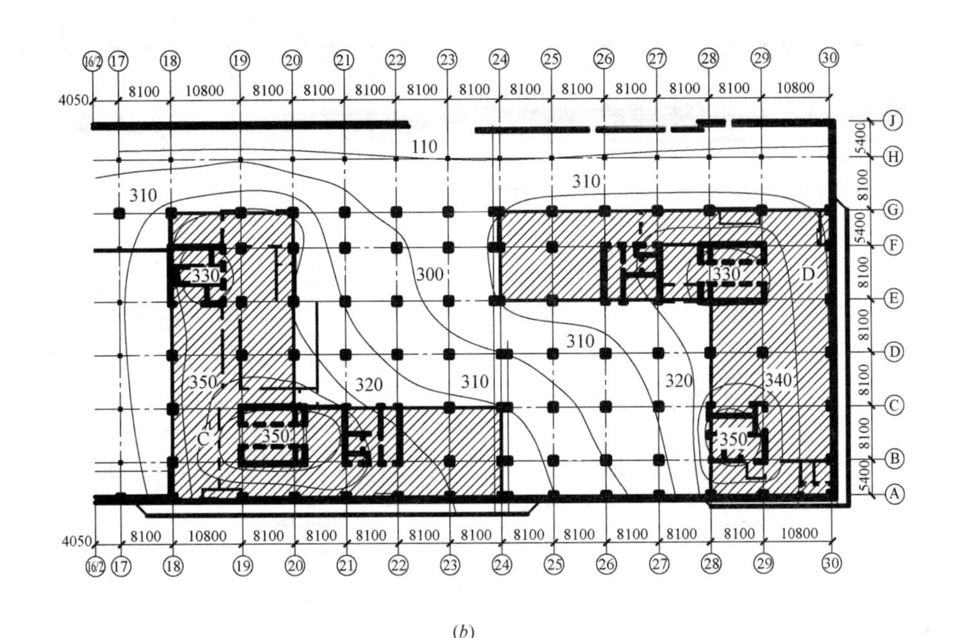

(*b*)

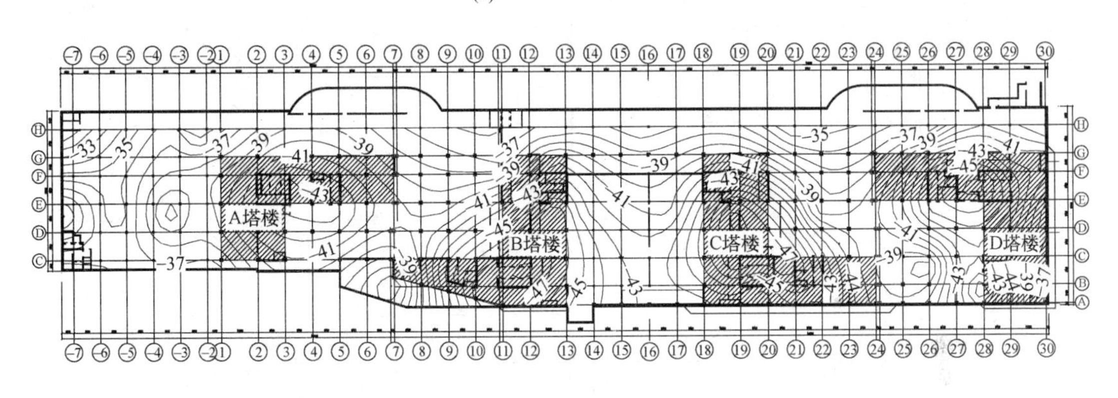

(*c*)

图 4.34 位移反力等值线（二）

(*b*) 反力等值线；(*c*) 结构封顶时的实测沉降曲线图

(2) 底层柱内力计算值

图 4.35 为中国石油大厦柱编号图。考虑地基变形工况下底层各柱内力计算值见表 4.107、表 4.108，不考虑地基变形工况下底层各柱内力计算值见表 4.109、表 4.110。两种工况下核心筒分担荷载比例见表 4.111，筏板弯矩图见图 4.36。

主楼各柱内力表（考虑地基变形） **表 4.107**

柱号	N(kN)	Q_x(kN)	Q_y(kN)	M_x (kN·m)	M_y (kN·m)	柱号	N(kN)	Q_x(kN)	Q_y(kN)	M_x (kN·m)	M_y (kN·m)
2	−12949	15.8	31.9	129.2	36.8	4	−9827	−43.9	48.4	35.9	50.3
3	−12762	−9.3	44.9	73.9	40.3	5	−10717	−64.9	63.2	41.6	78.1

续表

柱号	N(kN)	Q_x(kN)	Q_y(kN)	M_x (kN·m)	M_y (kN·m)	柱号	N(kN)	Q_x(kN)	Q_y(kN)	M_x (kN·m)	M_y (kN·m)
6	−11085	−70.6	33.0	−11.8	99.2	56	−25918	258.7	790.6	604.8	−132.6
7	−10749	−75.8	−41.8	−133.2	114.2	58	−22592	359.0	−495.8	−389.5	−379.5
8	−12534	−185.0	−66.6	−179.8	115.1	59	−14455	−44.4	28.1	48.7	5.1
12	−21603	−33.5	−27.1	6.4	81.0	60	−24468	−94.8	14.7	26.0	69.0
13	−14906	−268.9	−153.6	−86.9	229.4	64	−14170	526.6	387.3	310.8	−359.5
14	−10373	372.8	−177.9	−93.2	−170.9	65	−10072	332.9	426.5	179.3	−183.9
16	−13667	−148.4	134.5	224.8	348.7	66	−13794	173.5	269.0	−93.3	9.5
17	−16016	−34.0	187.5	321.0	118.5	67	−14493	132.7	252.8	−64.4	−13.2
18	−14134	−37.0	114.9	175.2	72.9	68	−17623	155.1	307.8	204.8	−97.4
19	−15231	−55.6	142.3	208.9	46.4	69	−10550	−54.6	351.6	252.1	9.0
20	−12254	−45.9	157.3	233.6	−18.0	70	−24748	290.4	313.5	294.6	−171.6
21	−9139	−14.6	190.0	327.5	−55.2	72	−12700	122.1	−451.6	−265.2	−201.6
22	−12111	−115.4	130.4	138.3	70.7	73	−16647	106.4	8.6	−69.0	367.2
26	−12796	−103.8	452.6	347.0	98.0	74	−13540	159.0	37.4	−147.4	480.9
27	−17136	−127.5	436.4	385.1	132.9	78	−10551	−276.3	274.9	−785.6	−752.2
28	−17768	−94.0	266.6	214.0	84.5	79	−12240	68.5	−157.6	−28.2	−120.5
30	−14304	263.8	275.0	532.1	−153.2	80	−10171	−108.1	−290.9	−138.8	58.4
31	−14345	117.0	389.3	481.6	−48.1	81	−14003	−121.0	−290.5	−29.6	13.2
32	−16301	40.6	228.2	187.5	−19.9	82	−15297	−196.2	−410.0	−137.3	71.8
33	−12802	11.6	157.0	79.9	−14.3	83	−13354	−387.5	−435.7	−300.2	260.9
34	−14365	−49.8	171.2	79.8	52.1	84	−18548	128.8	−459.2	−284.1	−55.2
35	−12974	−22.2	322.5	342.3	29.3	86	−17992	−241.9	−570.2	−375.8	21.4
36	−11445	54.2	401.6	485.8	−128.3	87	−16149	−319.8	−127.3	4.5	35.9
40	−19681	271.4	854.0	553.1	−208.0	88	−16840	−435.3	−101.3	50.2	149.2
41	−21823	−117.5	989.6	667.1	108.4	92	−19288	−176.0	−994.3	−549.0	54.6
42	−25258	78.8	948.9	704.4	−11.2	93	−9831	−439.9	−622.3	31.4	44.3
44	−40328	1005.0	−297.6	−295.7	−1366	94	−10191	−376.3	−598.0	274.3	−109.4
45	−25788	165.2	54.4	−149.3	−38.7	95	−10874	−377.5	−463.0	676.5	−229.2
46	−26348	−174.9	−92.3	−525.4	522.5	96	−14623	−524.3	−911.3	−14.6	112.8
54	−25438	302.9	657.2	538.2	−241.8	97	−14902	−765.6	−1072	−353.1	421.2
55	−25460	−55.1	762.9	635.2	20.4	98	−14267	−351.1	−1712	−934.2	265.7

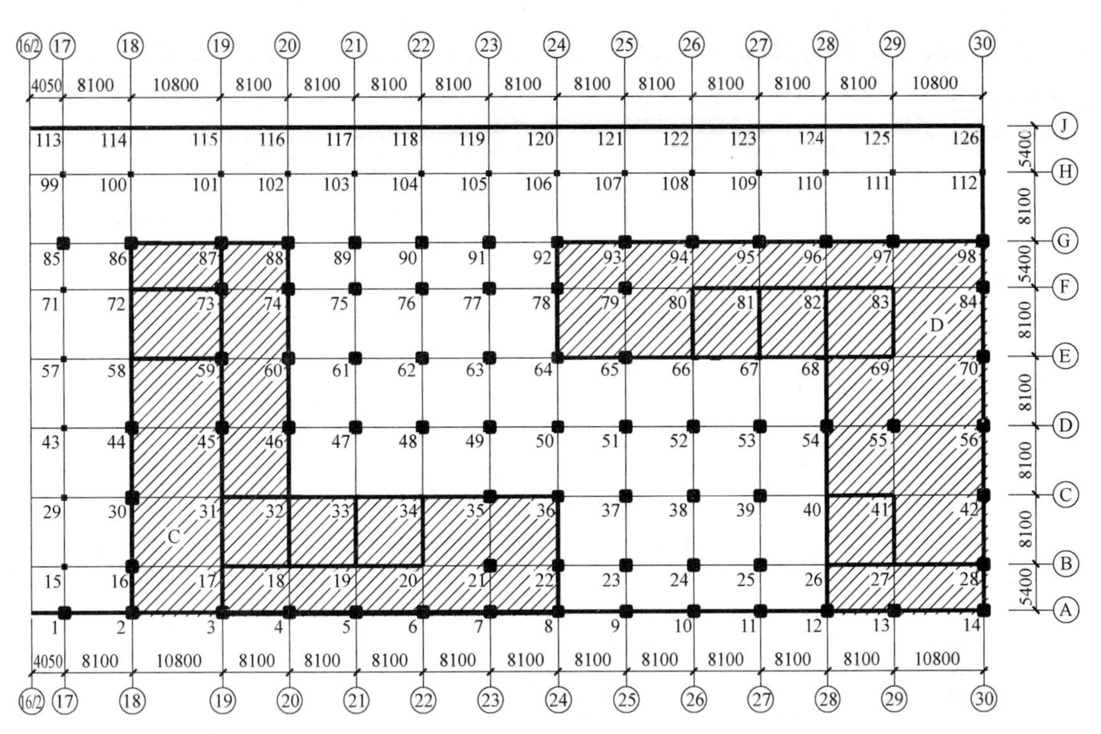

图 4.35 中国石油大厦柱号图

裙房各柱内力表（考虑地基变形） **表 4.108**

柱号	N(kN)	Q_x(kN)	Q_y(kN)	M_x (kN·m)	M_y (kN·m)	柱号	N(kN)	Q_x(kN)	Q_y(kN)	M_x (kN·m)	M_y (kN·m)
1	−3491	94.3	−223.1	42.0	5.8	57	−5042	67.5	−126.1	58.5	−64.4
9	−7628	−212.0	−79.9	−151.8	155.0	61	−10010	5.2	104.3	173.5	−48.8
10	−8723	−84.5	−107.4	−135.5	84.2	62	−10340	192.4	141.4	233.4	−210.2
11	−9218	−31.6	35.7	33.6	63.7	63	−9340	466.3	257.4	325.5	−403.7
15	−2262	13.9	45.3	−132.2	−12.4	71	−3536	−12.3	−124.7	49.2	38.9
23	−9756	−210.6	207.5	181.9	171.5	75	−9181	−202.8	−156.3	−19.3	61.7
24	−9880	−31.1	240.4	184.1	46.7	76	−9303	−17.7	−329.9	−116.8	−74.8
25	−9490	58.4	373.6	297.7	−8.6	77	−8760	298.0	−437.8	−203.0	−286.6
29	−2144	31.9	−78.1	−15.5	−31.0	85	−4592	−138.9	−782.7	−251.3	−39.2
37	−9300	55.7	518.2	441.8	−38.7	89	−7844	−489.7	−260.0	−46.2	233.3
38	−9780	221.8	690.5	555.1	−168.2	90	−8093	−316.6	−597.9	−289.8	102.0
39	−9520	364.8	786.6	623.7	−280.1	91	−7710	−27.4	−1009	−625.1	−92.5
43	−4989	117.2	−122.4	13.9	−146.6	99	−2307	−178.9	−98.5	−22.0	243.9
47	−12470	94.1	331.9	322.2	−111.2	100	−2079	−338.0	−172.5	−222.9	446.8
48	−12670	120.7	412.9	413.4	−127.8	101	−1877	−369.0	−162.0	−222.7	480.7
49	−12390	189.1	575.7	558.7	−164.9	102	−1823	−337.6	−150.6	−195.8	433.7
50	−7398	−523.1	−828.1	1864.0	−1155	103	−2180	−270.4	−157.9	−204.6	346.9
51	−11400	519.8	754.7	607.8	−467.4	104	−2386	−220.9	−215.7	−281.2	286.2
52	−12740	419.3	820.9	658.9	−339.6	105	−2264	−233.9	−359.3	−462.5	304.9
53	−12870	415.8	731.9	587.4	−337.1	106	−2638	−322.5	−499.8	−641.5	410.1

续表

柱号	N(kN)	Q_x(kN)	Q_y(kN)	M_x (kN·m)	M_y (kN·m)	柱号	N(kN)	Q_x(kN)	Q_y(kN)	M_x (kN·m)	M_y (kN·m)
107	−2389	−378.8	−494.9	−636.0	487.6	117	−4132	−1.0	6.4	147.8	−199.6
108	−2682	−370.4	−510.6	−664.2	481.1	118	−4151	−7.0	−0.8	149.3	−173.1
109	−2928	−354.3	−515.2	−675.6	460.3	119	−4176	−13.0	−12.6	147.3	−154.7
110	−3072	−320.0	−516.2	−684.0	428.8	120	−2311	−156.4	−124.0	47.4	1.3
111	−3396	−362.6	−488.3	−685.8	496.9	121	−1931	−172.7	−192.4	−13.9	20.1
112	−1910	303.5	292.0	−585.5	718.9	122	−2477	−165.8	−200.8	−10.5	31.7
113	−4161	−57.0	−26.9	−27.6	−8.7	123	−2399	−152.3	−201.3	−12.8	32.0
114	−4152	109.6	43.7	−115.7	417.0	124	−2573	−105.3	−192.4	12.0	−4.0
115	−4205	−80.5	−13.3	85.9	−124.7	125	−3264	−39.4	−45.9	201.3	−104.6
116	−4183	−20.9	−5.0	120.1	−203.3	126	−3145	45.5	11.4	0.3	−15.3

主楼各柱内力表（不考虑地基变形）　　表 4.109

柱号	N(kN)	Q_x(kN)	Q_y(kN)	M_x (kN·m)	M_y (kN·m)	柱号	N(kN)	Q_x(kN)	Q_y(kN)	M_x (kN·m)	M_y (kN·m)
2	−13533	−0.1	10.6	27.4	4.1	40	−20916	22.5	10.2	26.0	−30.9
3	−13699	−5.8	5.1	20.5	8.3	41	−21371	−47.8	18.0	38.1	53.9
4	−9717	−6.1	1.1	10.4	6.5	42	−25118	−31.8	2.1	18.0	43.5
5	−9825	−10.6	5.8	20.5	16.9	44	−31818	165.6	36.1	104.7	−415.6
6	−9798	−9.2	−0.5	8.9	19.8	45	−33428	−62.2	−40.4	−45.6	98.7
7	−9506	−17.0	−5.9	6.6	44.2	46	−30258	−159.6	−139.5	−281.3	338.7
8	−10347	−18.1	−3.8	−11.7	13.0	54	−26388	−5.4	9.2	14.1	−5.4
12	−16684	−19.8	20.6	57.6	23.2	55	−26160	−11.8	8.4	13.7	10.5
13	−12967	−12.9	9.1	51.3	2.4	56	−26498	−16.3	−5.1	1.9	25.1
14	−10753	−27.6	1.1	22.9	39.9	58	−19171	−3.1	−62.1	−90.5	−1.5
16	−12441	−77.6	18.5	13.6	107.9	59	−19088	−49.6	−7.7	−16.4	65.0
17	−15881	−22.0	0.2	11.1	30.0	60	−25568	−41.4	−19.7	−31.7	56.5
18	−14880	−13.4	−1.6	4.4	14.7	64	−10824	11.4	−4.4	7.4	−10.3
19	−15735	−26.1	9.7	21.2	24.8	65	−10766	7.0	−5.0	7.7	−13.5
20	−11457	−21.2	26.7	54.2	20.2	66	−14956	5.0	2.8	10.9	−6.9
21	−6217	−14.5	46.4	100.2	4.5	67	−15719	−8.2	4.4	7.5	1.4
22	−10612	−11.6	18.5	33.8	11.4	68	−21294	1.0	6.1	11.1	−9.3
26	−15796	−42.4	2.8	2.6	51.7	69	−12139	−23.2	9.2	9.1	23.5
27	−18522	−72.9	10.4	26.7	96.4	70	−25718	−6.9	−11.1	−10.4	7.4
28	−16534	−35.7	3.5	31.3	47.8	72	−15056	5.6	−26.8	−33.1	−20.1
30	−16562	−41.8	55.1	95.9	28.9	73	−15068	−13.4	2.0	6.9	10.6
31	−17712	−20.7	−10.6	6.7	26.0	74	−11537	−19.2	−6.8	−10.9	21.6
32	−19692	−18.4	−13.3	−0.3	23.5	78	−11222	−4.4	−20.1	−15.8	−1.8
33	−15835	−23.5	−6.9	5.4	29.5	79	−14210	2.3	−23.7	−27.7	−5.7
34	−16240	−23.1	−0.6	14.4	18.3	80	−12251	4.5	−26.2	−19.0	−3.0
35	−14747	−5.6	1.1	12.2	−2.5	81	−15710	−4.5	−19.6	−12.1	1.3
36	−12653	−19.5	27.0	59.3	13.3	82	−16991	−20.6	−19.0	−17.4	13.0

续表

柱号	N(kN)	Q_x(kN)	Q_y(kN)	M_x (kN·m)	M_y (kN·m)	柱号	N(kN)	Q_x(kN)	Q_y(kN)	M_x (kN·m)	M_y (kN·m)
83	−12903	−36.5	−13.1	−8.5	35.0	93	−10814	−5.6	−13.5	−7.7	3.3
84	−20528	−12.9	−20.5	−33.4	15.1	94	−10634	−5.0	−8.0	5.1	0.2
86	−11636	−9.6	−30.4	−34.2	−2.5	95	−10622	−12.6	0.1	12.5	3.2
87	−15556	−15.1	−9.2	−4.3	7.5	96	−11790	−16.2	−8.7	−1.7	10.2
88	−11918	−29.2	−2.3	2.6	23.4	97	−12920	−14.0	−9.2	−3.6	8.3
92	−11707	−3.8	−30.2	−22.6	0.6	98	−10998	−37.3	−3.1	2.7	52.5

裙房各柱内力表（不考虑地基变形） **表 4.110**

柱号	N(kN)	Q_x(kN)	Q_y(kN)	M_x (kN·m)	M_y (kN·m)	柱号	N(kN)	Q_x(kN)	Q_y(kN)	M_x (kN·m)	M_y (kN·m)
1	−1287	4.6	−11.3	6.5	1.1	90	−7520	−15.1	−12.4	−9.1	14.1
9	−2760	−9.0	8.8	14.4	8.4	91	−7391	−10.8	−14.1	−8.5	10.6
10	−3312	−12.8	19.8	42.1	14.9	99	−2591	−30.8	69.9	161.0	62.4
11	−3982	−17.5	28.2	62.4	21.5	100	−3409	−11.3	−8.5	−16.7	20.0
15	−2118	−4.7	4.9	6.7	4.1	101	−3467	−11.4	−6.2	−11.3	21.2
23	−8828	−5.4	29.2	57.4	−0.5	102	−3060	−11.8	−6.5	−11.6	21.0
24	−9676	−10.0	31.2	61.9	10.3	103	−3140	−12.1	−8.2	−15.4	21.7
25	−9580	−17.9	32.4	61.4	24.8	104	−3156	−10.9	−9.3	−17.2	19.7
29	−1278	−9.0	10.7	17.5	12.7	105	−3138	−9.9	−10.3	−18.5	18.1
37	−9920	−6.6	14.4	30.7	−0.2	106	−2865	−8.5	−9.1	−15.9	14.6
38	−9260	−4.9	14.8	31.2	2.8	107	−2832	−6.9	−7.5	−13.1	11.7
39	−9250	0.5	14.6	31.2	−2.1	108	−3005	−6.6	−7.7	−14.0	11.0
43	−4157	−6.2	118.0	267.2	10.8	109	−3008	−7.0	−7.6	−14.0	11.6
47	−12830	−14.8	−4.0	10.2	14.0	110	−3017	−7.2	−8.3	−15.4	11.3
48	−12850	−10.6	−2.6	10.3	6.9	111	−3402	−11.2	−7.8	−15.1	19.8
49	−12540	−11.1	5.6	21.7	11.5	112	−2277	−4.6	−2.7	−3.8	5.7
50	−10020	−9.3	33.5	81.2	10.0	113	−2265	−3.3	−0.9	−1.4	0.7
51	−11620	−4.6	−2.6	1.6	3.0	114	−2268	−1.8	−3.5	−6.4	−1.5
52	−12820	−3.3	−0.6	1.9	2.0	115	−2281	−2.0	0.3	2.7	−0.1
53	−13140	−1.5	0.1	1.4	−3.8	116	−2292	−1.2	−0.5	1.4	−2.3
57	−4424	−29.1	151.1	349.1	62.4	117	−2304	−0.6	−0.2	2.4	−3.1
61	−13540	−25.3	−7.9	−2.5	30.9	118	−2303	−0.3	0.2	3.3	−3.2
62	−13360	−13.1	−8.5	−2.1	12.5	119	−2284	0.5	1.1	4.9	−4.1
63	−12900	−11.1	−4.8	7.7	17.3	120	−2418	−1.6	1.2	5.7	−1.9
71	−3425	−29.7	134.5	310.7	61.7	121	−2484	−1.1	0.3	4.0	−2.0
75	−10340	−22.8	−16.6	−21.3	24.8	122	−2551	−2.2	−0.3	2.5	0.6
76	−10490	−17.6	−14.7	−13.3	19.7	123	−2629	−3.1	−1.0	0.7	2.5
77	−10200	−16.0	−13.5	−7.1	21.5	124	−2700	−3.6	−1.4	−0.2	3.4
85	−3948	−22.7	152.3	378.8	23.1	125	−2711	−3.0	0.0	1.3	2.9
89	−7429	−19.4	−11.0	−10.3	17.2	126	−2439	−3.0	−0.6	0.7	2.9

中国石油大厦核心筒荷载分担比　　　　**表 4.111**

	主体结构竖向荷载(kN)	核心筒竖向荷载(kN)	核心筒荷载分担(%)
考虑地基变形	1049317.4	362567.3	34.6
不考虑地基变形	1049632.6	394390.4	37.6

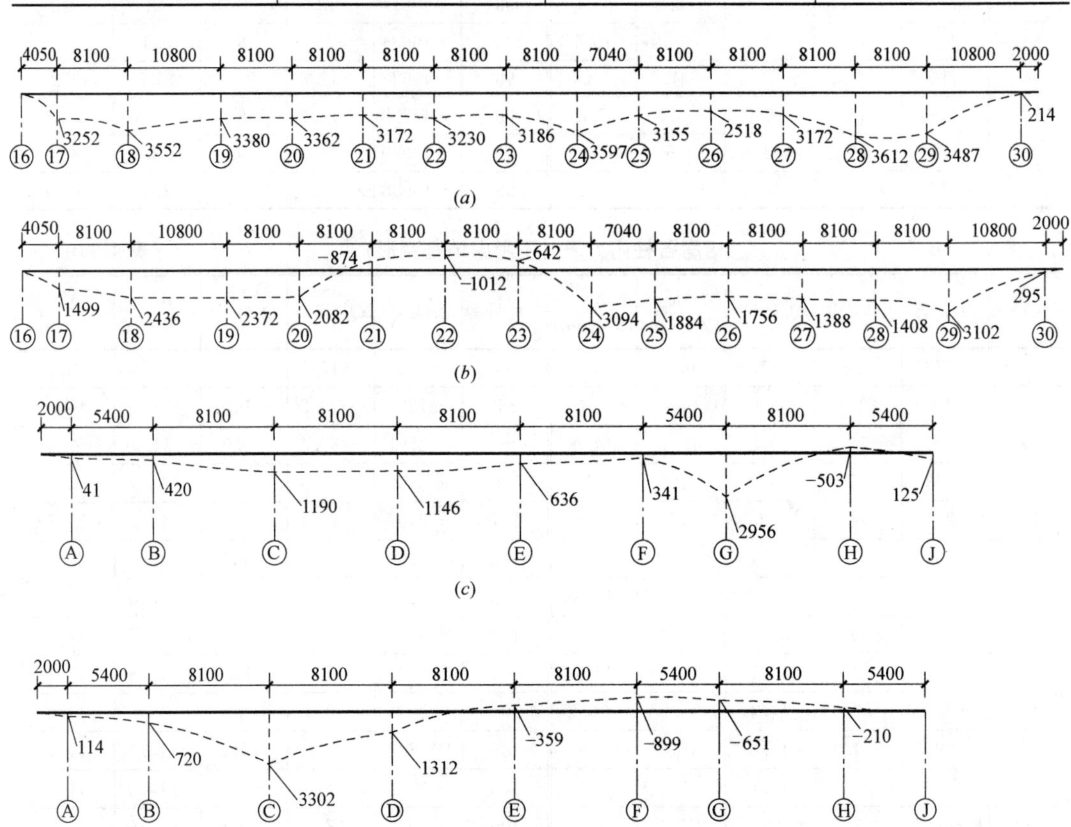

图 4.36　中国石油大厦筏板弯矩图

(*a*) B 轴；(*b*) E 轴；(*c*) 19 轴；(*d*) 23 轴

4.4.4　小结

中国石油大厦主体结构为 L 形框架-剪力墙结构，共同作用分析结果表明，主体结构地基反力在西侧（此处无外挑基础结构）414kPa，具有外挑地下结构内筒部位为 340kPa；主体结构整体挠度最大值为 C 栋 1.1×10^{-4}（南北向），D 栋 1.0×10^{-4}（南北向），基础沉降分析结果与实测值吻合较好。

考虑基础沉降影响的结构荷载传递与上述计算模型的规律一致，内筒荷载向外框柱转移，外框柱竖向荷载、柱端弯矩、柱端剪力均较不考虑地基变形的结果有所增大。L 形主体结构内角处的基础底板整体弯矩、柱端轴力比较不考虑地基变形的结果有所增大。

中国石油大厦已竣工投入使用近 10 年，效果良好。

4.5　Z 形“大底盘”基础结构设计计算实例[22]

4.5.1　工程概况

中国建筑科学研究院（CABR）科研试验大楼由两栋科研主楼、裙房、地下车库组成，形成大底盘多塔楼联体结构，建筑平面图见图 4.37；科研主楼部分地上 20 层、钢筋混凝土框架一剪力墙结构，裙房部分地上 2 层，裙房及地下部分为钢筋混凝土框架结构；主楼、裙房及地下车库均地下 4 层，筏板基础。总建筑面积约 6 万 m²，基础埋深约为 19.15m。

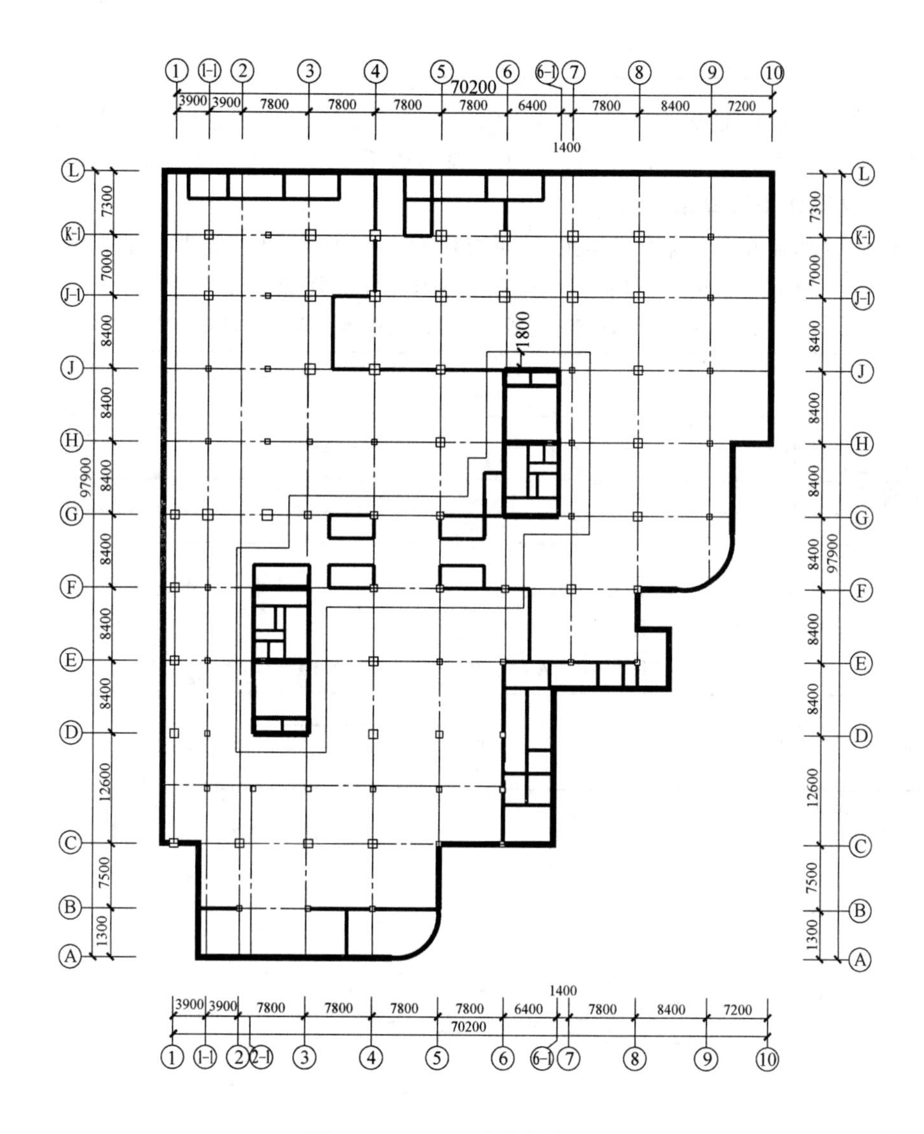

图 4.37　CABR 试验大楼平面图

4.5.2　地质条件

地面下勘察深度范围内的土层划分为人工堆积层、第四纪沉积层，按地层岩性及其物理力学指标进一步划分为①杂填土、②黏质粉土、③粉质黏土、④粉质黏土、⑤中细砂、⑥粉质黏土、⑦卵石、⑧卵石 8 个大层。

根据岩土工程勘察报告的地质土层情况以及该地区以往工程经验，基底以下土层参数如表 4.112 所示。

基底以下土层参数 表4.112

土层	平均厚度(m)	地基承载力特征值(kPa)	压缩模量(MPa)	回弹再压缩模量(MPa)
④	3.0	220	15	45
⑤	4.5	280	32	64
⑥	4.0	240	16	48
$⑦_1$	2.0	300	35	—
⑦	—	450	50	—

根据《建筑地基基础设计规范》GB 50007相关要求、岩土工程勘察报告的地质土层情况以及该地区以往工程经验，经综合考虑取基底以下20m深度作为沉降计算深度。

4.5.3 共同作用计算结果

根据优化后基础方案，采用本文的计算方法对CABR科研大楼进行了数值计算，建筑物各部分的平均沉降、最大沉降、主裙楼之间的差异沉降如表4.113所示。

建筑物各部分平均沉降、最大沉降、主裙楼之间的差异沉降 表4.113

建筑物	平均基底压力(kPa)	平均沉降量(mm)	最大沉降量(mm)	主裙楼交界处最大差异变形(mm)
A楼(左下部)	345	53	60	6
B楼(右上部)	325	48	54	9
裙房	205	30	45	/
纯地下车库	175	42	46	/

E轴、F轴、J轴位移及反力计算结果如图4.38。位移等值线及反力等值线见图4.39，A楼、B楼挠曲值见表4.114。

CABR科研楼A楼、B楼挠曲值（$\times10^{-4}$） 表4.114

	A楼		B楼	
轴 号	②轴	E轴	⑦轴	H轴
挠曲值	2.6	1.5	1.7	2.0

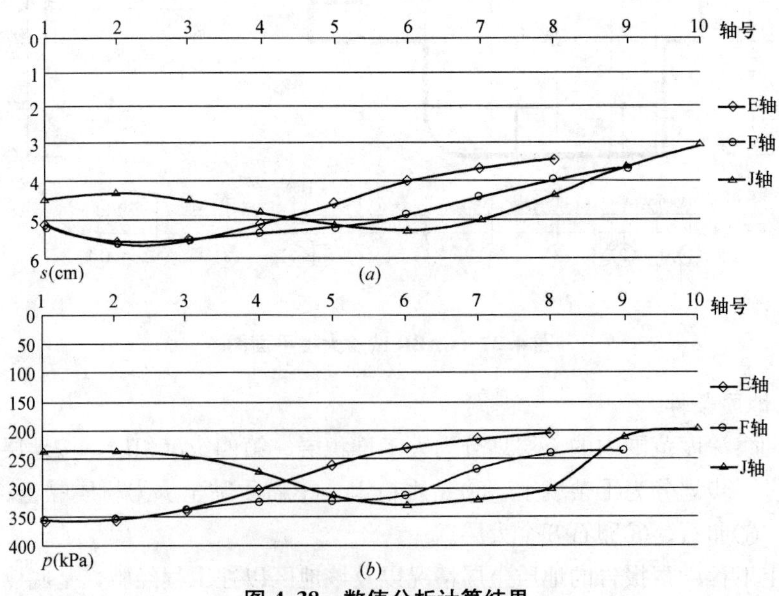

图4.38 数值分析计算结果

(a) 位移曲线；(b) 反力曲线

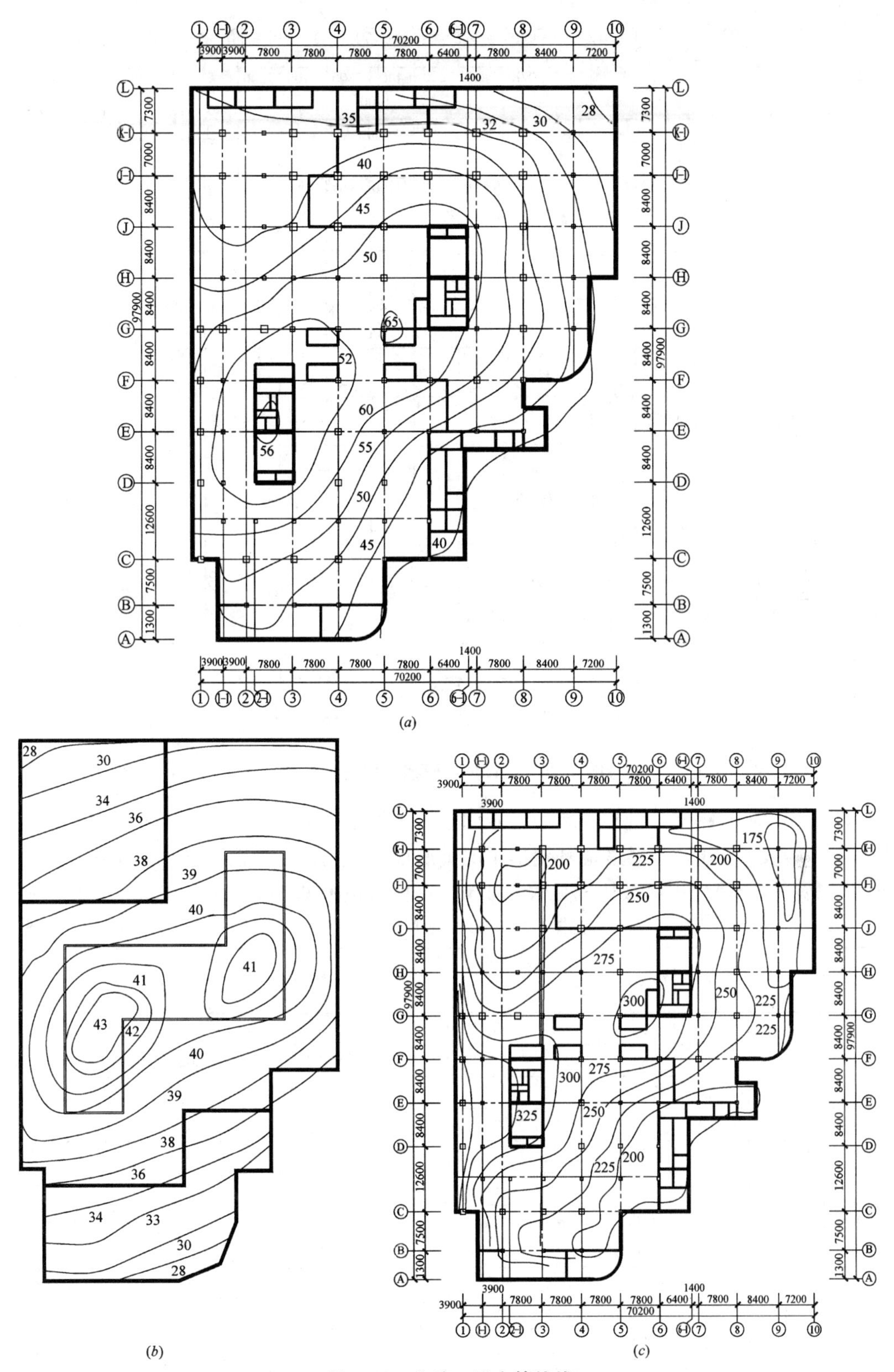

图 4.39 位移、反力等值线

(a) 沉降等值线 (mm)，(b) 实测沉降等值线分布图；(c) 反力等值线

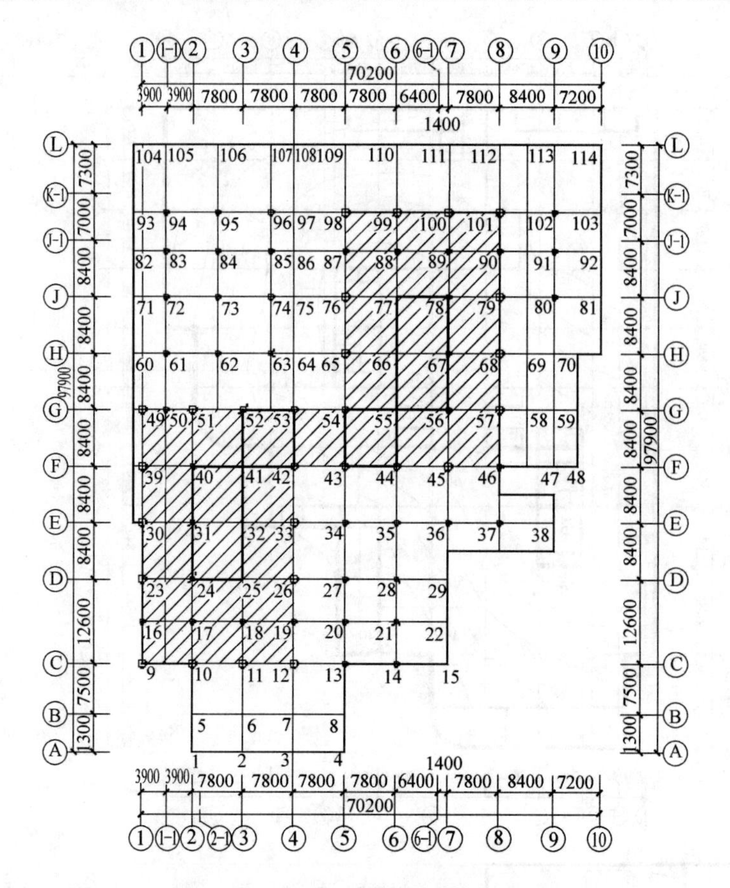

图 4.40　CABR 科研楼底层柱编号图

图 4.40 为 CABR 科研楼底层柱编号图。考虑地基变形工况下底层各柱内力计算值见表 4.115 和表 4.116，不考虑地基变形工况下底层各柱内力计算值见表 4.117 和表 4.118。两种工况下核心筒分担荷载比例见表 4.119，筏板弯矩图见图 4.41。

主楼各柱内力表（考虑地基变形）　　　　**表 4.115**

柱号	N(kN)	Q_x(kN)	Q_y(kN)	M_x (kN·m)	M_y (kN·m)	柱号	N(kN)	Q_x(kN)	Q_y(kN)	M_x (kN·m)	M_y (kN·m)
9	−15289	131.0	193.0	276.4	55.4	31	−19501	146.6	−531.8	−514.1	−129.5
10	−10280	519.0	331.1	127.4	−291.4	32	−17845	−150.0	306.0	142.9	137.2
11	−9936	323.8	725.6	450.7	−76.2	33	−17858	36.8	618.8	746.5	−21.7
12	−19120	−538.7	1238.0	1179.0	1026.0	39	−13803	−363.9	−2322	−2568	360.9
16	−12331	180.7	−366.4	−368.7	−161.7	40	−14274	−213.0	−769.1	−835.6	232.3
17	−14612	936.8	81.9	109.3	−1202	41	−20741	−5.5	−1.2	6.5	5.5
18	−14266	525.0	746.6	928.5	−634.7	42	−17086	54.8	1.8	−15.6	−7.7
19	−15958	−116.3	966.0	1229.0	157.7	43	−12654	234.5	108.1	107.2	−214.7
24	−15157	737.1	−240.0	−104.4	−758.1	44	−15064	513.9	1364.0	1043.0	−410.4
23	−11479	202.4	−1256	−498.7	−31.7	45	−17001	202.0	983.4	1225.0	−231.9
25	−13651	428.2	682.1	855.1	−628.8	46	−13575	−133.6	−588.5	1133.0	−436.4
26	−17840	−337.7	1855.0	1840.0	393.5	49	−12853	−575.8	−1586	−1865	489.9
30	−15411	−39.5	1635.0	−4284	−195.1	50	−4526	−465.4	−1159	−1655	499.9

续表

柱号	N(kN)	Q_x(kN)	Q_y(kN)	M_x (kN·m)	M_y (kN·m)	柱号	N(kN)	Q_x(kN)	Q_y(kN)	M_x (kN·m)	M_y (kN·m)
51	−11190	−1054	−2022	−2192	941.5	77	−14307	−111.8	−490.9	−541.6	160.2
52	−12945	−131.6	−275.2	−275.6	117.1	78	−14954	−400.1	143.8	141.0	410.3
53	−10376	−49.0	−132.6	−195.9	14.3	79	−18480	−1136	1317	1281	1031.0
54	−14283	52.8	−170.5	−139.8	−82.4	87	−15265	−390.7	−1103	−1442	539.9
55	−20703	59.8	10.1	4.4	−43.7	88	−14564	−605.8	−801.6	−1030	816.7
56	−13805	113.7	796.9	524.3	−92.4	89	−14238	−852.8	−231.2	−325.0	1112.0
57	−13192	−157.0	421.9	459.1	181.5	90	−17965	−1006	338.5	406.3	1291.0
65	−17080	416.8	−1110	−1060	−400.6	98	−16500	−1279	−1827	−1880	1175.0
66	−18300	376.7	−217.1	−85.8	−170.1	99	−18800	−1629	−1595	−1488	1416.0
67	−18322	−104.1	321.0	290.8	80.6	100	−18160	−2017	−831.4	−717.6	1797.0
68	−17585	831.1	−1126	2557.0	2200.0	101	−16550	−1146	76.6	176.0	1372.0
76	−18200	103.9	−1824	−1834	−85.3						

裙房各柱内力表（考虑地基变形） **表 4.116**

柱号	N(kN)	Q_x(kN)	Q_y(kN)	M_x (kN·m)	M_y (kN·m)	柱号	N(kN)	Q_x(kN)	Q_y(kN)	M_x (kN·m)	M_y (kN·m)
1	−6365	321.7	22.2	−8.2	0.7	59	−3143	−365.1	267.1	1.2	305.4
2	−2883	−29.4	−3.1	−9.2	−61.5	60	−2265	−395.7	−168.2	2.9	−274.4
3	−2886	−18.9	25.4	−3.9	−8.4	61	−6014	−659.4	−597.1	3.7	−922.3
4	−3247	29.6	53.0	−9.7	0.5	62	−7394	−716.9	−1191	0.6	−1456
5	−4668	233.9	55.5	6.9	3.6	63	−5279	−381.4	−471.0	−0.6	−486.7
6	−3806	−46.1	248.8	−7.9	321.5	64	−4296	−169.1	−340.5	2.8	−421.0
7	−3864	−6.4	292.9	−5.7	422.4	69	−4324	874.4	−847.4	10.5	1567.0
8	−3138	−9.3	48.6	−7.1	−5.2	70	−3495	−370.5	120.2	−19.9	137.4
13	−2847	185.9	−490.3	7.4	1051.0	71	−2676	−236.6	358.5	1.2	498.1
14	−3199	95.7	33.8	1.1	9.3	72	−9174	−369.4	−39.3	1.6	−227.3
15	−2628	−5.1	43.4	1.2	15.1	73	−4111	−540.0	−910.4	0.1	−1139.0
20	−4914	−246.3	747.0	−3.3	992.2	74	−7583	−189.9	−467.0	−0.4	−678.5
21	−3873	−17.0	112.4	0.5	141.9	75	−4244	−69.8	−397.3	0.4	−566.0
22	−3694	8.5	48.7	0.7	23.1	80	−2744	−629.5	427.5	−7.3	567.3
27	−6502	−308.8	1030.0	−0.4	1367.0	81	−3474	−318.5	127.2	−8.0	180.8
28	−2475	−138.5	211.1	2.6	230.0	82	−2565	−150.4	559.8	−0.6	838.3
29	−3667	−3.4	−1.6	2.5	0.0	83	−4760	−143.1	140.7	−0.5	50.3
34	−7070	345.3	1132.0	2.4	1423.0	84	−5833	−141.7	−658.2	−1.4	−831.7
35	−5956	644.6	1572.0	3.8	2163.0	85	−4466	−159.0	−1073	−2.4	−1367.0
36	−9033	619.7	1090.0	5.5	1558.0	86	−3180	−134.4	−916.2	1.0	−1084.0
37	−3757	502.2	848.7	18.5	1331.0	91	−1073	−964.0	353.9	−5.7	527.3
38	−2451	31.8	212.5	24.3	270.2	92	−3446	−245.1	67.0	−8.2	53.2
47	−2768	−46.1	213.0	−10.0	259.2	93	−3545	−43.7	383.3	−2.3	559.5
48	−3728	−70.3	25.6	−1.1	−9.2	94	−7135	117.0	92.0	−2.3	−2.1
58	3915	259.9	334.2	5.4	205.3	95	0420	102.8	413.3	2.0	520.8

续表

柱号	N(kN)	Q_x(kN)	Q_y(kN)	M_x (kN·m)	M_y (kN·m)	柱号	N(kN)	Q_x(kN)	Q_y(kN)	M_x (kN·m)	M_y (kN·m)
96	−5496	−57.2	−337.2	−1.1	−491.7	108	−2046	−253.2	−112.5	0.8	−114.3
97	−4505	−500.5	−1257	−5.2	−1133.0	109	−2892	−130.1	−11.2	−1.7	76.4
102	−1482	−788.6	276.7	−5.1	545.1	110	−2346	−827.6	−378.5	0.4	−407.1
103	−3442	−144.7	9.1	−7.0	30.2	111	−2145	−916.3	−470.2	1.1	−453.6
104	−2395	−51.5	−20.6	−6.2	−12.8	112	−2323	−683.9	−384.2	3.6	−381.7
105	−2183	−38.1	−52.1	−1.7	−19.4	113	−2722	−269.7	−173.9	−5.4	−174.9
106	−2990	−34.5	−68.9	−1.4	−24.7	114	−2374	−1.7	−64.7	−4.6	−9.5
107	−2321	−52.5	−86.0	−0.5	−26.5						

主楼各柱内力表（不考虑地基变形）　　表4.117

柱号	N(kN)	Q_x(kN)	Q_y(kN)	M_x (kN·m)	M_y (kN·m)	柱号	N(kN)	Q_x(kN)	Q_y(kN)	M_x (kN·m)	M_y (kN·m)
9	−14199	49.2	−83.1	−113.1	−60.3	50	−4608	−7.8	−58.4	−112.5	12.3
10	−16429	186.4	−132.1	−305.9	−395.8	51	−12030	7.2	−124.9	−260.3	−43.1
11	−14290	128.7	−1.4	−42.5	−229.9	52	−16119	−18.4	44.3	123.8	30.0
12	−13630	−117.5	119.6	243.7	308.5	53	−17465	10.1	−29.1	−70.8	−33.3
16	−12609	22.9	−56.2	−114.8	−32.2	54	−18409	18.5	46.0	124.1	−43.7
17	−15281	47.3	0.2	4.3	−82.7	55	−23004	4.5	3.2	3.9	−4.4
18	−15698	38.9	6.3	1.4	−60.7	56	−14815	−16.2	6.3	−46.3	73.7
19	−16315	27.5	24.5	45.6	−44.8	57	−13259	−24.4	27.9	52.6	49.5
23	−14420	19.6	−38.2	−56.2	−11.7	65	−17226	4.0	−18.4	−18.9	−18.4
24	−23432	−17.3	−1.2	−0.3	82.3	66	−20303	−26.1	52.8	178.9	106.2
25	−19464	11.9	−99.1	−255.8	5.3	67	−19166	20.6	−11.7	−51.9	−61.8
26	−17540	77.8	43.4	84.0	−146.5	68	−14650	−5.8	73.2	193.2	22.1
30	−13408	0.0	−100.1	−207.2	−17.2	76	−18960	−25.7	−52.6	−94.2	44.3
31	−19540	−5.1	5.5	50.8	17.9	77	−15896	−5.7	80.5	234.9	−3.3
32	−21480	3.9	−25.9	−99.1	−39.6	78	−15852	29.1	−18.7	−49.4	−112.7
33	−16915	2.2	−11.0	−33.2	4.2	79	−18220	−27.5	−5.9	−19.7	37.6
39	−12846	−3.5	−139.0	−290.5	2.7	87	−16550	−15.6	−31.3	−63.5	27.2
40	−19478	23.3	21.8	93.8	−79.4	88	−16523	−12.1	1.1	13.3	15.8
41	−23272	−5.5	−3.3	−2.4	6.5	89	−16236	−0.8	−12.4	−24.1	−12.0
42	−17784	−26.9	−14.4	−39.8	71.0	90	−18595	−30.8	9.6	24.7	63.1
43	−17828	−18.6	−16.0	−45.8	57.4	98	−15180	18.5	−53.4	−107.6	−68.7
44	−22262	10.2	−46.2	−195.7	−5.6	99	−18820	73.6	21.8	72.7	−204.6
45	−16718	−12.8	5.2	−2.5	32.6	100	−18590	83.3	39.5	108.8	−228.8
46	−11379	−52.1	118.6	282.4	122.4	101	−15310	47.4	75.3	183.0	−122.0
49	−10134	−9.1	−115.7	−226.8	14.2						

裙房各柱内力表（不考虑地基变形） **表 4.118**

柱号	N(kN)	Q_x(kN)	Q_y(kN)	M_x (kN·m)	M_y (kN·m)	柱号	N(kN)	Q_x(kN)	Q_y(kN)	M_x (kN·m)	M_y (kN·m)
1	−3193	−0.4	19.5	2.0	6.9	71	−3224	−8.8	−73.1	0.2	−158.7
2	−3028	−4.4	21.2	0.5	19.5	72	−8699	−18.5	−116.8	0.1	−267.3
3	−3023	−4.6	14.5	0.7	12.0	73	−6925	−35.8	−23.9	0.1	−44.1
4	−3070	−5.2	6.3	0.5	1.4	74	−6132	−33.1	52.8	−0.1	127.9
5	−3608	13.7	15.6	2.5	9.5	75	−3495	−5.0	−15.1	0.0	−32.8
6	−3496	23.8	89.1	1.7	185.2	80	−6893	−60.6	10.8	−0.3	21.4
7	−3401	3.1	81.1	1.4	172.0	81	−3232	−53.9	40.2	−1.5	91.4
8	−3155	−4.3	5.1	−0.7	3.1	82	−3054	−9.3	−39.8	0.1	−82.5
13	−3286	−11.8	58.3	1.4	136.0	83	−4220	−13.4	−88.1	0.1	−200.3
14	−4405	0.9	6.8	0.5	6.1	84	−5279	−24.8	−14.9	0.1	−24.5
15	−2955	−1.7	5.6	0.1	3.0	85	−3708	−40.1	59.2	0.0	155.1
20	−4400	3.2	28.5	0.6	60.4	86	−4011	−3.0	−34.5	0.0	−74.5
21	−4492	−26.7	22.5	0.0	47.3	91	−1003	−88.2	16.8	−0.1	38.4
22	−4295	−1.2	5.0	0.0	3.4	92	−3387	−15.2	0.5	−2.0	−5.0
27	−5758	12.2	47.5	0.2	105.3	93	−3109	−3.9	−51.2	0.1	−109.7
28	−3291	−28.4	30.1	−0.3	67.6	94	−5994	0.1	−82.3	0.1	−187.4
29	−4374	−0.7	4.4	0.2	1.8	95	−5081	−10.6	−13.7	0.1	−22.8
34	−6006	−0.1	12.0	−0.3	20.0	96	−3993	−13.7	37.5	0.0	91.6
35	−4347	48.9	84.5	−0.2	192.2	97	−4452	−15.5	−37.8	−0.2	−74.6
36	−7921	52.6	99.8	−0.4	228.6	102	−1285	24.3	141.9	0.1	339.6
37	−3267	−29.4	52.1	0.3	114.1	103	−3423	1.8	13.2	−0.7	28.1
38	−3076	−31.1	21.0	0.0	43.3	104	−2985	−7.9	−10.5	−1.3	−15.5
47	−4423	7.6	36.3	0.5	76.5	105	−3015	−4.5	−3.1	−0.4	1.6
48	−4325	−5.0	5.3	−0.1	1.9	106	−3039	−4.1	−4.2	0.2	−1.1
58	−4234	22.5	−15.5	0.1	−58.4	107	−3068	−5.8	−7.6	1.6	−7.0
59	−3148	−60.7	44.3	0.5	99.4	108	−3019	−17.8	−9.8	0.3	−11.3
60	−3141	−2.8	−47.1	−0.1	−95.3	109	−3187	−2.5	1.6	−0.5	15.1
61	−4816	11.9	−115.3	0.1	−259.1	110	−3336	−123.7	−66.1	1.1	−148.7
62	−6615	−9.7	−8.2	0.2	−4.2	111	−3406	−124.9	−70.1	0.1	−161.2
63	−4471	2.5	71.0	1.1	192.9	112	−3446	−123.8	−76.9	2.5	−180.2
64	−3887	16.4	−66.3	−1.0	−154.6	113	−3370	−99.5	−43.0	−3.3	−101.9
69	−3934	79.3	113.0	−3.0	284.8	114	−3217	−3.8	−1.8	0.0	−1.5
70	−3540	14.9	68.3	1.7	165.7						

CABR 科研楼核心筒荷载分担比 **表 4.119**

	主体结构竖向荷载(kN)	核心筒竖向荷载(kN)	核心筒荷载分担(%)
考虑地基变形	780037.0	283967.3	36.4
不考虑地基变形	779945.2	313379.7	40.2

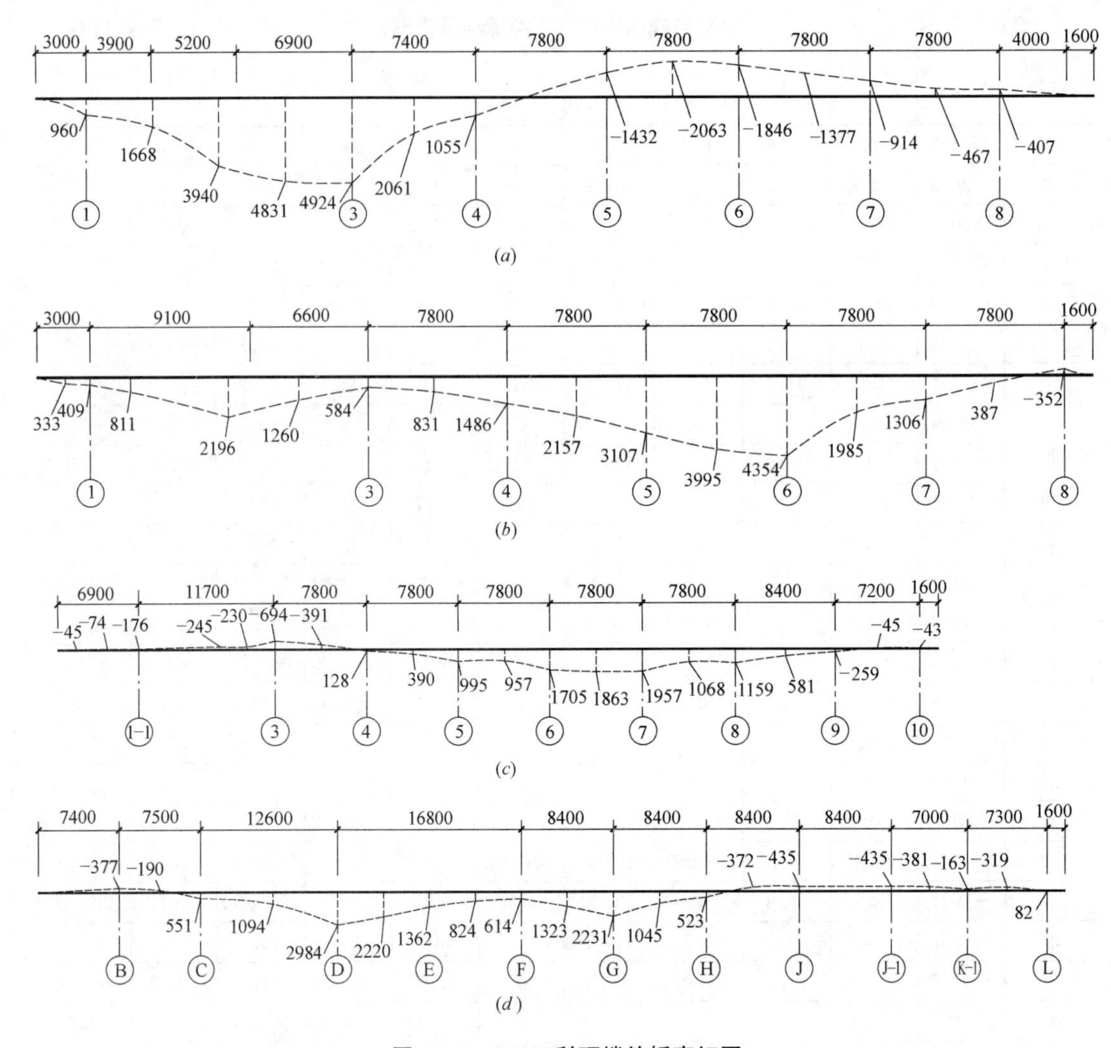

图 4.41　CABR 科研楼筏板弯矩图

(*a*) E 轴；(*b*) F 轴；(*c*) J 轴；(*d*) ③轴

4.5.4　小结

CABR 科研楼为内筒外框结构，共同作用分析结果表明，主体结构地基反力在西侧（此处无外挑基础结构）356kPa，内筒部位为 310kPa。主体结构整体挠度最大值东西向为 2×10^{-4}，南北向为 2.6×10^{-4}；基础沉降分析结果与实测值吻合较好。

考虑基础沉降影响的结构荷载传递与上述计算模型的规律一致，内筒荷载向外框柱转移，外框柱竖向荷载、柱端弯矩、剪力均较不考虑地基变形的结果有所增大；基础底板弯矩在此工况的计算值较大，成为正向弯矩的控制工况；内角部位地下结构由于地基反力的增大，以及基础板整体挠曲影响，基础结构的柱端竖向力、柱端剪力、柱端弯矩值以及基础板整体弯矩值均有增大，设计时应采取控制措施。

目前，CABR 科研楼结构竣工投入使用已 8 年，使用情况良好。

第 5 章　基于基坑开挖过程地基土工程特性的支挡结构设计

基于基坑开挖过程地基土工程特性的支挡结构设计

基坑工程支挡结构设计是建筑地下结构建造的重要组成内容，要求具有安全性、可靠性和经济性。基坑工程要求对岩土体进行可靠的支挡，确保地下结构的正常施工，同时保证基坑周边环境的安全。基坑开挖支护方案的合理性对整个地下工程造价和进度均具有重要影响。

在大多数情况下，基坑支护工程属于临时性的工程，并没有引起岩土工程师们的足够重视。除了保守浪费的设计之外，在国内外也出现很多工程事故。在建筑物及地下设施密集的地区，因基坑工程事故引发的后果将是十分严重的，因此，基坑工程的重要性及其技术难度并不因工程的临时性而降低。

随着城镇化进程及城市建设的需求，在我国形成以地下轨道交通为纽带带动的区域开发、整体开发，以深、大基础为主要形式出现的大规模地下工程建设。深、大基础建造过程，地基土工程行为已不再是单调加载过程控制，更多地包含了卸荷回弹及加载再压缩等力学过程，应力路径趋于复杂。近代土力学研究已表明，地基土的力学性质不仅取决于土体最初和最终的应力状态，而且与应力历史和应力路径有关。基础工程设计，不仅应控制最不利工况下的结构安全，更应通过建造过程支挡结构的内力变形分析，找到支护结构设计优化的方向和切入点。

基坑开挖过程是典型的土体卸荷过程，地基土和支挡结构产生的变形是相互作用的结果，具有独特的规律。目前，基坑开挖支挡结构设计，采用经典土力学理论和基于经验参数的弹性地基梁板设计计算，计算参数采用加载条件下得到的抗剪强度指标以及地基变形刚度，采用假定极限状态下的土压力作用，分析计算的应力应变关系及相关参数未考虑地基土应力历史及开挖卸荷应力路径的土体力学性质。该种设计方法计算结果，靠地区经验调整，一定程度上可以保证基坑工程安全，也是目前规范的方法。工程实测结果表明，这种方法预测的支挡结构内力结果，一般大于实测值，对于支挡结构变形的预测也与实测符合度差，使得支挡结构优化设计变成在保证安全意义上的多方案比对，计算得到的安全系数变成了仅在保证安全意义上的计算参数，失去了“安全系数”本身的意义。事实上，随着基坑开挖过程，开挖周围土体并非完全处于极限状态，卸荷土体变形也非弹性性质，应该探求能够模拟基坑开挖过程支挡结构内力、变形实际状态的计算参数试验方法。按土力学基本理论符合实际应力路径确定的岩土力学参数，计算分析才能得到符合实际的支挡结构内力及变形，才能进行真正的“优化”设计。

试验研究以基坑工程开挖过程不同阶段周围土体应力历史、应力路径的变化及其对应的应力应变关系，讨论适合基坑开挖周围土体的本构模型；探究开挖过程中支挡结构上的土压力及土体自身应力的变化，并监测支挡结构变位及土体变形，为支挡结构的设计及基坑工程施工过程土压力分布及变形分析提供依据。试验研究从工程勘察土体力学参数的选取、数值分析本构关系的选择、工程监测测试设备的埋设等方面，为基坑工程设计及监测提出优化方法。研究问题的思路和步骤如下：

（1）确定土体原有固结应力状态

通过室内土工试验，确定土体的前期固结压力，判断土体固结状态（欠固结、正常固结、超固结）。

（2）确定土体应力路径

通过现场实测、数值模拟，并参考现有研究资料，确定基坑开挖过程不同位置土体应力路径。

（3）确定土体应力应变关系

以符合基坑开挖过程土体的应力路径进行土体强度及变形试验，确定相应的应力应变关系；进行归一化分析，确定不同应力路径下土体应力应变关系归一化曲线及方程表达式。

（4）进行模拟基坑开挖的数值分析

以土体应力应变关系归一化方程建立本构模型，描述土体非线性，确定符合基坑开挖过程土体强度与变形的关系。

（5）实测基坑开挖土压力及变形

探讨土压力及地基土、支挡结构变形的现场监测方法，进行基坑足尺试验，实测土压力及变形情况。

（6）探讨基坑工程设计计算分析方法

分析数值计算与实测数据，研究考虑土体应力历史、应力路径，反映基坑开挖土体工程特性的计算分析方法。

鉴于基坑支挡结构设计的经验方法已在规范中有详细规定，已有若干相关教材及参考书可以借鉴，在本书中不再赘述，仅详细介绍基于基坑开挖地基土工程特性的试验研究、数值分析方法研究、支挡结构设计方法及针对传统设计方法分析结果的比对，以便读者借鉴。

5.1　基坑开挖支挡结构土压力及变形的现场试验[23]

作用于基坑挡土结构上的土压力大小及分布与许多因素有关，这些因素主要有：土的类别及土的计算指标，计算理论，支护结构的刚度及位移，有无支点及支点的位置和反力大小，所开挖的基坑大小及几何形状，地下水位，施工方法、施工工序和施工过程，外界的荷载与温度变化等。

目前，基坑工程土压力现场实测资料很少，其原因主要有：（1）现有土压力盒测试界面力（如支挡结构与土体接触面）效果较好，而对土体自身应力的测试效果不理想；（2）土压力盒埋设技术不够成熟，如何使得测试区域土体扰动小，且压力盒与土体接触良好仍没有很好的解决方法。针对支挡结构与土体接触面上的土压力盒埋设，常见的方法是挂布法，操作亦是繁琐复杂；而对土中应力测试，更是极为少见。

本次试验结合经典土力学理论模型，简化诸多因素的影响，考虑基坑开挖、土体卸荷引起的土压力及变形，以悬臂式排桩支护结构形式进行基坑设计。基坑开挖测试，探讨了土压力的现场测试方法，并较为成功地得到了土压力的实测数据。

试验现场平面布置见图5.1。

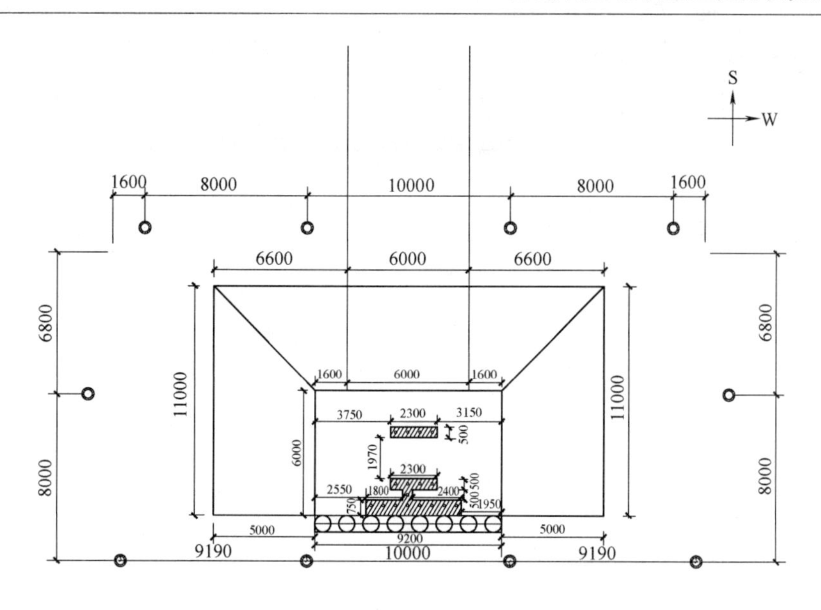

图 5.1 基坑开挖区及降水井平面布置图

1. 监测项目

为了较为详尽地了解基坑开挖过程支护结构及土体的工作状态，试验监测项目具体为以下几项内容：

（1）基坑支护桩顶沉降监测；

（2）基坑支护桩顶水平位移监测；

（3）基坑支护桩深层水平位移监测；

（4）基坑支护桩体内力监测；

（5）基坑支护桩与地基土接触面土压力监测；

（6）基坑外侧地面沉降监测；

（7）基坑外侧地面水平位移监测；

（8）基坑外侧地基土深层水平位移监测；

（9）基坑开挖过程地基土土压力监测。

测试设备平面布置见图 5.2，土压力盒、钢筋计及测斜管布设布置见图 5.3。

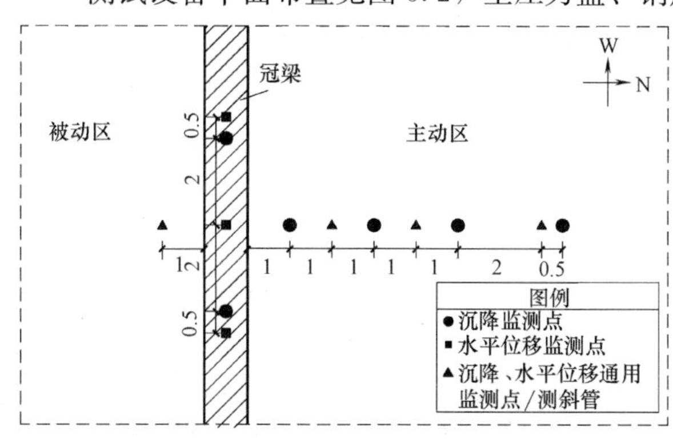

图 5.2 测试设备布置图

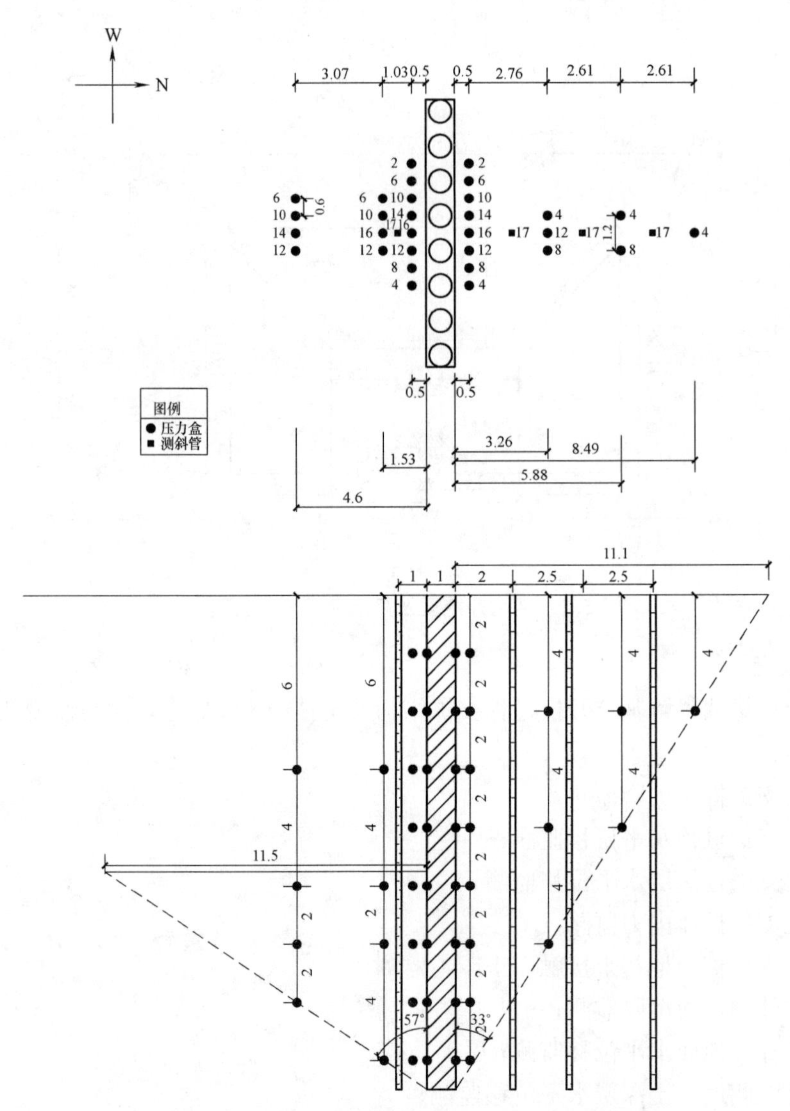

图 5.3　土压力盒、钢筋计及测斜管布设分布图

采用振弦式钢筋计（样式见图 5.4*a*）及土压力盒（样式见图 5.4*b*）。土压力盒为振弦式土中土压力计，应力传感器内部装有半导式热敏电阻，可兼测埋设点温度。该仪器为标准双模结构，且压力盒应力感应部分较薄，厚约 5mm，输出高灵敏度。全不锈钢制造，耐腐蚀，机械密封、穿透连接、树脂胶封，确保防水性能可靠。普通常规的土压力盒测试界面力效果较好，而此土中土压力盒可埋置土中，测试土中土压力。

2. 支护桩设计

采用悬臂式排桩支护形式，桩径 0.8m，桩间距 1.2m，桩数 8 根，混凝土 C40。最大开挖深度 9m。

本次试验以土体固结快剪强度指标设计支护桩。按照《建筑基坑支护技术规程》JGJ 120—2012 第 3.1.6 条、第 3.1.7 条及 B.0.1 条款规定计算。悬臂式支挡结构的嵌固深度（l_d）应符合嵌固稳定性的要求，最终确定桩长 17m，如图 5.5 所示。基坑开挖至地下

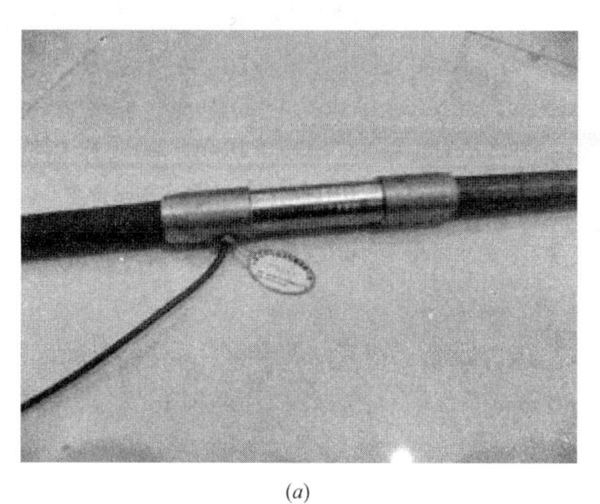

(a)

(b)

图 5.4 钢筋计及土压力盒

(a) 钢筋计；(b) 土中土压力盒

9m，桩顶位移预测值为 129.4mm；最大负弯矩为−1101.1kN·m，距桩顶 12m；最大正剪力为 350.5kN，距桩顶 14.7m，最大负剪力为 280.1kN，距桩顶 10.3m；钢筋面积为 12350mm^2。

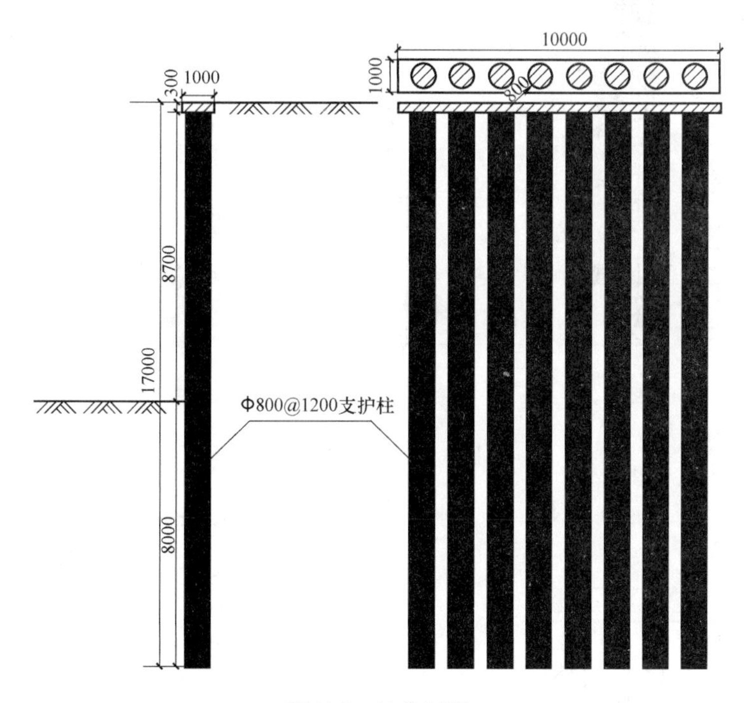

图 5.5 桩体剖面

配筋情况：

① 支护桩

主筋：基坑主动区一侧 10 根直径 28mm 的 HRB400 钢筋，基坑被动区一侧 10 根直径 25mm 的 HRB400 钢筋；

螺旋箍筋：直径 8mm 的 HPB300 钢筋，间距 200mm，距桩顶 8m 到桩底处箍筋加密，间距100mm；

加强箍筋：直径16mm的HRB400钢筋，间距2000mm，见图5.6。

② 冠梁

冠梁宽1000mm，高300mm。

主筋：8根直径16mm的HRB400钢筋；

箍筋：HPB300钢筋，间距分别为500mm、250mm，见图5.7。

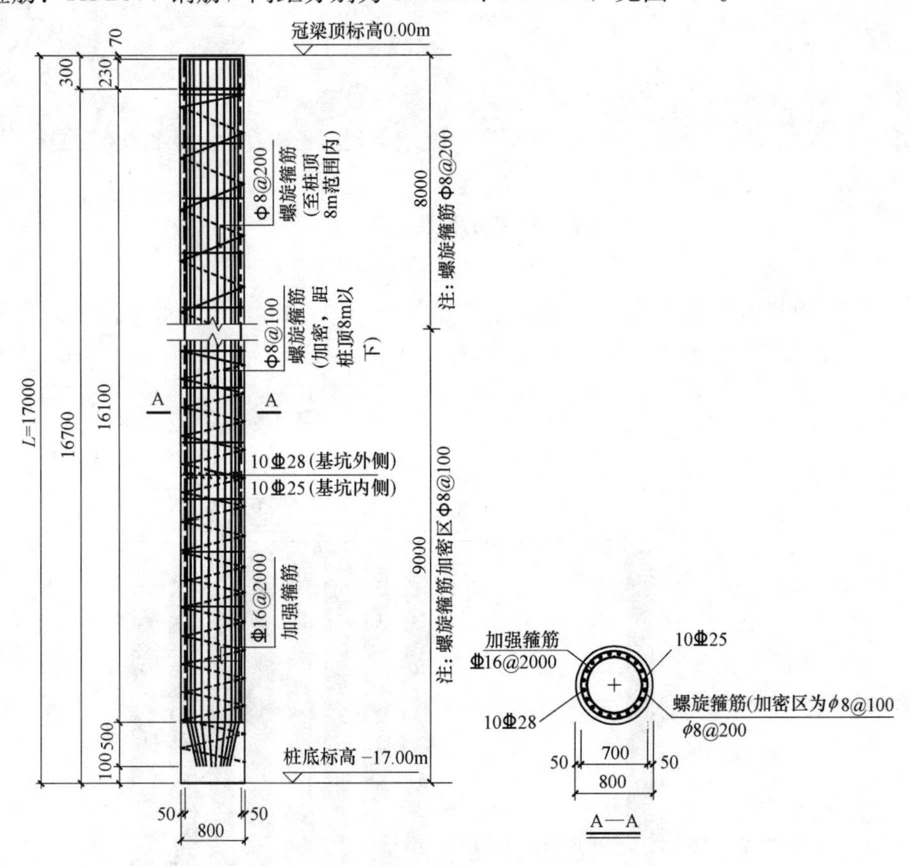

图5.6　支护桩配筋

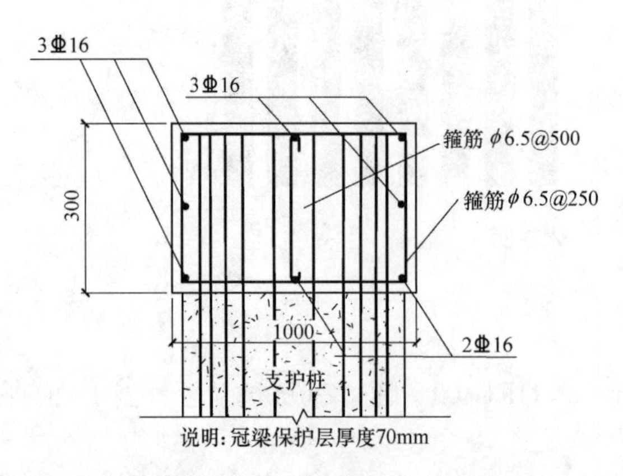

图5.7　冠梁配筋

3. 土方开挖过程

基坑长度10m，宽度6m，一面悬臂式排桩支护，三面放坡，坡度为1∶0.5。最大开挖深度为9m，共分五步开挖，依次挖去1.5m，2m，2m，2m，1.5m。原地下水位为地表以下1.2m，开挖之前降水，地下水位维持在地表以下12m。

4. 实测结果分析

(1) 桩顶、地面水平位移

开挖过程桩顶、地面水平位移见图5.8。

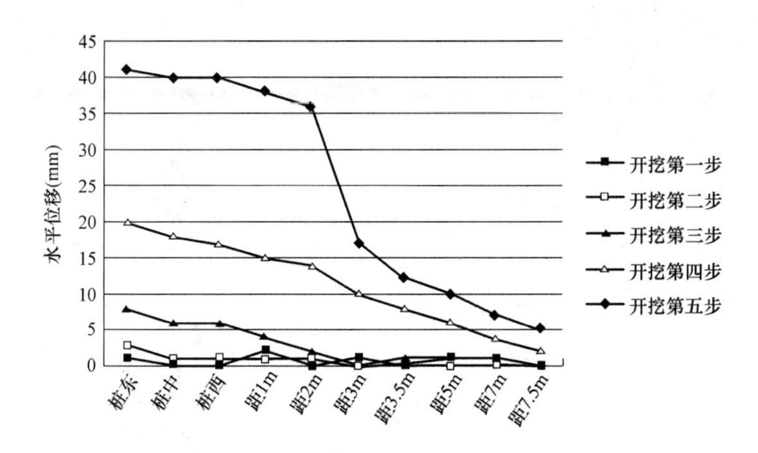

图 5.8 桩顶及地面水平位移

由监测数据可知：远离基坑边界，地面水平位移渐小；基坑开挖前三步，桩顶及地面水平位移很小；开挖第四步之后，出现较大位移，且在距桩 4.8m 处出现第一条裂缝；开挖第五步，距桩 3m 处出现第二条裂缝，且裂缝发展较快，最大裂缝宽度 45mm；基坑从东侧开挖，桩东侧水平位移较西侧略大。

（2）桩体倾斜及土体深层水平位移

采用孔内测斜方法通过测斜仪监测桩体倾斜及土体深层水平位移变化情况，共设计深层水平位移监测点 6 个。桩身倾斜及土体深层水平位移见图 5.9。

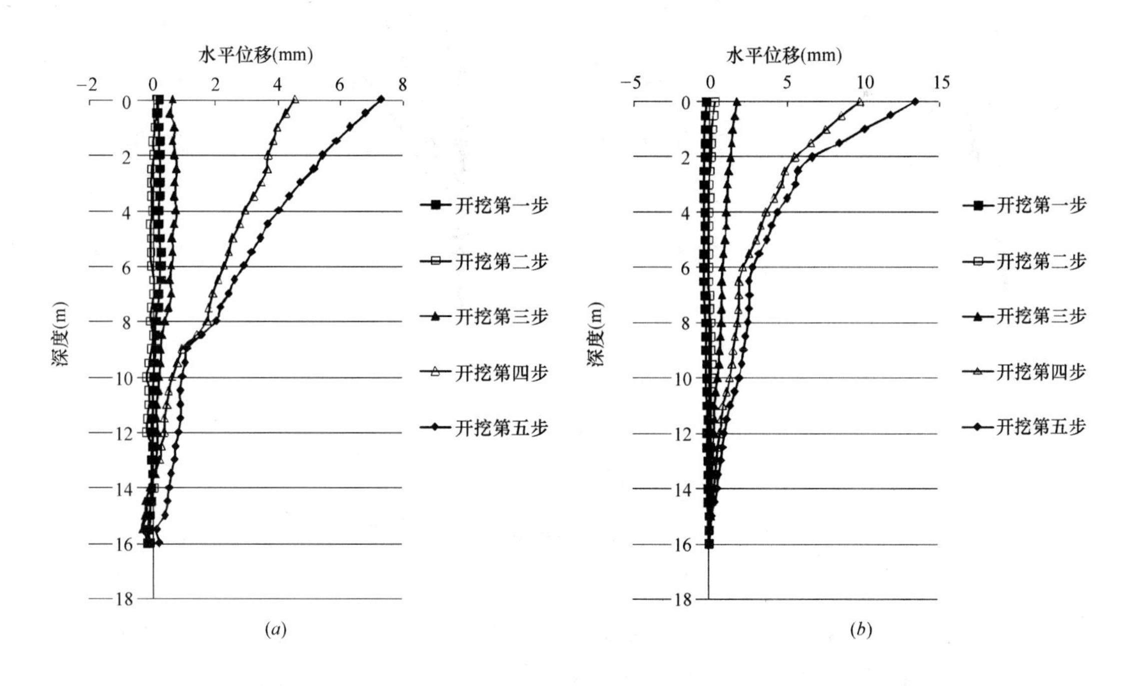

图 5.9 桩身倾斜及土体深层水平位移（一）

（*a*）主动区距桩 7.5m；（*b*）主动区距桩 3.5m

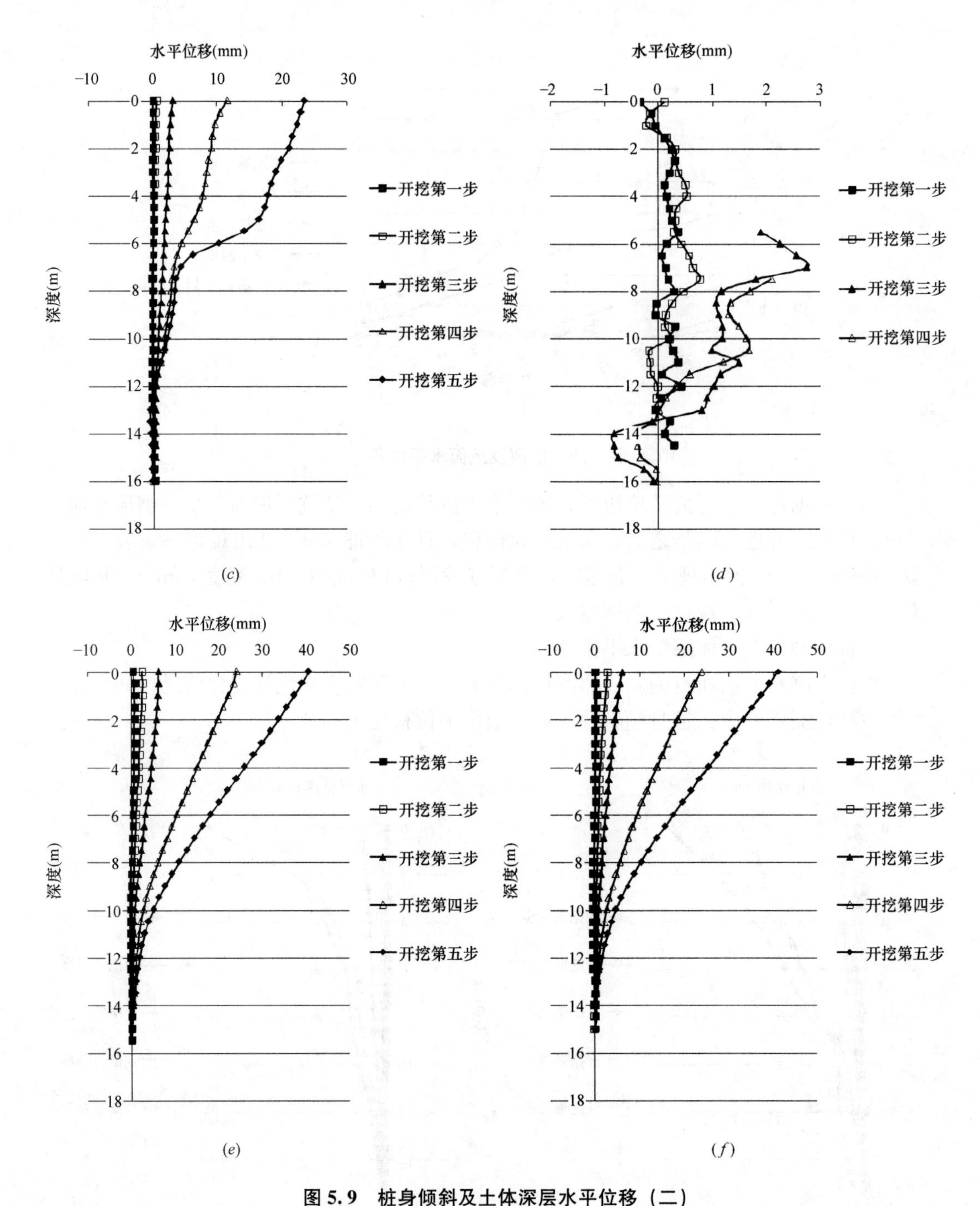

图 5.9　桩身倾斜及土体深层水平位移（二）

（c）主动区距桩 2m；（d）被动区距桩 1m；（e）桩号 4；（f）桩号 5

测斜管端头水平位移与全站仪监测数据较为一致。基坑开挖前三步，桩身及土体水平位移很小，开挖第四步之后，桩身及土体出现较大位移，主动区出现地面裂缝。可见，土体卸荷变形存在滞后性。对于本次试验支挡结构位移模式及土体密实程度，土体达到主动和被动土压力所需的水平位移分别是基坑开挖深度的 0.1％～0.2％、5％～10％，开挖至

第四步以后，部分土体已达到主动土压力。

(3) 地面沉降

地面沉降结果见图 5.10。随着开挖深度的增加，主动区地面沉降加大，尤其是在开挖第四步，地面出现裂缝。

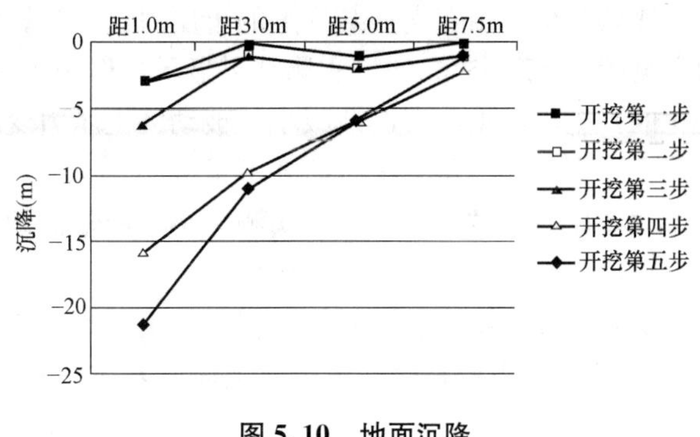

图 5.10 地面沉降

(4) 钢筋应力及桩身弯矩

监测开挖每一步钢筋应力的变化。钢筋应力数据见图 5.11，桩身弯矩结果见图 5.12。开挖至第五步后，最大压应力、最大拉应力均出现在距桩顶 10m 位置处。

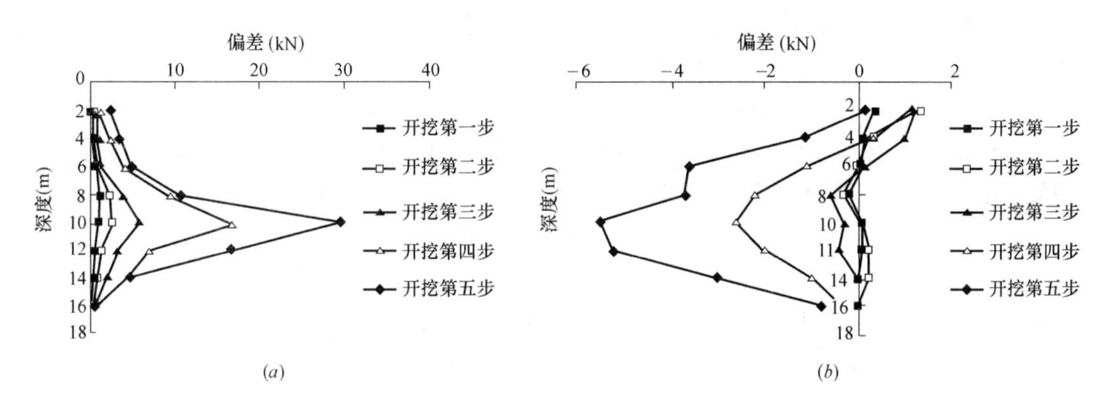

图 5.11 钢筋应力

(*a*) 受拉区钢筋应力；(*b*) 受压区钢筋应力

(5) 土压力

将土压力盒埋置土中之后，静候一个月，使土体尽量复原其初始状态。开挖之前，基坑降水，待土压力盒读数稳定后，读取土压力，并与静止土压力计算值比较，结果见表 5.1 和表 5.2。

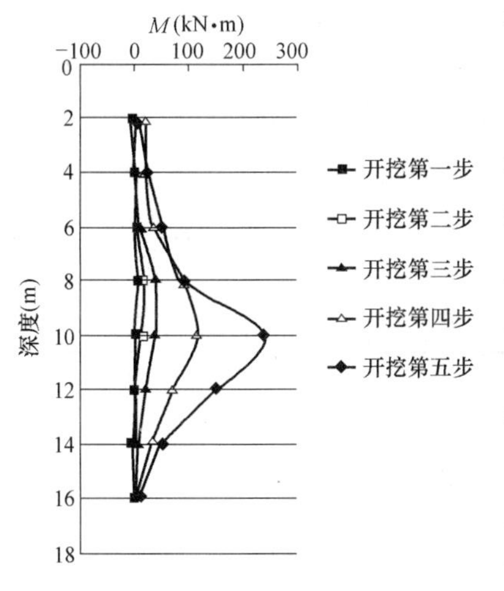

图 5.12 桩身弯矩

采用静止土压力系数 K_0 计算基坑开挖之前土体初始状态的土压力，并与实测数据比较。土压力实测数据整体来说偏差较小，但埋深 2m、4m 处土压力实测结果不理想。土层埋深 4m 以上以粉砂、粉土为主，钻孔作业对其扰动较大；另外，浅层土体其固结压力较小，土体密实性较差，埋设土压力盒时很容易破坏土体的结构。

监测开挖每一步土压力的变化，如图 5.13 和图 5.14 所示。随着基坑开挖卸荷，土压力减小；开挖至第四步、第五步，支挡结构挤压土体，被动区埋深 8m、10m、12m 处（邻近支挡结构）土压力增加。

比较分析作用在支挡结构上的土压力设计计算值（以固结快剪指标计算）与现场实测值，见图5.15～图5.19。实测结果显示，作用于支挡结构的土压力是随着基坑开挖深度变化的，主动区土压力逐渐减小，被动区土压力变化较为复杂，受开挖卸荷和支挡结构挤压两方面影响；土压力实测值并不是极限土压力，而是表现为主动区土压力实测值大于极限主动土压力，被动区土压力实测值小于极限被动土压力；被动区浅层土压力较为接近设计计算值，因其受支挡结构挤压作用，土压力逐渐增大，并渐至极限被动土压力。

实测结果表明，基坑开挖过程中，土压力变化大致分以下两种情况：

① 主动区主要是由开挖引起土体向基坑内移动，土压力由静止土压力逐渐减小至极限主动土压力；

② 被动区土压力的变化主要受以下两方面影响：

a. 土体上覆压力减小，应力释放，进而引起侧压力相应减小；

b. 支挡结构挤压土体，使得侧压力增大，逐渐至极限被动土压力。

各监测点土压力盒初始读数有差异，为方便比较分析，数据结果须做处理。土压力盒埋入土体之后，待其数据稳定，将开挖之前设为零点，仅考虑开挖引起的土压力变化。

本次被动区土压力数据处理，不考虑上覆压力减小引起的侧压力变化，仅描述支挡结构挤压土体，土压力渐变至被动土压力的过程。需考虑土体静止侧压力系数 K_0，但加、卸荷状态下土体 K_0 并不一致。以如下公式表达：

$$K_{0(OC)}=K_{0(NC)}\cdot OCR^{\alpha} \tag{5.1}$$

式中，$K_{0(OC)}$、$K_{0(NC)}$ 分别为超固结土（卸荷状态）、正常固结土的静止侧压力系数；OCR 为超固结比；α 为卸荷静止侧压力指数，取0.5。

将超固结比规定为初始上覆压力与开挖卸荷后土体上覆压力的比值：

$$OCR=\frac{\gamma h_0}{\gamma h_{卸荷}} \tag{5.2}$$

由公式（5.1）可知，超固结土的 K_0 大于正常固结土，且与超固结比成正比。这也能较为合理地解释随着深度的增加，上覆压力减小引起的侧压力减小程度呈减弱趋势。

主动区侧向土压力减小，被动区侧向土压力增大，尤其是开挖后两步，土压力变化较大；远离基坑边界，土压力变化减小；埋深4m、8m、12m处分别为粉砂层、粉土层、塑性指数11.9的硬粉质黏土层，其受开挖影响较大，在距基坑边界较远处，对基坑开挖引起的应力状态变化仍反应敏感。

静止土压力实测结果　　**表5.1**

深度(m)	静止压力(kPa)									
	被动区(实测)				$K_0\cdot\gamma\cdot h$(计算值)	主动区(实测)				
	距4.6m	距1.5m	距0.5m			桩	距0.5m	距3.3m	距5.9m	距8.5m
2			18.1	4.3	11	3.4	8.5			
4			8.3	6.7	23	10.3	7.2	29.8		13.9
6	48.6	41.4	43.9	37.8	40.5	33.7	48.7			
8			38.8	67.7	50	61.9	44.2	31.8	56.6	
10	93.2	78.3	63.7	81.8	79.4	69.1	60.2			
12	68.8	75.7	80.1	116.5	94.2	93.2	83.3	101.2		
14	81.3		117.5	72.5	92.4	82.6	67.5			
16		120.2		112.1	105	90.3	95.1			

静止土压力实测结果偏差值 **表 5.2**

深度(m)	静止土压力实测偏差值(kPa)									
	被动区(实测)				$K_0 \cdot \gamma \cdot h$	主动区(实测)				
	距 4.6m	距 1.5m	距 0.5m		桩(计算值)	桩	距 0.5m	距 3.3m	距 5.9m	距 8.5m
2			+0.64	−0.6	0	−0.69	−0.22			
4			−0.63	−0.7	0	−0.55	−0.68	+0.29		−0.39
6	+0.2	+0.02	+0.08	−0.07	0	−0.17	+0.2			
8			−0.22	+0.35	0	+0.24	−0.12	−0.36	+0.13	
10	+0.17	−0.01	−0.2	+0.03	0	−0.13	−0.24			
12	−0.27	−0.2	−0.15	+0.24	0	−0.01	−0.12	+0.07		
14	−0.12		+0.27	−0.21	0	−0.11	−0.27			
16		+0.14		0.07	0	−0.14	−0.09			

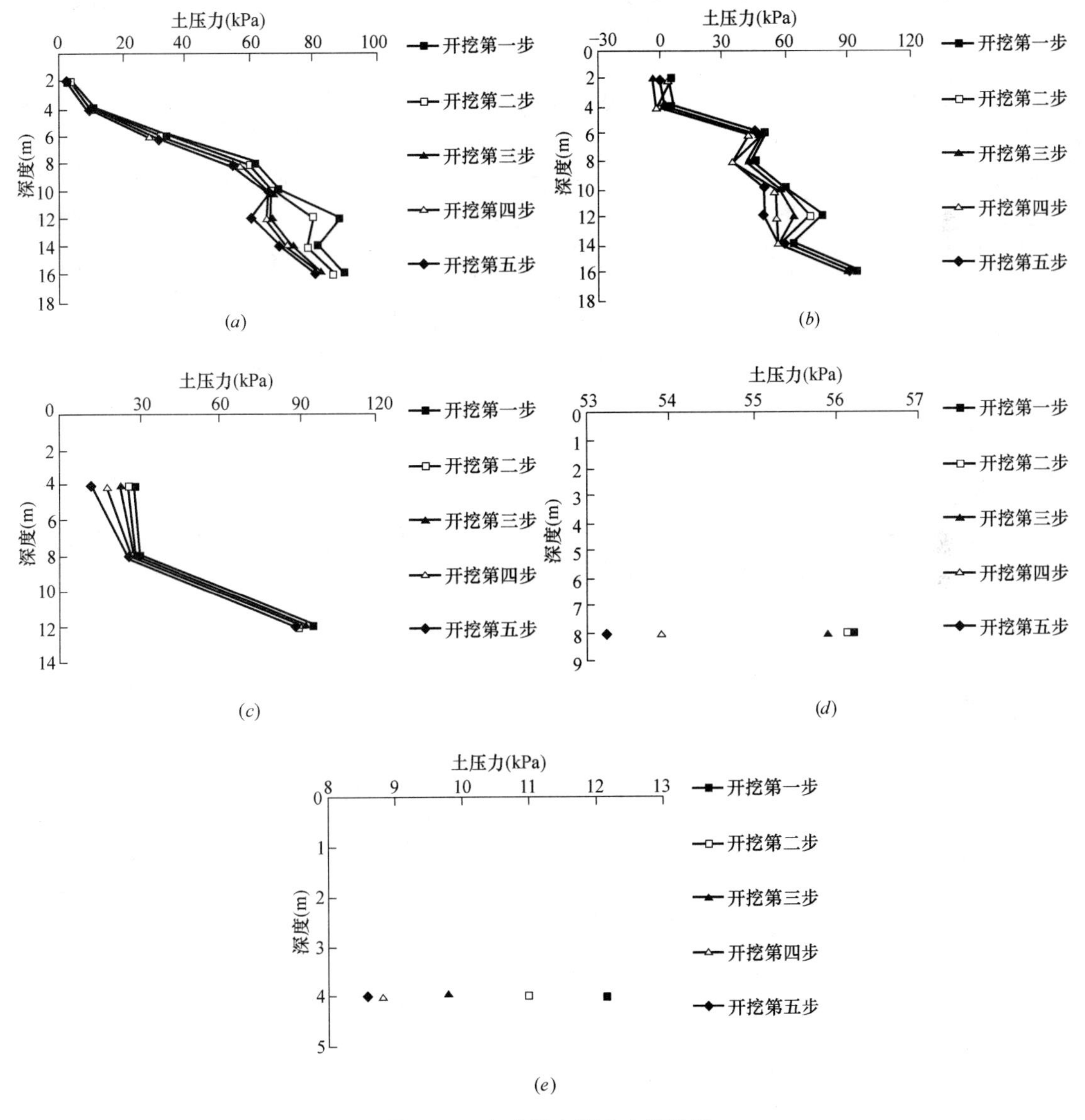

图 5.13 主动区土压力实测数据

(a) 桩土接触面；(b) 距桩 0.5m；(c) 距桩 3.2m；(d) 距桩 5.9m，(e) 距桩 8.5m

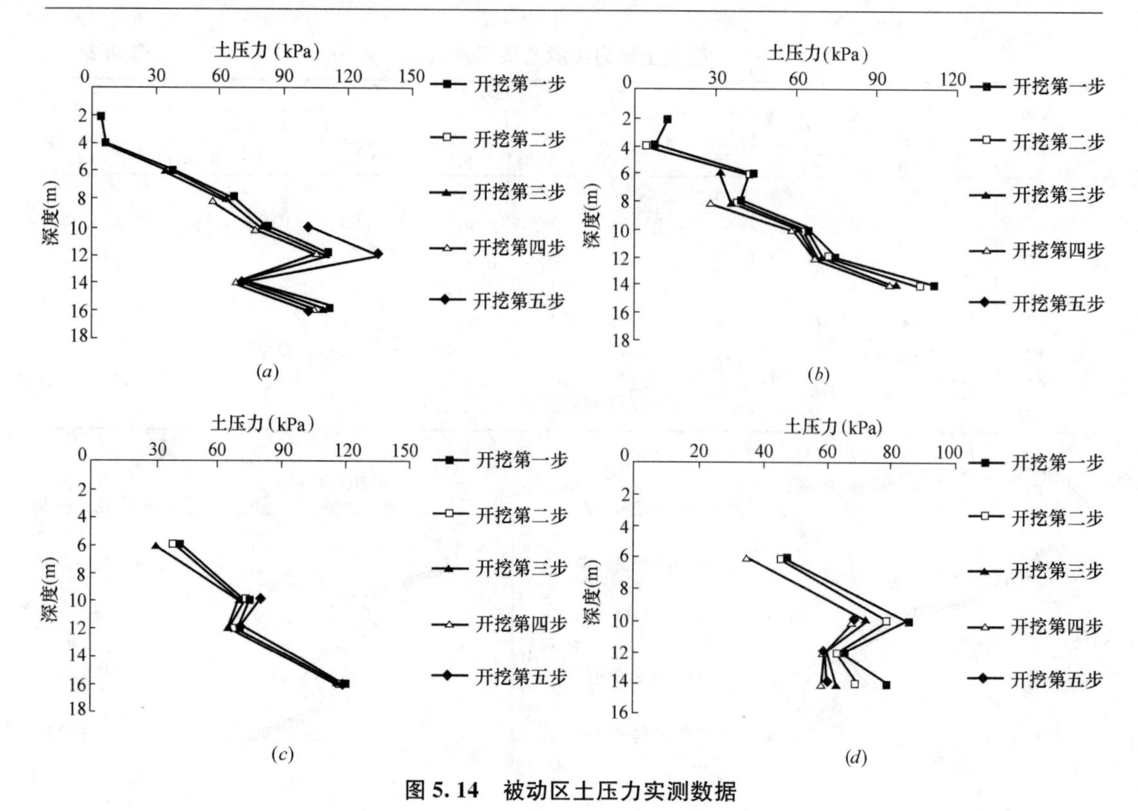

图5.14 被动区土压力实测数据

(a) 桩土接触面；(b) 距桩0.5m (c) 距桩1.5m；(d) 距桩4.6m

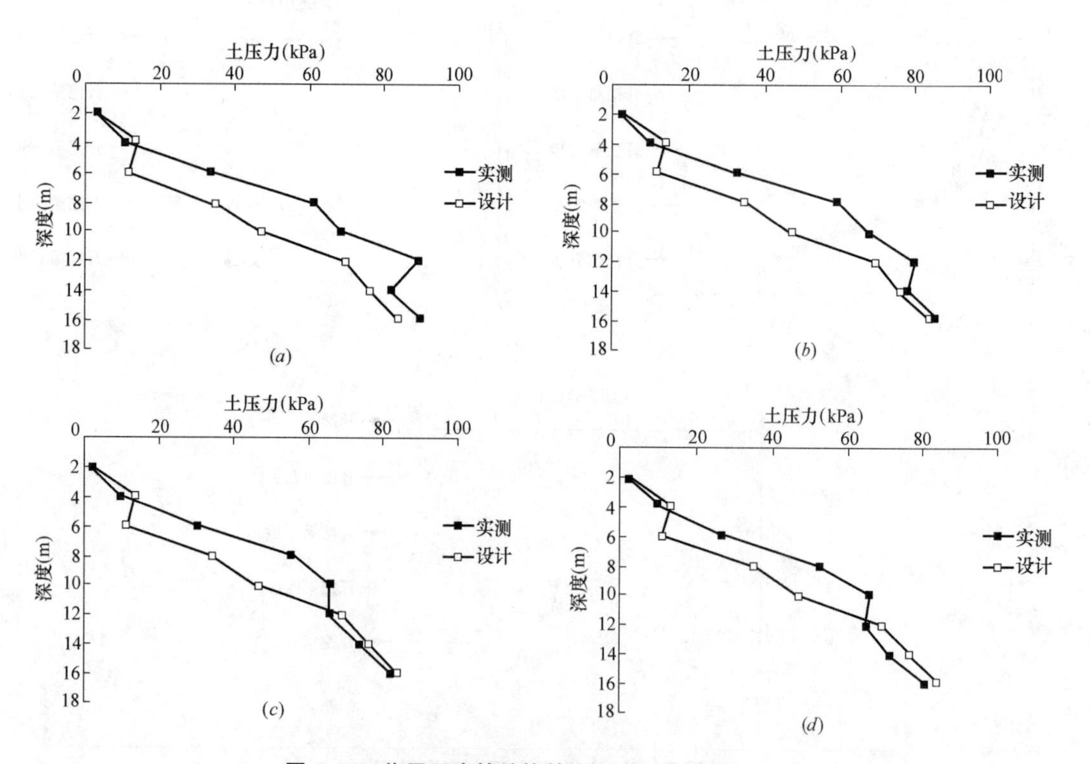

图5.15 作用于支挡结构的土压力(主动区)(一)

(a) 开挖第一步；(b) 开挖第二步；(c) 开挖第三步；(d) 开挖第四步

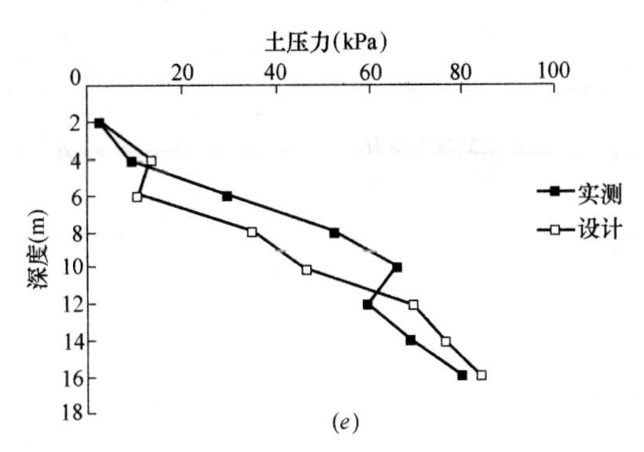

图 5.15 作用于支挡结构的土压力（主动区）（二）

（e）开挖第五步

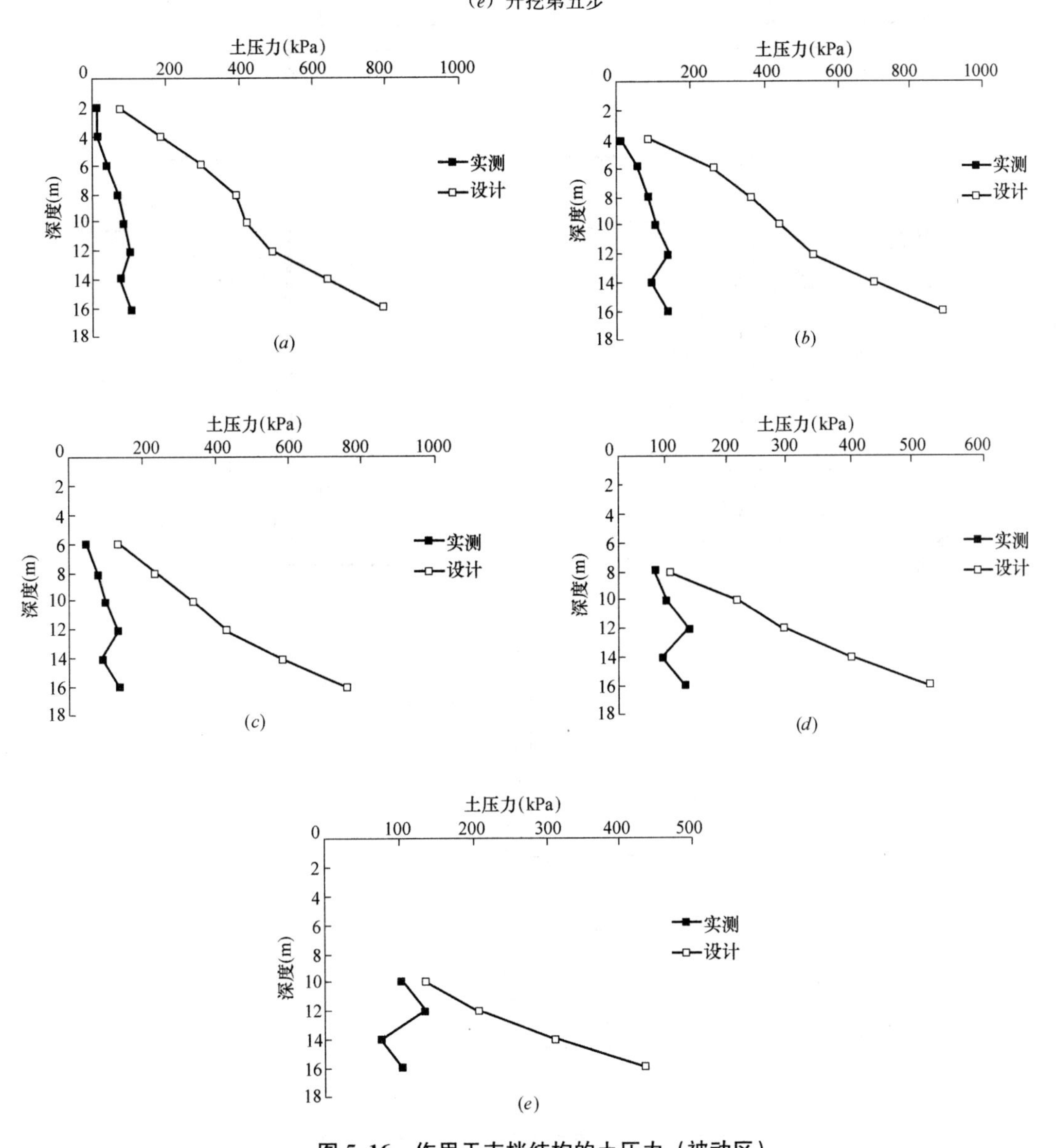

图 5.16 作用于支挡结构的土压力（被动区）

（a）开挖第一步；（b）开挖第二步；（c）开挖第三步；（d）开挖第四步；（e）开挖第五步

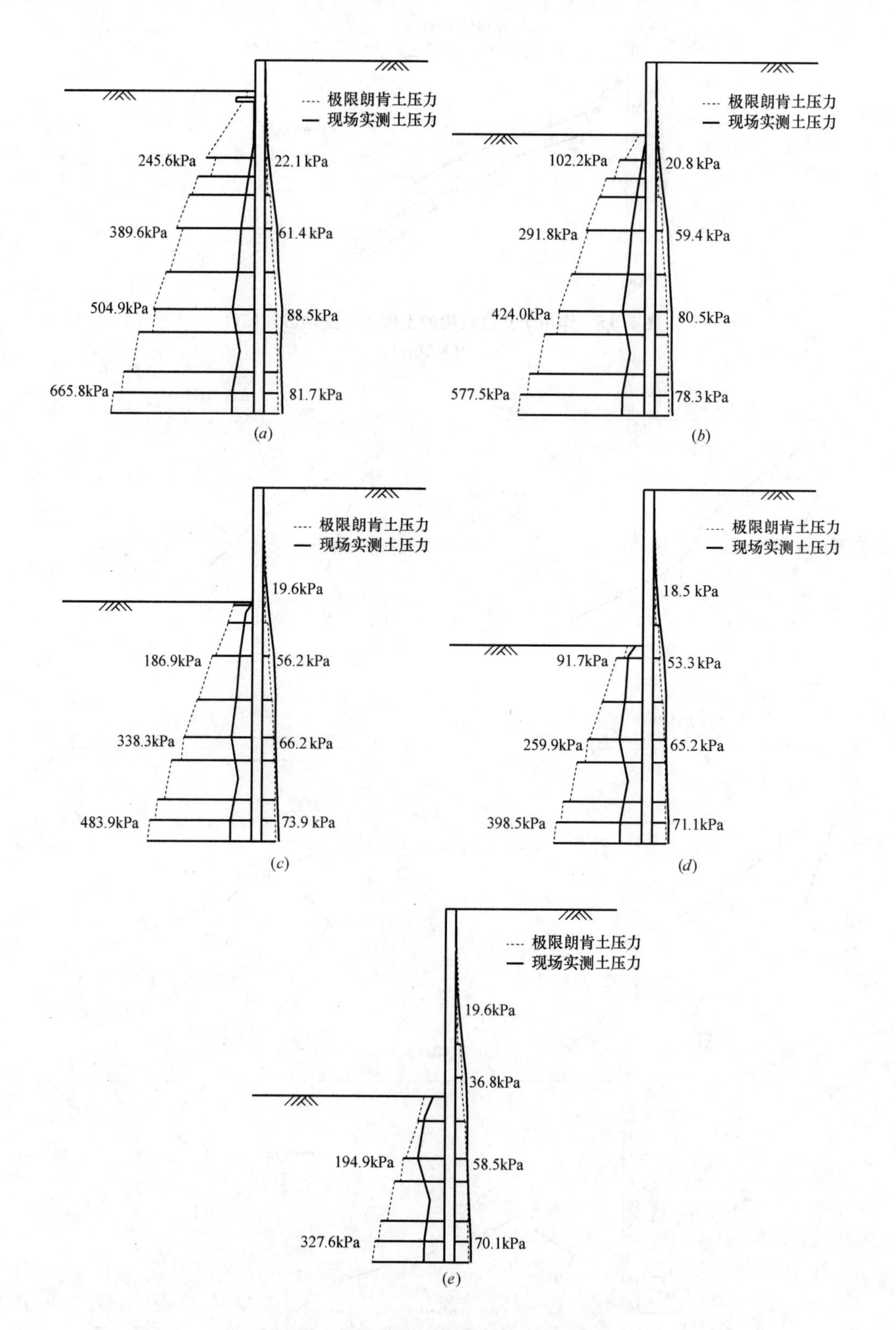

图 5.17 极限朗肯土压力与现场实测土压力

(*a*) 开挖第一步；(*b*) 开挖第二步；(*c*) 开挖第三步；(*d*) 开挖第四步；(*e*) 开挖第五步

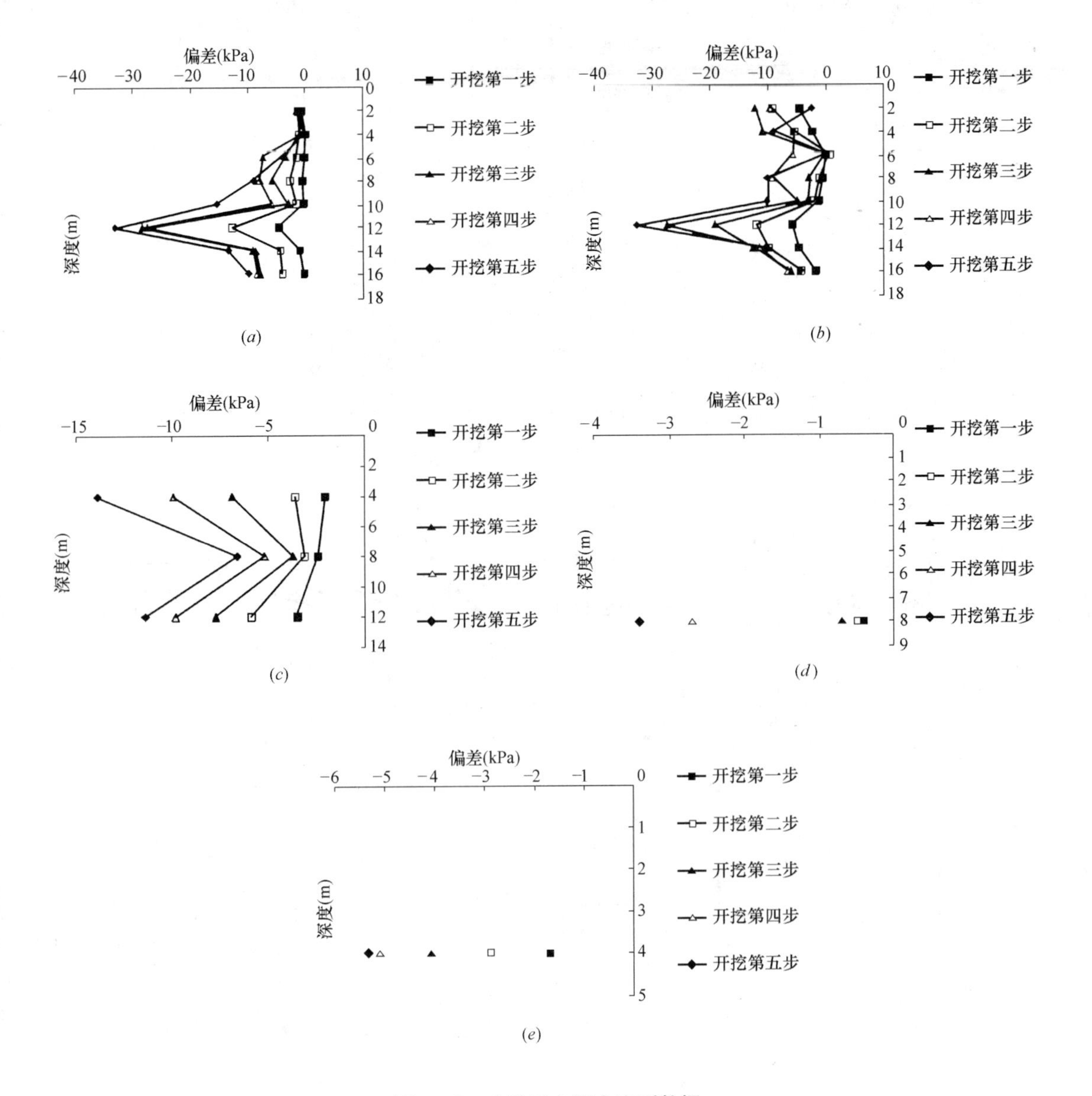

图 5.18 主动区土压力实测数据

(a) 桩土接触面；(b) 距桩 0.5m；(c) 距桩 3.2m；(d) 距桩 5.9m；(e) 距桩 8.5m

(6) 支挡结构水平位移与土压力关系

由于不同位置处土压力不同，为了较为直观地对比不同深度土压力随基坑开挖过程的变化，将开挖之前数据清零，被动区仅考虑支挡结构挤压土体所产生的土压力，所得土压力及支挡结构水平位移如图 5.20。随着开挖深度的增加，主动土压力、被动土压力逐渐发挥；土压力与水平位移开始呈线性关系，但随着水平位移的增加（开挖第三步之后），土体水平位移加速增加，土体开始屈服，并发生塑性破坏，土压力与水平位移呈现非线性，可以两者转折点（图 5.20 中以○表示）作为土体屈服，以致破坏的标志。

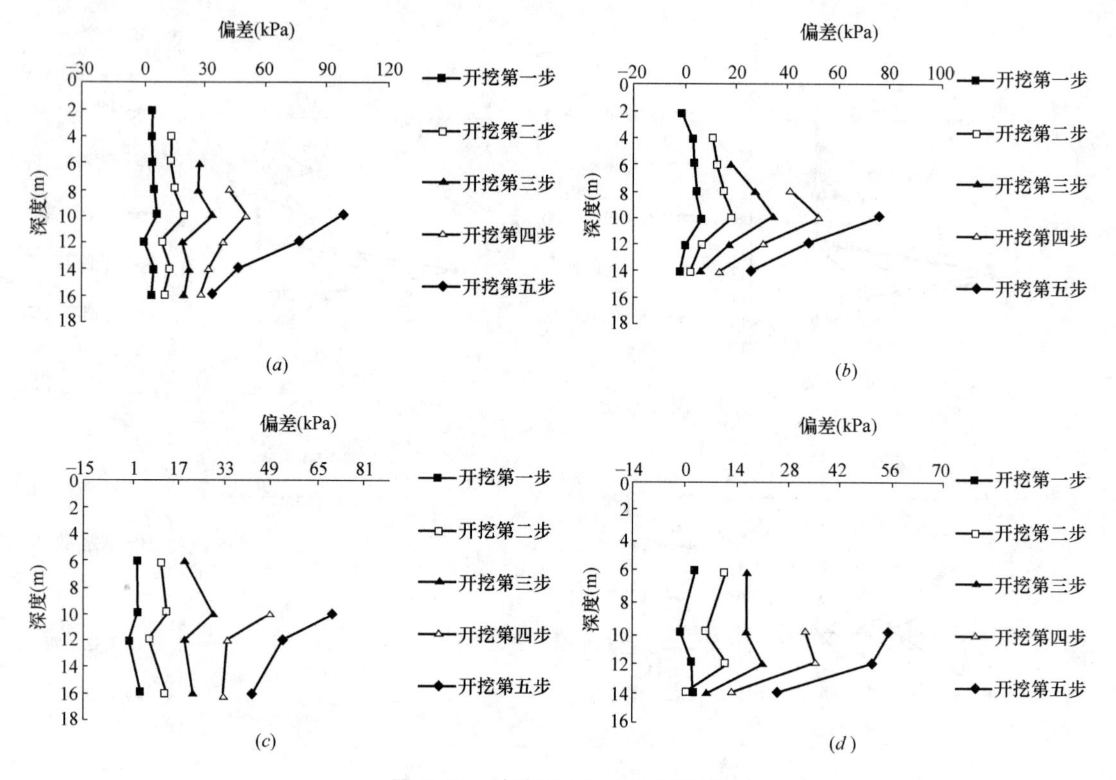

图 5.19　被动区土压力实测数据

(*a*) 桩土接触面；(*b*) 距桩 0.5m；(*c*) 距桩 1.5m；(*d*) 距桩 4.6m

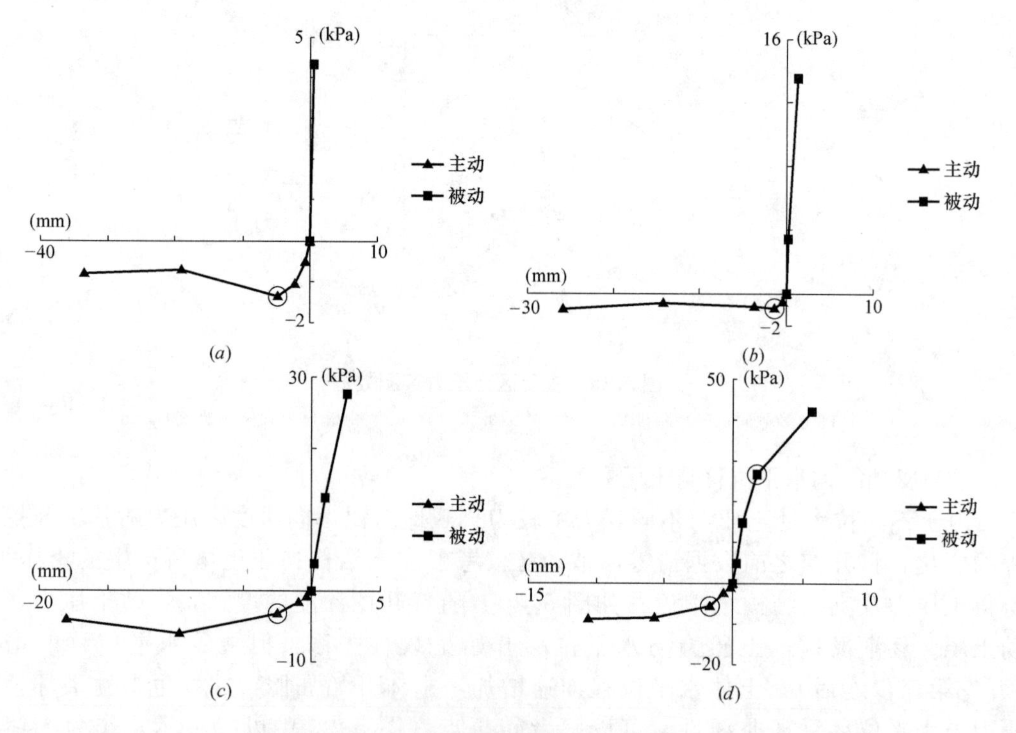

图 5.20　土压力与支挡结构水平位移关系（一）

(*a*) 埋深 2m；(*b*) 埋深 4m；(*c*) 埋深 6m；(*d*) 埋深 8m；

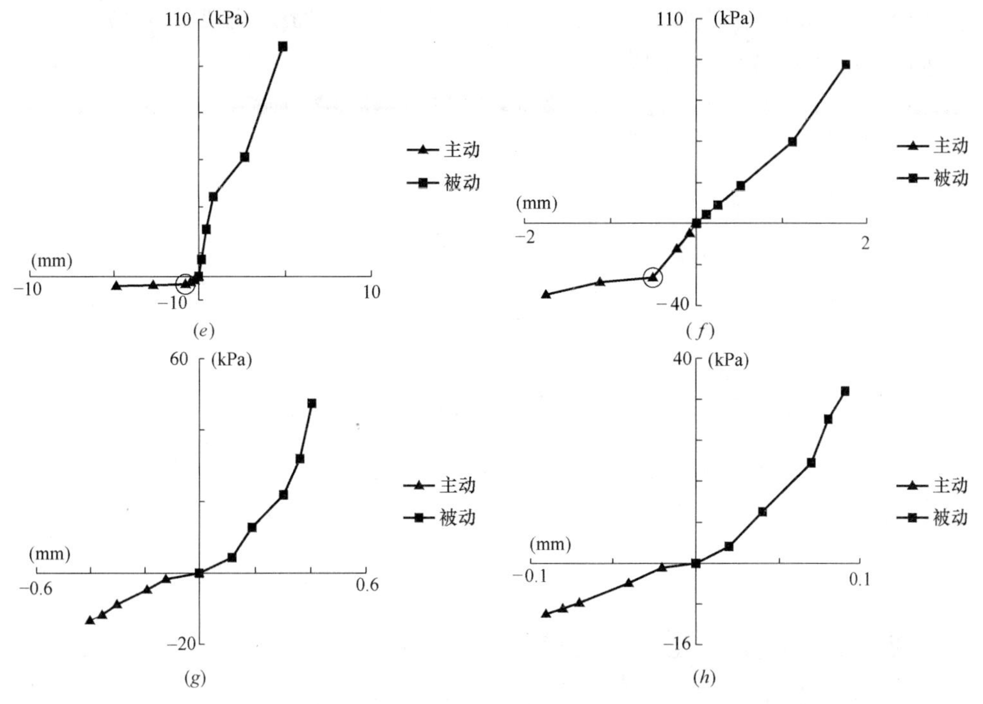

图 5.20 土压力与支挡结构水平位移关系（二）

(e) 埋深 10m；(f) 埋深 12m；(g) 埋深 14m；(h) 埋深 16m

（7）地面裂缝及破坏滑动面

基坑开挖前三步，桩顶及地面水平位移较小；开挖第四步之后，出现较大位移，且在距桩 4.8m 出现第一条裂缝；开挖第五步，距桩 3m 处出现第二条裂缝，且裂缝发展较快，最大裂缝宽度 45mm，裂缝分布见图 5.21。基坑开挖前三步，桩身及土体水平位移很小，开挖第四步之后，桩身及土体出现较大位移，主动区出现地面裂缝。土体卸荷变形存在滞后性。

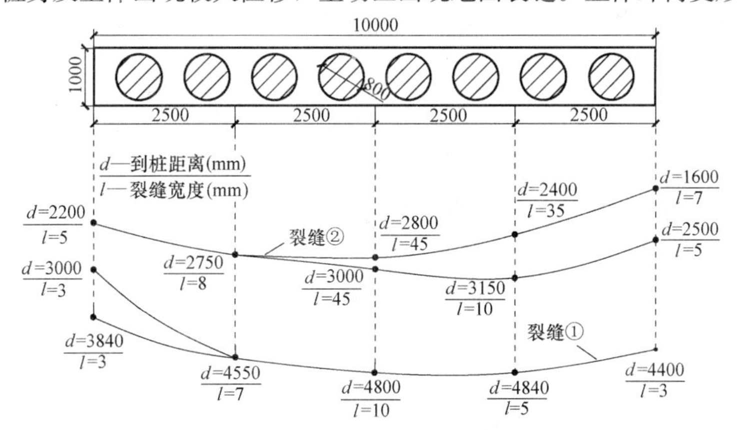

图 5.21 基坑主动区土体裂缝分布

比较距桩不同距离、不同深度的土体水平位移，见图 5.22。开挖第一步、第二步，桩、土变形较小，最大水平位移为 0.6mm，限于测试精度，开挖前两步距桩 7.5m、3.5m 处土体水平位移测试数据不甚理想；开挖第三步之后，桩、土变形开始表现出来；开挖第四步开始，主动区地表出现裂缝，破坏滑动面形成，距桩 3.5m、2m 处测斜数据分别在埋深2m、6m处出现明显拐点，认为此处土体滑动破坏。依据测斜数据及地表裂缝，可推测出滑动面位置，见图5.23。

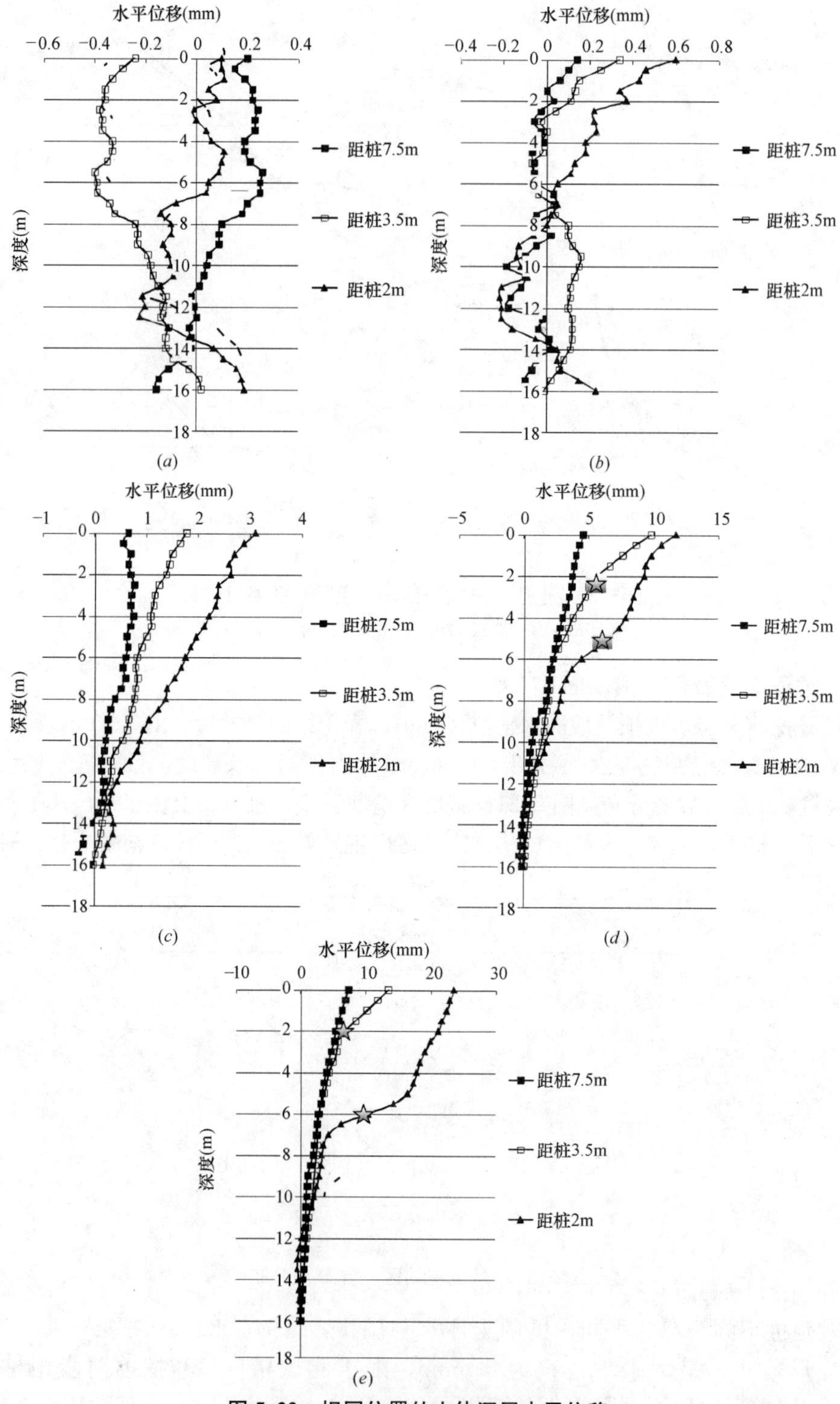

图5.22　相同位置处土体深层水平位移

(*a*) 开挖第一步；(*b*) 开挖第二步；(*c*) 开挖第三步；(*d*) 开挖第四步；(*e*) 开挖第五步

5. 现场试验结果总结

通过现场试验，实测基坑开挖过程的土压力和位移，分析支挡结构上的土压力及土体自身应力的变化，支挡结构变位及土体变形。现场施工中，测试设备的埋设是关键技术。

① 试验须测试原状土体（扰动很小）的应力变化，采用新型土中土压力盒，且埋设方法不同以往，操作人员在地面作业，无法直观地感受埋设点的真实情况。埋设技术是本次试验的难点，亦是创新点。

② 现场实测数据与设计计算结果差别较大，其中桩顶水平位移仅为计算值的1/3。可见，不考虑土体应力历史、应力路径的强度指标，其计算结果与工程实际土体工作状态是不相符的。

③ 土压力实测值与采用极限朗肯土压力计算所得值不同，基坑开挖过程中土体实际应力状态并非完全极限状态，尤其是在以变形控制为主的基坑工程设计中。

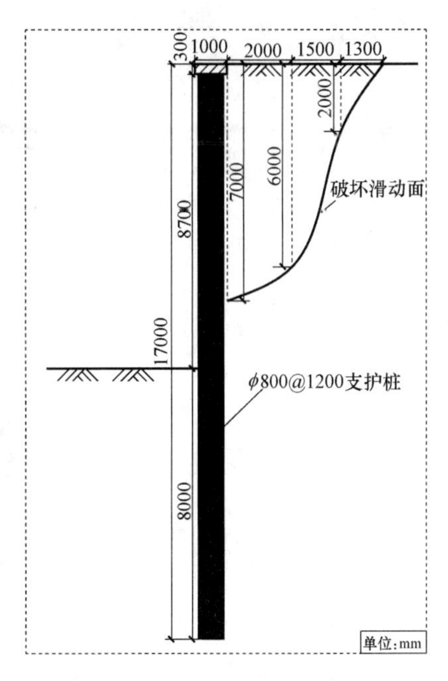

图 5.23 基坑主动区破坏滑动面

5.2 基坑开挖支挡结构土压力及变形数值计算分析[7]、[23]

基坑开挖地基土卸荷应力路径工程特性试验研究中，已对该场地模拟地基土开挖应力路径的地基土应力应变关系（第2.4节）进行了详细介绍。本节数值模拟采用了上述试验得到的地基土应力应变关系和相应计算参数，通过有限差分软件 FLAC 3D 进行数值分析，模拟基坑开挖过程。

1. 数值模型

试验场地较开阔，基坑一面支护，三面放坡，在空间上有很强的对称性；且考虑计算时间问题（网格单元不宜过多），数值模拟有限元网格布置见图5.24。将基坑简化为平面应变问题分析，并采用半对称方式建立基坑数值模型，模型尺寸为25.8m×20m×1unit。其中，土为非线性材料，桩为弹性体。桩、土接触部位及其附近网格加密，以提高计算精度。

2. 本构模型

基坑设计须将土体强度与变形合理地联系起来，且能反映基坑开挖过程桩、土的真实工作状态，不能单以土体极限状态的参数作为计算依据。本次数值模拟选用 Duncan－Chang 本构模型。利用 C＋＋程序语言将土工试验所得土体应力应变关系写入本构，编译 DLL（动态链接库），载入 FLAC3D，进行基坑开挖数值分析。

Duncan-Chang 模型是根据 Kondner 提出的双曲线应力应变关系，反映土体变形的非线性，并在一定程度上反映土体变形的弹塑性的本构模型。

土体切线模量表达式为：

$$E_t=\frac{[1-b\cdot(\sigma_1-\sigma_3)]^2}{a} \tag{5.3}$$

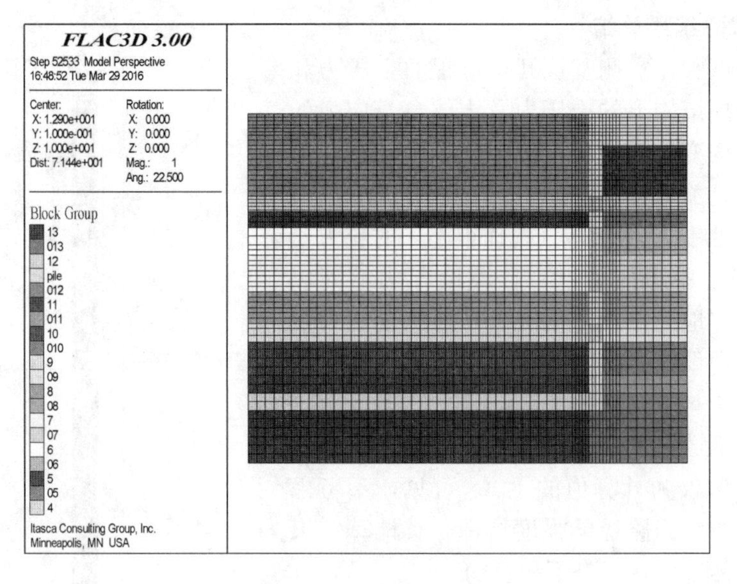

图 5.24 数值模型布置

根据莫尔-库仑强度准则，切线模量表达式可进一步表示为：

$$E_{\mathrm{t}}=K\cdot p_{\mathrm{a}}\cdot\left(\frac{\sigma_3}{p_{\mathrm{a}}}\right)^n\cdot\left[1-\frac{R_{\mathrm{f}}\cdot(\sigma_1-\sigma_3)\cdot(1-\sin\varphi)}{2\cdot c\cdot\cos\varphi+2\cdot\sigma_3\cdot\sin\varphi}\right]^2 \tag{5.4}$$

Duncan-Chang 模型中，将卸荷模量简化，为最大固结压力下的卸荷模量，卸荷模量表达式为：

$$E_{\mathrm{ur}}=K_{\mathrm{ur}}\cdot p_{\mathrm{a}}\cdot\left(\frac{\sigma_3}{p_{\mathrm{a}}}\right)^n \tag{5.5}$$

基坑工程主动区，被动区土体应力状态不同，其应力应变关系表达也不相同，数值计算中须定义不同的本构。室内土工试验中采用三种应力路径，现将其应用到数值计算中，根据之前所述土体应力应变关系的归一化方程，可求得土体切线模量表达式为：

$$E_{\mathrm{t}}=\frac{[1-b\cdot(y-t)]^2}{a} \tag{5.6}$$

（1）对于应力路径 a：

$$y=\sigma_1-\sigma_3 \tag{5.7}$$

$$t=q_{\mathrm{C}}+R_0\cdot\sigma_{3\mathrm{C}} \tag{5.8}$$

式中 R_0 为初始卸荷比。

（2）对于应力路径 b：

$$y=\frac{\sigma_1-\sigma_3}{\sigma_3+c/\tan\varphi} \tag{5.9}$$

$$t=0 \tag{5.10}$$

（3）对于应力路径 c：

$$y=\frac{\sigma_1-\sigma_3}{\sigma_{\mathrm{m}}} \tag{5.11}$$

$$t=\frac{q_{\mathrm{C}}}{\sigma_{\mathrm{m}}} \tag{5.12}$$

本构模型中调用应力路径 c 应力应变关系的条件为：$q<q_c$ 且 $R<R_u$。其中，R 为应力水平：$R=q/q_f$，R_u 为初始应力水平：$R_u=q_c/q_f$。

3. 接触面

土体刚度与支护桩刚度差别很大，在基坑开挖过程中，两者变形不协调。为了反映支护桩与土体的相互作用，数值模拟中将桩和土分离，桩土之间设置接触面单元。

本次试验支护桩采用钻孔灌注桩，不存在挤土情况，开挖之前桩与土的相互作用不明显。在数值模拟中，计算模型初始应力阶段，将桩、土接触面的摩擦角设为较小值，摩擦角为 5°；模拟基坑开挖阶段，将摩擦角设为 15°。接触面接触刚度通过公式（5.13）求得。

$$k_n=k_s=10\cdot\max\left[\frac{\left(K+\frac{4}{3}\cdot G\right)}{\Delta z_{min}}\right] \tag{5.13}$$

式中，K 是体积模量，G 是剪切模量，Δz_{min} 是接触面法向方向上连接区域上最小尺寸。表 5.3 为接触面参数。

桩土接触面参数 **表 5.3**

土层编号	土　类	k_n	k_s
1	粉土	1.05e9	1.05e9
2	粉质黏土	0.6e9	0.6e9
3	粉砂	1.88e9	1.88e9
4	黏土	0.68e9	0.68e9
5	粉质黏土	0.83e9	0.83e9
6	粉土	1.39e9	1.39e9
7	黏土	0.84e9	0.84e9
8	粉质黏土	1.13e9	1.13e9
9	黏土	0.85e9	0.85e9
10	粉质黏土	0.89e9	0.89e9
11	粉质黏土	0.86e9	0.86e9
12	粉质黏土	0.88e9	0.88e9

4. 数值计算结果分析

分别按两种情况，做数值分析。

（1）以常规三轴 CU 试验所得强度指标，选用莫尔-库仑线弹性模型，编号为模型 1；

（2）主动区以应力路径 a，被动区以应力路径 b、应力路径 c 所得数据为输入参数，采用 Duncan-Chang 非线性弹性模型，编号为模型 2。

1）初始应力分析

对数值模型进行初始应力分析，得到基坑开挖之前桩、土的应力分布情况，结果见图 5.25。并在开挖之前，将因自身重力引起的位移清零，仅记录基坑开挖引起的桩、土变形情况。

初始应力场（上覆压力、静止侧压力）基本是以水平层状分布的，仅在临近桩、土接

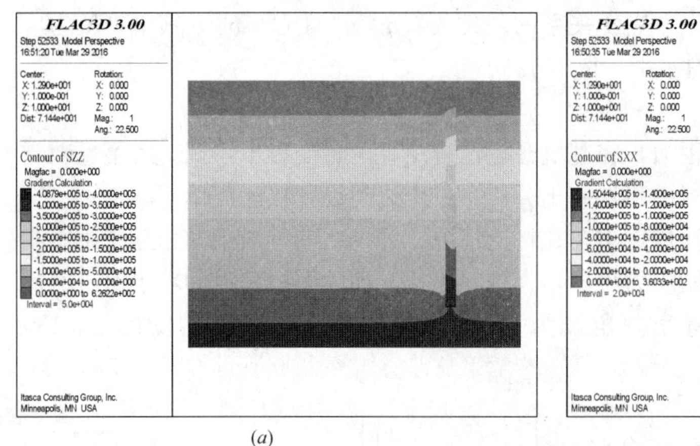

(*a*)

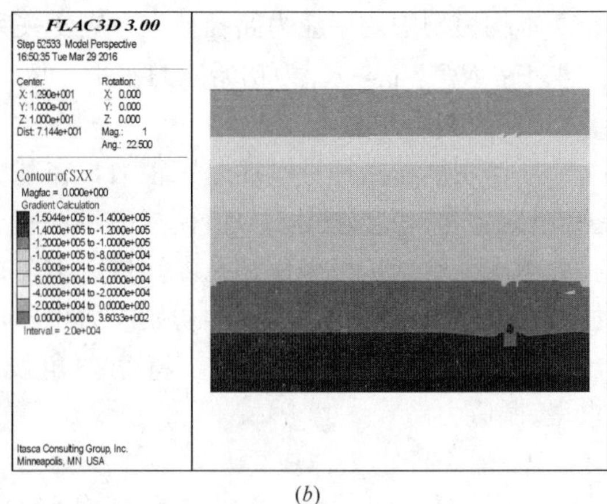

(*b*)

图 5.25　初始应力分布图

(*a*) 竖向初始应力图；(*b*) 水平向初始应力图

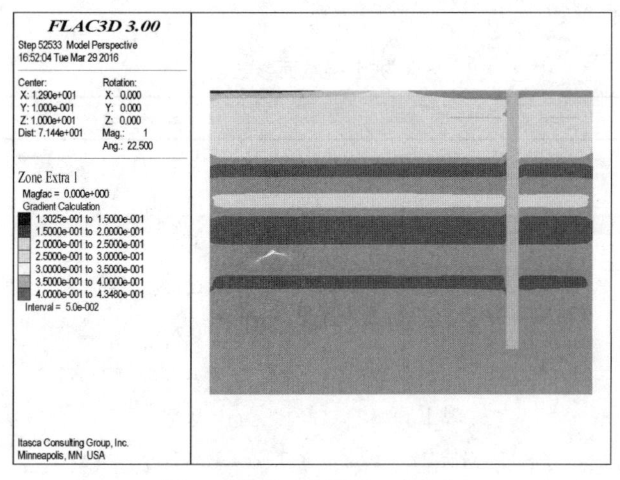

图 5.26　静止侧压力 K_0 分布

触部位，受桩、土相互作用的影响，初始应力分布发生变化；排除边界及桩、土作用的影响，静止侧压力分布亦成水平层状，结果见图 5.26，表 5.4，K_0 固结试验与数值计算所得静止侧压力基本一致。

静止侧压力 K_0　　　　**表 5.4**

土层编号	土　类	土工试验所得 K_0	数值分析所得 K_0
1	粉土	0.33	0.33
2	粉质黏土	0.37	0.38
3	粉砂	0.33	0.33
4	黏土	0.43	0.43
5	粉质黏土	0.37	0.37
6	粉土	0.34	0.34
7	黏土	0.43	0.43
8	粉质黏土	0.36	0.36
9	黏土	0.42	0.42
10	粉质黏土	0.38	0.38
11	粉质黏土	0.40	0.40
12	粉质黏土	0.38	0.38

2）应力应变计算结果

主动区给出基坑开挖面以上土体的应力应变计算结果，被动区给出开挖第五步开挖面以下 0.5m 处土体应力应变关系计算结果。

（1）应力应变关系计算结果

土体应力应变关系计算结果如图 5.27、图 5.28 所示。模型 1 主动区土体（土层 5 以下）在开挖前三步应变较小，之后土体应变增量较大，在一定程度上反映了土体卸荷变形的滞后性。被动区土体（埋深 9.5m）从开挖第四步开始，侧向压力大于上覆压力；模型 2 的土体在开挖前四步应力水平小于初始应力水平，主应力差小于初始主应力差，遵循应力路径 c 的土体应力应变关系；开挖至第五步，支护桩挤压土体，被动土压力继续发展，使得土体应力水平及主应力差大于初始状态，遵循应力路径 b 的土体应力应变关系。

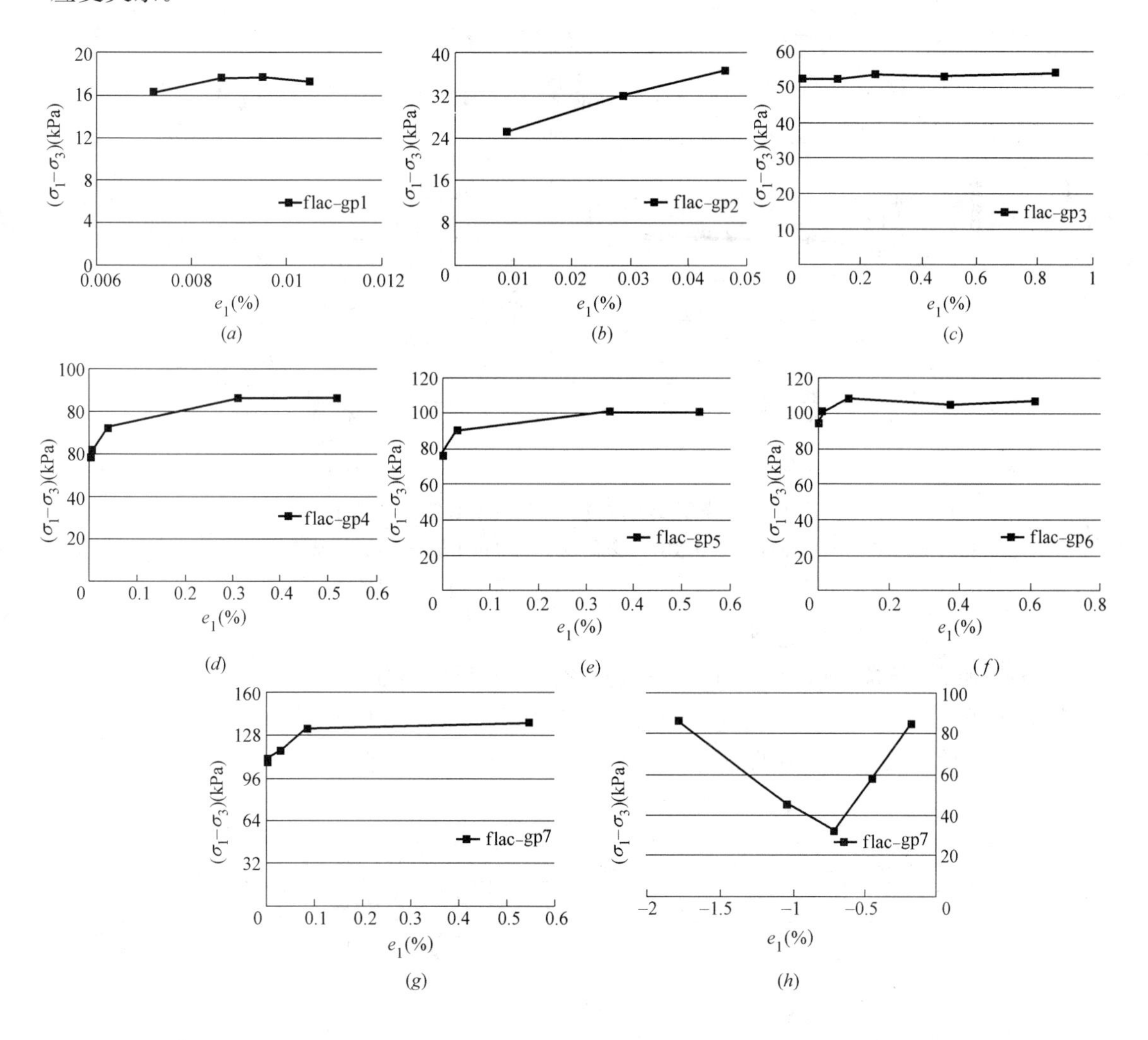

图 5.27 模型 1 土体应力应变关系数值计算结果

（a）主动区土层 1；（b）主动区土层 2；（c）主动区土层 3；（d）主动区土层 4；（e）主动区土层 5；（f）主动区土层 6；（g）主动区土层 7；（h）被动区土层 7

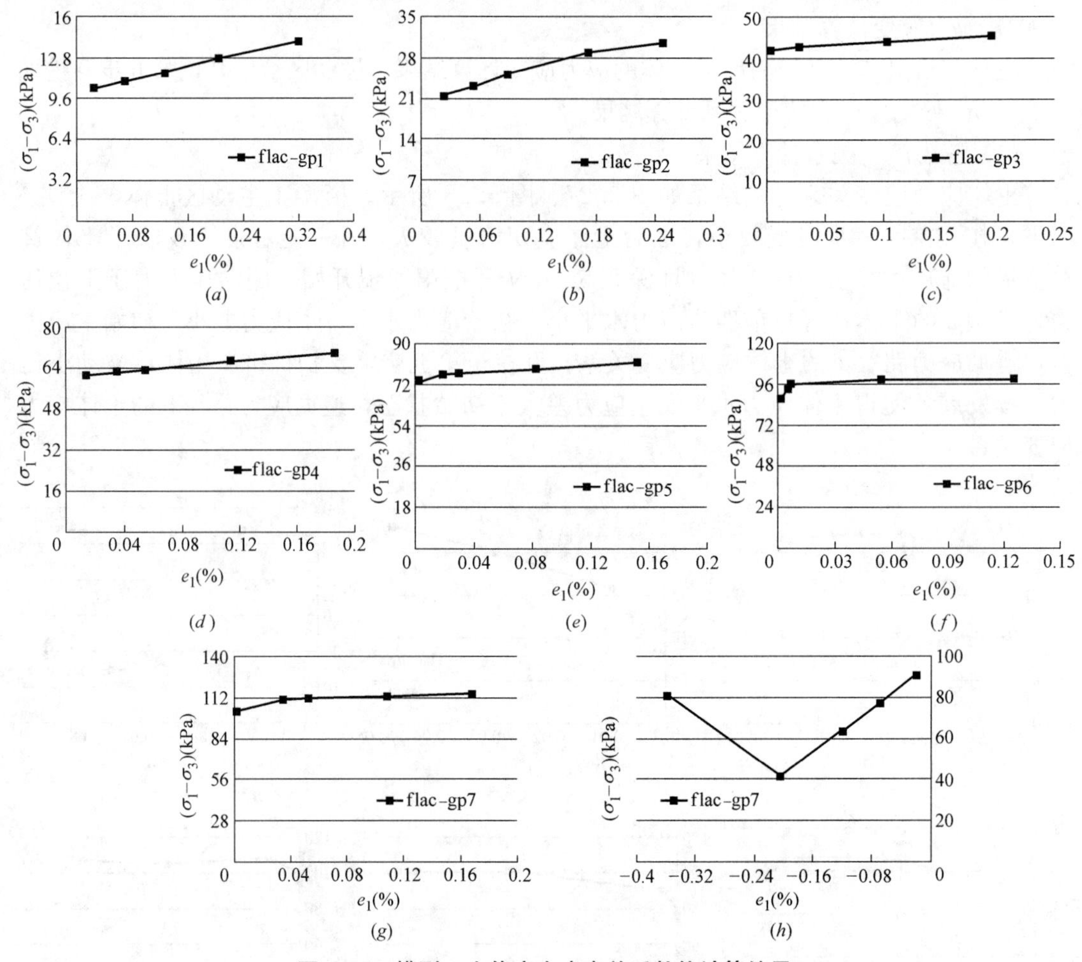

图 5.28　模型 2 土体应力应变关系数值计算结果

(a) 主动区土层 1；(b) 主动区土层 2；(c) 主动区土层 3；(d) 主动区土层 4；(e) 主动区土层 5；(f) 主动区土层 6；(g) 主动区土层 7；(h) 被动区土层 7

(2) 应力应变归一化处理

将模型 2 土体应力应变关系归一化处理之后，所得结果如图 5.29、图 5.30 所示。计算结果表明，土体输入、输出的应力应变关系基本一致。土体本构 DLL（动态链接库）文件能够成功载入，且土体的非线性特征可通过 Flac3D 较好地表达。

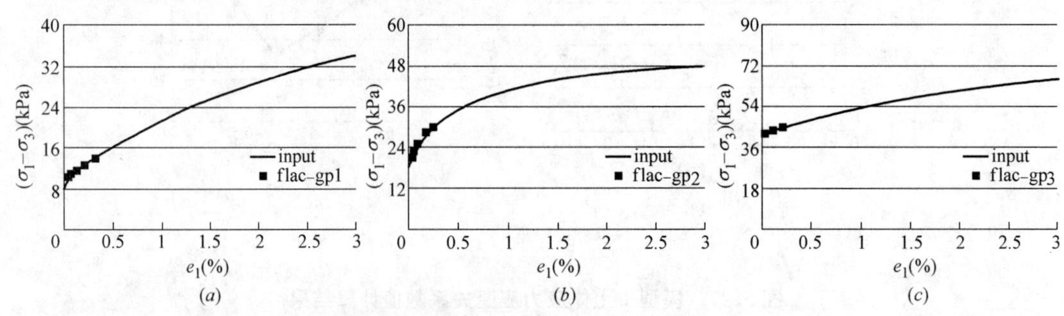

图 5.29　模型 2 主动区土体输入、输出应力应变归一化（一）

(a) 主动区土层 1；(b) 主动区土层 2；(c) 主动区土层 3

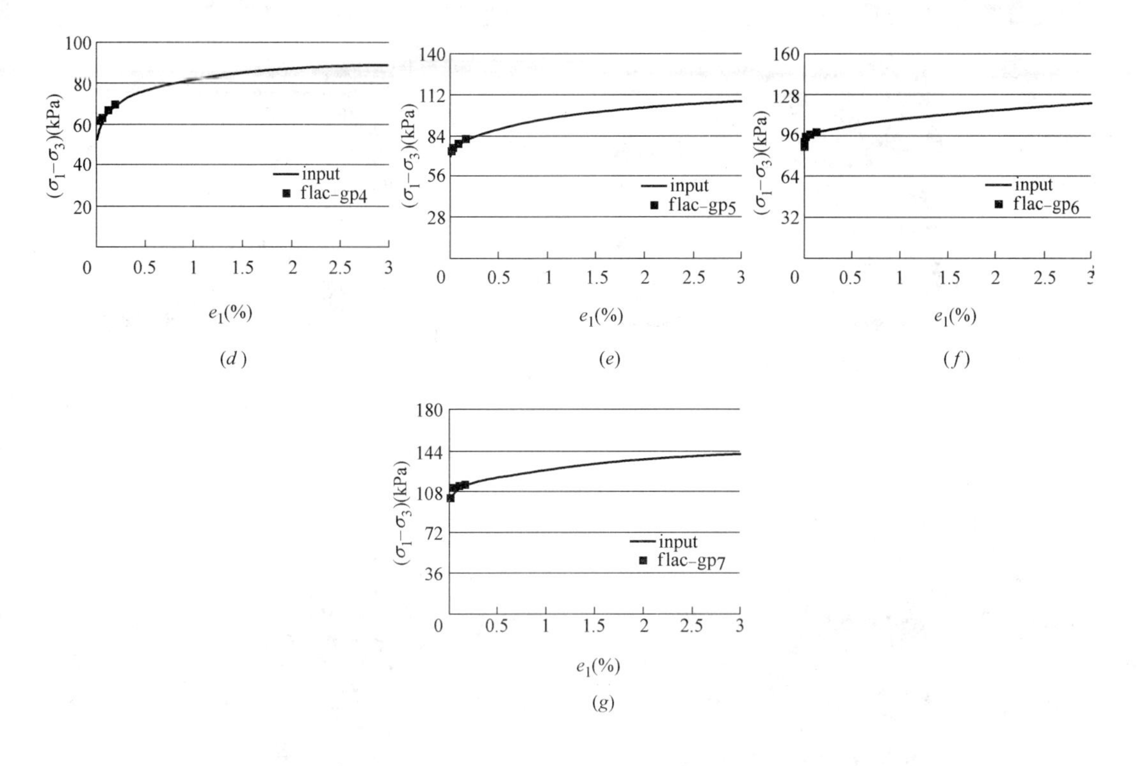

图 5.29 模型 2 主动区土体输入、输出应力应变归一化（二）

(*d*) 主动区土层 4；(*e*) 主动区土层 5；(*f*) 主动区土层 6；(*g*) 主动区土层 7

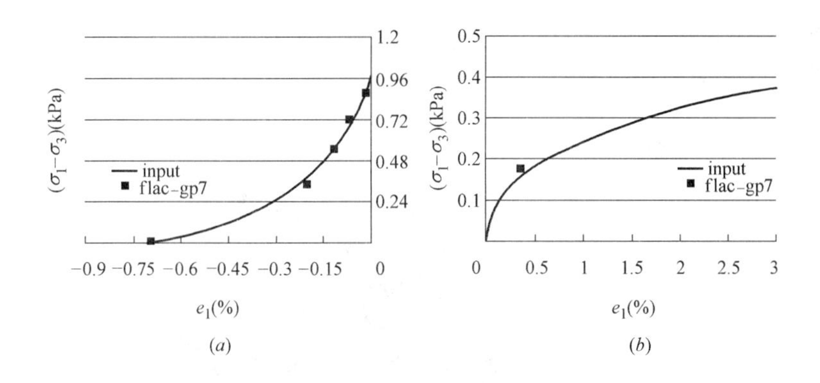

图 5.30 模型 2 被动区土体输入、输出应力应变归一化（土层 7）

(*a*) 应力路径 c；(*b*) 应力路径 b

3）桩、土水平位移

随着基坑开挖深度的增加，桩、土变形均在增大，但两种模型的计算结果差别很大。两种模型的变形计算云图见图 5.31、图 5.32，土体水平位移计算结果见图 5.33、图 5.34，桩顶水平位移计算结果见表 5.5。

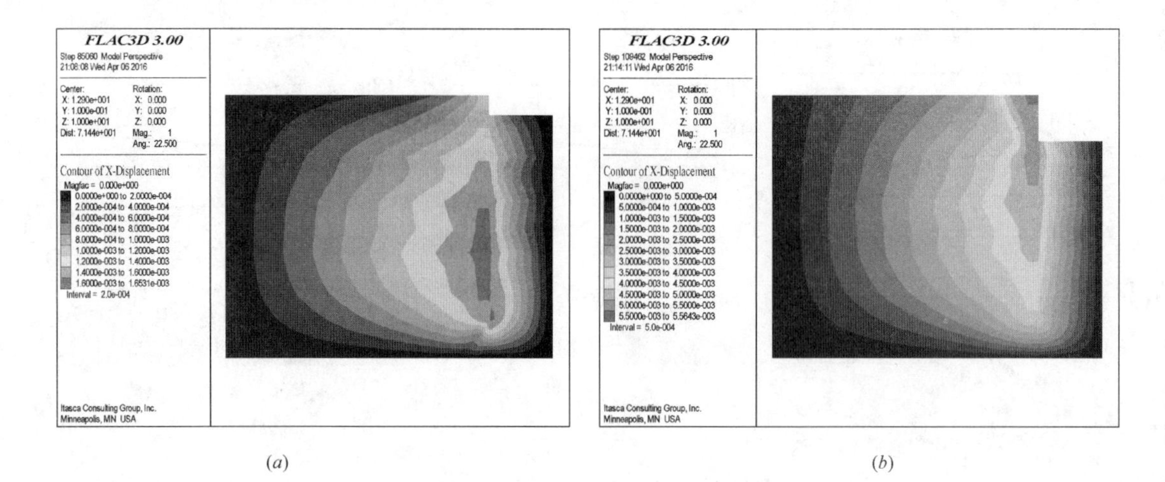

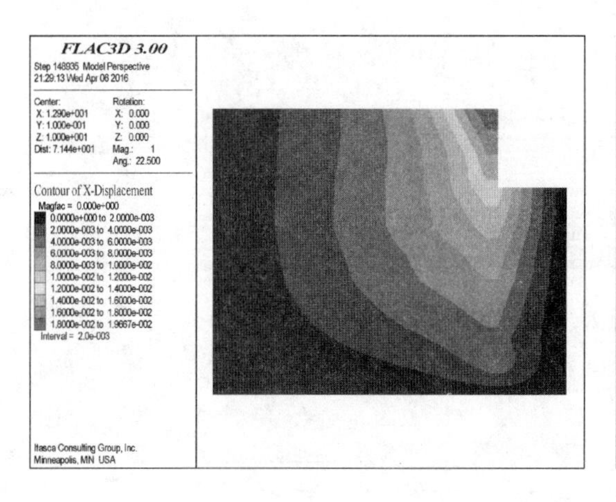

(c)

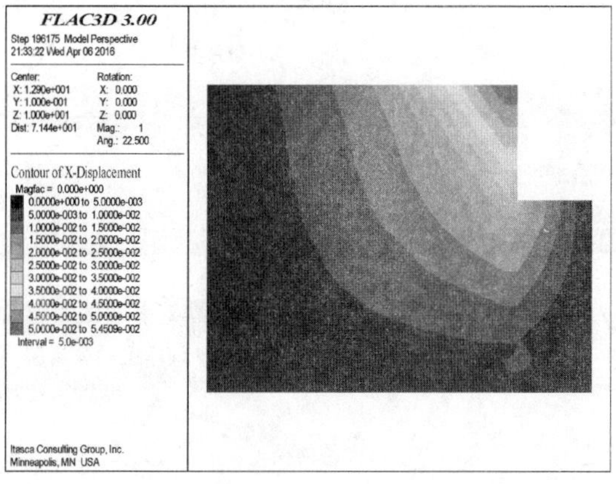

(d)

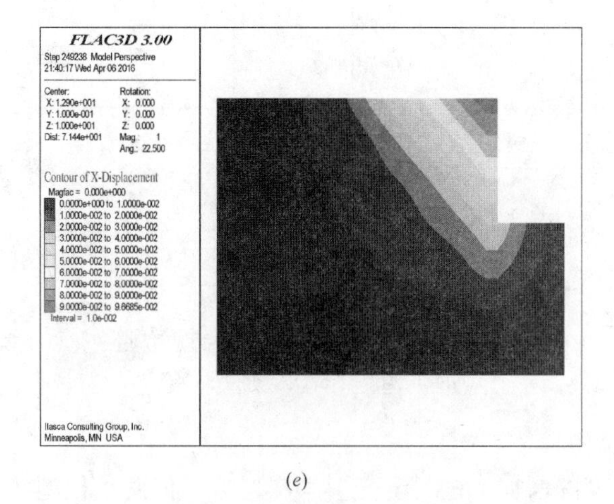

(e)

图 5.31　模型 1 水平位移分布图

(*a*) 开挖第一步；(*b*) 开挖第二步；(*c*) 开挖第三步；(*d*) 开挖第四步；(*e*) 开挖第五步

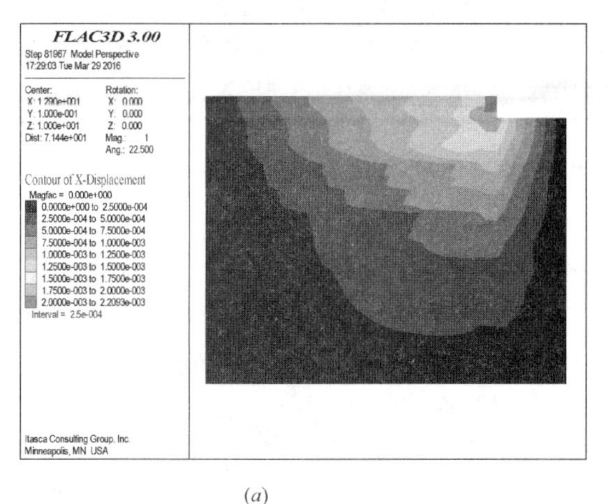

(a)

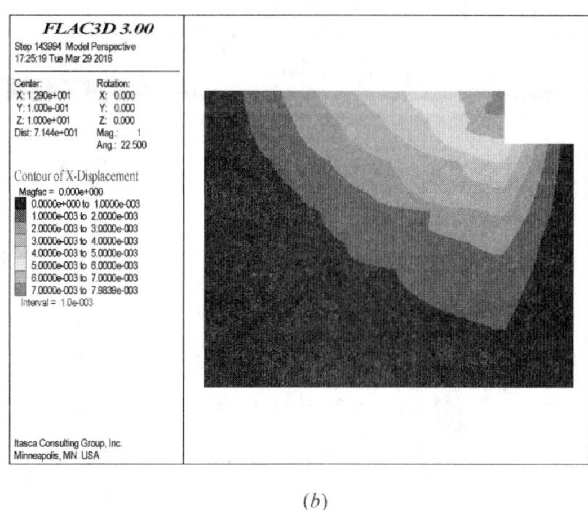

(b)

(c)

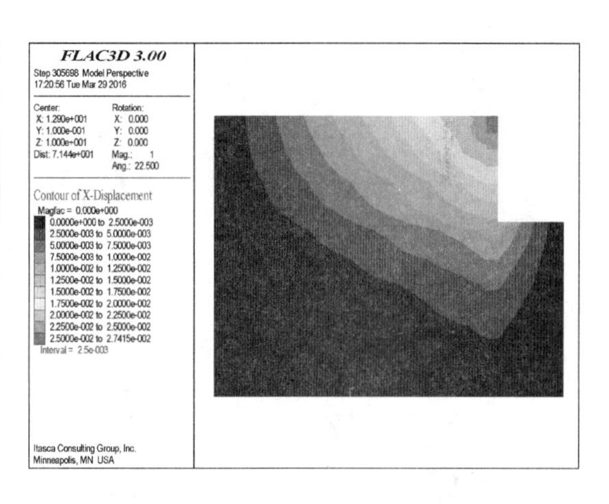

(d)

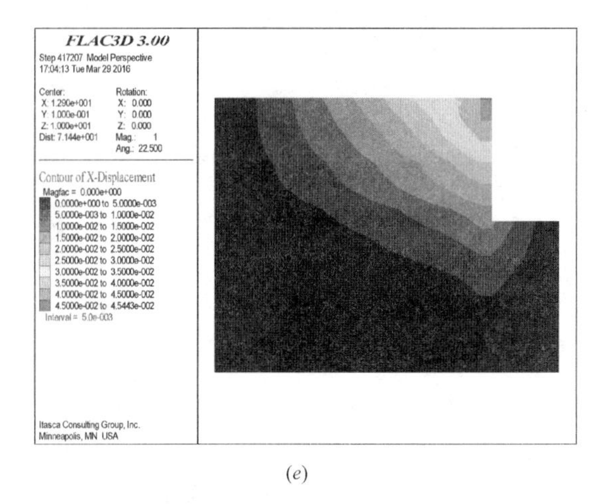

(e)

图 5.32 模型 2 水平位移分布图

(a) 开挖第一步；(b) 开挖第二步；(c) 开挖第三步；(d) 开挖第四步；(e) 开挖第五步

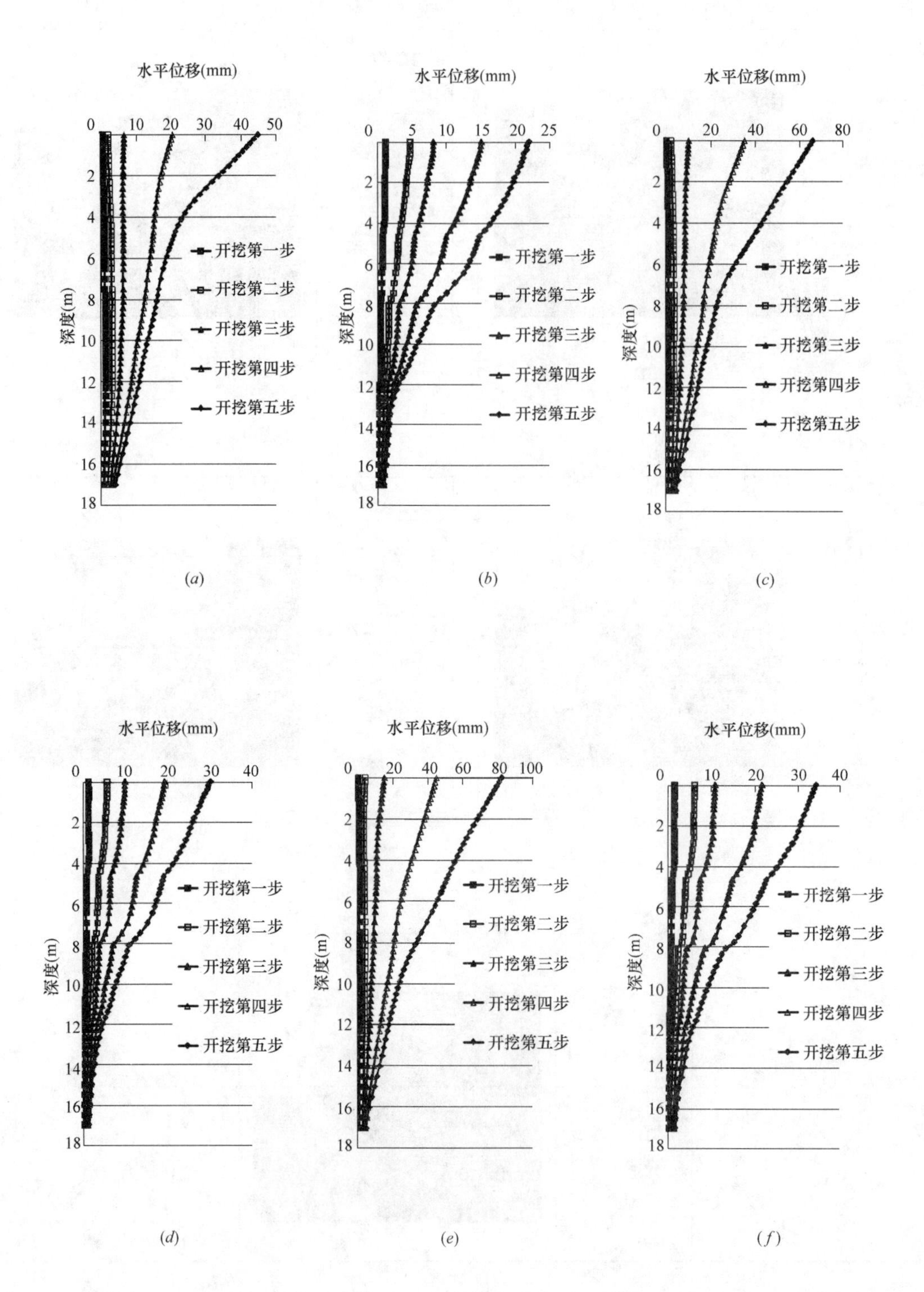

图 5.33　水平位移数值计算结果

(*a*) 模型1主动区距桩7.5m；(*b*) 模型2主动区距桩7.5m；(*c*) 模型1主动区距桩3.5m；(*d*) 模型2主动区距桩3.5m；(*e*) 模型1主动区距桩1m；(*f*) 模型2主动区距桩1m

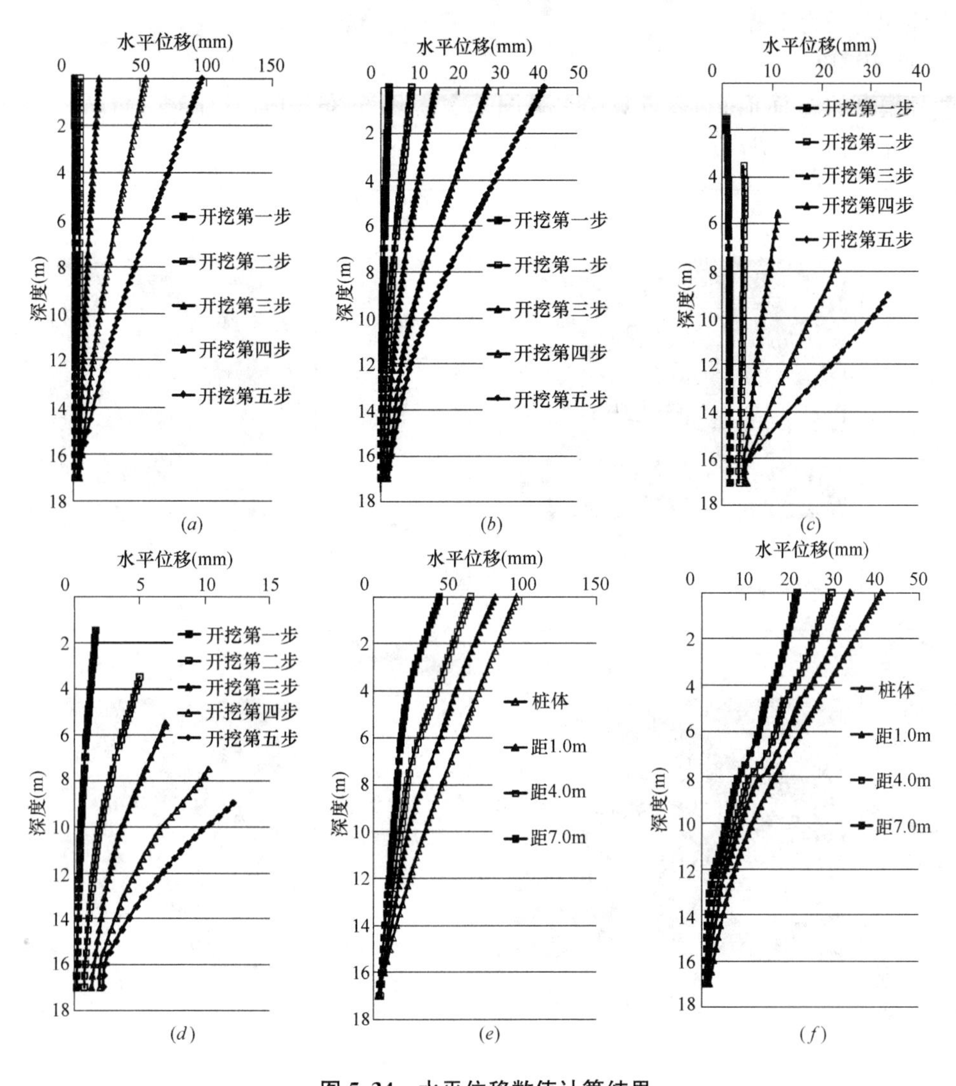

图 5.34 水平位移数值计算结果

(*a*) 模型 1 支护桩；(*b*) 模型 2 支护桩；(*c*) 模型 1 被动区距桩 1m；(*d*) 模型 2 被动区距桩 1m；(*e*) 模型 1 开挖第五步；(*f*) 模型 2 开挖第五步

桩顶水平位移 **表 5.5**

工况	桩顶水平位移(mm)				
	开挖第一步	开挖第二步	开挖第三步	开挖第四步	开挖第五步
模型 1	1.0	5.6	19.7	54.5	96.7
模型 2	2.1	7.5	14.0	27.4	43.6
足尺试验	1.0	2.9	8.1	20.2	41.0

从图 5.33、图 5.34 主动区、被动区距基坑边界不同距离处土体及支护桩的水平位移结果可知，采用符合基坑开挖土体卸荷应力路径的土体本构（模型 2）计算所得桩、土水平位移与实测数据较为接近，而采用常规三轴 CU 试验土体强度指标（模型 1），其计算结果与实测数据相差较大。可见，常规三轴 CU 试验所得土体强度变形指标不能反映基坑

开挖土体卸荷的力学特性。

4）地面沉降

两种模型的地面沉降云图计算结果见图 5.35、图 5.36，地面沉降数值计算结果见图 5.37，桩顶水平位移计算结果汇总见表 5.6。

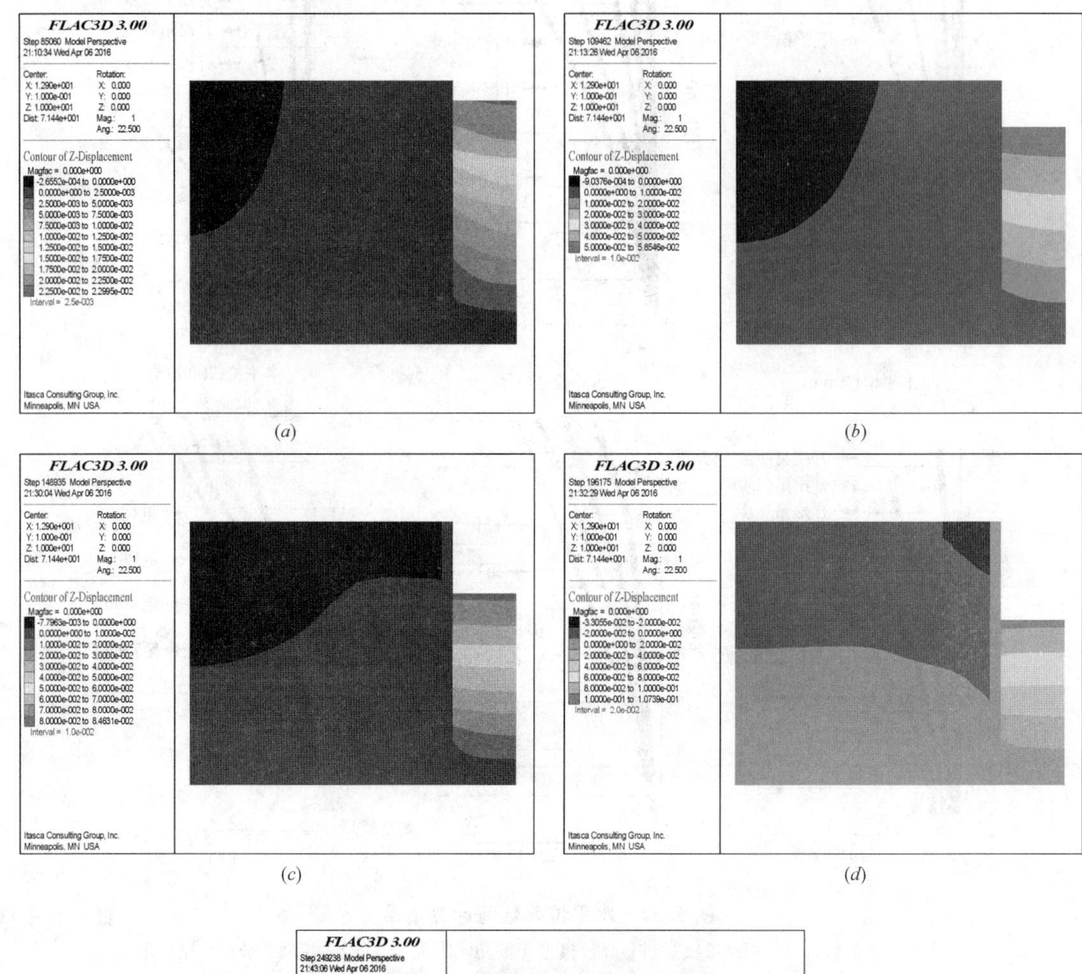

(*a*)　(*b*)　(*c*)　(*d*)

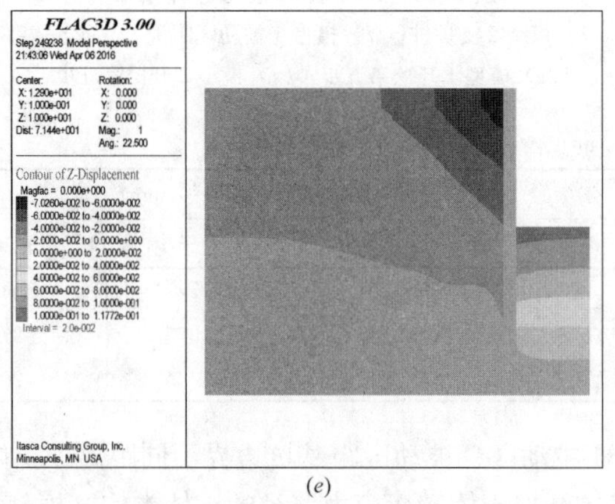

(*e*)

图 5.35　模型 1 沉降分布图

（*a*）开挖第一步；（*b*）开挖第二步；（*c*）开挖第三步；（*d*）开挖第四步；（*e*）开挖第五步

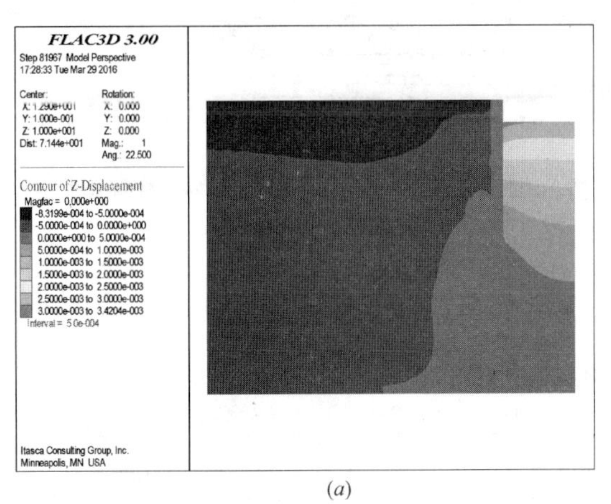

(a)

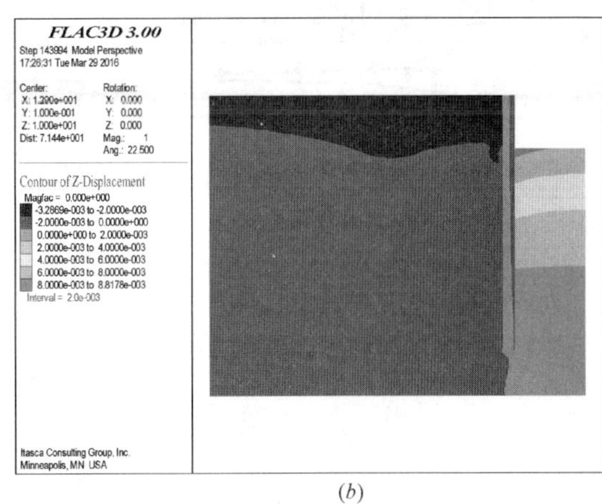

(b)

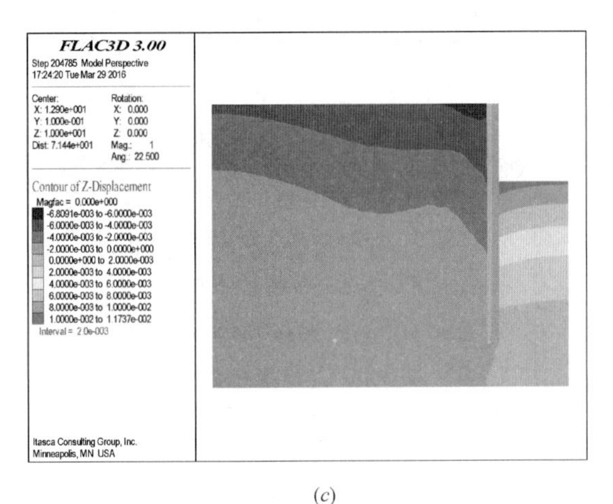

(c)

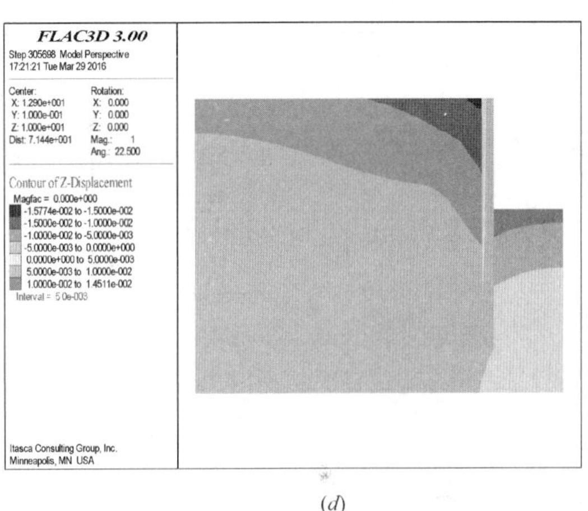

(d)

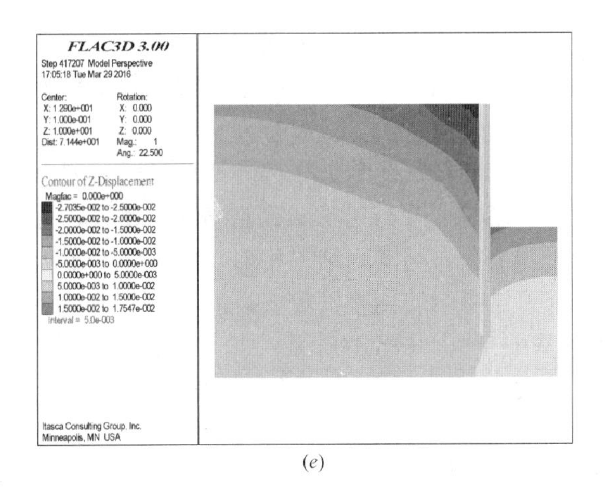

(e)

图 5.36　模型 2 沉降分布图

(a) 开挖第一步；(b) 开挖第二步；(c) 开挖第三步；(d) 开挖第四步；(e) 开挖第五步

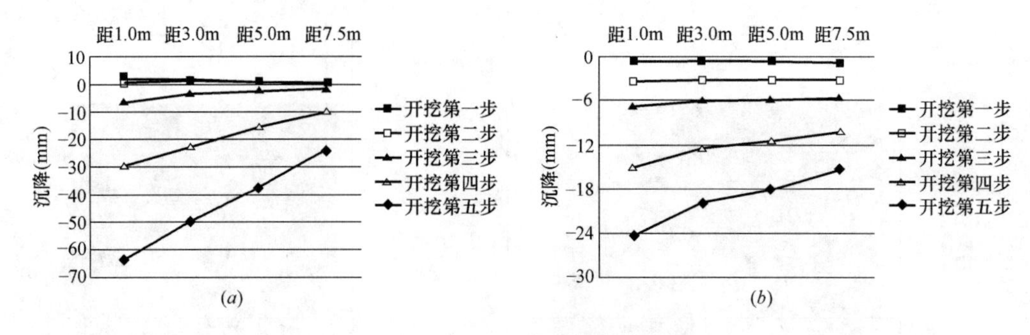

图 5.37　地面沉降数值计算结果

(*a*) 模型 1；(*b*) 模型 2

地面沉降计算结果　　**表 5.6**

工况		主动区地面沉降(mm)			
		距 1.0m	距 3.0m	距 5.0m	距 7.5m
模型 1（常规三轴 CU 指标）	开挖第一步	−1.9	−1.5	−1.0	−0.6
	开挖第二步	−0.7	−1.3	−0.9	−0.3
	开挖第三步	6.5	3.8	2.4	1.9
	开挖第四步	29.6	22.6	15.8	9.9
	开挖第五步	63.8	50.0	38.1	24.2
模型 2（基坑开挖卸荷路径）	开挖第一步	0.8	0.7	0.6	0.6
	开挖第二步	3.3	3.1	3.1	3.1
	开挖第三步	6.7	6.1	5.9	5.6
	开挖第四步	15.1	12.5	11.5	10.3
	开挖第五步	24.5	20.1	18.1	15.4
足尺试验	开挖第一步	3	0	1	0
	开挖第二步	3	1	2	1
	开挖第三步	6	1	2	1
	开挖第四步	16	10	6	2
	开挖第五步	21.4	11	6	1

比较可知，模型 1 计算桩顶水平位移及地面沉降较大，且坑底隆起明显，致使开挖第一步、第二步主动区地面隆升；而模型 2 计算结果与实测数据较为接近。

5）土压力

数值计算所得结果采用与现场实测数据一样的处理方式，列出桩土接触面及距离基坑边界不同位置处土压力计算结果，并与现场试验监测结果比较，见图 5.38、图 5.39。

对比可知，主动区土压力分布与实测结果相似，但埋深 2m 处由于土体被拉伸，甚至出现拉应力，使得数值计算结果与实测差别较大，前者土压力减小幅度大，开挖第一步土压力即减小 6kPa；随着基坑开挖，被动区土压力增加，但数值计算结果较实测数据偏大，开挖至第五步后土压力增大 115kPa，而实测结果仅增大 98kPa。

基坑工程设计最关注的是土体作用在支挡结构上的土压力。为了更为清晰地比较数值计算与实测数据的差别，现将基坑开挖每一步土体作用在支挡结构上的土压力及其变化值单独列出，见图 5.40～图 5.43。数值计算结果与实测数据较为吻合；相较于主动区，被动区计算结果与实测数据差别大，土压力最大差值为 26kPa，而主动区的为 14kPa；数值模型对土体开挖反应更为敏感，浅层开挖即可产生较为明显的土压力变化，具体表现为：

主动区土压力减小明显，最后与实测数据基本一致；被动区浅层开挖时受上覆压力减小影响明显，土压力减小，而随着基坑开挖深度的增加，支挡结构挤压土体，土压力增大，且大于实测值；而实测结果则表明土体受其自身结构及应力历史影响显著。

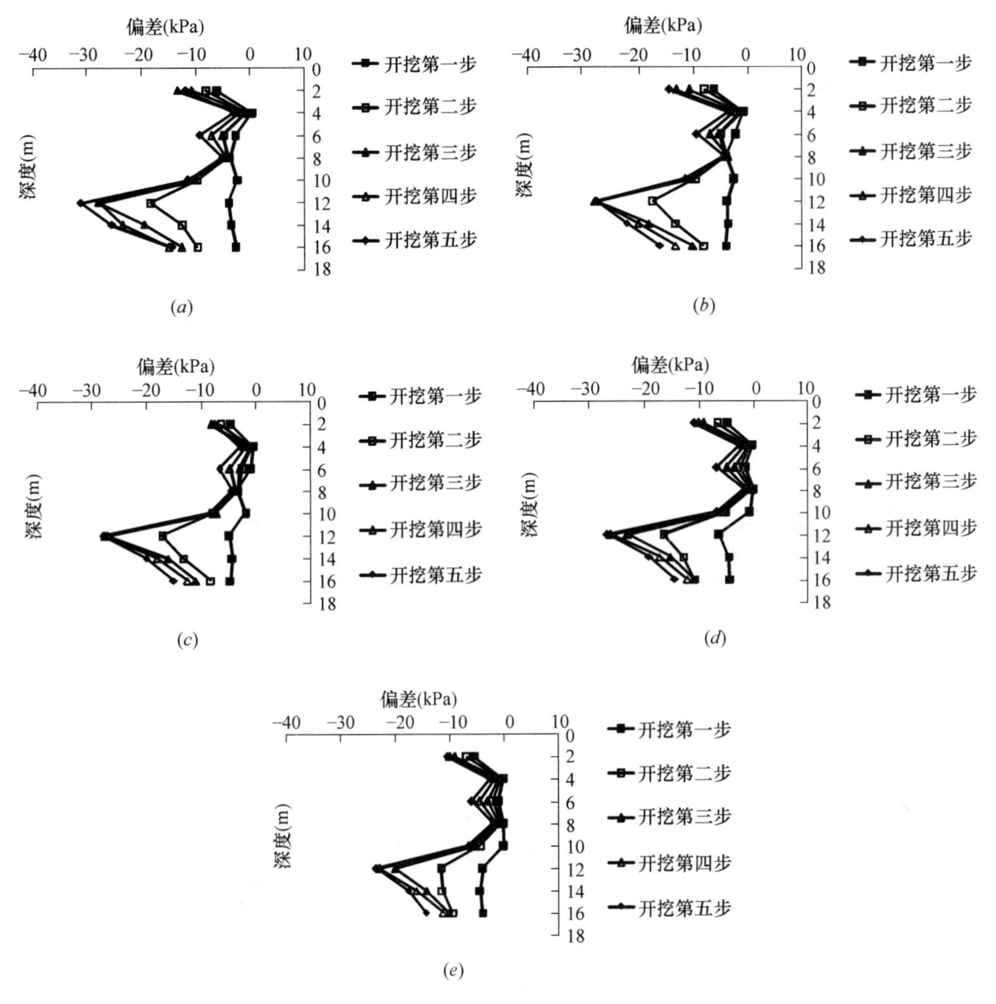

图 5.38 主动区土压力数值分析结果

(*a*) 桩土接触面；(*b*) 距桩 0.5m；(*c*) 距桩 3.2m；(*d*) 距桩 5.9m；(*e*) 距桩 8.5m

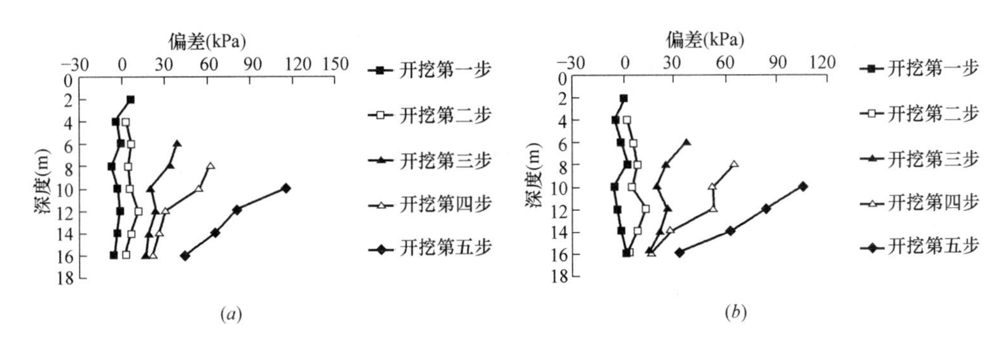

图 5.39 被动区土压力数值分析结果（一）

(*a*) 桩土接触面；(*b*) 距桩 0.5m

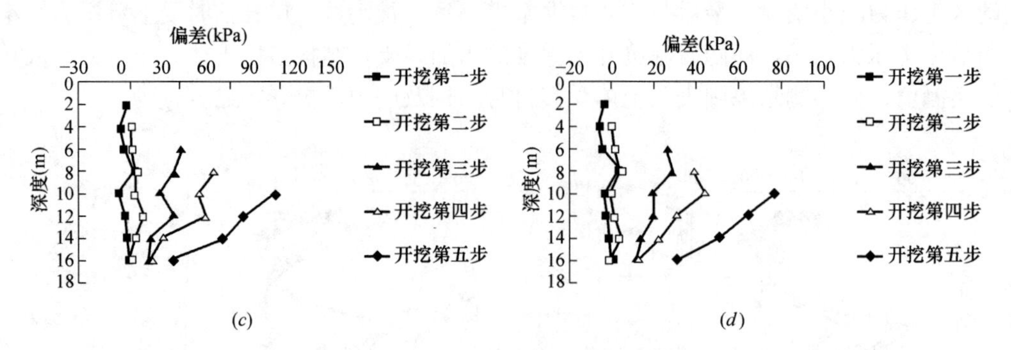

图 5.39 被动区土压力数值分析结果（二）

（c）距桩 1.5m；（d）距桩 4.6m

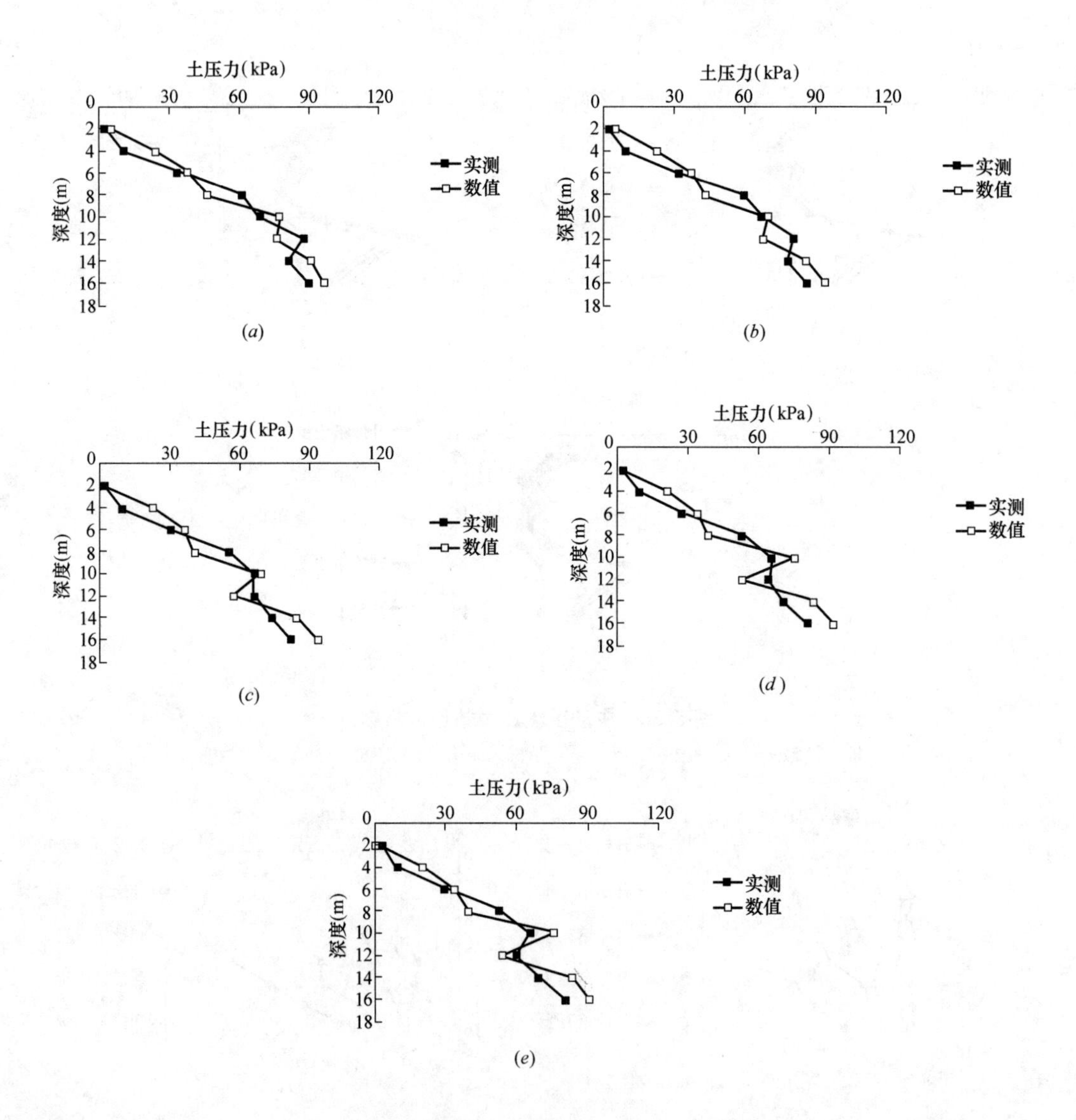

图 5.40 作用于支挡结构的土压力（主动区）

（a）开挖第一步；（b）开挖第二步；（c）开挖第三步；（d）开挖第四步；（e）开挖第五步

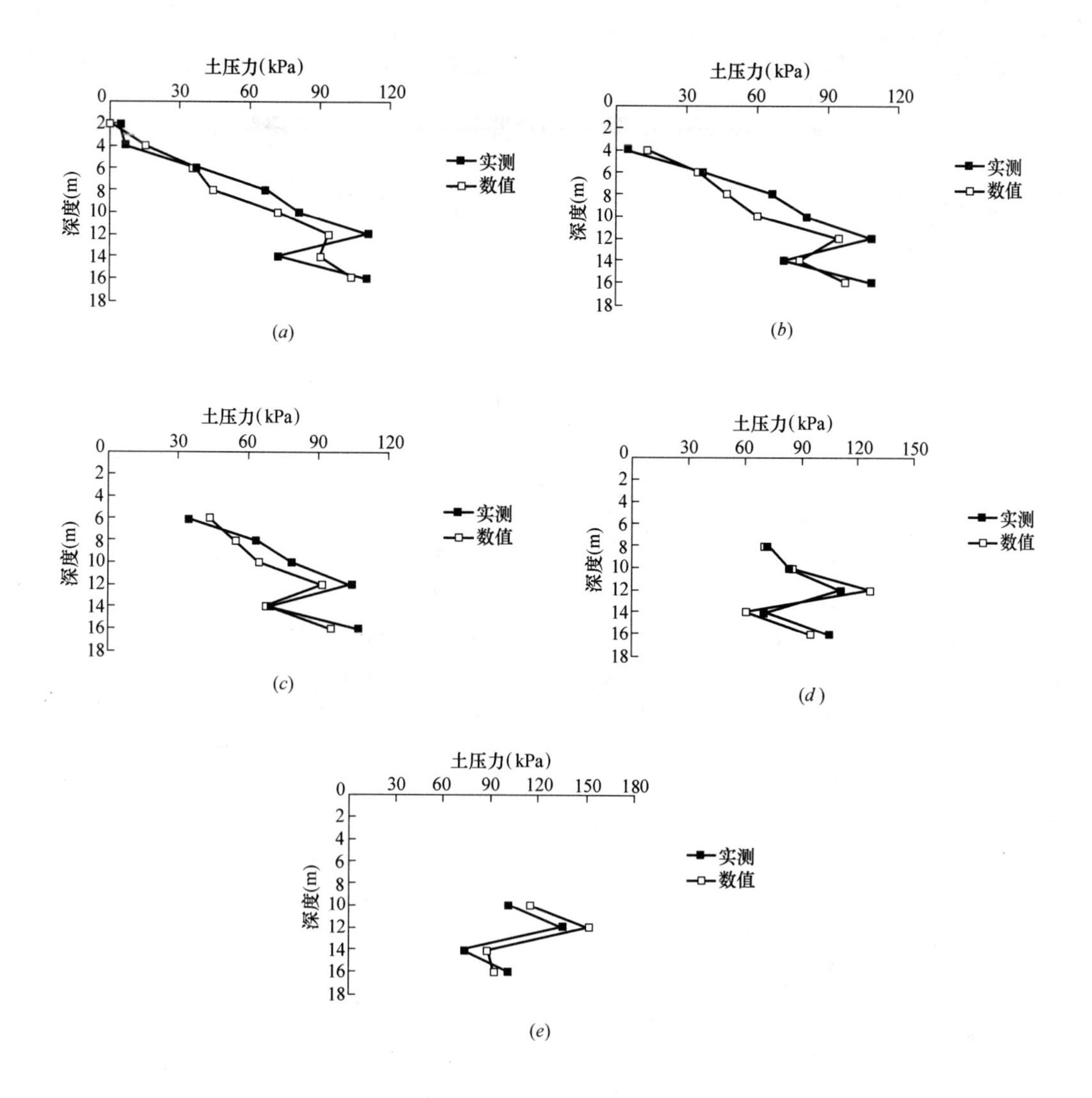

图 5.41 作用于支挡结构的土压力（被动区）

(*a*) 开挖第一步；(*b*) 开挖第二步；(*c*) 开挖第三步；(*d*) 开挖第四步；(*e*) 开挖第五步

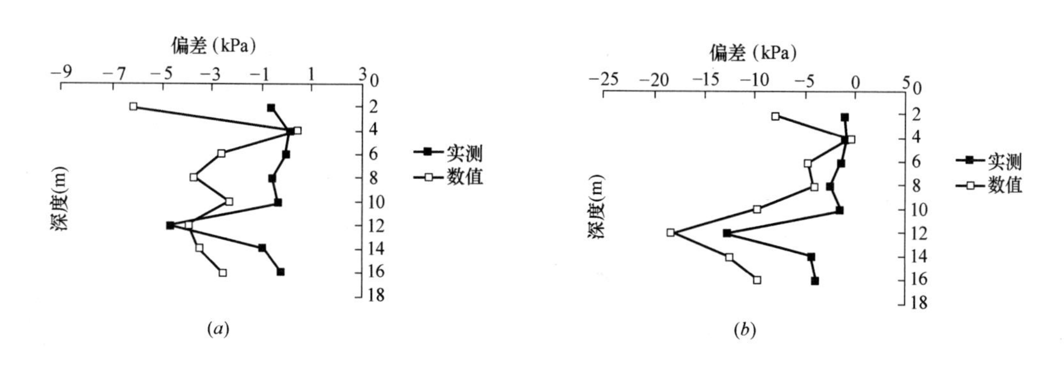

图 5.42 作用于支挡结构的土压力差值（主动区）（一）

(*a*) 开挖第一步，(*b*) 开挖第二步

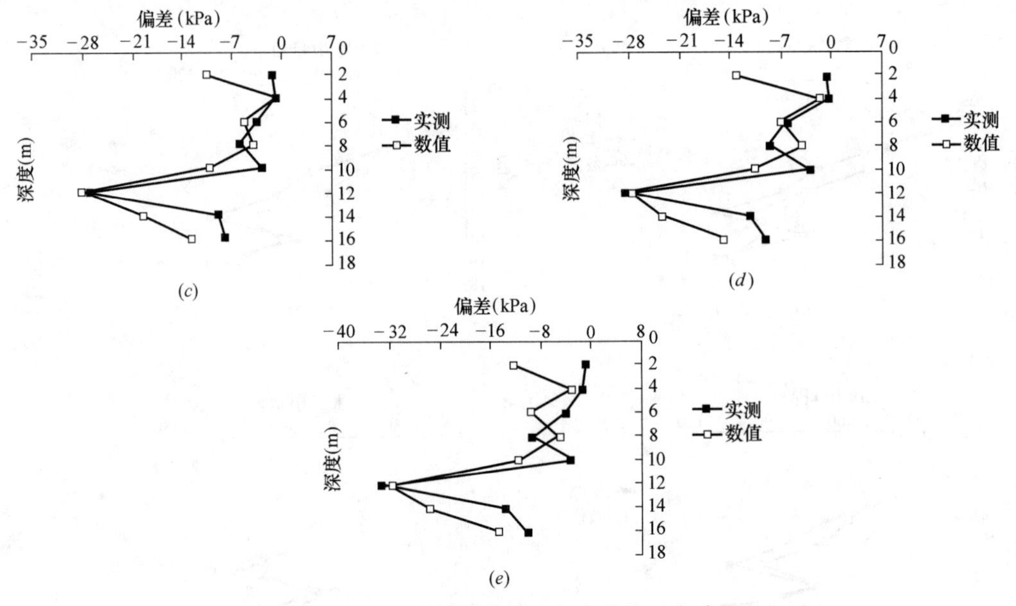

图 5.42　作用于支挡结构的土压力差值（主动区）(二)

(c) 开挖第三步；(d) 开挖第四步；(e) 开挖第五步

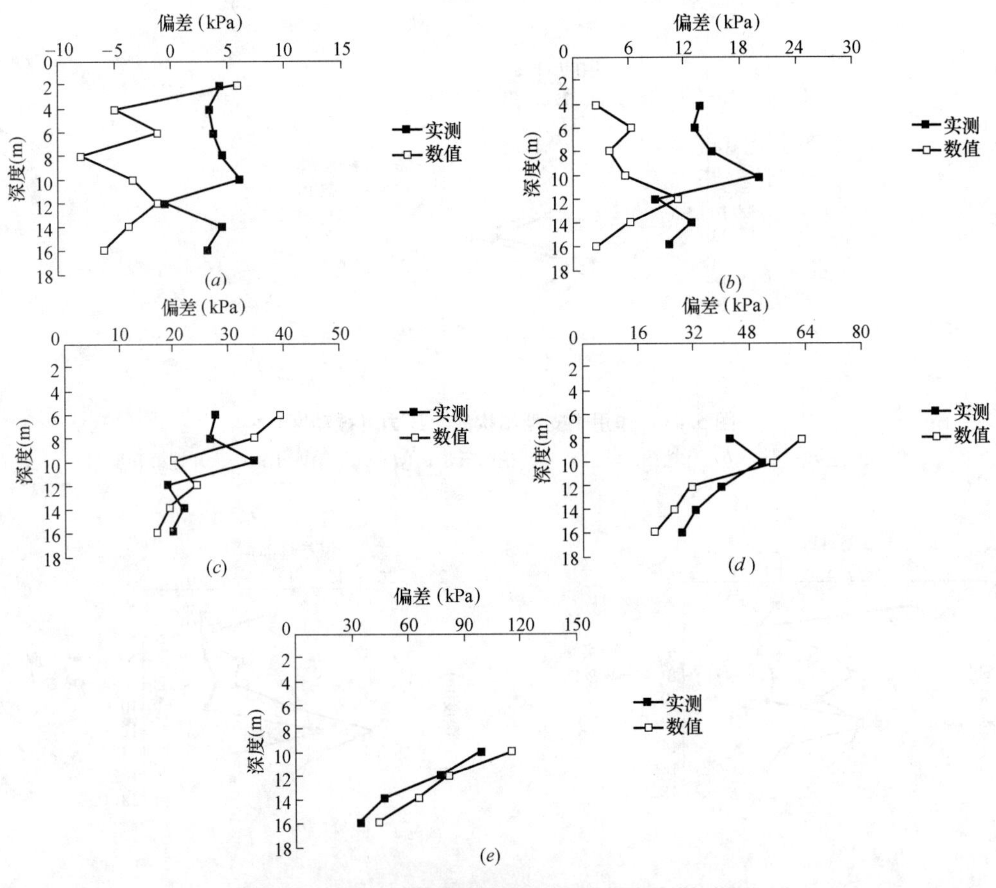

图 5.43　作用于支挡结构的土压力差值（被动区）

(a) 开挖第一步；(b) 开挖第二步；(c) 开挖第三步；(d) 开挖第四步；(e) 开挖第五步

6）土压力与支挡结构水平位移

比较数值分析与现场实测的土压力及支挡结构水平位移关系，见图 5.44。两者大同小异。相同之处在于：随着开挖深度的增加，主动土压力、被动土压力逐渐发挥；土压力与水平位移开始呈线性关系，但随着水平位移的增加，土体水平位移加速增加，土体开始屈服，并发生塑性破坏，土压力与水平位移呈现非线性，可以两者转折点（图 5.44 中以○表示）作为土体屈服，以致破坏的标志。不同之处在于：数值分析计算所得支挡结构水平位移较大，支挡结构底部水平位移亦有 2mm；数值分析所得浅层土体由于拉应力的出

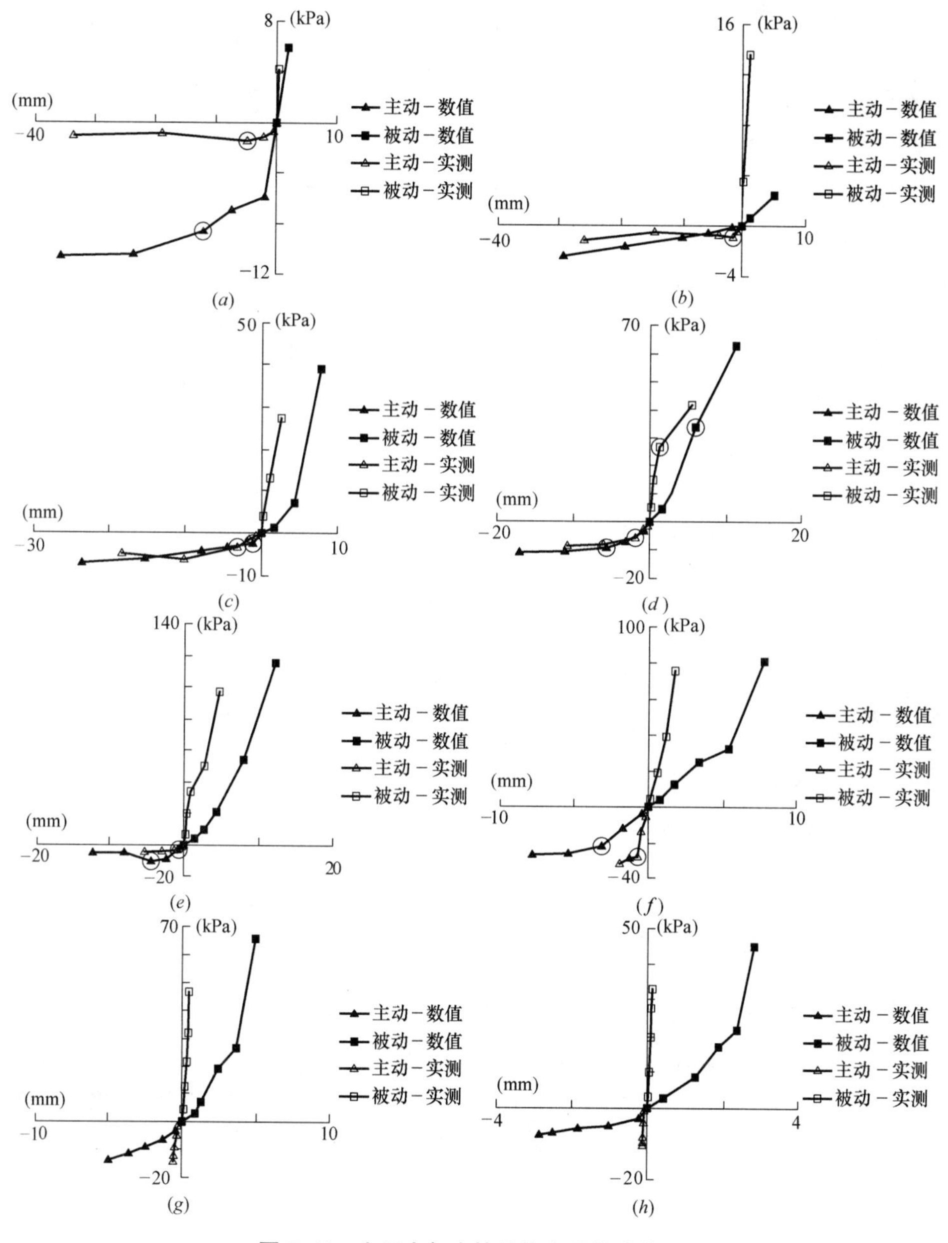

图 5.44　土压力与支挡结构水平位移关系

(*a*) 埋深 2m；(*b*) 埋深 4m；(*c*) 埋深 6m；(*d*) 埋深 8m；
(*e*) 埋深 10m；(*f*) 埋深 12m；(*g*) 埋深 14m；(*h*) 埋深 16m

现，使得土压力变化较大，而坑底浅层土体受支挡结构挤压明显（水平位移大），表现为被动土压力增量较大；现场测试结果显示土体有自身结构，能够抵抗应力状态变化引起的变形，能反映土体应力历史的影响。

7）桩身弯矩

桩身弯矩数值计算结果见图5.45，与实测结果的对比见表5.7。

数值计算桩身弯矩分布与实测结果相近。基坑足尺试验开挖第四步后桩身弯矩明显增大，主动区土体开裂下沉，桩体变形加大；数值计算结果并没明显突变点，受连续介质假定的影响，没能很好地模拟土体开裂及滑动的影响。

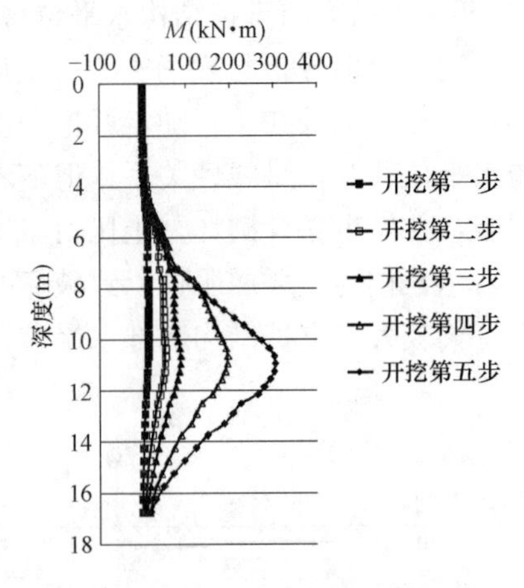

图5.45　桩身弯矩数值计算结果

桩身弯矩　　表5.7

工况	现场实测(测试点间距2m)		数值分析	
	最大弯矩(kN·m)	距离桩顶(m)	最大弯矩(kN·m)	距离桩顶(m)
开挖第一步	8.9	8	14.7	6.5
开挖第二步	18.7	8	53.1	10.3
开挖第三步	40.2	8	87.8	10.6
开挖第四步	116.5	10	195.7	10.6
开挖第五步	267.7	10	307.1	10.9

8）潜在滑动面判别方法

若清楚土体屈服区域及其发展，可较为直观地推测破坏滑动面的位置，有助于优化基坑设计。在本次数值分析中，试图将基坑开挖过程潜在滑动面的发展描述出来，认为可通过以下几种方法：

（1）以拉应力区表达潜在滑动面

一般认为土体不能承受拉应力，数值计算中，若出现拉应力，即认为土体屈服，以至出现裂缝，发生破坏。以拉应力区开展表达潜在滑动面见图5.46。

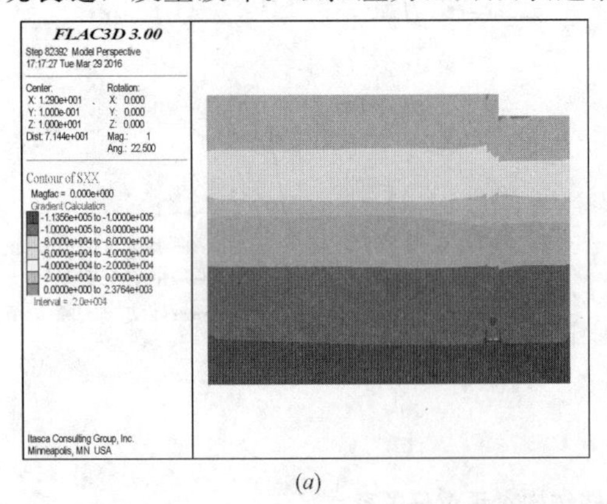

(a)

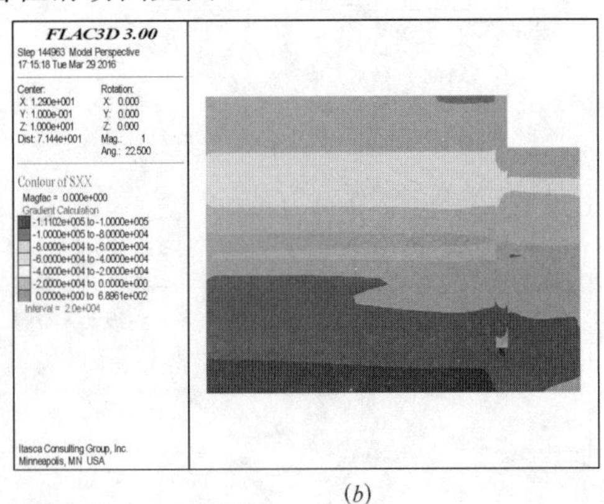

(b)

图5.46　水平应力分布图（一）

(a) 开挖第一步；(b) 开挖第二步

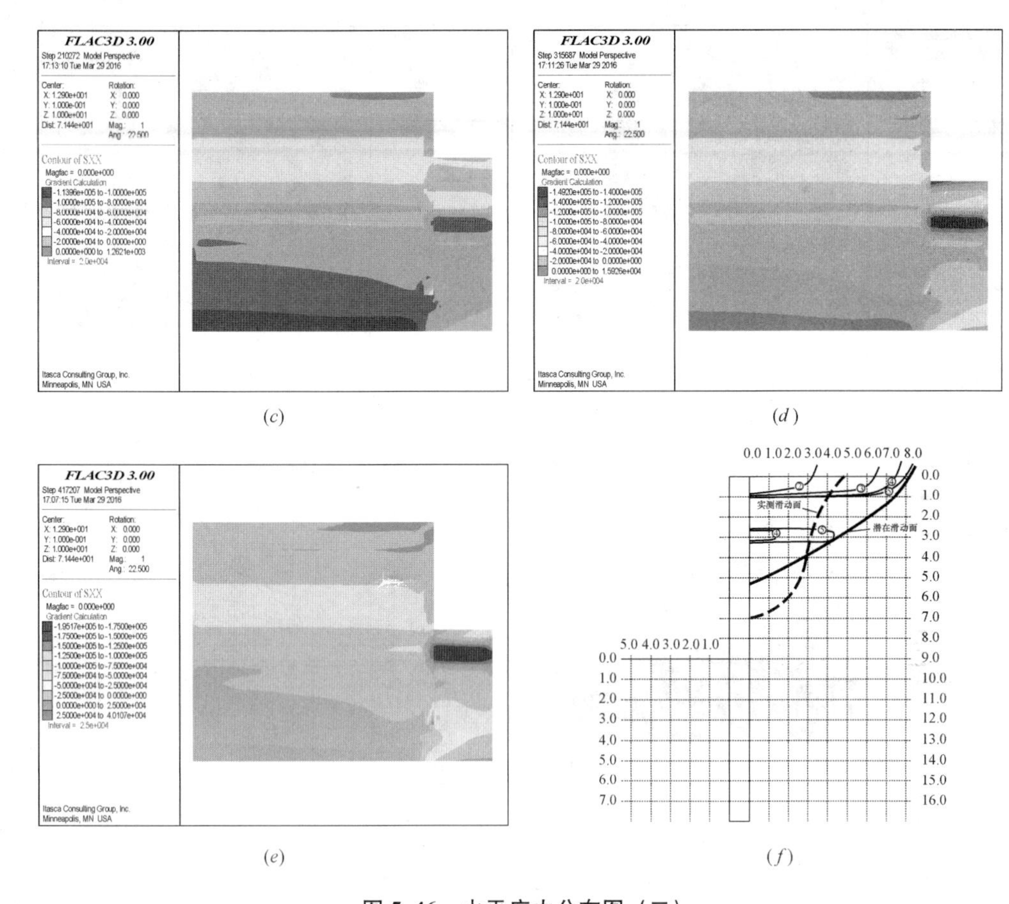

图 5.46　水平应力分布图（二）

（c）开挖第三步；（d）开挖第四步；（e）开挖第五步；（f）主动区潜在滑动面发展

（2）以应变增量表达潜在滑动面

若土体出现屈服并渐至破坏状态，土体变形加快，很小的应力增量便可引起较大的应变。应变增量突变的区域，土体可能处于屈服或破坏状态。以应变增量表达潜在滑动面见图 5.47。

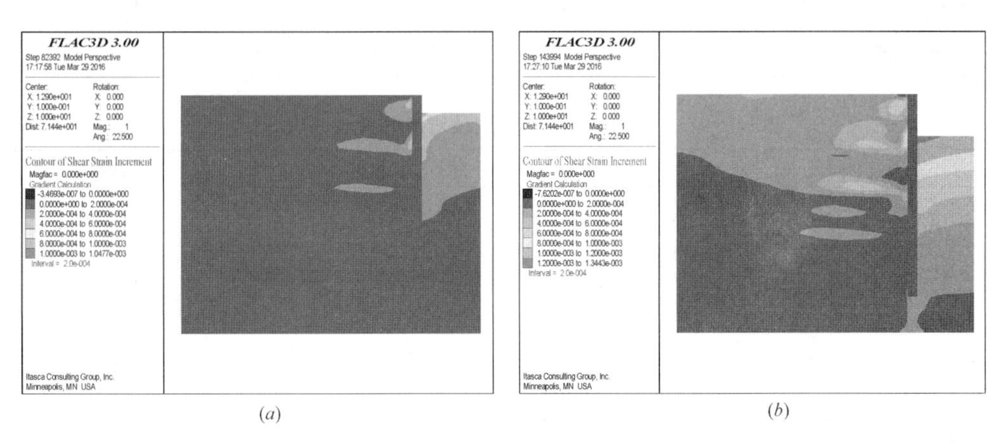

图 5.47　应变增量分布图（一）

（a）开挖第一步；（b）开挖第二步

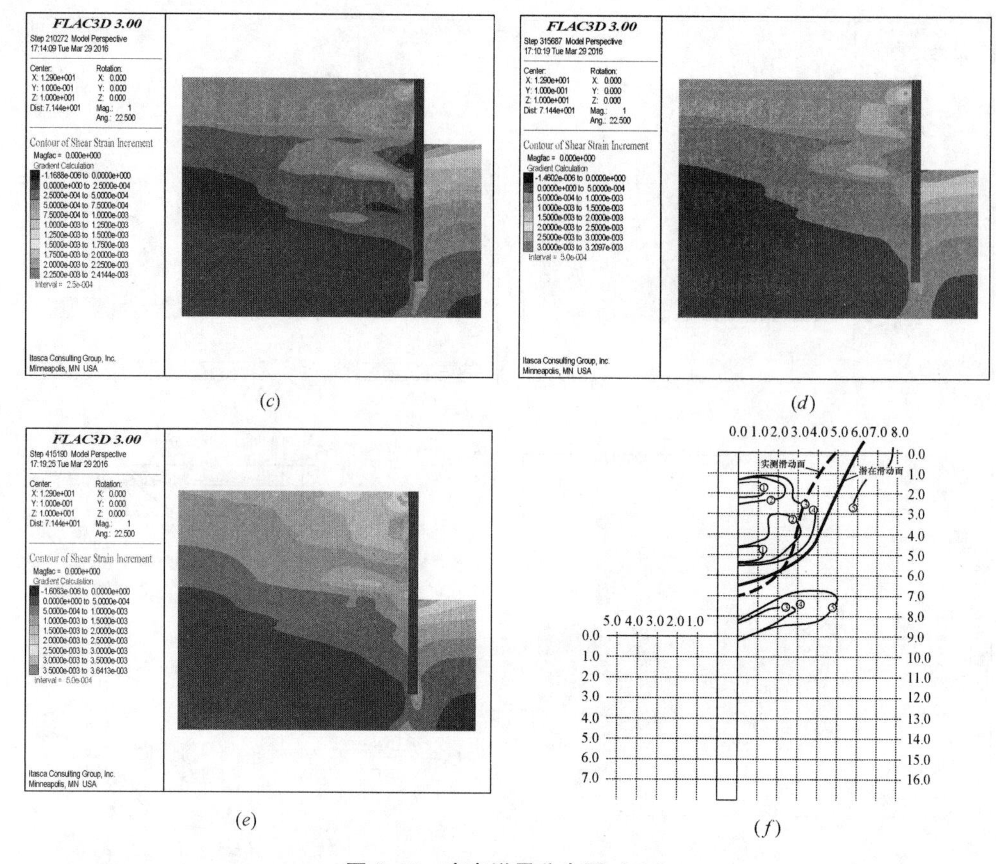

图 5.47 应变增量分布图（二）

(c) 开挖第三步；(d) 开挖第四步；(e) 开挖第五步；(f) 主动区潜在滑动面发展

(3) 以卸荷比-应变关系曲线表达潜在滑动面

① 主动区

在应力路径a作用下的土体卸荷比-应变关系曲线中，将曲率最大位置处的应变定义为主动区土体进入屈服状态的临界应变，对应的卸荷比为临界卸荷比；在达到该应变之后，应变增速加大。表5.8列出最终开挖面以上各土层相应的临界应变及卸荷比。主动区卸荷比-应变关系曲线（临界卸荷比）见图5.48。以卸荷比-应变关系曲线表达潜在滑动面见图5.49。

主动区土体临界应变及对应卸荷比 表5.8

土层	土类	临界应变(%)	临界卸荷比
1	耕土	0.05	0.27
2	粉质黏土	0.12	0.35
3	粉砂	0.08	0.27
4	黏土	0.2	0.37
5	粉质黏土	0.13	0.37
6	粉土	0.1	0.25
7	黏土	0.2	0.34
8	粉质黏土	0.1	0.31
9	黏土	0.14	0.36
10	粉质黏土	0.12	0.25
11	粉质黏土	0.17	0.32
12	粉质黏土	0.13	0.31

② 被动区

被动区土体上覆压力减小，土侧压力减小或增加，随着被动土压力的逐渐发挥，最大、最小主应力方向发生改变。而土体若要屈服或破坏，其应力水平至少应大于初始应力水平（K_0 状态）。本次试验认为，应力水平大于初始应力水平时，即 $R_u=q_c/q_f>R=q/q_f$，土体开始进入屈服状态。

或者，被动区以应力路径 c 作用下应力应变关系确定的基坑开挖影响深度为依据，影响深度范围内可能形成潜在滑动面。

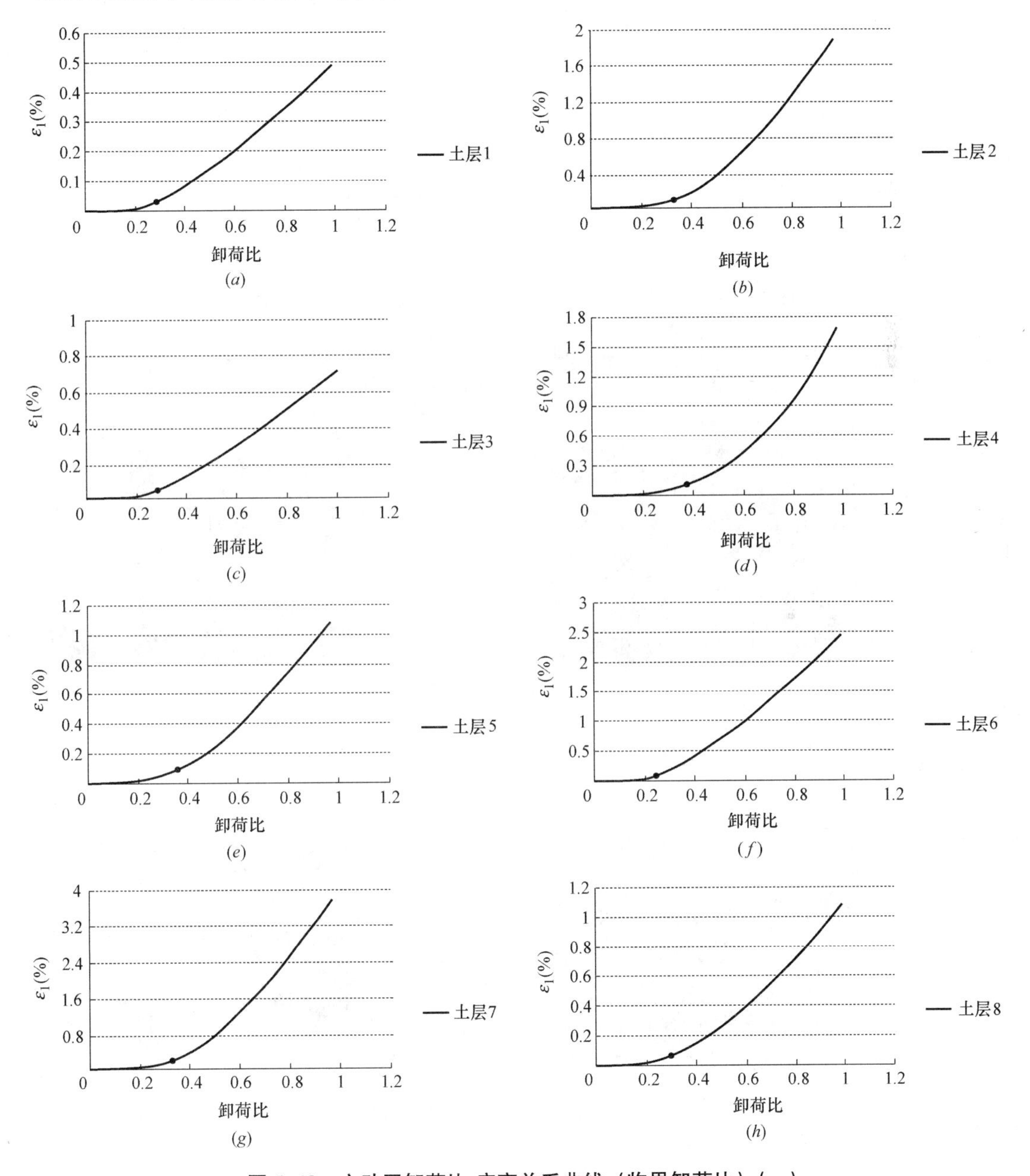

图 5.48　主动区卸荷比-应变关系曲线（临界卸荷比）（一）

(*a*) 土层 1；(*b*) 土层 2；(*c*) 土层 3；(*d*) 土层 4；(*e*) 土层 5；(*f*) 土层 6；(*g*) 土层 7；(*h*) 土层 8

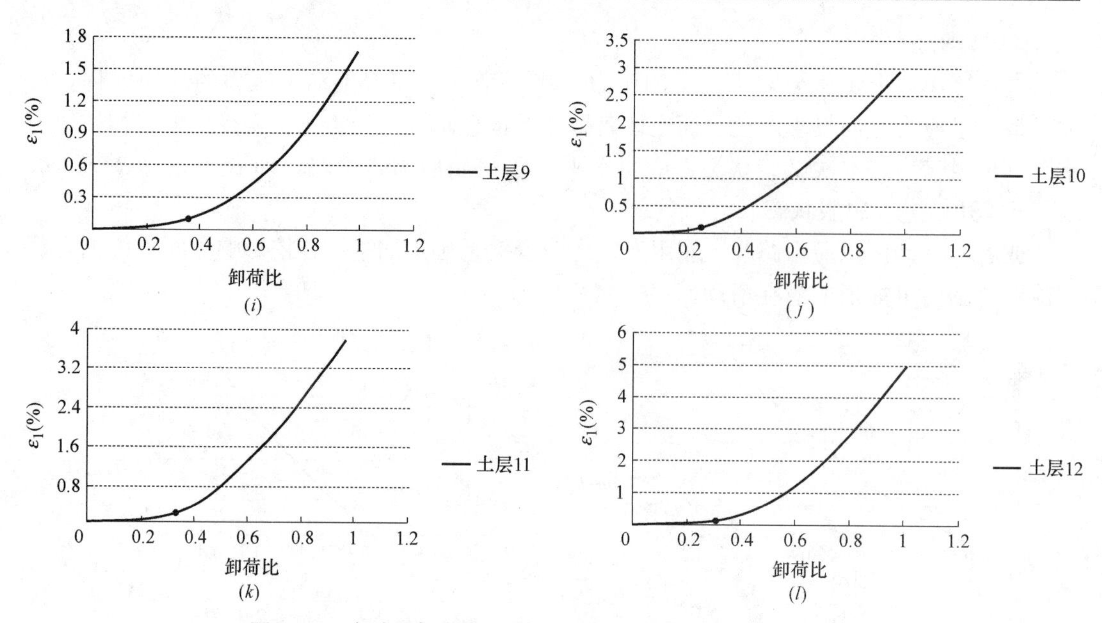

图 5.48　主动区卸荷比-应变关系曲线（临界卸荷比）(二)

(*i*) 土层 9；(*j*) 土层 10；(*k*) 土层 11；(*l*) 土层 12

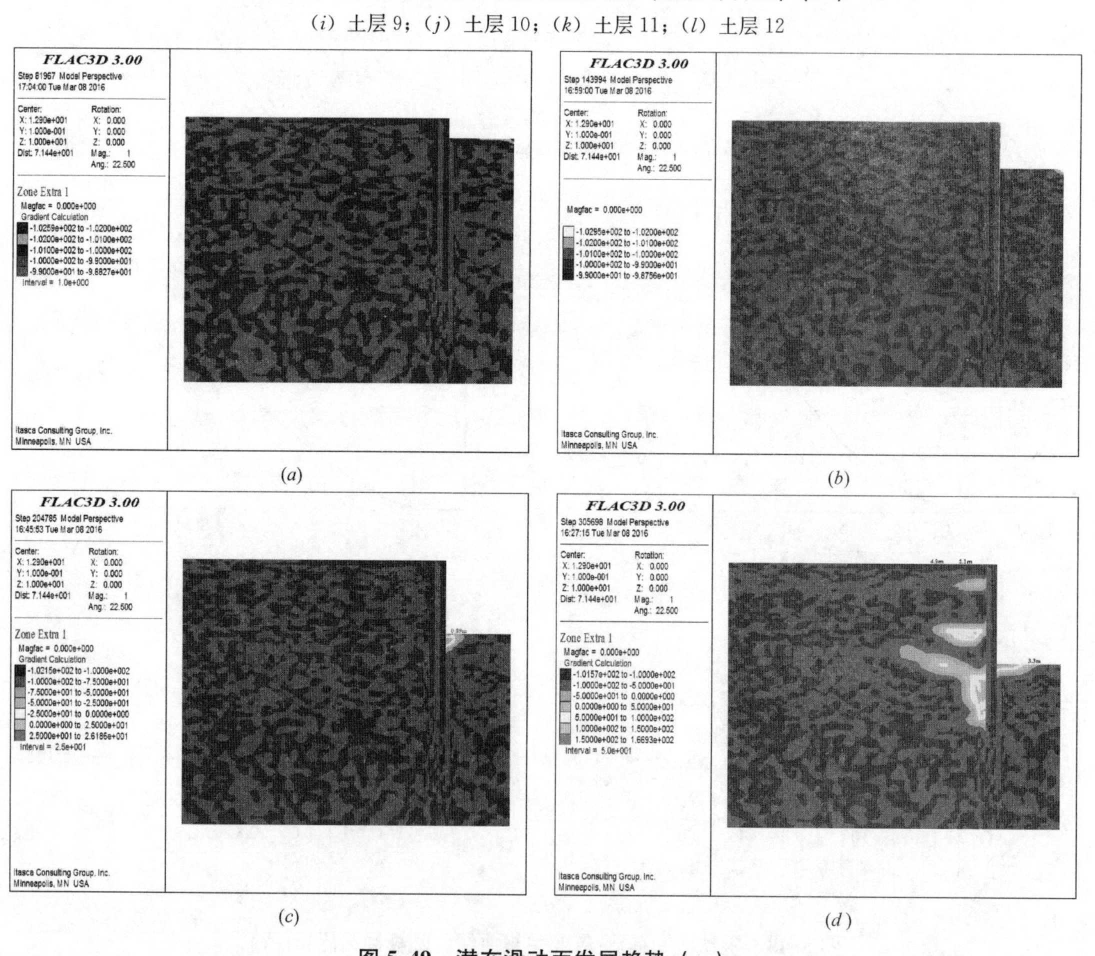

图 5.49　潜在滑动面发展趋势（一）

(*a*) 开挖第一步；(*b*) 开挖第二步；(*c*) 开挖第三步；(*d*) 开挖第四步

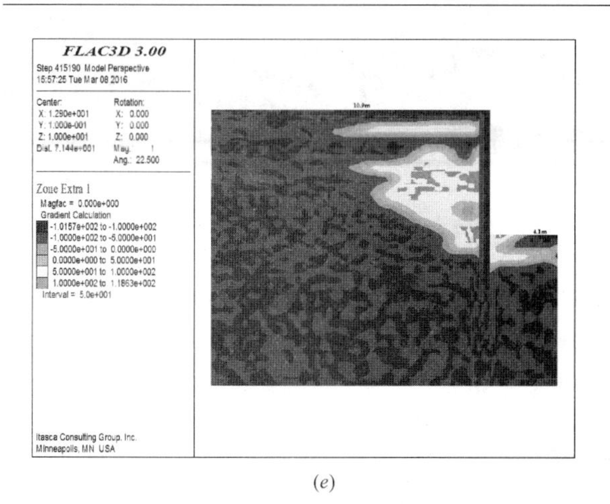

(e)

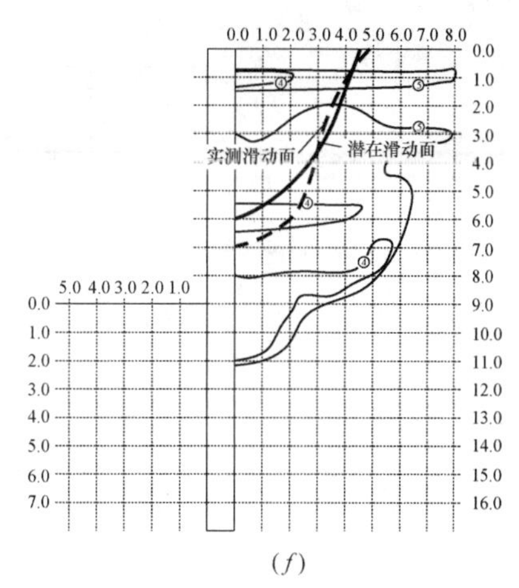

(f)

图 5.49 潜在滑动面发展趋势（二）

(e) 开挖第五步；(f) 主动区潜在滑动面发展

(4) 以土压力-水平位移关系曲线表达潜在滑动面

土体在进入屈服状态之前，土压力与水平位移基本保持线性关系；而在屈服或破坏状态，土压力与水平位移关系则呈现非线性。以两者之间的转折点作为土体进入屈服状态的判断依据，从而得到土体随着开挖深度的增加，塑性破坏区的发展及分布情况。如图5.50，开挖前三步，土体并没有屈服；从第四步（开挖深度 7.5m）开始，主动区、被动区土体土压力与水平位移关系呈现出非线性，土体开始进入屈服状态。

综合上述四种潜在滑动面判别方法，并与实测滑动面比较，认为通过应变增量、应力应变关系确定潜在滑动面更为理想，与实测结果接近。

5. 不同数值分析方法结果的比对

上述数值计算以基坑开挖土体应力路径，遵循其应力应变关系进行基坑开挖数值模拟，计算结果与现场实测数据较接近。验证了应力路径选取的合理性，基坑开挖数值分析应选用能反映应力历史及卸荷应力路径的土体应力应变关系。

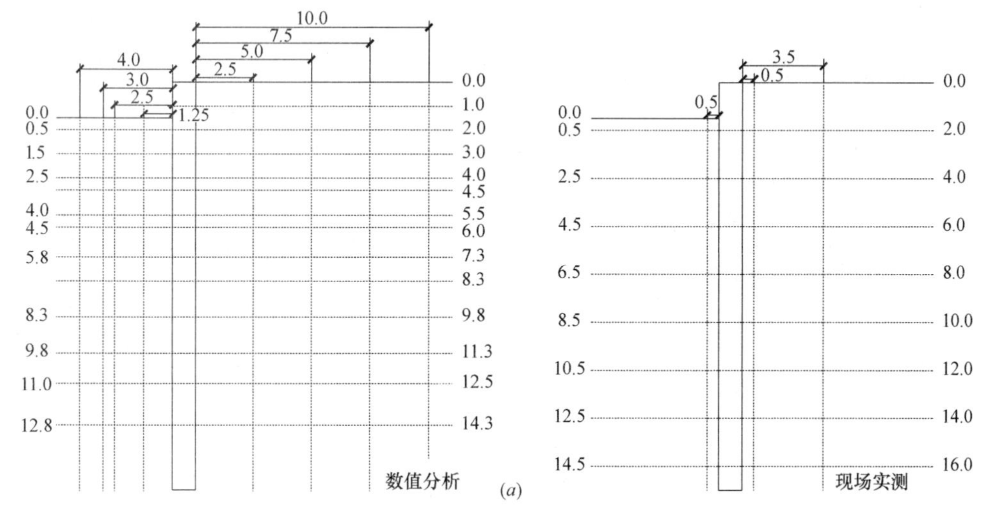

(a)

图 5.50 以土压力-水平位移关系曲线表达的潜在滑动面（一）

(a) 开挖第一步

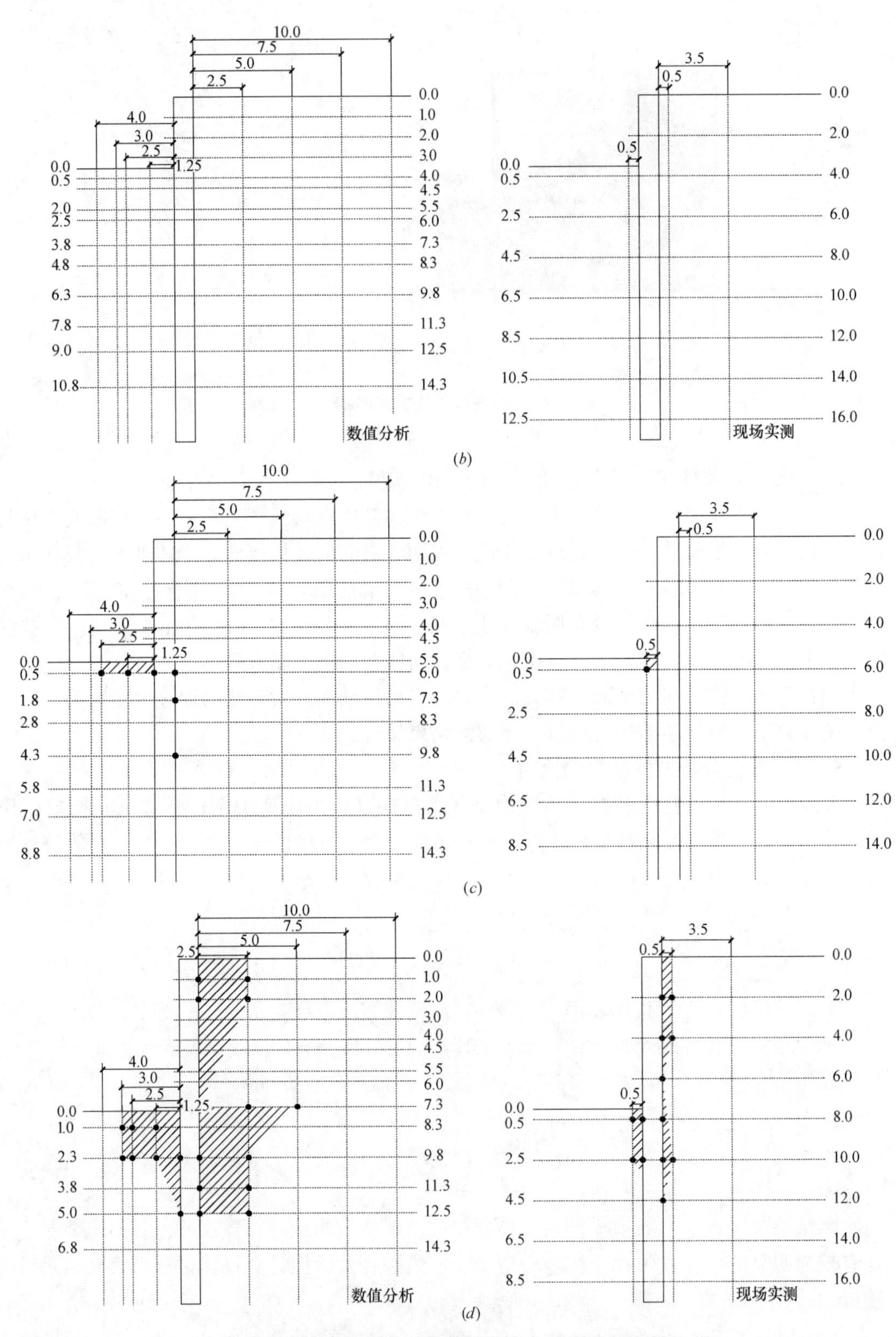

图 5.50　以土压力-水平位移关系曲线表达的潜在滑动面（二）

(*b*) 开挖第二步；(*c*) 开挖第三步；(*d*) 开挖第四步

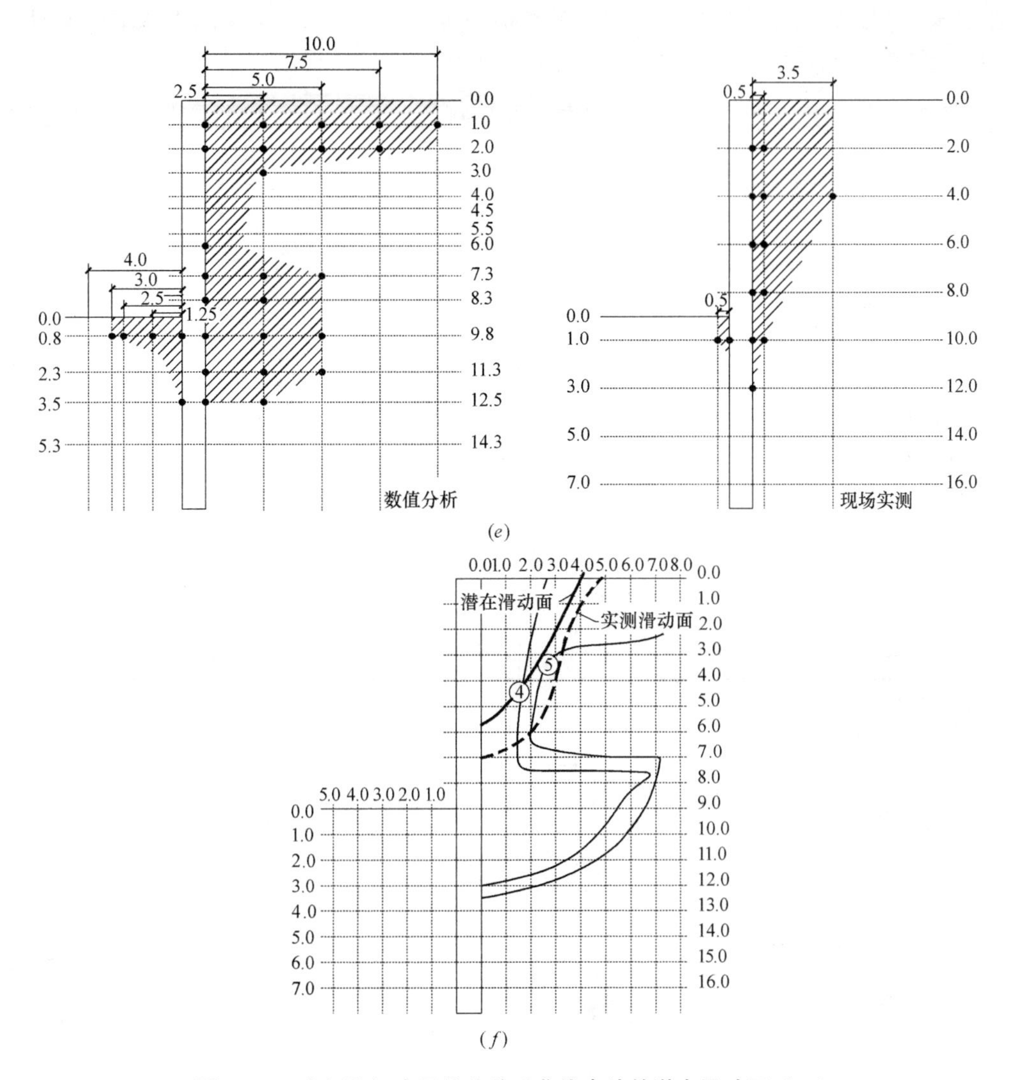

(*e*)

(*f*)

图 5.50 以土压力-水平位移关系曲线表达的潜在滑动面（三）

(*e*) 开挖第五步；(*f*) 主动区潜在滑动面发展

采用固结快剪强度指标、固结不排水剪强度指标、基于应力历史、卸荷路径不固结不排水剪切指标，分别采用规范弹性地基梁板、采用 Duncan-Chang 本构模型数值分析方法分别计算试验工况桩身弯矩及桩顶水平位移，计算结果见表 5.9、表 5.10。图 5.51 为郎肯土压力与计算分析计算所得土压力比对，主动土压力为前者小于后者；被动土压力为前者大于后者，但被动区浅层土体被动土压力是前者小于后者。采用固结快剪、固结不排水剪强度指标按规范方法计算所得桩顶位移较大；考虑土体应力历史、应力路径的数值分析与实测结果最接近，但数值模型对土体开挖卸荷反映较为敏感，浅层开挖时土压力及位移即有较为明显的变化；考虑土体应力历史、应力路径的数值计算桩体位移与实测结果较为接近。

比对结果可知，采用符合土体开挖应力路径，并考虑开挖过程土体应力历史的试验方法确定的土体应力应变关系及计算参数，即使采用普通使用的土工试验仪器进行试验，计算结果与实测结果已较为接近。而以往的数值分析，即使采用较复杂的土体本构模型，而采用常规土工试验确定的计算参数，仍不能较好模拟开挖过程。

桩顶水平位移　　表5.9

工况	桩顶水平位移(mm)				
	直剪（cq指标）	三轴（CU指标）	数值分析（CU强度指标）	数值分析(应力历史、卸荷路径)	现场实测
开挖第一步	1.3	1.1	1.0	2.1	1.0
开挖第二步	6.9	6.5	5.6	7.5	2.9
开挖第三步	23.7	21.6	19.7	14.0	8.1
开挖第四步	67.1	59.9	54.5	27.4	20.2
开挖第五步	129.4	100.4	96.7	43.6	41.0

桩身最大弯矩　　表5.10

工况	弯矩(kN·m)/距桩顶(m)				
	直剪（cq指标）	三轴（CU指标）	数值分析（CU强度指标）	数值分析(应力历史、卸荷路径)	现场实测
开挖第一步	33.5/4.3	33.6/4.1	23.4/5.5	14.7/6.5	8.9/8
开挖第二步	134.4/6.4	125.7/6.8	76.5/6.3	53.1/10.3	18.7/8
开挖第三步	319.1/7.5	333.1/7.5	120.1/7.6	87.8/10.6	40.2/8
开挖第四步	676.3/10	667.4/10.4	323.6/9.7	195.7/10.6	116.5/10
开挖第五步	1101.6/11.2	1038.8/11.0	536.2/10.6	307.1/10.9	239.7/10

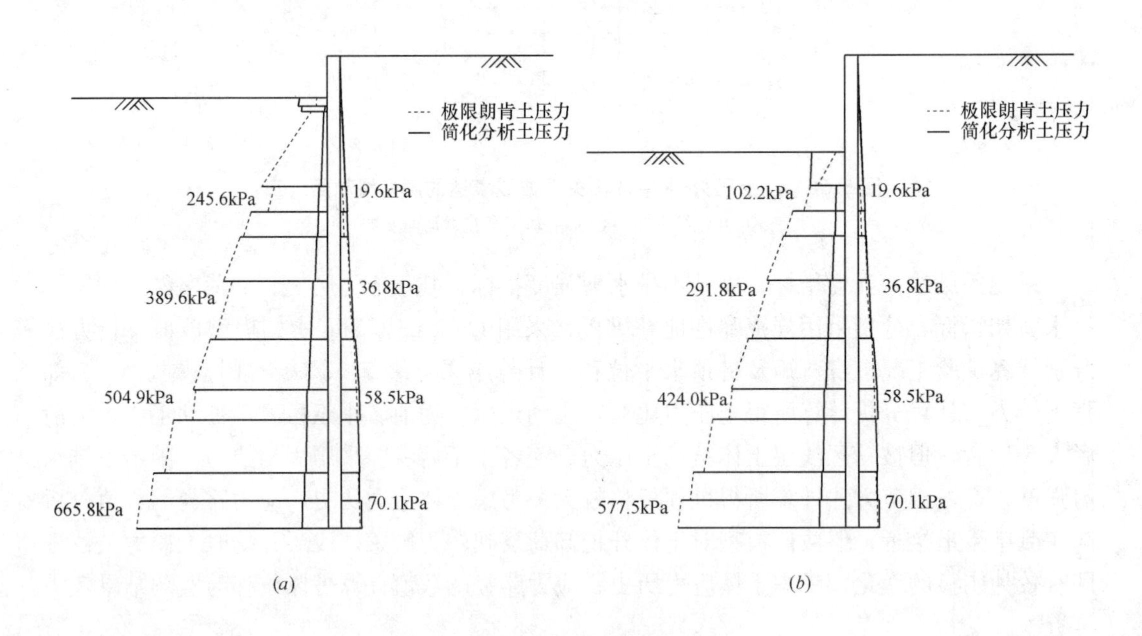

图5.51　朗肯土压力与计算分析土压力（一）

(a) 开挖第一步；(b) 开挖第二步

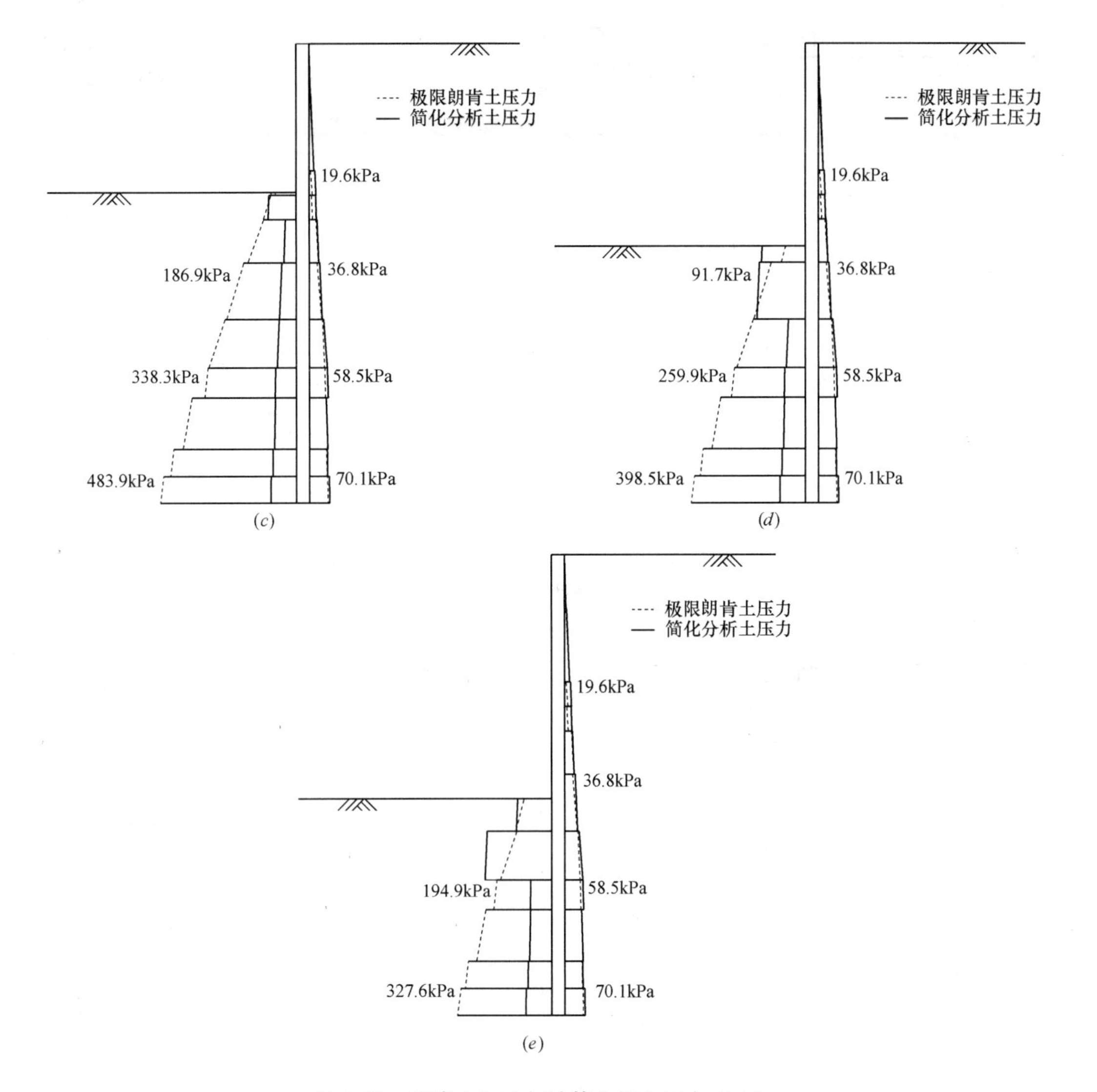

图 5.51 朗肯土压力与计算分析土压力（二）

(*c*) 开挖第三步；(*d*) 开挖第四步；(*e*) 开挖第五步

6. 极限分析

针对该场地基坑开挖设计的实际情况，进行了针对支挡结构发生极限水平变形的分析，并与规范方法的结果进行比对分析。

1) 土压力对比

极限分析与规范方法比对分析结果见图 5.52。

(1) 开挖深度：1.5m；嵌固深度：15.5m

因开挖深度较小，桩、土变形小，数值计算主动土压力与被动土压力接近实测土压力；数值计算主动土压力大于极限朗肯主动土压力，而被动土压力则大大小于极限朗肯被动土压力。

(2) 开挖深度：3.5m；嵌固深度：13.5m

因开挖深度较小，桩、土变形小，数值计算主动土压力与被动土压力接近实测土压力；

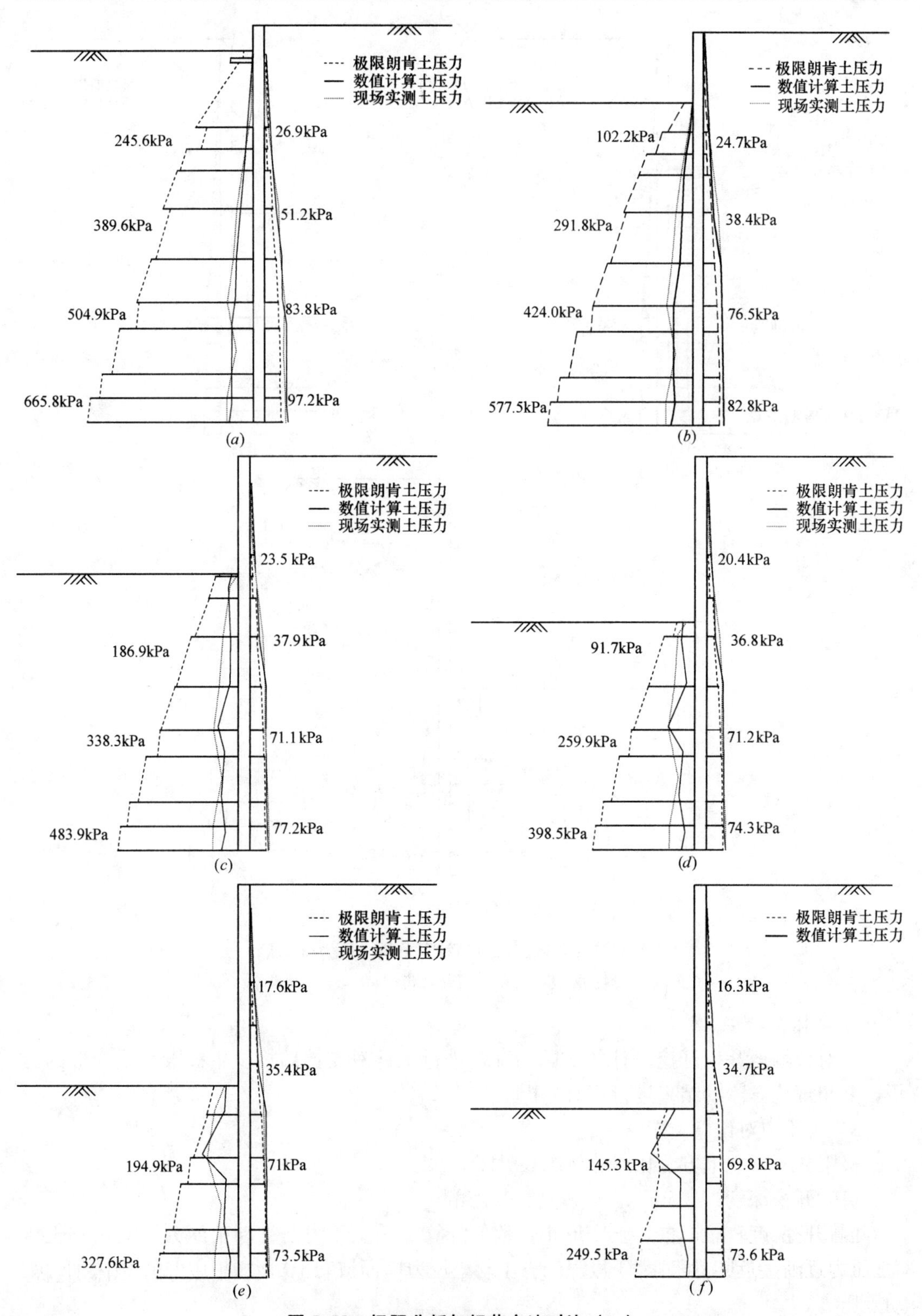

图 5.52　极限分析与规范方法对比（一）

(*a*) 开挖深度 1.5m 土压力；(*b*) 开挖深度 3.5m 土压力；(*c*) 开挖深度 5.5m 土压力；
(*d*) 开挖深度 7.5m 土压力；(*e*) 开挖深度 9.0m 土压力；(*f*) 开挖深度 10.0m 土压力

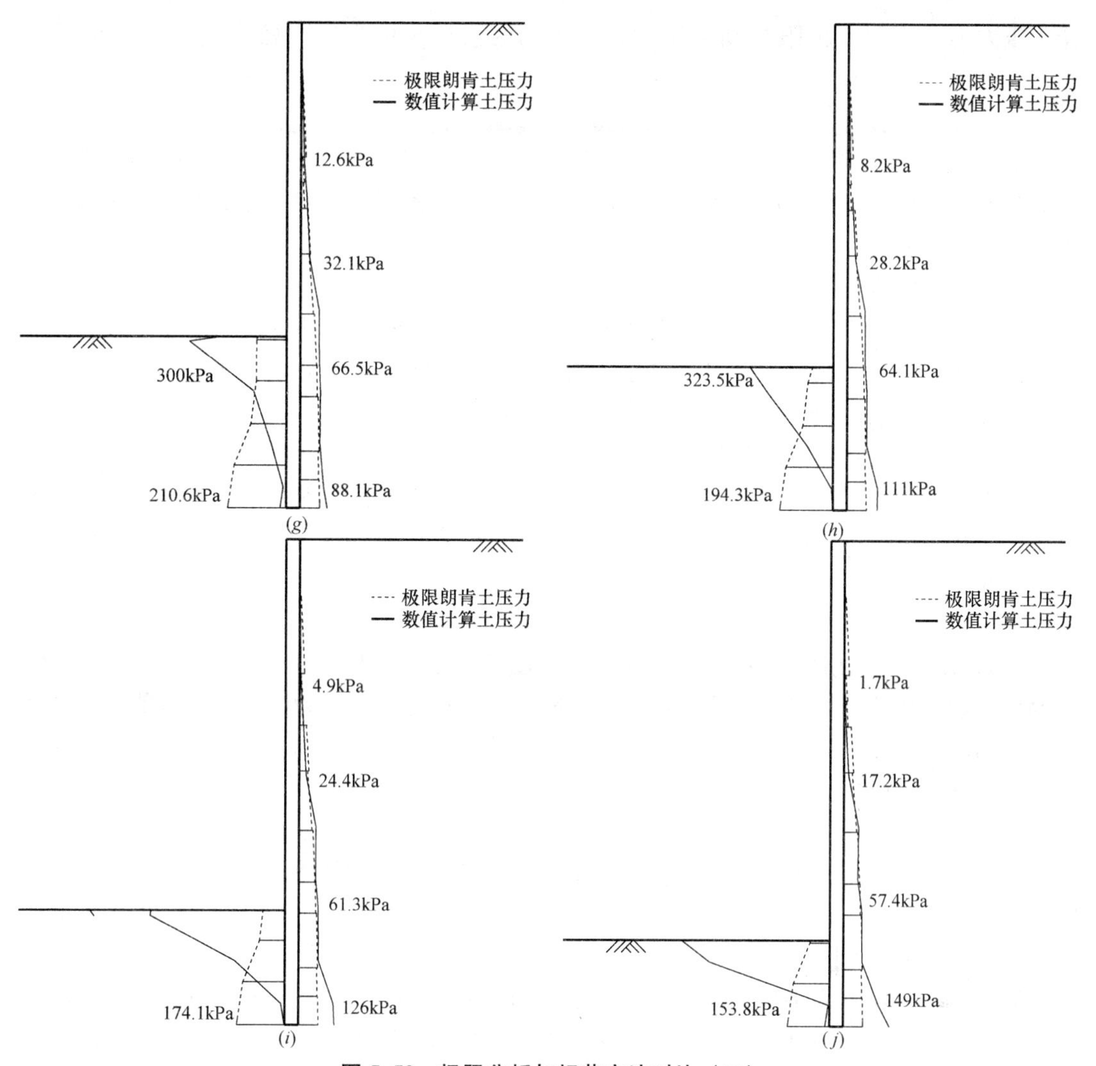

图 5.52 极限分析与规范方法对比（二）

（g）开挖深度 11m 土压力；（h）开挖深度 12m 土压力；（i）开挖深度 13m 土压力；（j）开挖深度 14m 土压力

数值计算主动土压力大于极限朗肯主动土压力，而被动土压力则大大小于极限朗肯被动土压力。

（3）开挖深度：5.5m；嵌固深度：11.5m

因开挖深度较小，桩、土变形小，数值计算主动土压力与被动土压力接近实测土压力；数值计算主动土压力大于极限朗肯主动土压力，而被动土压力则大大小于极限朗肯被动土压力。

（4）开挖深度：7.5m；嵌固深度：9.5m

随着开挖深度增加，数值计算主动土压力与被动土压力接近实测土压力；数值计算主动土压力逐渐接近朗肯极限主动土压力；土体未破坏，数值计算被动土压力仍小于朗肯极限被动土压力。

（5）开挖深度：9m；嵌固深度：8m

随着开挖深度增加，数值计算主动土压力逐渐接近朗肯极限主动土压力；数值计算被动土压力仍小于朗肯极限被动土压力，但被动区浅层土体土压力较为接近朗肯极限土压力。

（6）开挖深度：10m；嵌固深度：7m

随着开挖深度增加，数值计算主动土压力逐渐接近极限主动土压力；部分土体破坏，被动区浅层土体土压力已达到或接近极限土压力；桩端附近数值计算被动区土压力减小，主动区土压力增大，支护桩开始倾覆。

（7）开挖深度：11m；嵌固深度：6m

随着开挖深度增加，数值计算主动土压力减小，并逐渐接近朗肯极限主动土压力；部分土体破坏，被动区浅层土体土压力已达到或接近朗肯极限土压力；桩端数值计算被动区土压力减小，主动区土压力增大，支护桩开始倾覆。

（8）开挖深度：12m；嵌固深度：5m

随着开挖深度增加，数值计算主动土压力减小，并逐渐接近朗肯极限主动土压力；部分土体破坏，被动区浅层土体土压力已达到或接近朗肯极限土压力；桩端数值计算被动区土压力减小，主动区土压力增大，支护桩倾覆严重。

（9）开挖深度：13m；嵌固深度：4m

随着开挖深度增加，数值计算主动土压力逐渐接近朗肯极限主动土压力；土体破坏，被动区浅层土体土压力已达到或接近朗肯极限土压力；桩端向主动区移动，数值计算被动区土压力减小，主动区土压力增大，支护桩倾覆严重。

（10）开挖深度：14m；嵌固深度：3m

随着开挖深度增加，数值计算主动土压力接近朗肯极限主动土压力；土体破坏，被动区浅层土体土压力已达到或接近朗肯极限土压力；桩端向主动区移动，数值计算被动区土压力减小，主动区土压力增大，支护桩倾覆严重。

2）支挡结构水平位移

随开挖支挡结构水平位移结果见图5.53。在开挖深度小于5.5m时，支挡结构水平位移随开挖深度表现为线性，之后随开挖深度水平变形速率增大；开挖深度大于10m，变形速率进一步增大，此时，支护桩出现倾倒现象。

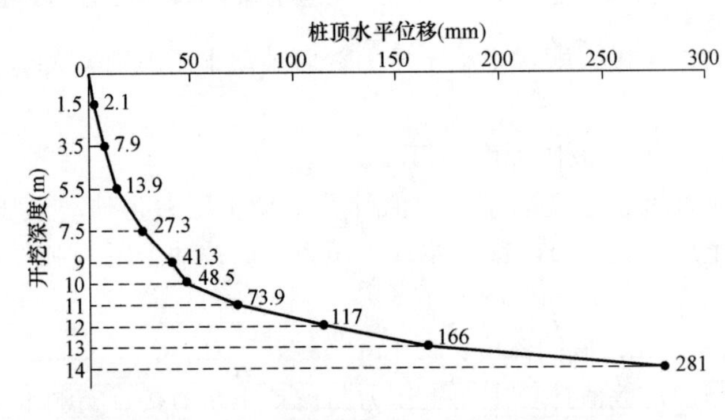

图5.53　随开挖支挡结构水平位移发展过程

3）土体滑移发展过程

以基坑开挖土体临界应变判定其发生大变形的起始点，计算分析结果见图5.54。从分析结果可知，随开挖过程，土体发生大变形以致形成连续滑动面的趋势和位置。

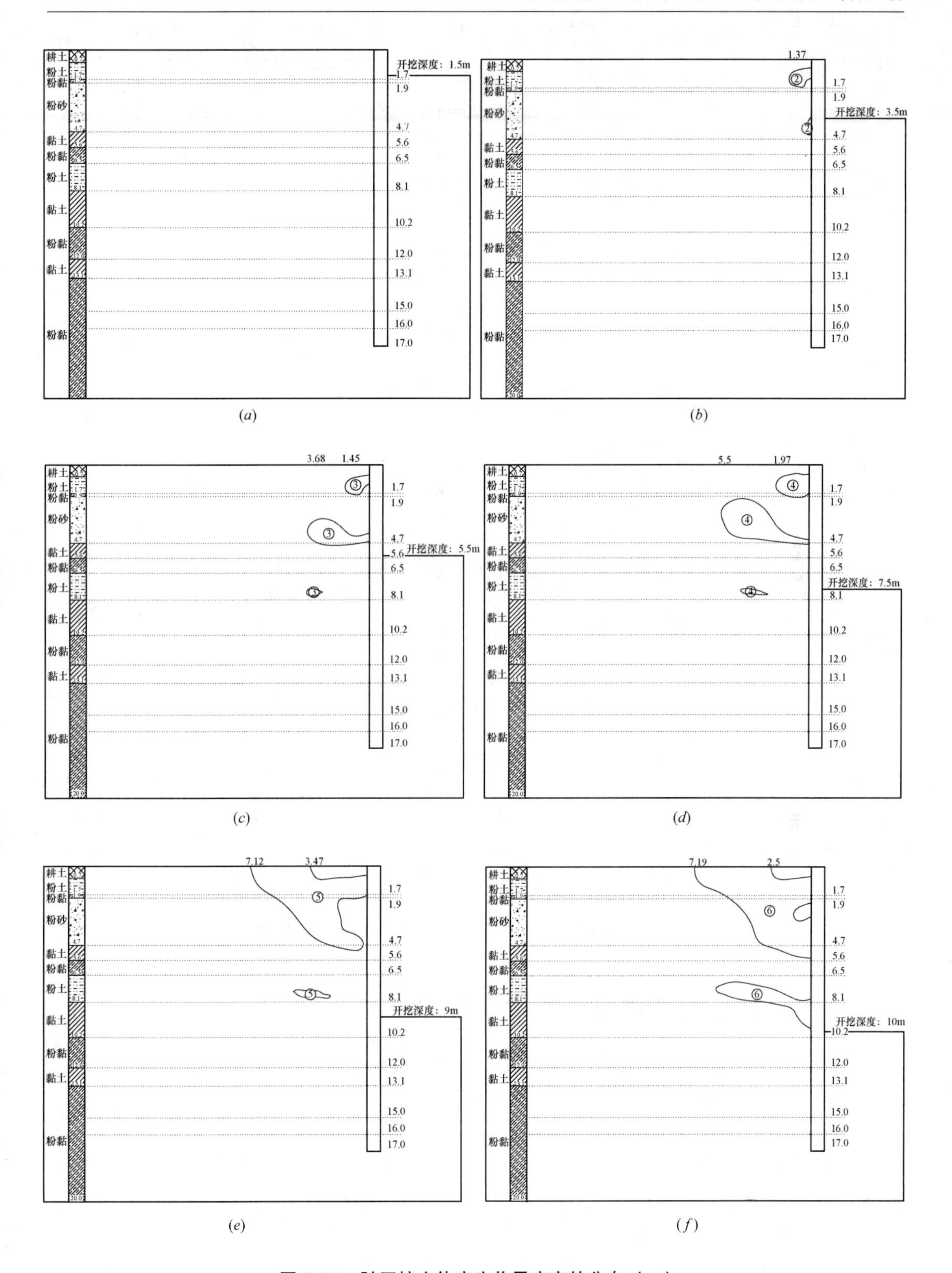

图 5.54 随开挖土体产生临界应变的分布（一）

(*a*) 开挖深度 1.5m，嵌固深度 15.5m；(*b*) 开挖深度 3.5m，嵌固深度 13.5m；(*c*) 开挖深度 5.5m，嵌固深度 11.5m；(*d*) 开挖深度 7.5m，嵌固深度 9.5m；(*e*) 开挖深度 9m，嵌固深度 8m；(*f*) 开挖深度 10m，嵌固深度 7m

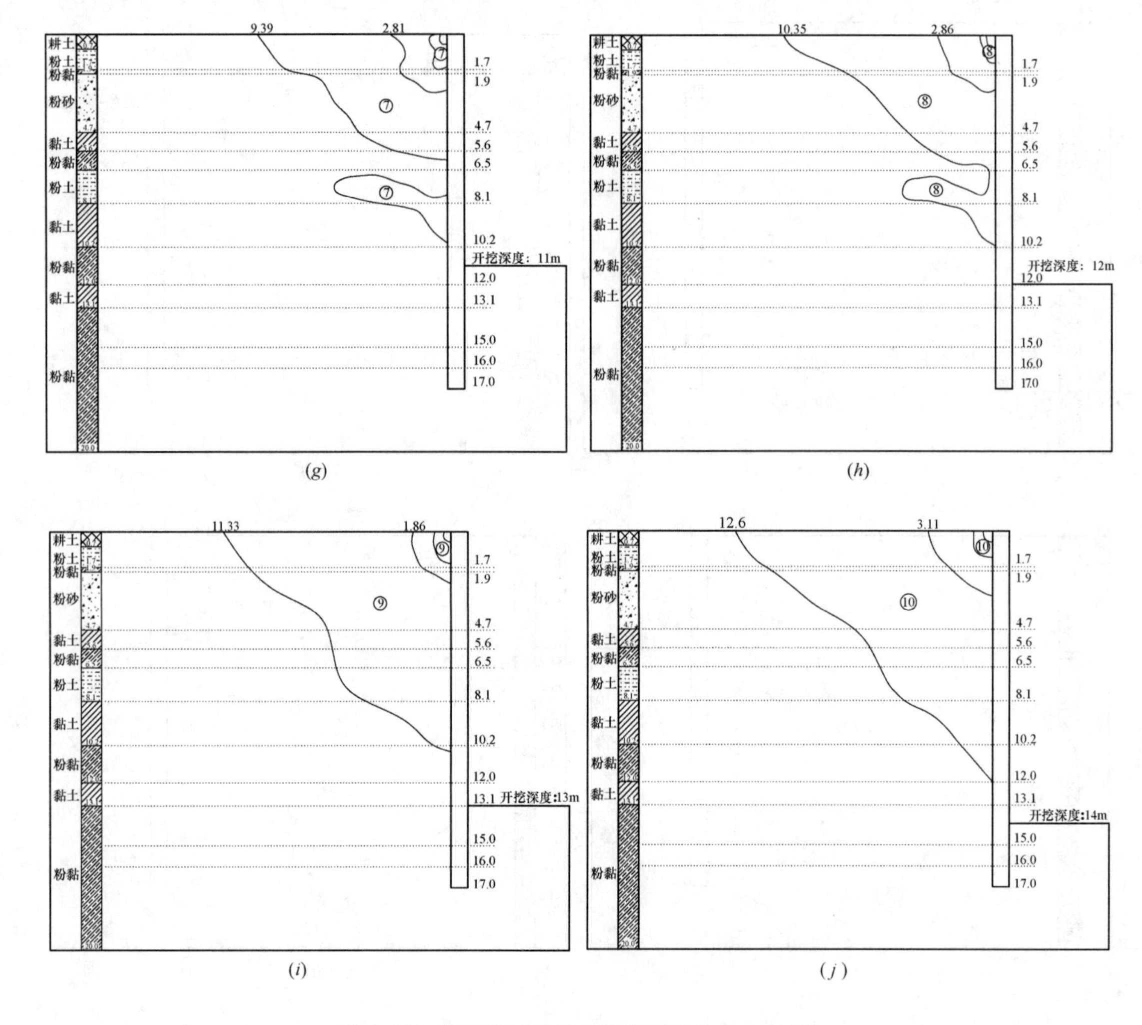

图 5.54　随开挖土体产生临界应变的分布（二）

（*g*）开挖深度 11m，嵌固深度 6m；（*h*）开挖深度 12mm，嵌固深度 5m；

（*i*）开挖深度 13m，嵌固深度 4m；（*j*）开挖深度 14m，嵌固深度 3m

5.3　基坑工程支挡结构设计分析方法[4,7,23~25]

从土工试验、数值模拟、现场测试等几个方面，提出基坑工程支挡结构设计分析方法，其计算结果与现场试验实测结果符合度较好。

1. 获取计算参数的土工试验方法

通过土工试验，确定土体应力历史，并进行符合基坑开挖卸荷应力路径的强度试验，得到土体应力应变关系。一般情况下，基坑开挖较快，应选用自重压力下固结处理的不固结不排水剪切强度试验。

这里简单讨论土工试验方法的选取原则。选用自重压力下固结处理，是要在实验室恢复土样的自然应力和固结状态；而选用不固结不排水剪切强度试验，是由于基坑开挖过程一般情况下速度较快，地基土不能充分排水固结。那些认为自然状态下地基土已固结完成，所以在剪切时选用固结不排水剪获取抗剪强度指标的认识是错误的。自然状态下地基土的固结状态与剪切过程中是否能固结排水是两个概念。在土体变形极限分析中，如果采用总应力法，对于黏性土一般采用不固结不排水剪剪切强度指标；如果采用有效应力法，一般采用排水剪剪切强度指标。而对于固结不排水剪切强度试验，虽然能得到有效应力剪切强度指标，但对于工程实际土体的排水固结状态能否达到实验中的固结排水状态，实际上无法判断。即使某些单位采用固结不排水剪切强度指标进行土体变形极限分析，有经验确定其合理安全系数，其经验也难以推广。

（1）确定固结状态

针对现场取得的一级土样，进行高压固结试验、密度试验和 K_0 固结试验，确定该土体前期固结压力及初始应力，判断其固结状态。

（2）强度试验方法

① 土样的预固结处理

将土样在前期固结压力下预固结，若非正常固结土，之后还应在初始应力状态下再次预固结，以还原土体初始应力状态。

② 应力路径的选取

应力路径 a：上覆压力不变，侧向压力减小，即 K_0 状态固结之后，不排水情况下 σ_1 不变，σ_3 减小，以模拟基坑开挖主动区土体应力状态；

应力路径 b：上覆压力减小，侧向压力增大，土体最大主应力方向发生变化，由原来垂直向变为水平向，即平均主应力状态固结后，不排水情况下 σ_1 增大，σ_3 不变（小于初始平均主应力），以模拟基坑开挖不同深度被动区支挡结构附近土体应力状态；

应力路径 c：上覆压力减小，侧向压力不变，即 K_0 状态固结后，不排水情况下 σ_3 不变，σ_1 减小，以模拟基坑被动区较深位置处土体应力状态。

基坑开挖过程中土体的应力状态有显著的时空效应，图 5.55 为简单区分基坑开挖卸荷土体应力路径分布图。

③ 应力应变关系归一化

将不同应力路径下的土体应力应变关系进行归一化处理，以便建立计算采用的本构关系，用于数值计算。针对本次试验场地的土体，建议采用 Duncan-Chang 本构模型，以及公式（5.3）～公式（5.13）表达的应力应变关系归一化表达式。

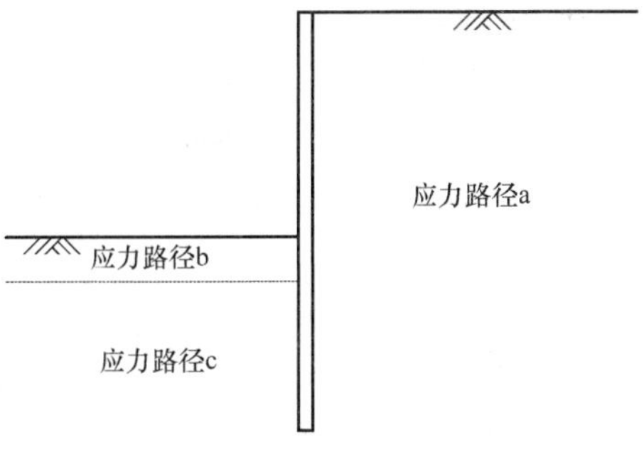

图 5.55 应力路径分布区域

2. 数值计算本构模型及计算参数

采用能反映土体非线性的本构关系，本次数值模拟选用 Duncan-Chang 本构模型。根据之前所述土体应力应变关系的三种归一化方程，可求得土体切线模量表达式，详见公式（5.3）～公式（5.6）。

3. 基坑开挖影响深度计算

以应力路径 c 作用下的土体应力应变关系曲线，确定前后两段的转折点（曲率最大点），求出不同深度土体的临界卸荷量，并与基坑开挖卸荷量作比较，前者小于或等于后者，认为此埋深处土体受基坑开挖影响较大，将比较所得最大埋深记为基坑开挖影响深度。

本次试验中，基坑开挖每一步被动区卸荷量分别为20kPa、58kPa、98kPa、137kPa、166kPa，判断基坑开挖影响深度 z，结果见表5.11。

被动区基坑开挖影响深度　　**表5.11**

土层	层底深度(m)	临界卸荷量(kPa)	开挖第一步	开挖第二步	开挖第三步	开挖第四步	开挖第五步
1	1.7	0～19	×	—	—	—	—
2	1.9	22～24	√	—	—	—	—
3	4.7	28～65	√	×	—	—	—
4	5.6	69～86	√	√	×	—	—
5	6.5	70～83	√	√	×	—	—
6	8.1	100～106	√	√	√	×	—
7	10.2	108～151	√	√	√	×	×
8	12	153～175	√	√	√	√	×
9	13.1	170～182	√	√	√	√	√
10	15	170～183	√	√	√	√	√
11	16	176～186	√	√	√	√	√
12	17	182～195	√	√	√	√	√

注："—"表示已开挖；"×"表示达到临界卸荷量；"√"表示未达到临界卸荷量

4. 土压力及变形的现场实测方法

（1）通过钢筋计测试支挡结构（本次试验为悬臂支护排桩）内力，求取弯矩；

（2）通过测斜仪及全站仪测试支挡结构及地基土的水平位移及沉降；

（3）采用新型土中土压力盒，加工适当的连接构件，将土压力盒埋至地基土及支挡结构、地基土接触面，测试地基土中土压力及支挡结构面的土压力：

5. 潜在滑动面的判定方法

结合土工试验、数值分析及现场实测数据，以应力应变关系及应变增量分布图判断潜在滑动面较为理想。

（1）主动区

认为土体进入屈服状态时应变（或变形）加快，以卸荷比-应变关系曲线曲率最大的点作为土体屈服的起点。

（2）被动区

土压力的变化主要受两方面影响：a. 土体上覆压力减小，应力释放，进而引起侧压力相应减小；b. 支挡结构挤压土体，使得侧压力增大，渐至被动土压力。土体应力状态变化较为复杂，而土体若要屈服或破坏，其应力水平至少应大于初始应力水平（K_0 状态）。本次试验认为，应力水平大于初始应力水平时，即 $R_0=-\frac{q_c}{q_f}>R=\frac{q}{q_f}$，土体开始进入屈服状态。

6. 土压力的计算方法

基坑工程现场实测及数值分析结果显示；土体并非同时达到极限状态，其土压力不完全符合郎肯土压力或库仑土压力理论。前面已经提到，作用于基坑支挡结构上的土压力大小及分布与许多因素有关，受支挡结构刚度及位移、基坑几何性状等影响。《基坑工程手册》（第二版）给出了土压力与支挡结构水平位移的关系，如图5.56。达到被动土压力极限值所需要的位移，一般而言要较主动土压力极限值所需的位移大得多，前者可达后者的 15～50 倍。由此可知，达到主动土压力极限值、被动土压力极限值并不同步。可见，通过传统土压力理论，以主动区、被动区土体均处于极限状态的土压力计算支挡结构内力与变形，是不能得到真实的支挡结构变形和内力。另外，基坑开挖属卸荷过程，而加、卸荷状态下土体的力学性质表现不同。基坑工程设计以加荷状态下求得的土体力学参数为依据，实属不合理。

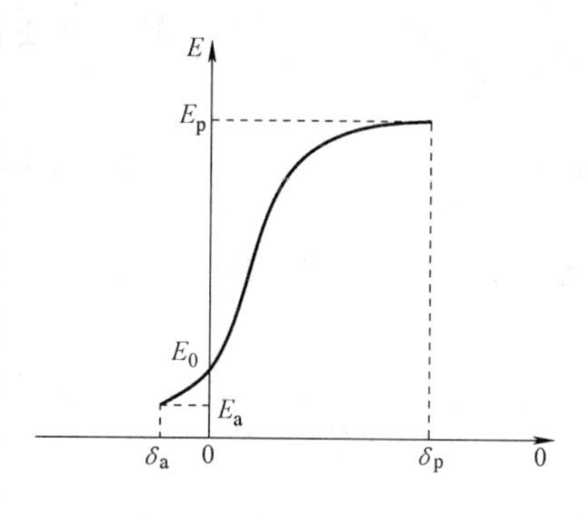

图 5.56 土压力与支挡结构水平位移的关系（摘自《基坑工程手册》（第二版））

可以认为，基坑工程设计计算所用参数应能反映土体应力历史，并应在符合基坑开挖应力路径条件下求得，应切合该应力状态下的土体应力应变关系，将强度与变形有效联系起来。

（1）以数值计算确定土压力

采用能够反映土体应力历史及适合基坑开挖应力路径的本构关系，进行数值模拟，计算土压力。本次试验，选用上述三种应力路径，建立不同的本构模型，数值计算结果与实测数据较为接近。

（2）以应力应变关系确定土压力

① 主动区

如图 5.57（*a*），以卸荷比-应变关系曲线曲率最大的点（该点的应变为临界应变）对应的土压力作为主动土压力。主动区应力路径可简化为：上覆压力 γh 不变；侧向压力减小，并渐至极限主动土压力，土体屈服破坏。该应力路径下土体在卸荷比大于 R_0 之后，卸荷变形才明显表现出来，且应力应变关系表现为较好的双曲线类型。通过相同应力历史状态的土体应力应变关系曲线确定临界应变处的应力偏差，即 $(\sigma_1-\sigma_3)_R$，进而求出此时的侧向压力，作为主动土压力，即 P_{aR}；将卸荷比 R_0 处土体的侧向应力，记为 P_{aR0}。在基坑开挖影响深度以上主动土压力为 P_{aR}，影响深度以下主动土压力为 P_{aR0}。

a. 根据土体应力历史及初始应力状态（γh、K_0），确定其应力应变关系曲线（应力路径 a），记录临界应变处的应力偏差 $(\sigma_1-\sigma_3)_R$；

b. 求取主动土压力 P_{aR}。

$$\Delta q=(\sigma_1-\sigma_3)_r-q_c \tag{5.14}$$

其中，$q_c=(1-K_0)\gamma h$。

$$P_{ar}=K_0\gamma h-\Delta q \tag{5.15}$$

将公式（5.14）代入公式（5.15），即

$$P_{ar}=\gamma h-(\sigma_1-\sigma_3)_r \tag{5.16}$$

或者，通过初始卸荷比 R_0 计算，计算表达式为

$$P_{ar0}=(1-R_0)K_0\gamma h \tag{5.17}$$

式中，K_0 为地基土初始静止侧压力系数；R_0 为初始卸荷比，由公式（2.15）并结合 Matlab 求取。

若存在地下水，各土层以《建筑基坑支护技术规程》JCJ 120—2012 规定的水土合算

或分算的条件计算上覆压力代入上述公式。

② 被动区

随着基坑开挖深度的增加，被动区土体应力路径表现不同，总体表现为：上覆压力 γh 减小；侧向压力开始减小，但随着支护结构挤压土体，侧向压力增大，并渐至极限被动土压力，土体屈服破坏。可以认为，被动区土体应力路径是从应力路径 c 逐渐向应力路径 b 转变。

a. 确定基坑开挖土体卸荷，坑内上覆压力减小值 $\Delta\gamma h$：

$$\Delta\gamma h=(\gamma h)_{初始}-(\gamma h)_{卸荷} \tag{5.18}$$

其中，$(\gamma h)_{初始}$ 为开挖之前，土体初始上覆压力，$(\gamma h)_{卸荷}$ 为开挖卸荷后，坑内土体上覆压力。

b. 确定初始应力状态下不同土层的土体在应力路径 b（上覆压力减小、侧向压力不变）的应力应变关系，上覆压力减小值 $\Delta\gamma h$ 在该应力应变关系曲线的位置，判断其是否在开挖影响深度以内。针对基坑开挖影响深度的内容，参见表 5.11 结果。

若在第一段，可认为基坑开挖对该土层影响较小，支挡结构挤土作用不显著，按照应力路径 c 简化方式，侧向压力不变，此时，被动土压力等于静止侧压力，即：

$$P_{p1}=K_0\gamma h \tag{5.19}$$

式中，K_0 为地基土初始静止侧压力系数。

土的水平反力系数的比例系数取应力路径 c 作用下应力应变关系曲线在该段的割线模量。

若在第二段，可认为基坑开挖对该土层影响较大，支挡结构挤土作用显著，土体进入应力路径 b 所描述的应力状态，该层土体可能屈服或破坏。此时，被动土压力可表示为：

$$P_{p2}=(\gamma h)_{卸荷}\tan^2\left(\frac{\pi}{4}+\frac{\varphi_b}{2}\right)+2c_b\sqrt{\tan^2\left(\frac{\pi}{4}+\frac{\varphi_b}{2}\right)} \tag{5.20}$$

其中，c_b、φ_b 为应力路径 b 作用下土体强度指标。土的水平反力系数的比例系数取应力路径 b 作用下应力应变关系曲线的割线模量。

根据上述方法确定基坑开挖每一步各土层土的割线模量，见表 5.12。

土的割线模量　　**表 5.12**

土层	层底深度(m)	土的割线模量(kPa)				
		开挖第一步	开挖第二步	开挖第三步	开挖第四步	开挖第五步
1	1.7	1346	1250	1250	1250	1250
2	1.9	2130	2130	2130	2130	2130
3	4.7	4625	2857	4625	4625	4625
4	5.6	4012	4012	1958	4012	4012
5	6.5	8035	8035	1714	8035	8035
6	8.1	11875	11875	11875	3571	11875
7	10.2	7250	7250	7250	1965	2021
8	12	14662	14662	14662	14662	3750
9	13.1	12612	12612	12612	12612	12612
10	15	18547	18547	18547	18547	18547
11	16	20601	20601	20601	20601	20601
12	17	20432	20432	20432	20432	20432

现状基坑工程设计中常用的方法是以水平反力系数将作用于支挡结构的土压力与水平位移联系起来，但其计算所得支挡结构位移比实际大得多，本课题认为主要有两个原因：①土压力不合理（比如土体参数、计算理论）；②水平反力系数不合适。土体参数、计算理论的分析之前已作说明，不再赘述；水平反力系数与土体模量有很大关系，土体为非线性材料，其模量与其应力状态密切相关，分析方法选用土体的割线模量意在将土体模量与其受力状态相关联，能够较为合理地表达荷载与变形的关系。《建筑基坑支护技术规程》JGJ 120—2012 中水平反力系数的比例系数的求取结果是一个经验公式，是统计分析结果，但也存有问题：①经验公式是在客观统计基础上的主观假定，不一定适用于所有工况；②所统计的数据（包括强度指标 c、φ）基本是常规加荷状态下所得土体参数，然而，加、卸荷土体力学特性不同，基坑开挖过程是土体卸荷过程，加荷状态所得 c、φ 不适用于基坑工程设计，即使选用能反映卸荷状态土体力学性质的 c、φ，也很有可能无法与规范中的经验公式相匹配。另外，每一土层所取的土样严格意义上是仅代表这个土层取样深度处的土体性状，试验中求取的土体应力应变关系及模量是在该深度处土体的应力状态下得到，该土层整体的应力状态与其埋深（层厚）有关系，即同一土层土的模量不同，与其埋深有关，所以，将割线模量取代规范中的水平反力系数的比例系数，而不是直接取代水平反力系数，应力应变关系及土压力、水平反力系数的比例系数计算见图 5.57。

综上所述，给出了基坑工程支挡结构设计分析方法，见图 5.58、图 5.59。

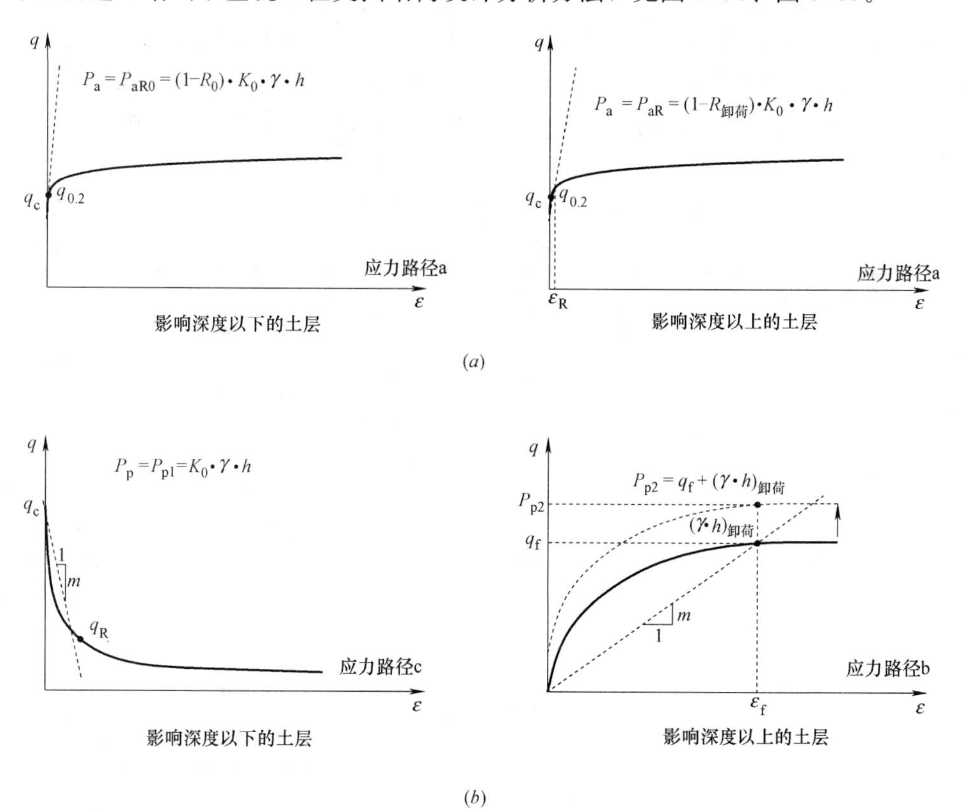

图 5.57　应力应变关系及土压力、水平反力系数的比例系数计算

（a）主动区；（b）被动区

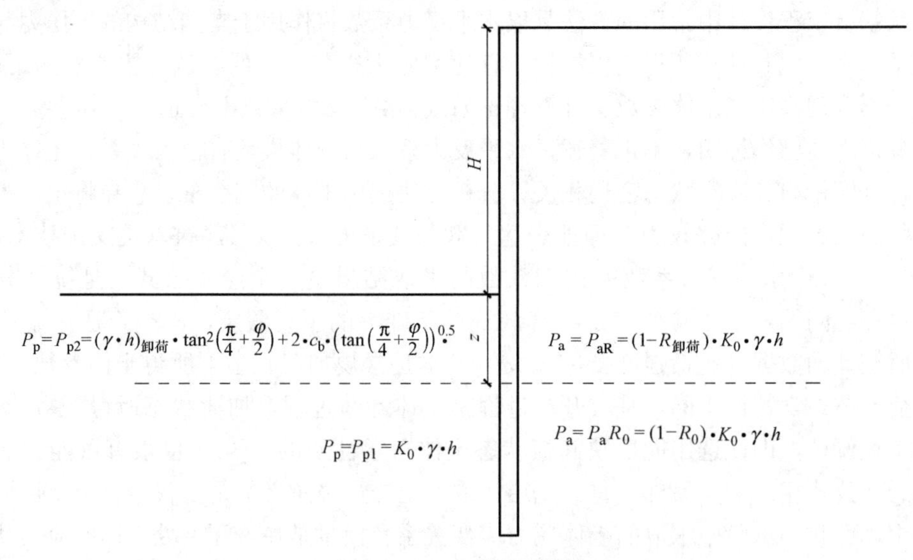

图 5.58 土压力简化计算方法

7. 计算分析方法与现有基坑工程设计方法结果比较

现阶段，基坑工程设计仍以常规加荷试验所得土体强度指标作为计算参数，并加以经验修正，其计算结果往往与实际差别很大；而且，以此参数进行的模拟基坑开挖的数值分析亦不理想。一些学者认为基坑开挖过程中，即使土体发生破坏，其应变仍很小（2%以内），此种情况符合小变形理论，应以土体应力应变关系曲线初始段的模量进行计算。本课题认为，应考虑工程行为作用下土体的力学性质，研究实际应力状态作用下的土体强度变形特征，以土力学理论为基础，科学、精准地进行基坑工程设计。表 5.13、表 5.14 给出了各设计方法计算所得桩顶位移、桩身弯矩，以便比较其优劣：

桩顶水平位移　　表 5.13

工况	桩顶水平位移(mm)						
	直剪（cq 指标）	三轴（CU 指标）	数值分析（CU 指标）	数值分析（CU 指标、小变形）	数值分析（应力历史、卸荷路径）	推荐分析方法	现场实测
第一步	1.3	1.1	1.0	1.1	2.1	1.0	1.0
第二步	6.9	6.5	5.6	4.3	7.5	2.5	2.9
第三步	23.7	21.6	19.7	14.6	14.0	7.2	8.1
第四步	67.1	59.9	54.5	31.8	27.4	23.9	20.2
第五步	129.4	100.4	96.7	67.3	43.6	52.2	41.0

桩身最大弯矩　　表 5.14

工况	弯矩(kN·m)/距桩顶(m)						
	直剪（cq 指标）	三轴（CU 指标）	数值分析（CU 指标）	数值分析（CU 指标、小变形）	数值分析（应力历史、卸荷路径）	推荐分析方法	现场实测
第一步	33.5/4.3	33.6/4.1	23.4/5.5	10.9/6.0	15.9/3.6	23.5/4.9	4.7/4
第二步	134.4/6.4	125.7/6.8	76.5/6.3	26.7/7.9	41.0/5.4	63.2/6.8	10.3/6
第三步	319.1/7.5	333.1/7.5	120.1/7.6	88.9/7.9	108.2/7.6	145.8/7.2	39.6/6
第四步	676.3/10	667.4/10.4	323.6/9.7	217.2/10.1	200.1/8.5	329.4/9.1	102.4/8
第五步	1101.6/11.2	1038.8/11.0	536.2/10.6	359.1/10.9	346.5/10.9	687.3/10.5	310.1/10

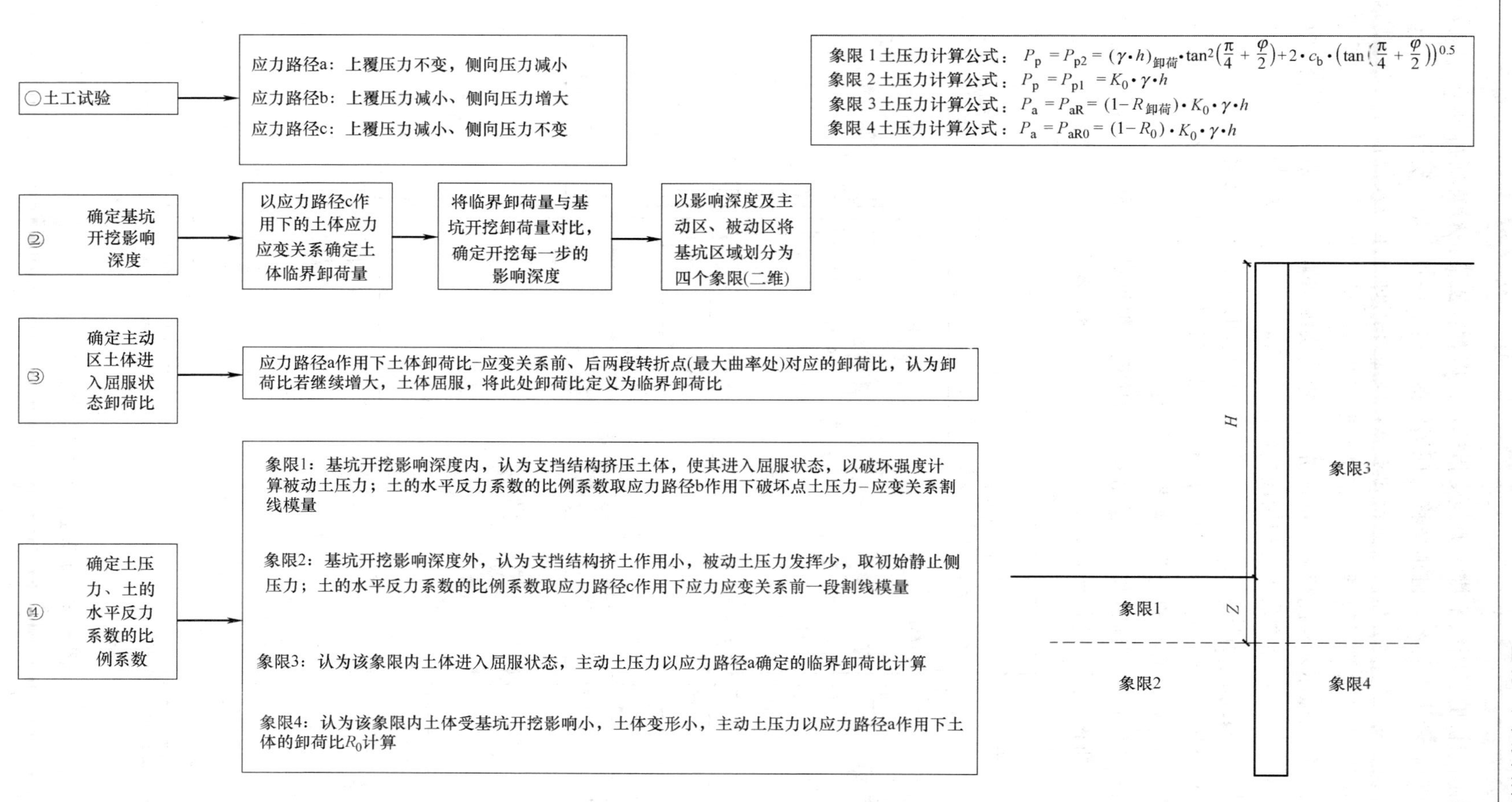

图 5.59 基坑工程支挡结构分析方法计算简图

（1）采用固结快剪、固结不排水剪强度指标，并以弹性支点法计算所得桩顶位移及桩身弯矩较大，但后者优于前者，桩顶位移为现场实测3倍，桩身弯矩为现场实测4倍；

（2）数值模型对土体开挖卸荷反应较为敏感，浅层开挖时土压力及位移即有较为明显的变化；采用固结不排水剪强度指标、土工试验所得弹性模量，以Mohr模型进行数值分析，计算所得桩顶位移亦为实测结果3倍，桩身弯矩为实测结果2倍；采用固结不排水剪强度指标、取土体应力应变关系曲线初始段模量，以Mohr模型进行数值分析，计算结果较好，但其对坑底回弹的模拟不甚理想（开挖深度1.5m时坑底隆起已有15.8mm，开挖深度9m时坑底隆起75.8mm）；以基坑开挖土体卸荷路径作用下的土体应力应变关系建立非线性本构，其数值计算结果与实测数据最接近；

（3）以简化方法计算桩体位移与实测数据较为接近，但桩身弯矩较大。将郎肯土压力与简化分析计算所得土压力进行比较，如图5.60、表5.13、表5.14，主动土压力为前者

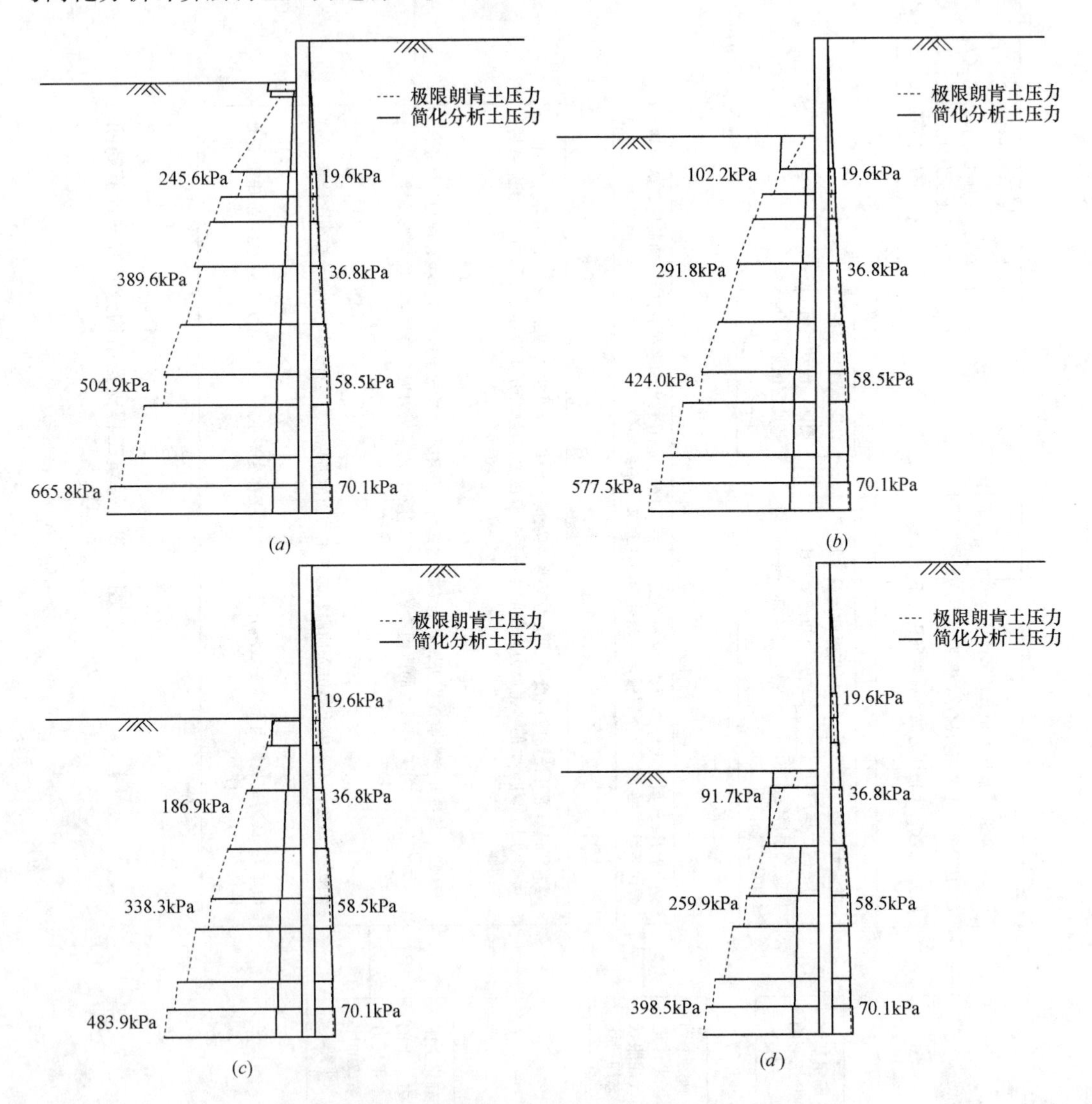

图5.60　朗肯土压力与简化分析土压力（一）

（*a*）开挖第一步；（*b*）开挖第二步；（*c*）开挖第三步；（*d*）开挖第四步

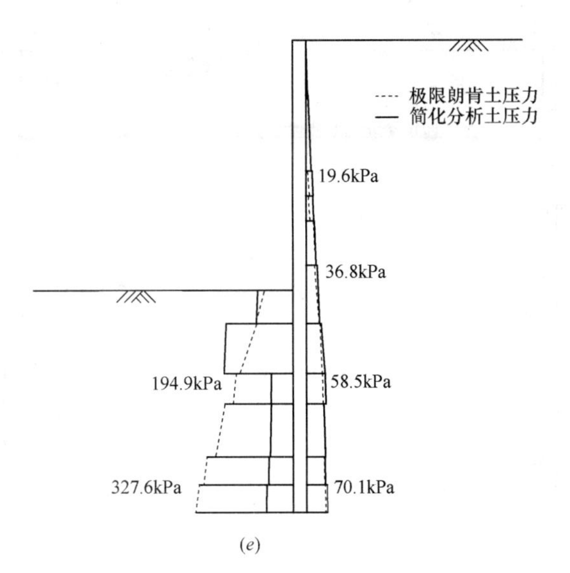

图 5.60 朗肯土压力与简化分析土压力（二）

（e）开挖第五步

小于后者；浅层土体被动土压力是前者小于后者，埋深较大处则相反；将实测土压力与简化分析计算所得土压力进行比较，如图 5.61，两者吻合度较高，但被动区浅层土体（开挖影响深度以内）简化分析方法所得土压力大于实测土压力。

比较发现，以加荷状态的土体强度指标及极限土压力理论进行基坑工程设计，其计算结果与实测数据偏差很大；小变形理论所用参数亦为加荷状态下得到，以初始模量计算，虽分析结果与实测较为接近，但有“以结果谋参数”之嫌，且其无法很好地描述土体卸荷回弹，不能进行极限分析。另外，以上两种数值分析方法所用本构模型未能反映施工效应引起的土体力学性质的变化，以不变的土体模量进行数值模拟，无法真实再现开挖过程中

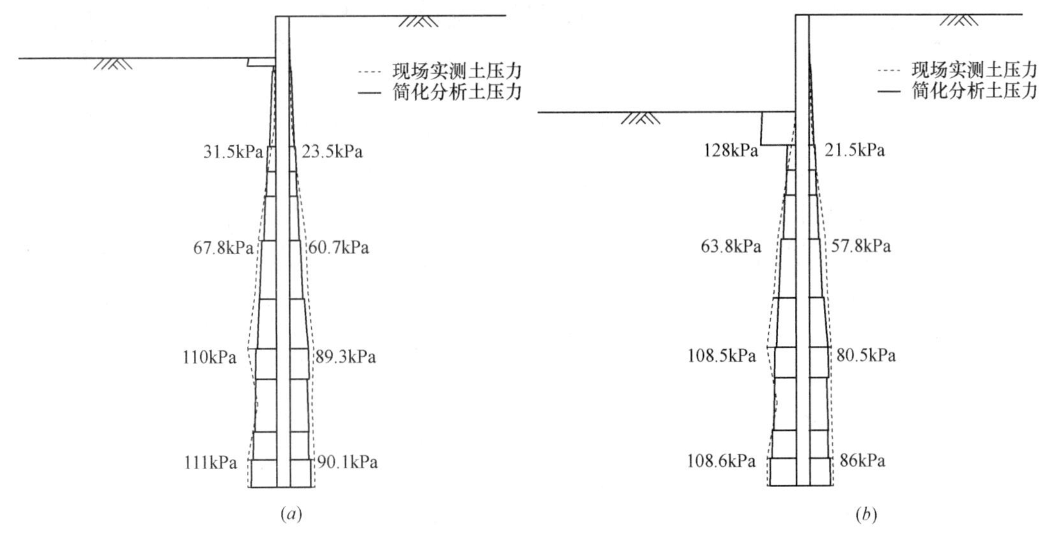

图 5.61 实测土压力与简化分析土压力（一）

（a）开挖第一步；（b）开挖第二步

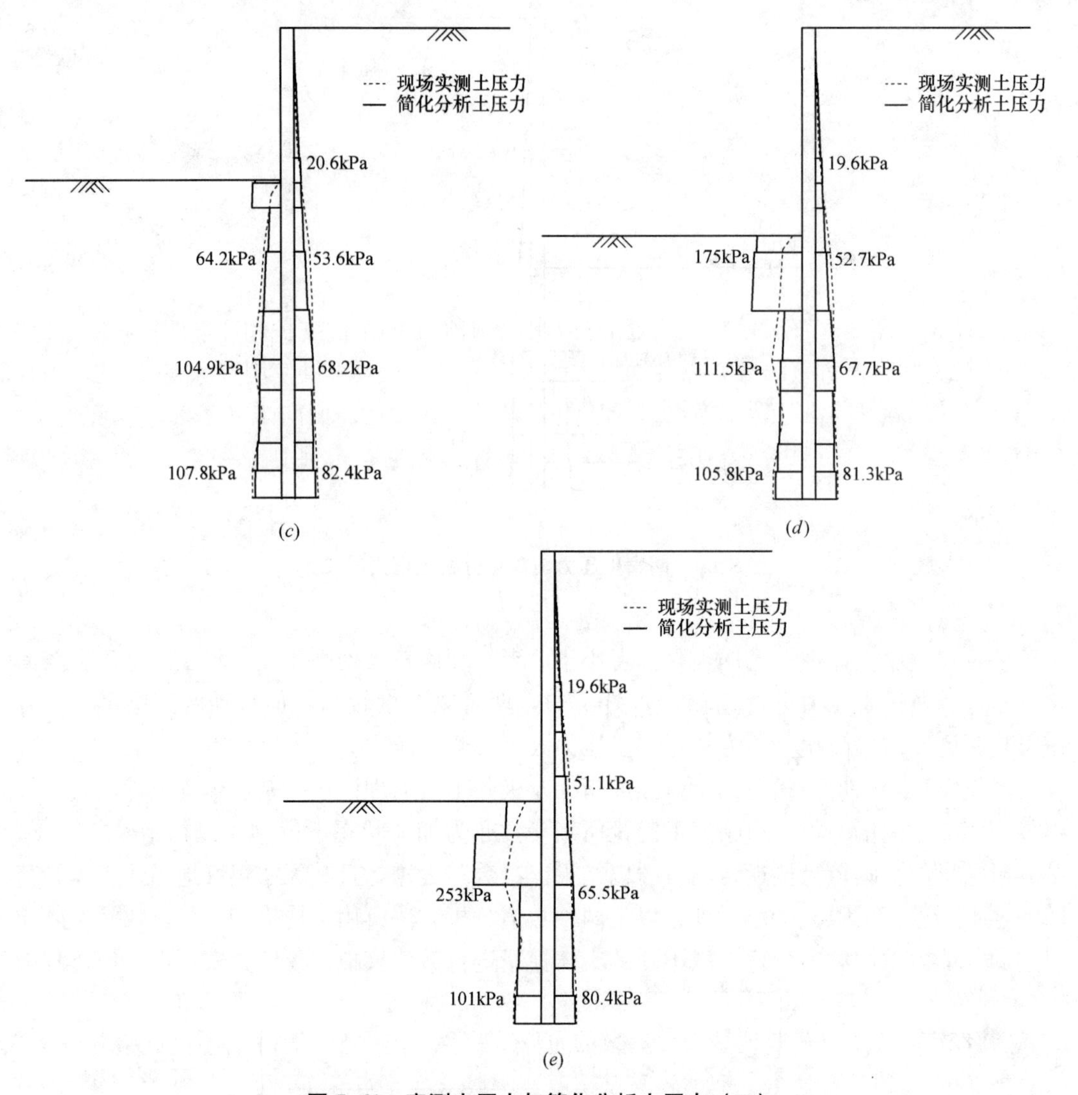

图5.61　实测土压力与简化分析土压力（二）

（*c*）开挖第三步；（*d*）开挖第四步；（*e*）开挖第五步

支挡结构、地基土实际荷载变形特性。本课题所用数值分析及简化分析方法，基于土体应力历史、基坑开挖卸荷路径，所得应力应变关系能够较好地描述基坑工程土体的实际工作状态，是以工程行为作用下土体实际力学特性为根本出发点，其计算结果能够更好地与实测数据相吻合。

第6章　基础结构分析技术发展展望

建筑地基基础设计理论的基本内容，包括地基土（岩）的工程性质、地基设计参数的确定方法、基础结构类型选择、地基与结构的荷载传递特性及内力分析方法、基础结构可靠性设计、天然地基不满足的地基处理技术、基础施工的基坑支护和环境保护技术、地基基础的检验验收评价方法等，以及面对人类生存环境恶化及可供使用资源有限等提出的可持续发展理念、"绿色"理念等提出的基础工程耐久性设计、面向未来基础功能可改造性以及投入地下的材料更有效利用等。前述章节特别对于直接影响地基基础工程行为分析结果，地基土不同应力历史、不同应力路径条件下的工程特性以及计算分析参数的试验方法，作了较为详细的介绍。可以说，当计算分析采用的力学模型能够符合研究问题的应力路径、并按照统一的土体应力应变关系确定变形参数及强度准则，计算参数的土样试验满足地基土初始应力条件和固结状态，即使采用较简单的力学模型，也可大大提高分析结果与实际结果的符合程度，再现地基基础真实的工程行为过程。

目前的工程建设，是以在同一整体大面积基础上建有多栋多层或高层建筑的基础形式出现，地下结构的层数至少二、三层，多者可达六、七层。同等高度建筑物作用在地基上的荷载作用，是在开挖较深地基土卸荷再加荷的条件下产生工程行为。在此地基土应力历史、应力路径的条件下，地基土的工程特性发展过程，与传统经典土力学描述的某一状态时的力学性质，并不等同。而且，描述地基土的工程性质真实发展过程，所需的力学参数获取方法，必须模拟实际土层的应力历史、应力路径。掌握地基土的工程性质过程变化，可以得心应手地进行优化设计，使得地基基础设计成果真正符合安全性、经济性、适用性、耐久性的设计理念。

第2章第2.2节获取地基设计参数的原位试验及室内试验方法中，室内试验方法与工程应用间的关系一节介绍了饱和软黏土抗剪强度的试验方法与抗剪强度指标的关系。试验结果证明，土工试验确定地基土的抗剪强度指标时，试验土样上覆压力（或围压）的范围应以前期固结压力为限，大于或小于前期固结压力的结果分别处理，按照工程设计实际的应力路径和应力状态分别采用，才能符合地基土的抗剪强度特性。

第2章第2.3节描述的地基岩土固结应力状态及变形特性中，介绍了地基土回弹再压缩变形的特征及计算方法。试验结果证明，土样卸荷回弹过程中，当卸荷比小于某一值时，已完成的回弹变形不到总回弹变形量的10%；当卸荷比增大至某一值时，已完成的回弹变形仅约占总回弹变形量的40%；而当卸荷比介于0.8～1.0时，发生的回弹量约占总回弹变形量的60%。土样再压缩过程中，当再加荷量为卸荷量的20%时，土样再压缩变形量已接近回弹变形量的40%～60%；当再加荷量为卸荷量的40%时，土样再压缩变形量为回弹变形量的70%左右；当再加荷量为卸荷量的60%时，土样产生的再压缩变形量接近回弹变形量的90%。这个特性，使得我们对于工程中再压缩变形占总压缩量的比例较大时，再压缩变形的较大部分变形（例如再加荷量小于卸荷量20%时的再压缩变形量）并不引起基础结构的内力变化，从而使得考虑基础变形的基础内力分析更符合实际。

第 2 章第 2.4 节描述的支挡结构设计时主动区、被动区地基土体工程特性的试验，是在地基土应力历史的原始状态，以及在基坑开挖过程的应力路径条件下进行的试验，同时得到数值分析的必要参数。虽然数值分析采用了较为简单的 Duncan-Chang 非线性模型，以及简化的三个三个应力路径试验参数，即可得到与实测结果十分接近的分析结果。

上述地基基础设计，均是在考虑地基土实际工作的应力历史、应力路径条件下的试验方法确定地基基础设计参数，分析地基基础的荷载变形过程，使之分析结果符合工程实际，进而取得了最优设计结果。

经典土力学描述了地基土的渗流模型、固结模型、抗剪强度模型、临界状态模型，以及有效应力原理、极限平衡原理等内容，建立了经典土力学的理论体系。经典土力学的理论以某一状态时的力学模型描述为主，而对于发展过程的描述，由于计算分析手段的限制，显得比较粗糙。随着现代计算技术的进展，特别是计算机技术的快速发展，为土力学建立完整过程分析，进而得到完整分析结果创造了条件。某些学者提出了“现代土力学”的概念。事实上，所谓“现代土力学”的理论，比较经典土力学来说，仅仅增加了现代分析技术而已。但是，现代分析技术为经典土力学的发展创造了条件，主要表现在，现代土力学可以揭示土体力学特性的发展过程，从而建立包括过程内涵的统一地基土力学模型，使之不仅揭示极限状态的平衡条件、屈服条件和流动法则等状态参数的规律和特性，还可揭示土体力学过程的规律和特性，从而解决地基土实际工作的应力历史、应力路径条件下的优化设计。

采用现代计算分析技术解决实际工程问题的条件，应确定地基土实际工作的应力历史、应力路径条件，进而采用现场试验或室内试验方法，模拟土的工程行为过程，取得计算分析必要的参数，进而计算分析出能够与实际工程相近的结果，从而找到基础工程优化设计的要素，取得最优结果。而以往认为针对工程实施方案的多方案比对结果的优化，并未得到符合实际工程的分析结果（大多靠经验判断），不能认为是优化设计结果。

所以，针对建筑地基基础设计理论的发展，重要的问题是要解决采用现代计算分析技术的计算方法及计算参数获取的试验方法，深化设计，在探究基础实际工程行为的前提下，提高基础工程的安全性、耐久性和经济性，真正实现技术经济统一的基础优化设计。发展中的地基基础工程技术，随着人们不断增长的生活、工作物质需求的增长，以及基础建设的深度、体量，施工工法的改进，都可改变地基土实际的应力历史、应力路径条件，随之而来的研究课题可以包括土性试验方法、设备；分析模型、计算参数；结果的应用条件及优化设计等。我国地域广阔，地基土的工程性质种类繁多，工程建设的条件多变，构成了研究课题内容的广泛性。

赋予地基基础设计理论新的内涵，即运用土力学和结构力学的基本知识，计算分析地基及基础结构真实的工程行为，使得基础结构能够抵御建造期间、使用期间各种不利工况作用，满足安全性、经济性、适用性、耐久性要求。

参考文献

[1] C. R 斯科特著，钱家欢等译. 土力学及基础工程 [M]. 北京：水利电力出版社，1983.

[2] Briaud J. -L. The pressuremeter test：Expanding its use [C] // Proceedings of the 18th international conference on soil mechanics and geotechnical engineering，2013，1：107-126.

[3] 陈仲颐，钱家欢. 基础工程学 [M]. 北京：中国建筑工业出版社，1991.

[4] 建筑地基基础设计规范 GB 50007—2011. [S]. 北京：中国建筑工业出版社，2011

[5] 混凝土结构设计规范 GB 50010—2010. [S]. 北京：中国建筑工业出版社，2010.

[6] 高层建筑箱形与筏形基础技术规范 JGJ 6—2011. [S]. 北京：中国建筑工业出版社，2011.

[7] 建筑基坑支护技术规程 JGJ 120—2012. [S]. 北京：中国建筑工业出版社，2012.

[8] 滕延京，李建民. 超深超大基础回弹再压缩变形计算分析方法的研究 [R]. 北京：中国建筑科学研究院地基基础研究所，2010.

[9] 李建民，滕延京. 土体再压缩变形规律的试验研究 [J]. 岩土力学，2011 年 8 月.

[10] 李建民，滕延京. 基坑开挖回弹再压缩变形试验研究 [J]. 岩土工程学报，2010，32 (S2).

[11] 李建民，滕延京. 土样回弹及再压缩变形特征的试验研究 [J]. 工程勘察，2010，38 (12).

[12] 李建民. 超深超大基坑回弹变形计算方法的试验研究 [D]. 北京：中国建筑科学研究院，2010.

[13] 黄熙龄. 高层建筑厚筏反力及变形特征试验研究 [J]. 岩土工程学报：2002，24 (2).

[14] 黄熙龄，滕延京等. 大底盘高层建筑基础设计施工技术及灾害防治 [R]. 北京：中国建筑科学研究院地基基础研究所，2006.

[15] 石金龙. 大底盘框架-核心筒结构筏板荷载传递特征及基础内力试验研究 [D]. 北京：中国建筑科学研究院，2009.

[16] 石金龙，滕延京. 大底盘框架-核心筒结构筏板基础荷载传递特征的试验研究 [J]. 岩土工程学报，2010，32 (S2).

[17] 滕延京，石金龙. 复杂体型的大底盘建筑基础设计方法研究 [R]. 北京：中国建筑科学研究院地基基础研究所，2012.

[18] 滕延京等，复杂体型高层建筑桩基础结构内力的计算分析方法 [J]. 岩土工程学报，2013，32 (S2).

[19] 滕延京等，深大基础回弹再压缩变形计算方法及工程应用 [J]. 岩土工程学报，2013，(12).

[20] 滕延京等，考虑软土地基变形影响的基础内力分析方法 [J]. 岩土工程学报，2013，32 (S2).

[21] 宫剑飞等. 中国石油大厦咨询报告 [R]. 北京：中国建筑科学研究院地基所，2005.

[22] 王曙光等. CABR 科研实验大楼咨询报告 [R]. 北京：中国建筑科学研究院地基所，2009.

[23] 盛志强. 与基坑开挖过程有关的土体工程特性试验研究 [D]. 北京：中国建筑科学研究院，2016.

[24] 盛志强等. 考虑应力历史影响的饱和土抗剪强度测试方法研究 [J]. 岩土力学，2014，vol35 增刊 2 (总 241).

[25] 滕延京等. 饱和黏性土抗剪强度的试验方法 [J]. 岩土工程学报，2015，37 (总 278 期).

[26] 滕延京等. 大底盘基础结构荷载传递特征及基础设计控制要素 [J]. 建筑结构学报，2016，37 (1)